高职高专“十三五”规划教材

“互联网+”新形态一体化教材

建筑与装饰材料

（第四版）

CONSTRUCTIVE AND DECORATIVE MATERIALS

主　审／景海河

主　编／隋良志　李玉甫

天津大学出版社
TIANJIN UNIVERSITY PRESS

内 容 提 要

本书主要是按照建筑与装饰材料在工程实践中的选择与应用进行编写的。全书共分“建筑与装饰材料的基本性能”“胶凝材料”“建筑结构材料”“建筑功能材料”四大模块，十五个教学任务：建筑与装饰材料基本性能的认识、气硬性胶凝材料的选择与应用、水硬性胶凝材料的选择与应用、普通混凝土的选择与应用、金属材料的选择与应用、墙体材料及屋面材料的选择与应用、建筑砂浆的选择与应用、建筑石材的选择与应用、建筑玻璃的选择与应用、建筑卫生陶瓷的选择与应用、有机高分子材料的选择与应用、建筑防水材料的选择与应用、绝热与吸声材料的选择与应用、建筑木材及其制品的选择与应用、建筑装饰材料的选择与应用。

书中主要介绍了各种建筑与装饰材料的品种、技术要求、性能及其选择与应用，对于试验（检测）训练内容参见纪明香、田文富主编的配套教材《建筑与装饰材料习题及实训手册》。本书尽力采用当前新标准、新规范，每个任务介绍前均有任务简介、知识目标、技能目标，任务后有本任务小结。本书附有光盘。

本书可作为高职院校相关专业在校学生的教学用书，也可为中职学校在校学生及工程技术人员在岗培训提供参考。

图书在版编目（CIP）数据

建筑与装饰材料（第四版）/ 隋良志，李玉甫主编. —天津：天津大学出版社，2014.9（2019.1 重印）

高职高专“十三五”规划教材——“互联网 +”新形态一体化教材

ISBN 978 - 7 - 5618 - 5197 - 5

Ⅰ.①建…　Ⅱ.①隋…②李…　Ⅲ.①建筑材料—高等职业教育—教材②建筑装饰—装饰材料—高等职业教育—教材　Ⅳ.①TU5②TU56

中国版本图书馆 CIP 数据核字（2014）第 212943 号

出版发行　天津大学出版社
地　　址　天津市卫津路 92 号天津大学内（邮编：300072）
电　　话　发行部：022-27403647
印　　刷　廊坊市海涛印刷有限公司
经　　销　全国各地新华书店
开　　本　185mm × 260mm
印　　张　21.75
字　　数　543 千
版　　次　2015 年 1 月第 1 版　2017 年 8 月第 4 版
印　　次　2019 年 1 月第 7 次
定　　价　54.00 元

编审委员会

主　审：景海河

主　编：隋良志　李玉甫

副主编：王　璐　冯伟东　于　彦

编　委：（排名不分先后）

景海河　黑龙江建筑职业技术学院
隋良志　黑龙江建筑职业技术学院
李玉甫　广东建设职业技术学院
王　璐　哈尔滨铁道职业技术学院
冯伟东　哈尔滨兴旺建设工程质量检测有限公司
于　彦　黑龙江建筑职业技术学院
纪明香　黑龙江建筑职业技术学院
林　甄　黑龙江建筑职业技术学院
关　升　黑龙江建筑职业技术学院
霍　哲　黑龙江建筑职业技术学院
谭春梅　哈尔滨铁道职业技术学院

第四版修订前言

随着我国经济转方式、调结构、促创新的不断发展，建筑业发展新型建造方式、推广绿色建筑和建材，贯彻“适用、经济、绿色、美观”的建筑方针已经成为社会共识；同时，高等职业教育数字化、智慧校园建设的快速发展引起学习方式的变革，泛在、移动、个性化将成为学习的必要形式。为此，本教材结合新形势，在前三版的基础上进行修订。本教材主要体现如下几个特点。

1. 常用建筑材料按照《建筑材料术语标准》（JGJ/T 191—2009）进行规范。

2. 按照近年实施的新标准、新规范、新材料，更新教材内容。

3. 结合国家建筑产业政策，增加建筑产业现代化的相关内容。

4. 采用基于二维码的互动式学习平台，读者可通过微信扫描二维码获取本书相关电子资源。

5. 本教材是在省级精品课程基础上，按照在线开放课程教学资源要求建设教学资源，并不断充实和修改（可登录网址一：http://cl.hict.org.cn 中的“在线课程”，或网址二：http://1.189.33.198:8080/ispace 3.0 中的“建筑与装饰材料的选择与应用”）。

《建筑与装饰材料》由隋良志、李玉甫主编，王 璐、冯伟东、于 彦任副主编，纪明香、林甄、关升、谭春梅、霍哲参编。书中各种多媒体资源设计、制作由刘长恒、邹凌彦、刘冬梅、张红丽、马修辉、贲珊、刘畅等人负责，并进行网络资源建设等工作，天津大学出版社为网上资源提供技术支持。

具体编写分工为：隋良志编写课程引导、任务一、任务四的 4.9 部分、任务五的 5.3 部分、任务十五、附录，并负责全书统稿；李玉甫编写任务四（除 4.9 部分）；王璐编写任务二、任务五（除 5.3 部分）、任务九、任务十；冯伟东编写任务十二；于彦编写任务七；纪明香编写任务十一；林甄编写任务三；关升编写任务六、任务八；霍哲编写任务十三；谭春梅编写任务十四。

在本书编写过程中参考了一些其他资料（包括网络、企业、会议资料）和书刊，也得到了北京中唐科技公司的技术支持，天津大学出版社全力支持本书再版，在此一并表示感谢。

由于编者水平有限，新技术、新工艺、新材料不断出现，新标准、新规范不断修改，书中难免有不当之处，恳请各位同学、老师、广大读者、专家给予批评指正。

编　者

2019 年 1 月

第三版前言

在高职高专各相关专业中，要求学生掌握“建筑材料”或“建筑与装饰材料”的有关知识，其实质主要是满足两个方面的需要：一是了解并掌握土木工程中建筑与装饰材料的品种、规格、性能，由此在土木工程实践中能够正确选用材料；二是了解并掌握建筑与装饰材料的标准、规范及品质指标，由此在土木工程实践中能够准确检测、判断材料是否符合工程要求。

自2008年《建筑与装饰材料》以及配套教材《建筑与装饰材料习题及实训手册》出版以来，相关学校选用本套书籍作为教材或作为图书馆的藏书，由此该书多次重印。随着人们对建筑材料性能要求的不断提高，建筑材料生产技术、建筑施工技术也在不断发展，由此近几年对建筑材料的产品标准及施工规范也在不断修改与完善。同时，在本书使用过程中，教师和学生们也提出了很好的建议。按照全国高职高专材料教指委关于教材建设和改革的要求，应出版社之邀，本书进行修改后再次出版。本教材主要体现如下几个特点。

1. 常用建筑材料按照《建筑材料术语标准》（JGJ/T191—2009）进行规范。

2. 按照近年建材新标准、新规范的实施，重新编排教材内容。

3. 对书后附有的建筑材料标准目录，便于教师、学生学习查找。

4. 按照以行动为导向的任务驱动模式编写教材，在四个模块下，设置十五个任务。

5. 书后附有光盘，内容包括国家、行业标准、规范等，最近授课课件（PPT格式），相关会议学者、专家的报告，素材资料等，应用案例与发展动态，建筑装饰常用网站，供学习时参考。

修改后，以增强学生的职业能力为目标，以培养学生良好的学习习惯为统领，每个任务学习后，均提供**“应用案例与发展动态”**（限于篇幅，放入随书所附光盘内），以帮助学生了解工程实践和建筑与装饰材料的发展方向。同时由纪明香、田文富主编的《建筑与装饰材料习题及实训手册》也作了相应的修订，以配套使用。

《建筑与装饰材料》由隋良志、李玉甫主编，王璐、冯伟东、邝静喆任副主编，纪明香、关升、谭春梅、霍哲参编，同时，邹凌彦、刘长恒、刘冬梅、张红丽、马修辉负责图片、影像等素材资料的收集、编辑、制作等工作。具体编写分工为：黑龙江建筑职业技术学院隋良志编写课程引导、任务一、任务三、任务十五、附录，并负责全书统稿；黑龙江建筑职业技术学院李玉甫编写任务四；哈尔滨铁道职业技术学院王璐编写任务二、任务五、任务九、任务十；哈尔滨兴旺建设工程质量检测有限公司冯伟东编写任务十二；黑龙江省建材质量第二质监督检验站邝静喆编写任务七；黑龙江建筑职业技术学院纪明香编写任务十一；黑龙江建筑职业技术学院关升编写任务六、任务八；黑龙江建筑职业技术学院霍哲编写任务十三；哈尔滨铁道职业技术学院谭春梅编写任务十四。

由于编者水平有限，新标准、新规范不断修改，书中难免有不当之处，敬请读者、专家给予批评指正。

编　者

2014年7月

第二版前言

在高职高专各相关专业中，要求学生掌握“建筑材料”或“建筑与装饰材料”的有关知识，其实质主要是满足两个方面的需要：一是了解并掌握土木工程中建筑与装饰材料的品种、规格、性能，由此在土木工程实践中能够正确选用材料；二是了解并掌握建筑与装饰材料的标准、规范及品质指标，由此在土木工程实践中能够准确检测、判断材料是否符合工程要求。

自2008年《建筑与装饰材料》以及配套教材《建筑与装饰材料习题及实训手册》出版以来，相关学校选用本套书籍作为教材或作为图书馆的藏书，由此该书多次重印。在使用过程中教师和学生们也提出了很好的建议，按照全国高职高专材料教指委关于教材建设和改革的要求，应出版社之邀，本书进行修改后再次出版。再版教材主要体现如下几个特点：

1. 常用建筑材料按照《建筑材料术语标准》（JGJ/T191—2009）进行规范。

2. 按照近年建材新标准、新规范的实施，重新编排教材内容。

3. 书后附有建筑材料标准目录，便于学生学习查找。

4. 按照以行动为导向的任务驱动模式编写教材，在四个模块下，设置十五个分任务。

再版后，以增强学生的职业能力为目标，以培养学生良好的学习习惯为统领，每个任务学习后，均提供**“应用案例与发展动态”**，以帮助学生了解工程实践和建筑与装饰材料的发展方向。同时由孙咏梅、纪明香主编的《建筑与装饰材料习题及实训手册》也作了相应的修订，以配套使用。

《建筑与装饰材料》由隋良志、李玉甫主编，王璐、隋桂梅、冯伟东任副主编，孙咏梅、纪明香、关升、于永鲲参编。具体编写分工为：黑龙江建筑职业技术学院隋良志编写绪论、任务1、任务15、附录及全书统稿；黑龙江建筑职业技术学院李玉甫编写任务4；哈尔滨铁道职业技术学院王璐编写任务2、任务5；鸡西矿业集团隋桂梅编写任务3、任务10；哈尔滨兴旺建设工程质量检测有限公司冯伟东编写任务12、任务13；黑龙江建筑职业技术学院孙咏梅编写任务7；黑龙江建筑职业技术学院纪明香编写任务11；黑龙江建筑职业技术学院关升编写任务6、任务8；哈尔滨铁道职业技术学院于永鲲编写任务9、任务14。

由于编者水平有限，新标准、新规范不断修改，书中难免有不当之处，敬请读者、专家给予批评指正。

编　者

2011年7月

前 言

随着中国经济建设的不断深入，高等职业教育已经成为中国高等教育体系的一个类型。自2006年开始实施国家示范性高等职业院校建设计划以来，教育部明确要求加大课程建设与改革的力度，增强学生的职业能力. 高等职业院校要积极与行业企业合作开发课程，根据技术领域和职业岗位（群）的任务要求，参照相关的职业资格标准，改革课程体系和教学内容；建立突出职业能力培养的课程标准，规范课程教学的基本要求，提高课程教学质量；改革教学方法和手段，融“教、学、做”为一体，强化学生动手能力的培养。

本书是根据2007年教育部高职高专材料专业教学指导委员会规划教材大纲审定会议（邢台会议）要求编写的。在编写中努力适应高职高专教育教学发展的需要，充分体现现代教学方法和教学手段，是一本非常实用的高职高专教学用书。

在高职高专材料类、土建施工类、工程管理类、建筑设计类、房地产类、公路运输类、铁道运输类等相关专业中，均要求学生掌握“建筑材料”或“建筑与装饰材料”的有关知识。但是，高职高专相关专业由于学制的限制，此类课的学时并不是很多，且建筑与装饰材料品种不断更新，性能各异，实践性强，多学科知识渗透，同学们在学习中普遍反映不易掌握。有鉴于此，笔者根据多年教学的体会，按着建筑与装饰材料在工程实践中的应用进行构建教学模块，即按“建筑与装饰材料的基本性质”、“胶凝材料”、“结构材料”、“功能材料”四大模块编写。为了使学生更好的掌握相关内容，由孙咏梅老师主编了一本《建筑与装饰材料习题及实训手册》与本教材配套，供学生在学习中使用。

本书由隋良志、刘锦子主编，孙咏梅、贺洪亮、赵北龙任副主编，纪明香、李玉甫、冯伟东、赵金柱参编。具体编写分工为：隋良志编写绪论和第1章，并进行全书统稿；刘锦子编写第2、3章；孙咏梅编写第7、15五章；贺洪亮编写第6、13、14章；赵北龙编写第5章；纪明香编写第11章；李玉甫编写第4、8章；冯伟东编写第12章；赵金柱编写第9、10章。

为了更好地服务于读者，增加读者的学习兴趣，增强学习效果，我们将为教师提供一套包括试验训练指导的视频讲解、教学课件和教学大纲的光盘增值服务（索取光盘请发邮件到ccshan2008@ sina. com).

鉴于编者水平有限，书中难免有不当之处，敬请读者、专家给予批评指正。

编 者

2008年7月

目　录

课程引导 …… **1**
0.1　建筑与装饰材料的含义和分类 …… 1
0.2　建筑与装饰材料在建筑工程中的作用 …… 2
0.3　建筑与装饰材料的发展趋势 …… 3
0.4　建筑与装饰材料的技术标准简介 …… 3
0.5　建筑与装饰材料的选用原则 …… 4
0.6　本课程的学习目的及方法 …… 4
应用案例与发展动态 …… 4

模块一　建筑与装饰材料的基本性能

任务一　建筑与装饰材料基本性能的认识 …… **6**
1.1　材料的组成与结构 …… 6
1.2　材料的物理性质 …… 10
1.3　材料的力学性质 …… 19
1.4　材料的耐久性与环境协调性 …… 22
1.5　材料的防火性能 …… 23
本任务小结 …… 24
应用案例与发展动态 …… 24

模块二　胶凝材料

任务二　气硬性胶凝材料的选择与应用 …… **26**
2.1　建筑石灰 …… 26
2.2　建筑石膏 …… 32
2.3　水玻璃 …… 37
本任务小结 …… 39
应用案例与发展动态 …… 40

任务三　水硬性胶凝材料的选择与应用 …… **41**
3.1　通用硅酸盐水泥 …… 41
3.2　专用水泥 …… 59
3.3　特性水泥 …… 62
3.4　铝酸盐水泥 …… 67
本任务小结 …… 69
应用案例与发展动态 …… 70

模块三　建筑结构材料

任务四　普通混凝土的选择与应用 …… 72

4.1　普通混凝土组成材料 …… 73

4.2　混凝土拌和物的工作性 …… 87

4.3　混凝土的强度 …… 93

4.4　混凝土的变形 …… 97

4.5　混凝土的耐久性 …… 100

4.6　普通混凝土配合比设计 …… 102

4.7　混凝土外加剂 …… 109

4.8　其他混凝土 …… 113

4.9　建筑产业现代化 …… 120

本任务小结 …… 128

应用案例与发展动态 …… 129

任务五　金属材料的选择与应用 …… 130

5.1　建筑钢材 …… 130

5.2　铝及铝合金 …… 150

5.3　其他金属材料 …… 156

本任务小结 …… 158

应用案例与发展动态 …… 158

任务六　墙体材料及屋面材料的选择与应用 …… 159

6.1　砌墙砖 …… 159

6.2　建筑砌块 …… 172

6.3　墙用板材 …… 177

6.4　屋面材料 …… 182

本任务小结 …… 185

应用案例与发展动态 …… 185

任务七　建筑砂浆的选择与应用 …… 186

7.1　砌筑砂浆 …… 186

7.2　抹面砂浆 …… 194

7.3　预拌砂浆 …… 198

本任务小结 …… 207

应用案例与发展动态 …… 208

模块四　建筑功能材料

任务八　建筑石材的选择与应用 …… 210

8.1　石材的基本知识 …… 210

8.2　工程砌筑用石材 …… 215
8.3　装饰用石材 …… 217
本任务小结 …… 224
应用案例与发展动态 …… 225

任务九　建筑玻璃的选择与应用 …… 226
9.1　玻璃的基本知识 …… 226
9.2　平板玻璃 …… 228
9.3　安全玻璃 …… 229
9.4　节能玻璃 …… 233
本任务小结 …… 237
应用案例与发展动态 …… 237

任务十　建筑卫生陶瓷的选择与应用 …… 238
10.1　陶瓷的基本知识 …… 238
10.2　建筑陶瓷 …… 242
10.3　卫生陶瓷 …… 250
10.4　建筑卫生陶瓷的发展方向 …… 253
本任务小结 …… 253
应用案例与发展动态 …… 253

任务十一　有机高分子材料的选择与应用 …… 254
11.1　有机高分子材料的基本知识 …… 254
11.2　建筑塑料 …… 257
11.3　建筑胶黏剂 …… 263
11.4　建筑涂料 …… 267
本任务小结 …… 270
应用案例与发展动态 …… 270

任务十二　建筑防水材料的选择与应用 …… 271
12.1　防水材料概述 …… 271
12.2　防水卷材 …… 279
12.3　防水涂料 …… 289
12.4　建筑密封材料 …… 298
12.5　刚性防水材料 …… 302
本任务小结 …… 305
应用案例与发展动态 …… 306

任务十三　绝热与吸声材料的选择与应用 …… 307
13.1　绝热材料 …… 307
13.2　吸声、隔声材料 …… 314
本任务小结 …… 316
应用案例与发展动态 …… 316

任务十四　建筑木材及其制品的选择与应用 ………… **317**
14.1　木材的基本知识 ………… 317
14.2　木材的基本性能 ………… 319
14.3　常用木材及制品 ………… 320
14.4　木材的腐蚀与防腐 ………… 323
本任务小结 ………… 323
应用案例与发展动态 ………… 323

任务十五　建筑装饰材料的选择与应用 ………… **324**
15.1　建筑装饰材料的基本知识 ………… 324
15.2　建筑装饰材料主要品种及其应用 ………… 327
本任务小结 ………… 333
应用案例与发展动态 ………… 333

附录1：《建筑与装饰材料》学习领域情境教学大纲 ………… 334
附录2：建筑与装饰材料标准 ………… 334
参考文献 ………… 335

课程引导

在人类发展的历史长河中，材料起着举足轻重的作用，人类对材料的应用一直是社会文明进步的里程碑。

早在一百万年前，人类开始用石头做工具，标志着人类进入旧石器时代。大约一万年以前，人类知道对石头进行简单的加工，使之成为精致的器皿或工具，从而进入新石器时代。在8 000～9 000年前，人类已发明了用混土成型，再火烧固化制作陶器的方法，标志着人类有史以来第一次用自然界存在的物质，发明制造了自然界没有的物品（陶器）。在烧制陶器过程中，人们偶然发现了金属铜和锡，从而使人类进入了青铜器时代（各国进入的时间不同，一般都在公元前3000年—前2500年，中国大约在公元前2700年）。公元前14世纪—公元前13世纪，人类进入铁器时代，19世纪中叶现代炼钢技术出现后，金属材料的重要性急剧增强。20世纪后期，金属基或树脂基复合材料得到了广泛应用。

古代的石器、青铜器、铁器等的兴起和广泛利用，极大地改变了人们的生活和生产方式，对社会进步起到了关键性的推动作用，这些具体的材料（石器、青铜器、铁器）被历史学家作为划分某一个时代的重要标志，如石器时代、青铜器时代、铁器时代等。20世纪70年代，人类社会进入新技术革命时代，材料与能源、信息被公认为现代文明的三大支柱。20世纪80年代，人们又把新材料、信息技术和生物技术并列为新技术革命的重要标志。材料科学的发展不仅是科技进步、社会发展的物质基础，同时也改变着人们在社会活动中的实践方式和思维方式，由此极大地推动了社会进步。

目前，全球经济复苏进程缓慢，为刺激实体经济发展，主要发达国家加大了对新材料的支持力度，由新材料带动而产生的新产品和新技术市场不断扩大。我国也已于2010年将新材料产业与节能环保、新一代信息技术、生物、高端装备制造、新能源、新能源汽车等产业一起构成七大战略新兴产业。全球特种金属功能材料、高端金属结构材料、先进高分子材料、新型无机非金属材料、高性能复合材料以及石墨烯材料、超导材料等前沿新材料成为全世界研究、应用的新领域，有理由相信，新材料产业的发展将开辟一个新的时代。这些新材料也在不断改变和影响着建筑工程结构、施工方法和施工管理等。

所谓材料，一般是指可以用来制造有用的构件、器件或其他物品的物质。材料按化学组成、结构特点，分为金属材料、无机非金属材料、高分子材料、复合材料；按功能分为结构材料、功能材料；按用途，分为建筑材料、装饰材料、电子材料、航空航天材料、核材料、能源材料、生物材料等。

0.1 建筑与装饰材料的含义和分类

0.1.1 建筑与装饰材料的含义

广义的建筑材料是指建造一切土木工程中所有材料的统称（也有人称之为土木工程材料）。它是住宅、商场大厦、办公楼、宾馆、饭店、道路、桥梁、隧道、铁路、机场、水坝、灌溉设施、工业生产厂房、国防军事基地等一切土木工程的物质基础。它既包括构成建、构筑物本身的材料（如混凝土、钢材、木材、砌体材料等），又包括施工过程中所用的材料（如脚手架、模板等）以及各种配套器材（水、暖、电、通风、消防设备等）。

本书所讲的“建筑材料”是狭义的，主要是指构成建、构筑物本身的材料，即狭义的建筑材料。

装饰材料是指依附于建筑物体表面起装饰和美化环境作用的建筑材料。装饰材料是建筑材料中的一个类别，这一类别是建筑物的“外衣”，它直观性很强，由于其近年发展较快，品种繁多，使用的量大、面广，因此深受人们的重视。所以，近些年也有人将其从建筑材料中独立出来，成为一个类别——装饰材料。

0.1.2 建筑与装饰材料的分类

建筑与装饰材料的种类繁多，很难用一个标准进行科学分类，一般从不同角度对其进行分类。按照使用功能，可分为胶凝材料、结构材料和功能材料三大类；按照在建筑物中所处部位，可分为基础材料、主体材料、屋面材料和地面材料四大类；按照化学成分，可分为无机材料、有机材料和复合材料三大类。每种分类方法下又可再分成细小种类。表0-1是按照化学成分分类的举例。

表0-1 建筑材料按化学成分分类

分类			实例
无机材料	金属材料	黑色金属	铁、钢、合金钢、不锈钢等
		有色金属	铝、铜及其合金、金箔等
	非金属材料	天然石材	砂、花岗岩、大理石等
		胶凝材料及制品	石灰、石膏及其制品、水泥及其混凝土等
		玻璃	普通平板玻璃、安全玻璃、节能玻璃等
		无机纤维材料	玻璃纤维、矿物棉、岩棉等
		烧土制品	烧结砖、瓦、建筑与卫生陶瓷等
有机材料	天然植物材料		木材、竹材、植物纤维及其制品等
	沥青材料		煤沥青、石油沥青及其制品等
	合成高分子材料		塑料、涂料、树脂、胶黏剂、膜材料等
复合材料	非金属之间的复合		水泥混凝土、砂浆等
	有机与无机非金属复合		沥青混凝土、聚合物混凝土、玻璃纤维增强塑料等
	金属与无机非金属复合		钢筋混凝土、钢纤维混凝土等
	金属与有机复合		铝塑管、彩色涂层压型板、塑钢等

0.2 建筑与装饰材料在建筑工程中的作用

建筑材料是一切土木工程的重要物质基础，同时也是建筑工程质量的保障。无论是已建成的长江三峡水利工程（装机容量1 820万kW，大坝混凝土浇注量达2 800万m^3）、国家体育馆（简称“鸟巢”，钢结构总用量4.2万T，屋顶采用双层膜结构——ETFE膜和PTFE膜）、杭州湾跨海大桥（全长36 km）、上海中心大厦（高632 m）等工程，还是在建的北京中国尊（528 m）、天津117大厦（高597 m）、珠港澳大桥（全长49.968 km）等巨型工程，亦或是普通的多层民用建筑，都是由各种建筑材料组成的，也即建筑与装饰材料是建筑工程的物质基础。图0-1为建设中的上海中心大厦。

图 0－1　建设中的上海中心大厦

视频：中国超级工程欣赏

视频：福建土楼

在建筑工程的总造价中，材料费所占比例很大，一般在 50% ~60%，有的高达 75%，只有充分利用材料的各种性能，提高材料的利用率，在满足使用要求的前提下降低材料费用，才能降低建筑工程造价。

建筑与装饰材料的品种、质量与规格，直接影响着工程结构形式和施工方法，也决定着工程的安全性、适用性、耐久性、经济性和美观大方等。

0.3　建筑与装饰材料的发展趋势

随着人们生活水平的不断提高和生产技术的不断提升，除对建筑与装饰材料的品种与性能要求越来越高以外，还提出要经久耐用、安全低碳、绿色环保等要求。因此，建筑与装饰材料目前正向着复合化、多功能化、节能化、绿色化、轻质高强化、装配化、智能化方向发展。

0.4　建筑与装饰材料的技术标准简介

技术标准是从事产品、工程建设、科学研究以及商品流通领域中必须共同遵循的技术规范。

《中华人民共和国标准化法》将我国标准分为国家标准、行业标准、地方标准、企业标准四级。

技术标准的表示方法由标准名称、代号、标准号、年代号组成。各类标准代号如表 0－2 所示。

表 0－2　各类标准代号

标准种类	代号	表示内容	示例
国家标准	GB GB/T	国家强制性标准 国家推荐性标准	例 1：《通用硅酸盐水泥》（GB 175—2007） 标准名称：通用硅酸盐水泥 代　　号：GB（国家强制性标准） 标准号：175 年代号：2007 年

续表

标准种类	代号	表示内容	示例
行业标准	JC JGJ SL YB DL JT	建材行业标准 建筑工程行业标准 水利行业标准 冶金行业标准 电力行业标准 交通行业标准	例 2：《混凝土用水标准》（JGJ 63—2006） 标准名称：混凝土用水标准 代　　号：JGJ（建筑工程行业标准） 标准号：63 年代号：2006 年 例 3：《预拌混凝土质量管理规程》（DB 23/1328—2013） 标准名称：预拌混凝土质量管理规程 代　　号：DB23（黑龙江省地方标准） 标准号：1328 年代号：2013 年
地方标准	DB DB/T	地方强制性标准 地方推荐性标准	例 4：《高强低密度油井水泥》（QB/THXL001—2012） 标准名称：高强低密度油井水泥 代　　号：QB/THXL（哈尔滨太行兴隆水泥有限公司企业标准）
企业标准	QB	企业标准	标准号：001 年代号：2012 年

此外，在工程建设领域还有中国工程建设标准化协会标准（标准代号：CECS）和中国土木工程学会标准（标准代号：CCES）等。

随着国际交往的日益增多，尤其是“一带一路”建设的不断推进，涉外的建设工程和国际合作项目越来越多，了解国外的相关技术标准也很有必要，如 ISO 为国际标准、ASTM 为美国材料试验协会标准、JIS 为日本工业标准、BS 为英国工业标准、DIN 为德国工业标准等。

0.5　建筑与装饰材料的选用原则

建筑与装饰材料的品种繁多，在工程实践中选用材料的原则为：第一，满足使用功能；第二，考虑合理的耐久性；第三，注意材料的安全性，须利于身心健康；第四，考虑经济性，不但要考虑一次性投资，而且应考虑维护费用的大小；第五，应便于施工，满足装饰效果要求。

0.6　本课程的学习目的及方法

本书主要讲述建筑与装饰材料的品种、规格、技术性能、检验、选用及保管等基本内容。学生（学习者）通过学习应能正确认识、合理选用建筑与装饰材料，获得主要建筑与装饰材料检测的基本技能，并掌握建筑与装饰材料产品运输与保管的有关知识。

本课程实践性较强。学生在学习时，课下除应认真精读教材（包括二维码内容）外，还要经常到网上查阅相关资料进行认知学习，浏览更多、更新的建筑与装饰材料品种（推荐部分网站见附录二维码）。同时，学生应在教师指导下，到建筑施工现场或实训室、建材市场等地，对建筑与装饰材料进行认知实践。学习时要注意将理论知识落实在材料的选用、检测、验收等实践操作的技能上。应该充分重视主要材料的试验训练。

动态 0

应用案例与发展动态

模块一

建筑与装饰材料的基本性能

模块内容简介：

本模块为全书重点内容之一，主要介绍建筑与装饰材料的基本性能。内容包括材料的组成与结构，材料的物理性质、力学性质、耐久性与环境的协调性、防火性能等。

模块的学习目标：

学生在学完本模块后，应该认识到材料的一切性质是由材料的结构所决定的，结构又是由材料的组成和生产工艺所决定的，即材料的性质是材料结构的外在表现。

▶▶▶任务一

建筑与装饰材料基本性能的认识

任务简介：本任务主要是学习各种建筑与装饰材料的基本性能。通过材料组成、结构来反映材料的性能，为后续学习各种材料的任务奠定基础。

知识目标：(1) 掌握材料的化学组成、矿物组成含义；了解材料的宏观结构、亚微观结构、微观结构含义；了解材料的相组成含；了解材料内部孔隙的分类及其对材料性能的影响。

(2) 掌握材料的密度、表观密度、堆积密度、密实度、孔隙率、填充率及空隙率的概念，熟悉各密度计算表达式。

(3) 掌握材料亲水性和憎水性、吸水性和吸湿性、耐水性、抗渗性、抗冻性的概念，熟悉各指标的计算表达式。了解导热系数、热容量与比热容及热变形的概念。

(4) 掌握材料的强度、比强度、强度等级概念，了解弹性和塑性，脆性和韧性、硬度与耐磨性的概念。

(5) 了解材料耐久性、防火性的概念。

技能目标：(1) 能够区分与材料基本性能相关的术语。

(2) 能对材料的基本性能指标进行一定的计算。

(3) 会正确使用仪器测试材料的密度、表观密度和堆积密度。

建筑与装饰材料在土木工程中，承受着各种不同的作用，因而要求材料应具有不同的性质。例如，梁、板、柱以及承重的墙体，主要承受各种荷载作用；房屋屋面，主要承受风霜、雨雪的作用，且能保温、隔热、防水、防火；而高层建筑外墙的装饰，主要应注意光泽、质感、图案、花纹、防火等。这就要求用于不同部位的材料应具有相应的性质。

材料的性质是由材料的组成与结构决定的（即结构决定性能），而结构又是由材料的生产工艺及原料的成分决定的。因此，学习时应抓住材料的"选择—性能—结构—生产工艺—原料成分"这条主线。

1.1 材料的组成与结构

1.1.1 材料的组成

材料的组成既包括化学组成和矿物组成，又包括相组成。它是决定材料各种性质的主要因素。

1. 化学组成

化学组成是指构成材料的化学成分。不同化学成分组成的材料其性能不同。不同类型的材料，化学组成的表示方法也不同，例如无机非金属建筑材料的化学组成以各种氧化物的含量表示，金属材料则以元素含量来表示。

化学组成决定着材料的化学性质，影响着物理性质和力学性质。

2. 矿物组成

材料中的元素或化合物是以特定的结合形式存在的，并决定着材料的许多重要性质。

矿物组成是无机非金属建筑材料中化合物存在的基本形式。化学组成不同，就有不同的矿物组成。而相同的化学组成，在不同的生产条件下，结合成的矿物组成往往也是不同的。例如，化学组成为 CaO、SiO_2和 H_2O 的原料，在常温下硬化成的石灰砂浆和在高温高湿下硬化成的灰砂砖，由于两者条件不同，其物理性质和力学性质截然不同。

金属材料和有机材料也与无机非金属材料一样，由其各自的基本组成，决定着同一种类材料的主要性质。例如，铁和碳元素结合成固溶体或者化合物及二者的机械混合物，是非合金钢（碳素钢）的基本组成，其组成及含量不同的钢，性质有明显差别。所以说，认识各类材料的基本组成，是了解材料本质的基础。

3. 相组成

将材料中结构相近、物理和化学性质相同的均匀部分称为相。自然界中的物质可分为气相、液相、固相三种形态。材料中的同种化学物质，由于加工工艺不同、温度和压力等条件不同，可形成不同的相。材料中大多数是固相，建筑材料大多是多相材料，例如，普通混凝土是由集料颗粒（粗集料相、细集料相）分散在水泥浆基体（基相）中，且还有少量孔隙（气相、可能存在液相）所组成的多相材料。多相材料的性质与其构成材料的相组成和相与相界面的特性有密切关系。在实际材料中，界面往往是一个较薄区域，它的成分和结构与两边的相内部分是不一样的，具有界面特性形成“界面相”。因此，对于建筑材料，可通过改变和控制其组成和界面特性，来调整和提高材料的技术性能。

1.1.2　材料的结构

1. 结构

材料的结构是决定材料性质的重要因素，可分为宏观结构、细观结构和微观结构三个层次，而且多数材料在前两个层次上都存在着孔隙。一般从三个层次来观察材料的结构及其与性质的关系。

(1) 宏观结构（亦称构造）

用放大镜或肉眼即可分辨的毫米级组织称为宏观结构。宏观结构的分类及其相应的主要特性见表 1－1。

表 1－1　材料的宏观结构及其相应的主要特性

材料的宏观结构		常用材料	主要特性
单一材料	致密结构	钢材、玻璃、沥青、部分塑料	高强、不透水、耐腐蚀
	多孔结构	泡沫塑料、泡沫玻璃	轻质、保温
	纤维结构	木材、竹材、石棉、岩棉、玻璃纤维、钢纤维	高抗拉，且大多数具有轻质、保温、吸声性质
	聚集结构	陶瓷、砖、某些天然岩石	强度较高

续表

材料的宏观结构		常用材料	主要特性
复合材料	粒状聚集结构	各种混凝土、砂浆、钢筋混凝土	综合性能好、价格较低廉
	纤维聚集结构	岩棉板、岩棉管、石棉水泥制品、纤维板、纤维增强塑料	轻质、保温、吸声或高抗拉（折）
	多孔结构	加气混凝土、泡沫混凝土	轻质、保温
	迭合结构	纸面石膏板、胶合板、各种夹芯板	综合性能好

采用两种或两种以上组成材料构成的新材料，称为复合材料。复合材料取各组成材料之长，避免单一材料的缺点，使其具有多种使用功能（如承受各种荷载、防水、保温、装饰、耐久等）或者具有某项特殊功能。复合材料综合性能好，某些性能往往超过组成中的单一材料。

材料的宏观结构中常含有孔隙或裂纹等缺陷，对材料性能有较大影响。

（2）细观结构

由光学显微镜所看到的微米级组织结构称为细观结构（亦称显微或亚微观结构），其尺寸为 $10^{-7} \sim 10^{-3}$m。该结构主要涉及材料内部的晶粒等的大小和形态、晶界或界面、孔隙、微裂纹等。

一般而言，材料内部的晶粒越细小、分布越均匀，则材料的强度越高、脆性越小、耐久性越好；不同组成间的界面黏结或接触越好，则材料的强度、耐久性等越好。材料的亚微观结构相对较易改变。

（3）微观结构

利用电子显微镜、X 射线衍射仪、扫描隧道显微镜等工具看到的原子或分子级的结构称为微观结构，其尺寸为 $10^{-10} \sim 10^{-7}$m。微观结构的形式及其主要特征见表 1－2。

表 1－2　材料的微观结构形式及其主要特性

微观结构			常见材料	主要特征
晶体	原子、离子或分子按一定规律排列	原子晶体（以共价键结合）	金刚石、石英、刚玉	强度、硬度、熔点均高，密度较小
		离子晶体（以离子键结合）	氯化钠、石膏、石灰岩	强度、硬度、熔点较高，但波动大，部分可溶，密度中等
		分子晶体（以分子键结合）	蜡及部分有机化合物	强度、硬度、熔点较低，大部分可溶，密度小
		金属晶体（以库仑引力结合）	铁、钢、铝、铜及其合金	强度、硬度变化大，密度大
非晶体	原子、离子或分子以共价键、离子键或分子键结合，但为无序排列（短程有序，长程无序）		玻璃、粒化高炉矿渣、火山灰、粉煤灰	无固定的熔点和几何形状，与同组成的晶体相比，强度、化学稳定性、导热性、导电性较差，且各向同性

无机非金属材料中的晶体（或非晶体），其键的构成往往不是单一的，而是由共价键和离子键等共同组成，如方解石、长石及硅酸盐类材料等。这类材料的性质相差较大。

非晶体是一种不具有明显晶体结构的结构状态，又称为无定形体或玻璃体，是熔融物在急速冷却时，质点来不及按特定规律排列，所形成的内部质点无序排列（短程有序，长程无序）的固体或固态液体。因其大量的化学能未能释放出，故其化学稳定性较晶体差，容易和其他物质反应或自行缓慢向晶体转换。如水泥、混凝土等材料中使用的粒化高炉矿渣、火山灰、粉煤灰等材料，能对反应产物中的石灰在有水的条件下起硬化作用。

2. 孔隙

大多数材料在宏观结构层次或细观结构层次上均含有一定大小和数量的孔隙，甚至是相当大的孔洞。这些孔洞几乎对材料的所有性质都有相当大的影响。

（1）孔隙的分类

材料内部的孔隙按尺寸大小，可分为微细孔隙、细小孔隙、较粗大孔隙、粗大孔隙等；按孔隙的形状，可分为球形孔隙、片状孔隙（即裂纹）、管状孔隙、带尖角的孔隙等；按常压下水能否进入孔隙中，又可分为开口孔隙（或连通孔隙）、闭口孔隙（封闭孔隙），当然压力很高的水可能会进入到部分闭口孔隙中。材料孔隙构造示意图如图 1－1 所示。

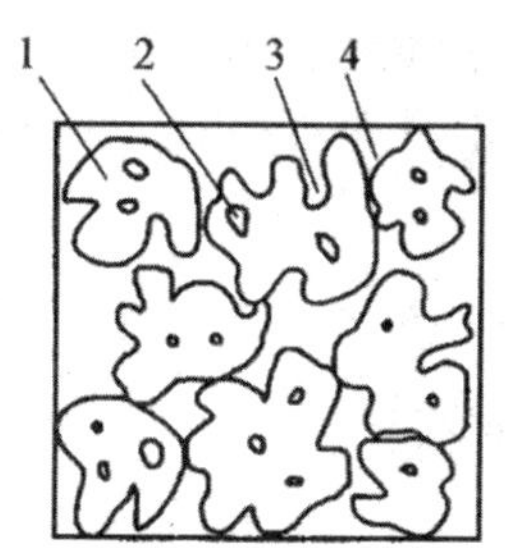

1—颗粒中固体物质；2—闭口孔隙；3—开口孔隙；
4—颗粒间的空隙

图 1－1　材料孔隙构造示意图

（2）孔隙对材料性质的影响

通常材料内部的孔隙含量（即孔隙率）越多，则材料的表观密度、堆积密度、强度越小，耐磨性、抗冻性、抗渗性、耐腐蚀性及耐久性越差，而保温性、吸声性、吸水性和吸湿性等越强。孔隙的形状和孔隙状态对材料的性能有不同程度的影响，如连通孔隙、非球形孔隙（如扁平孔隙，即裂纹）往往对材料的强度、抗渗性、抗冻性、耐腐蚀性更为不利，对保温性稍有不利影响，但对吸声却有利。孔隙尺寸越大，对材料上述性能的影响越明显。

人造材料内部的孔隙是生产材料时，在各工艺过程中留在材料内部的气孔。绝大多数建筑材料的生产过程中均使用水作为一个组成成分。为达到生产工艺所要求的工艺性质，用水量往往远远超过理论需水量（如水泥、石膏等的化学反应所需的水量），多余的水即形成了材料内部的毛细孔隙，即绝大多数人造建筑材料中的孔隙基本上是由水所造成的。可以说，凡是影响人造建筑材料内部孔隙数量、孔隙形状、孔隙状态或用水量的因素，均是影响材料性能的因素。在确定改善材料性能的措施和途径时，必须考虑这些因素。

1.2 材料的物理性质

1.2.1 与材料结构状态有关的基本参数

1. 不同状态下的密度

(1) 密度

材料在绝对密实状态下（不含内部所有孔隙体积时）单位体积的质量，密度ρ的计算公式如下：

$$\rho = \frac{m}{V} \tag{1-1}$$

式中：ρ——密度，g/cm^3或kg/m^3；

m——材料在干燥状态下的质量，g或kg；

V——干燥材料的绝对密实体积，cm^3或m^3。

绝对密实体积是指纯粹固体物质的体积，不包含材料内部的孔隙。工程中所用材料，如钢材、玻璃等致密材料可以认为不含孔隙，可以近似地直接用排开液体法测定。其他材料均含孔隙，则必须将其磨成细粉，干燥后再采用排开液体的方法来测定其体积。材料磨得越细，测得的体积越接近绝对体积，所得的密度值就越准确。

工程中常用的散粒状材料，内部有些与外部不连通的孔隙，使用时既无法排除，又没有物质进入，在密度测定时直接采用排液法测出的颗粒体积（材料的密实体积与闭口孔隙体积之和，但不含开口孔隙体积）与其密实体积基本相同，并按上述公式计算，这时所求的密度有学者称其为视密度，即

$$\rho' = \frac{m}{V} = \frac{m}{V + V_B}$$

式中：V_B——材料的闭口孔体积，cm^3或m^3。

(2) 表观密度

表观密度指多孔（块状或粒状）材料在自然状态下（包括内部所有孔隙体积）单位体积的质量，用下式表示：

$$\rho_0 = \frac{m}{V_0} = \frac{m}{V + V_B + V_K} \tag{1-2}$$

式中：ρ_0——材料的表观密度，kg/m^3；

m——在自然状态下材料的质量，kg；

V_0——在自然状态下材料的体积（包括开口孔体积V_K和闭口孔体积V_B），m^3。

测定材料在自然状态下的体积的方法比较简单。若材料外观形状规则，可直接测量外形尺寸，按几何公式计算；若外观形状不规则，则须涂蜡后采用排水法测定其体积。

当材料含水时，质量增大，体积也会发生变化，所以测定时应注明含水状态。材料的含水状态通常有烘干、气干、饱和面干和湿润等四种状态，如图1-2所示。测试时，材料质量可

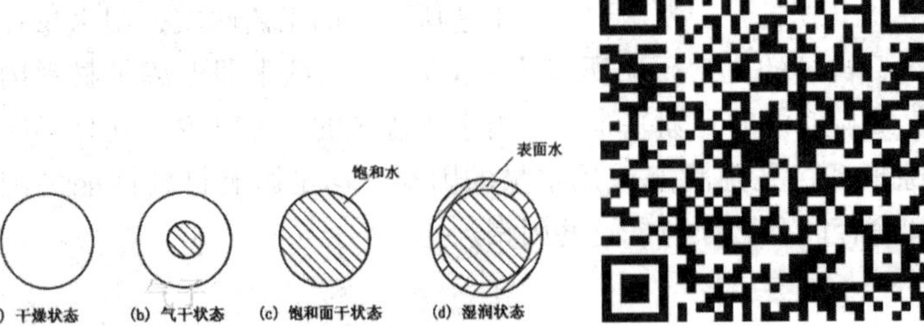

图1-2 材料的含水状态

视频：水泥密度的测定

视频：物料堆积密度的测定

以是任意含水状态下的，不加说明时，是指气干状态下的质量。

(3) 堆积密度

散粒状、粉末状或纤维状的材料在堆积状态下（含颗粒间空隙体积、材料内部孔隙的体积）单位体积的质量，用下式表示：

$$\rho'_0 = \frac{m}{V'_0} = \frac{m}{V_0 + V_P} \tag{1-3}$$

式中：ρ'_0——堆积密度，kg/m^3；

m——材料的质量，kg；

V'_0——材料的自然堆积体积，m^3；

V_P——颗粒间的空隙体积，m^3。

测试时，材料的质量可以是任意含水状态下的。无说明时，指气干状态下的。材料堆积密度大小取决于散粒材料的密度、含水率以及堆积的疏密程度。在自然堆积状态下称为松散堆积密度，在振实、压实状态下称为紧密堆积密度。

常用建筑材料的密度、表观密度、堆积密度见表 1－3。

表 1－3　常用建筑材料的密度、表观密度、堆积密度

材料名称	密度/（g/cm^3）	表观密度/（kg/m^3）	堆积密度/（kg/m^3）
石灰岩	2.6～2.8	1 800～2 600	—
花岗岩	2.7～2.9	2 500～2 800	—
混凝土用砂	2.5～2.6	—	1 450～1 650
混凝土用石	2.6～2.9	—	1 400～1 700
水泥	2.8～3.1	—	900～1 300（松散堆积） 1 400～1 700（紧密堆积）
普通混凝土	—	2 100～2 500	—
钢材	7.85	7 850	—
铝合金	2.7～2.9	2 700～2 900	—
烧结普通砖	2.5～2.7	1 500～1 800	—
建筑陶瓷	2.5～2.7	1 800～2 500	—
玻璃	2.45～2.55	2 450～2 550	—
红松木	1.55～1.60	400～800	—
泡沫塑料	—	20～50	—

2. 孔隙率与密实度

(1) 孔隙率

孔隙率是指材料内部孔隙体积占材料自然状态下体积的百分数，分为开口孔隙率、闭口孔隙率、总孔隙率（简称为孔隙率）。

1）孔隙率的计算　孔隙率计算公式如下：

$$P = \frac{V_B + V_K}{V_0} = \frac{V_0 - V}{V_0} = 1 - \frac{V}{V_0} = \left(1 - \frac{\rho_0}{\rho}\right) \times 100\% \tag{1-4}$$

或
$$P=\frac{V_K+V_B}{V_0}=\frac{V_K}{V_0}+\frac{V_B}{V_0}=P_K+P_B$$

2）开口孔隙率的计算　材料中开口孔隙的体积占材料自然状态下体积的百分数称为开口孔隙率。工程中，常将材料吸水饱和状态时水所占的体积视为开口孔隙体积，则 P_K 可表示为

$$P_K=\frac{V_K}{V_0}=\frac{V_{SW}}{V_0}=\frac{m_{SW}}{V_0\cdot\rho_W}=\frac{m'_{SW}-m}{V_0}\cdot\frac{1}{\rho_W}\times100\% \tag{1-5}$$

式中：m_{SW}——孔隙中水的质量，kg；

ρ_W——水的密度，kg/m^3；

m'_{SW}——材料吸水饱和时的质量，kg/m^3。

3）闭口孔隙率的计算　材料中闭口孔隙的体积占材料自然状态下体积的百分数称为闭口孔隙率，用下式表示：

$$P_B=P-P_K \tag{1-6}$$

(2) 密实度

密实度是指材料体积内被固体物质充实的程度，即固体物质的体积占总体积的百分数，用下式表示：

$$D=\frac{V}{V_0}=\frac{\rho_0}{\rho}\times100\% \tag{1-7}$$

材料的密实度反映了材料内部的致密程度，对于绝对密实材料，因 $\rho_0=\rho$，故密实度 $D=1$ 或100%。对于大多数土木工程材料，因 $\rho_0<\rho$，故密实度 $D<1$ 或 $D<100\%$。

(3) 孔隙率与密实度的关系

孔隙率与密实度的关系为

$$D+P=1 \tag{1-8}$$

孔隙率反映了材料内部孔隙的多少，它会直接影响材料的多种性质。孔隙率越大，则材料的表观密度、强度越小，耐磨性、抗冻性、抗渗性、耐腐蚀性、耐水性及耐久性越差，而保温性、吸声性、吸水性与吸湿性越强。上述性质不仅与材料的孔隙率大小有关，还与孔隙特征（如开口孔隙、闭口孔隙、球形孔隙等）、孔隙尺寸大小、孔隙在材料内部分布的均匀程度等有关。

一般石灰岩的孔隙率为0.6%～1.5%，烧结普通砖的孔隙率为20%～40%，普通混凝土的孔隙率为5%～20%，轻质混凝土的孔隙率为60%～65%，木材的孔隙率为55%～75%，泡沫塑料的孔隙率为95%～99%。

3. 填充率与空隙率

对于松散颗粒状态的材料（如砂子、石子等），可用填充率和空隙率表示其填充的疏松紧密程度。

(1) 填充率

填充率是指散粒状材料在容器的体积中，被其颗粒填充的程度，填充率 D' 的计算公式如下：

$$D'=\frac{V}{V_0}=\frac{\rho_0}{\rho}\times100\% \tag{1-9}$$

(2) 空隙率

空隙率是指散粒材料颗粒间空隙体积占整个堆积体积的百分率，用下式表示：

$$P' = \frac{V}{V'_0} = \frac{V'_0 - V_0}{V'_0} = \left(1 - \frac{V_0}{V'_0}\right) = \left(1 - \frac{\rho'_0}{\rho_0}\right) \times 100\% \tag{1-10}$$

(3) 填充率与空隙率的关系

填充率与空隙率的关系为

$$D' + P' = 1 \tag{1-11}$$

填充率与空隙率从不同侧面反映了散粒状材料在堆积状态下，颗粒之间的紧密程度。可以通过压实或振实的方法得到较小的空隙率。在大量配制混凝土、砂浆等材料时，宜选用空隙率（P'）小的砂、石，有利于节约胶凝材料。

1.2.2　与水有关的性质

材料在构成土木工程实体后，其在使用过程中，不可避免地会受到外界雨、雪、地下水、冻融等的影响。这种影响大多数对材料都有不同程度的有害作用，所以材料在使用中与水有关的性能也影响到材料的选择和耐久性。材料与水有关的性质包括亲水性和憎水性、吸水性和吸湿性、耐水性、抗冻性、抗渗性等。

1. 材料的亲水性与憎水性

若水可以在材料表面铺展开，即材料表面可以被水润湿，此种性质称为亲水性，具备此种性质的材料称为亲水性材料，如图 1－3 所示。大多数的无机硅酸盐材料、石膏和石灰属于亲水性材料。

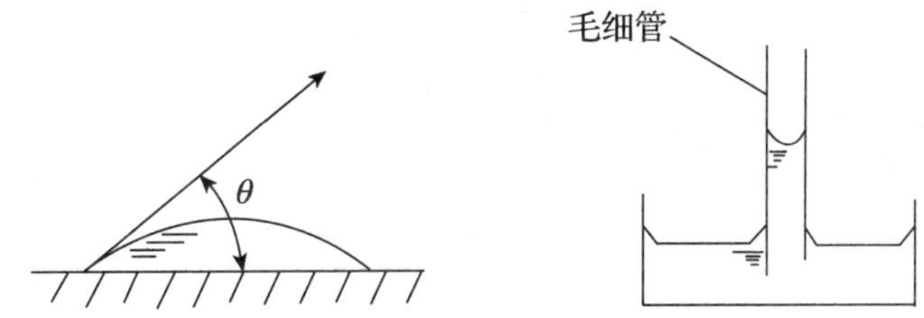

图 1－3　亲水性材料的润湿与毛细现象（$\theta \leq 90°$）

若水不能在材料表面铺展开，即不能被浸润，则称为憎水性，具备此种性质的材料称为憎水性材料，如图 1　4 所示。憎水性材料常用作防水材料。

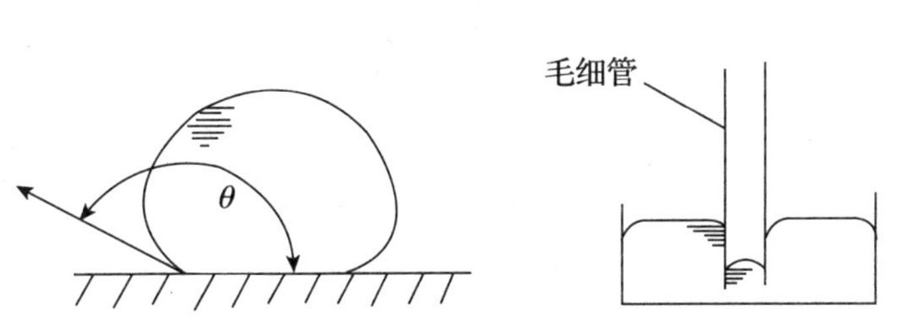

图 1－4　憎水性材料的润湿与毛细现象（$\theta > 90°$）

视频：材料的亲水性和憎水性

含毛细孔的亲水性材料可自动将水吸入孔隙内。大多数建筑材料属于亲水性材料。孔隙率较小的亲水性材料仍可作防水或防潮材料使用，如混凝土、砂浆等。

材料具有亲水性或憎水性的根本原因，在于材料的分子结构是极性分子还是非极性分子，亲水性材料与水分子之间的分子亲和力大于水分子本身之间的内聚力，而憎水性材料与水分子之间的分子亲和力小于水分子本身之间的内聚力。

土木工程材料中的大多数材料，如骨料、砖与砌块、砂浆、混凝土和木材等属于亲水性材料，其表面能被水润湿，水能通过毛细管孔作用进入材料的内部；多数有机高分子材料，如塑料、石蜡、沥青、玻璃钢等属于憎水性材料，表面不易被水润湿，适宜作为防水材料和防潮材料，也可涂覆于亲水性材料表面，以降低其吸水性。

2. 吸水性与吸湿性

(1) 吸水性

吸水性是材料在水中吸收水分的性质，用材料在吸水饱和状态下的吸水率来表示，具体分为质量吸水率 W_m（所吸收水的质量占绝干材料质量的百分率）、体积吸水率 W_V（所吸收水的体积占自然状态下材料体积的百分率），计算公式分别如下：

$$W_m = \frac{m_{SW}}{m} = \frac{m'_{SW} - m}{m} \times 100\% \tag{1-12}$$

$$W_V = \frac{V_{SW}}{V_0} = \frac{m'_{SW} - m}{V_0} \cdot \frac{1}{\rho_W} \times 100\% \tag{1-13}$$

二者的关系为：

$$W_V = \frac{\rho_0}{\rho_W} \cdot W_m \tag{1-14}$$

式中：W_m——质量吸水率，%；

W_V——体积吸水率，%；

m'_{SW}——材料在吸水饱和状态下的质量，kg；

m——材料在绝对干燥状态下的质量，kg；

ρ_0——材料干燥状态下的表观密度，kg/m^3；

ρ_W——水的密度，常温取 1 000 kg/m^3。

对于质量吸水率大于100%的材料（如木材等），通常采用体积吸水率；而对于大多数材料，通常采用质量吸水率。

影响材料的吸水性的主要因素有材料自身的化学组成、结构和构造状况，尤其是孔隙状况。通常材料的亲水性越强、孔隙率越大、连通的毛细孔孔隙越多，其吸水率越大。由于材料不同以及同种材料孔隙率和孔隙结构不同，不同材料吸水率相差很大，同种材料也有不同吸水率，见表1-4。

表1-4 不同材料的吸水率

序号	材料名称	吸水率（%）
1	花岗岩	0.5~0.7
2	外墙面砖	6~10
3	内墙釉面砖	12~20

续表

序号	材料名称	吸水率（%）
4	普通混凝土	2～4
5	黏土砖	8～12
6	加气混凝土、软木轻质材料	>100

（2）吸湿性

吸湿性是材料在潮湿的空气中吸收水蒸气的性质。干燥的材料处在较湿的空气中时，便会吸收空气中的水分；而当较潮湿的材料处在较干燥的空气中时，便会向空气释放水分。前者是材料的吸湿过程，后者是材料的干燥过程。

吸湿性用含水率表示。材料中所含水的质量与材料绝干质量的百分比称为含水率。其计算公式如下：

$$W_B = \frac{m_{SW} - m}{m} \times 100\% \tag{1-15}$$

式中：W_B——材料的含水率，%，

m_{SW}——材料吸水时的质量，kg。

材料吸湿或干燥至与空气湿度相平衡时的含水率称为平衡含水率。建筑材料在正常使用状态下，均处于平衡含水状态。

材料的吸湿性除主要与材料的组成、微细孔隙的含量及材料的微观结构有关外，还与材料所处的环境温度、湿度有关。材料堆放在施工现场，其水分不断向空气中挥发，同时又从空气中吸收水分，始终处于动态平衡中。因此，在混凝土的施工配合比设计时应注意砂、石含水率对配合比的影响。

（3）吸水性与吸湿性对材料性质的影响

材料吸水或吸湿后，可削弱内部质点间的结合力，使其强度下降。同时也使材料的表观密度、导热性增加，几何尺寸略有增加，又使材料的保温性、吸声性、强度下降，并使材料受冻害、腐蚀等加剧。由此可见含水使材料的绝大多数性质变差。

3. 耐水性

材料长期在饱和水的作用下不遭破坏、强度也不显著降低的性能称为耐水性。

对于结构材料，耐水性主要指保持强度不变的能力；对装饰材料，则主要指颜色是否变化、是否起泡、是否起层等。材料不同，耐水性不同，耐水性表示的方法也不同。对于结构材料，用软化系数（K_P）来表示，计算公式如下：

$$K_P = \frac{\text{吸水饱和状态下的抗压强度}}{\text{干燥状态下的抗压强度}} = \frac{f_1}{f_0} \tag{1-16}$$

式中：K_p——材料的软化系数；

f_0——材料在干燥状态下的抗压强度，MPa；

f_1——材料在吸水饱状态下的抗压强度，MPa。

材料软化系数的大小反映材料在浸水饱和后强度降低的程度。材料的软化系数介于0～1.0之间，钢铁、玻璃、陶瓷近似于1，石膏、石灰的软化系数较低。通常将 $K_P>0.85$ 的材料称为耐水性材料。长期处于潮湿或经常遇水的结构，必须选用 $K_P>0.85$ 的材料。受潮较轻或一般的建筑物的材料，其软化系数也不宜小于0.75。

材料的耐水性主要与其组成成分在水中的溶解度和材料的孔隙率有关。溶解度很小或不溶的材料，软化系数（K_P）一般较大。若材料可微溶于水且含有较大的孔隙率，则其软化系数（K_P）较小或很小。

4. 抗渗性

抗渗性是材料抵抗压力水渗透的性质。土木建筑工程中许多材料常含有孔隙、孔洞或其他缺陷，当材料两侧的水压差较高时，水可能从高压侧通过内部的孔隙、孔洞或其他缺陷渗透到低压侧。这种压力水的渗透，不仅会影响建筑的使用，而且渗入的水还会带入能腐蚀材料的介质，或将材料内部的某些成分带出，造成材料的结构破坏。

抗渗性通常用渗透系数来表示。渗透系数是指一定厚度的材料，在单位压力水头作用下，单位时间通过单位面积的水量，计算公式如下：

$$K = \frac{Qd}{AtH} \qquad (1-17)$$

式中：K——材料的渗透系数，cm/h；

Q——透过材料试件的水量，cm^3；

d——材料试件的厚度，cm；

A——透水面积，cm^2；

t——透水时间，h；

H——静水压力水头，cm。

渗透系数反映了材料抵抗压力水渗透的能力，渗透系数越大，则材料抗渗性越差。

混凝土和砂浆的抗渗性常用抗渗等级来表示。抗渗等级是以28 d龄期的标准试件，按规定的方法进行试验时所能承受的最大水压力。抗渗等级用“Pn”表示，其中n为该材料所能承受的最大水压力的10倍值。通常混凝土抗渗等级划分为5个等级，分别用P4、P6、P8、P10及P12来表示，即代表材料分别抵抗0.4 MPa、0.6 MPa、0.8 MPa、1.0 MPa及1.2 MPa的水压力而不渗透。

材料的抗渗性与其内部的孔隙率和孔隙特征有关，特别是与开口孔隙率有关，与材料的亲水性、憎水性也有一定的关系。

5. 抗冻性

材料在使用环境中，经受多次冻融循环而不被破坏，强度也无显著降低的性质称为抗冻性。

抗冻性通常用抗冻等级来表示。按照不同的抗冻制度，有慢冻法和快冻法两种，其抗冻等级分别用“Dn”和“Fn”表示，其中n为最大冻融循环次数。混凝土的抗冻等级划分为D25、D50、D100、D150、D200、D250、D300、D300以上八个等级和F10、F15、F25、F50、F100、F150、F200、F250、F300九个等级。

材料抗冻等级的选择主要是依据建筑物的种类、材料的使用条件和部位、当地的气候条件等因素决定的。例如，烧结普通砖、陶瓷面砖、轻混凝土等墙体材料，一般要求抗冻等级为F15或F25，而用于桥梁和道路的混凝土应为F50、F100或F200。

（1）冻害原因

材料吸水后，在负温作用条件下，水在毛细孔内冻结成冰，体积膨胀（大约增加9%）所产生的冻胀压力造成材料的内应力，会使材料遭到局部破坏。随着冻融循环的反复，材料的破坏作用逐步加剧，这种破坏称为冻融破坏。

(2) 影响冻害的因素

1）孔隙率（P）和开口孔隙率（P_K）　一般情况下 P 越大，尤其 P_K 越大，抗冻性越差。

2）充水程度　以水饱和度（K_S）表示：

$$K_S = \frac{V_W}{V_P}$$

理论上讲，若孔隙分布均匀，当水饱和度 $K_S < 0.91$ 时，结冰不会引起冻害，因为未充水的孔隙空间可以容纳下水结冰而增加的体积。但当 $K_S > 0.91$ 时，则已容纳不下冰的体积，故对材料孔壁产生压力，因而会引起冻害。实际上，由于局部饱和的存在和孔隙分布不均，K_S 较 0.91 小一些才是安全的。如对于水泥混凝土，$K_S < 0.80$ 时冻害才会明显减小。

对于受冻，吸水饱和状态是最不利的状态。可以用下述关系式来描述这种状态：

$$K_S = \frac{V_{SW}}{V_P} = \frac{W_V}{P} = \frac{P_K}{P} = \frac{V_K}{V_P}$$

上式可以用来估计绝大多数材料抗冻性的好坏。有时为了提高材料的抗冻性，在生产材料时常有意引入部分封闭的孔隙，如在混凝土中掺入引气剂。这些闭口孔隙可切断材料内部的毛细孔隙，当开口的毛细孔隙中的水结冰时，所产生的压力可将开口孔隙中尚未结冰的水挤入无水的封口孔隙中，即这些封闭孔隙可起到卸压的作用。

3）材料本身的强度　材料强度越高，抵抗破坏能力越强，即抗冻性越高。

1.2.3　与热有关的性质

1. 导热系数

当材料两侧存在温度差时，热量从材料一侧通过材料传至另一侧的性质称为材料的导热性，以导热系数来表示，计算公式如下：

$$\lambda = \frac{Q \cdot d}{(T_1 - T_2) \cdot t \cdot A} \tag{1-18}$$

式中：λ——材料的导热系数，W/（m·K）；

Q——材料传导的热量，J；

d——材料的厚度，m；

A——材料的传热面积，m^2；

t——传热时间，s；

$T_1 - T_2$——材料两侧的温差，K。

导热系数越小，材料的保温性能越好。各种不同材料的导热系数差别很大，一般在 0.035 ~3.5 W/（m·K）之间，一般热导系数小于 0.23 W/（m·k）的为绝热材料。

影响材料导热系数的因素有以下四个。

①材料的组成与结构。一般地说，金属材料、无机材料、晶体材料的导热系数分别大于非金属材料、有机材料、非晶体材料。

②孔隙率越大即材料越轻（ρ_0 小），导热系数越小。细小孔隙、闭口孔隙比粗大孔隙、开口孔隙对降低导热系数更为有利，因为避免了对流传热。

③含水或含冰时，会使导热系数急剧增加。所以，保温材料在存放、施工、使用过程中，

需保证为干燥状态。

④温度越高，导热系数越大（金属材料除外）。

上述因素一定时，导热系数为常数。几种材料的导热系数见表1-5。

2. 热容量与比热容

材料受热时吸收热量，冷却时放出热量的性质称为材料的热容量。单位质量材料温度升高或降低1 K所吸收或放出的热量称为比热容，几种材料的比热容也见表1-5。热容量值等于材料的比热容（c）与质量（m）的乘积。

表1-5 几种材料的热工性能指标

材料	导热系数/［W/（m·K）］	比热容/［$\times10^2$J/(kg·K)］	材料	导热系数/［W/（m·K）］	比热容/［$\times10^2$J/(kg·K)］
钢	58	4.6	松木横纹	0.17	25
花岗岩	2.80~3.49	8.5	泡沫塑料	0.03~0.04	13~17
普通混凝土	1.50~1.86	8.8	石膏板	0.19~0.24	9~11
普通黏土砖	0.42~0.63	8.4	冰	2.22	21
泡沫混凝土	0.12~0.20	11.0	水	0.58	42
普通玻璃	0.70~0.80	8.4	密闭空气	0.023	10
松木顺纹	0.35	25			

材料的热容量越大，则建筑物室内温度越稳定，能对室内温度起到调节作用，使温度变化不致过快。

墙体材料的热学性能对建筑节能具有重要的意义。建筑物外墙的墙体材料，既应具有较低的导热性，又应该具有较大的热容量，且具有保温隔热和防水性能，以保持建筑物内部的温度稳定性，从而达到节约冬季取暖与夏季降温过程中的能耗目的。

3. 材料的温度变形性

材料的温度变形性是指温度升高或降低时材料体积的变化性。绝大多数建筑材料在温度升高时体积膨胀，温度下降时体积收缩，即“热胀冷缩”。建筑工程中，对材料的温度变形大多关心其某一单向尺寸的变化，因此研究其平均线膨胀系数具有实际意义。材料的单向线膨胀量或收缩量计算公式如下：

$$\Delta L = (T_2 - T_1)\alpha L \quad (1-19)$$

式中：ΔL——线膨胀量或线收缩量，mm 或 cm；

$T_2 - T_1$——材料升温或降温前后的温度差，K；

α——材料在常温下的平均线膨胀系数，1/K；

L——材料原来的长度，mm 或 cm。

常用材料的线膨胀系数为：钢材，$\alpha=(10\sim12)\times10^{-6}$/K；混凝土，$\alpha=(5.8\sim12.6)\times10^{-6}$/K；岩石、骨料，$\alpha=(6.3\sim12.4)\times10^{-6}$/K。

线膨胀系数与材料的组成和结构有关，常选择合适的材料来满足工程对温度变形的要求。在大面积或大体积混凝土工程中，为防止材料的温度变形引起裂缝，常设置伸缩缝。

1.3　材料的力学性质

材料的力学性质是指材料在外力作用下，抵抗破坏和变形的能力。它对建筑物的正常运行、安全使用是至关重要的。

在学习材料的力学性质时，经常用到与受力和变形相对应的两个概念：应力和应变。应力是指作用于材料表面或内部单位面积的力，通常用符号“σ”表示；应变是指材料在外力作用方向上，所发生的相对变形值，通常用符号“ε”表示。对于拉、压变形，$\varepsilon=\frac{\Delta L}{L}$（$\Delta L$ 为试件受力方向的变形值，L 为试件原长）。

1.3.1　材料的强度

材料在外力作用下抵抗破坏的能力称为强度。建筑材料受外力作用时，内部就产生应力。外力增加，应力相应增大。随着外力的增加，材料内部质点间的结合力不足以抵抗外力时，材料即发生破坏，此时的应力值就是材料的强度，也称为极限强度。

根据外力作用方式的不同，材料强度有抗拉、抗压、抗剪、抗弯（抗折）、抗扭强度等，如图 1－5 所示。

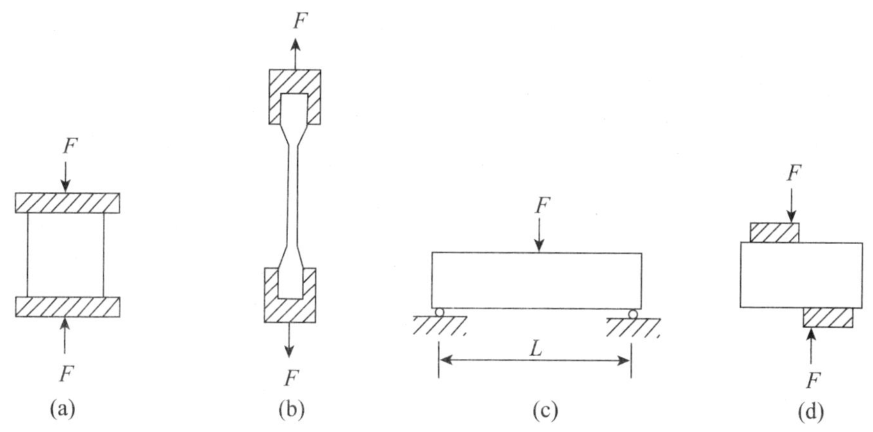

视频：材料受压试验　视频：材料受拉试验　视频：材料受弯试验　视频：材料受剪试验

图 1－5　常见的构件受力图

（a）受压构件　（b）受拉构件　（c）受弯构件　（d）受剪构件

1. 材料的理论强度

固体材料的强度决定于结构中质点间的结合力，即化学键力。材料的破坏实际上是质点间化学键的断裂。原则上固体的理论强度能够根据其化学组成、晶体结构与强度之间的关系计算出来，但不同材料有不同的组成、不同的结构以及不同的键合方式，因此这种计算非常复杂，而且对各种材料均不相同。奥洛旺（Orowan）提出了著名的 Orowan 公式，即材料的理论强度可由下式计算：

$$f_t = \sqrt{\frac{E \cdot v}{d}}$$

式中：f_t——材料的理论强度，Pa；

E——材料的杨氏弹性模量，Pa；

v——材料的表面能，J/m^2；

d——原子间距，m。

由上式计算出的理论强度很高，为实际强度的 100～1 000 倍。实际上材料结构中含有大量缺陷，如晶格缺陷、孔隙、裂纹等。材料受力时，在缺陷处形成应力集中。如当脆性材料内部含一长度为 $2c$ 的裂纹时，则强度可用葛里斯菲（Griffith）微裂纹理论来计算：

$$f = \sqrt{\frac{2E \cdot v}{\pi c}}$$

由上式可知，材料中的裂纹尺寸越长，材料的强度越小。减小材料内部的缺陷（孔隙、裂纹等）可大幅度提高材料的强度。

2. 材料的实际强度

材料的实际强度是指材料在外力作用下抵抗破坏的能力。常采用破坏性试验来测定，将试件放在材料试验机上，施加荷载，直至破坏，根据破坏时的荷载，即可计算出材料的强度。

（1）抗拉（压、剪）强度

材料受荷载（拉力、压力、剪力）作用直到破坏时，单位面积上所承受的拉力（压力、剪力）称为抗拉（压、剪）强度。按下式计算：

$$f = \frac{F_{max}}{A} \tag{1-20}$$

式中：f——材料的强度，N/mm^2 或 MPa；

F_{max}——材料破坏时的最大荷载，N；

A——材料受力截面的面积，mm^2。

（2）抗弯（折）强度

材料抗弯（折）强度与材料受力状况有关。对于矩形截面试件，若两端支撑，中间受荷载作用，则其抗弯（折）强度按下式计算：

$$f = \frac{3FL}{2bh^2} \tag{1-21}$$

式中：f——材料的抗弯强度，N/mm^2 或 MPa；

F——破坏时的最大荷载，N；

L——两支点间距，mm；

b，h——试件横截面的宽与高，mm。

3. 影响材料的实际强度的因素

①材料的内部因素（组成、结构）是影响材料强度的主要因素，前已述及。

②测试条件是影响材料的另一大要素，即也有相当大的关系。当加荷速度较快时，由于变形速度落后于荷载的增长，故测得的强度值偏高；而加荷速度较慢时，则测得的强度值偏低；当受压试件与加压钢板间无润滑作用（如未涂石蜡等润滑物）时，加压钢板对试件两个端部的横向约束，抑制了试件的开裂，因而测得的强度值偏高；试件越小，上述约束作用越大，且含有缺陷的几率越小，故测得的强度值偏高；受压试件以立方体形状测得值高于棱柱体试件测定值；一般温度较高时，测得的强度值偏低。

③材料的含水状态，一般含水试件的强度较干燥试件低。

4. 材料的强度等级及比强度

为便于使用，常根据材料强度值的高低，划分为若干强度等级或标号。

对于不同强度的材料进行比较，可采用比强度这个指标。比强度等于材料的强度与其表观密度之比。比强度是评价材料是否轻质高强的指标。表 1－6 是几种主要材料的比强度值。

表 1－6　几种主要材料的比强度值

材料	表观密度/（kg/m^3）	强度/MPa	比强度
普通混凝土	2 400	40	0.017
低碳钢	7 850	420	0.054
松木（顺纹抗拉）	500	100	0.200
烧结普通砖	1 700	10	0.006
铝材	2 700	170	0.063
铝合金	2 800	450	0.160
玻璃钢	2 000	450	0.225

1.3.2　材料的弹性与塑性

弹性是指材料在外力作用下产生变形，外力撤掉后能完全恢复原来形状和大小的性质。这种可完全恢复的变形称为弹性变形。明显具有这种特征的材料称为弹性材料。受力后材料的应力与应变的比值即为弹性模量。其表达式为

$$E=\frac{\sigma}{\varepsilon} \tag{1-22}$$

塑性是指材料受到外力作用产生变形，不能随外力撤销而自行恢复原状的性质。所发生的这种变形称为塑性变形。具有这种明显特征的材料，称为塑性变形材料。大多数材料受力初期表现为弹性变形，达到一定程度后表现出塑性特征，称为弹塑性材料（如混凝土）。实际上，在真实材料中，完全弹性材料或完全塑性材料是不存在的。

1.3.3　材料的脆性与冲击韧性

材料在遭到破坏时，未出现明显的塑性变形，而表现为突发性破坏，此种性质称为材料的脆性。脆性材料的特点是塑性变形小，且抗压强度与抗拉强度比值较大（5～50 倍）。脆性材料不利于抵抗振动和冲击荷载，会使结构发生突然性破坏，是工程中应避免的。陶瓷、玻璃、石材、砖瓦、混凝土、铸铁等都属于脆性较大的材料。

在冲击、振动荷载作用下，材料能够吸收较大的能量，而不发生突发性破坏的性质称为材料的冲击韧性或韧性。韧性材料的特点是变形大，特别是塑性变形大，抗拉强度接近或高于抗压强度。木材、建筑钢材、橡胶等属于韧性材料。

在工程中，对于要求有冲击、振动荷载作用的结构（如桥梁、吊车梁及有抗震要求的土木工程），需考虑材料的韧性。材料的脆性与韧性演示过程如视频所示。

视频：材料的脆性与韧性试验

1.3.4 材料的硬度与耐磨性

硬度是材料表面的坚硬程度，是抵抗其他硬物刻划、压入其表面的能力。通常用压入法、刻划法和回弹法测定材料的硬度。木材、金属等韧性材料的硬度，一般采用压入法来测定。压入法硬度的指标有布氏硬度和洛氏硬度，等于压入荷载除以压痕的面积或密度。而陶瓷、玻璃等脆性材料的硬度，一般采用刻划法来测定，根据刻划矿物（滑石、石膏、磷石灰、正长石、硫铁矿、黄玉、金刚石等）的不同分为10级。

耐磨性是材料表面抵抗磨损的能力。材料的耐磨性用磨耗率表示。材料的耐磨性与材料的组成、结构及强度、硬度等有关。

建筑中用于地面、踏步、台阶、路面等处的材料，应当考虑硬度和耐磨性。

1.4 材料的耐久性与环境协调性

1.4.1 材料的耐久性

材料在环境中使用，除受荷载作用外，还会受到周围各种自然因素的影响，如物理、化学及生物等方面的作用。

材料在使用过程中，在各种环境介质的长期作用下，稳定地保持其原有的性质的能力称为材料的耐久性。材料的组成、结构、性质是影响耐久性的内在因素，材料的用途不同，对耐久性的要求也不同。

耐久性一般包括材料的抗渗性、抗冻性、抗碳化性、抗老化性、耐腐蚀性、耐溶蚀性、耐光性、耐热性、耐磨性等耐久性指标。材料耐久性是一项综合性能，不同材料所要求保持的主要性质也不相同。例如，对于结构材料，主要要求强度不显著降低；对于装饰材料，则主要要求颜色、光泽等不发生显著变化。金属材料常由化学和电化学作用引起腐蚀和破坏；无机非金属材料常由化学作用、溶解、冻融、风蚀、温差、湿差、摩擦等因素中的某些因素或综合作用而引起破坏；有机材料常由生物作用（细菌、昆虫等）、溶蚀、化学腐蚀、光、热、大气等的作用而引起破坏。

材料耐久性的测定需要长期的观察和测定，而这样往往满足不了工程的即时需要。因此，通常根据使用要求，用一些试验室可测定并基本反映其耐久性的短时试验指标来表达。

为了提高材料的耐久性，可采取提高材料本身的密实度、改变材料的孔隙构造、适当改变成分、进行憎水处理及防腐处理等措施，以提高对外界作用的抵抗能力；设法减轻大气或其他介质对材料的破坏作用；也可对主体材料施加保护层、保护材料，如通过抹灰、刷涂料、做饰面等措施，保护材料免受破坏，提高耐久性。

1.4.2 材料的环境协调性

材料产业支撑着人类社会的发展，为人类带来了便利和舒适。人类要生存就离不开建筑与装饰材料，人类要发展也同样离不开建筑与装饰材料的发展。但同时建筑与装饰材料的生产、处理、使用、回收和废弃过程也带来了沉重的环境负担。材料的环境协调性主要体现在少消耗资源、能源，少产生污染，发展循环经济上。目前，我国在建材、建筑领域正在推广绿色建材、绿色建筑，推动以节能、节地、节水、节材和环境保护为核心的建筑技术发展，逐步提高绿色建筑比重，以实现可持续发展。

1.5　材料的防火性能

火的使用是人类的伟大创举之一，它在人类文明和社会进步中起着无法估量的重要作用。然而，火若失去控制，便会危及人类的生命财产安全，破坏自然资源，酿成灾害。通常认为，火灾是火失去控制后蔓延的一种灾害性的燃烧现象，它是各种灾害中发生最频繁且极具毁灭性的灾害之一，其灾害性和毁灭性令人触目惊心。火灾的直接损失约为地震的五倍，仅次于干旱和洪涝，而且发生的频率居各灾种之首。在各类火灾中，建筑物火灾占有很高的比例，并且对人类的生命安全和财产损失的威胁最大。

由于建筑物火灾的发生通常都是从某些可燃性物质受热被点燃进而发生急剧的燃烧所引起的，因此各类建筑防火材料的使用就具有减小火灾隐患，将火灾控制在一定范围内，防止建筑物结构体提前倒塌，从而减少生命和财产损失的积极作用。建筑防火成为建筑设计中的一项基本要求，对于延长建筑物使用寿命、保障人民生命财产安全的具有重要的意义。

1.5.1　建筑材料的防火性能

建筑材料的防火性能包括建筑材料的燃烧性能、耐火极限、燃烧时的毒性和发烟性。

建筑材料的燃烧性能是指材料燃烧或遇火时所发生的一切物理、化学变化。其中着火的难易程度、火焰传播程度、火焰传播速度以及燃烧时的发热量，均对火灾的发生和发展有重要作用。

耐火极限是指在标准耐火试验条件下，建筑构件、配件或结构从受到火的作用时起，到失去稳定性、完整性或隔热性时止的这段时间。建筑构件的耐火极限决定了建筑物在火灾中的稳定程度及火灾发展快慢。

燃烧时的毒性，包括建筑材料在火灾中受热发生分解释放出的热分解产物和燃烧产物对人体的毒害作用。

燃烧时的发烟性是指建筑材料在燃烧或热分解作用下，所产生的悬浮在大气中的可见的固体和液体微粒。固体微粒就是碳粒子，液体微粒主要指一些焦油状的液滴。材料燃烧时的发烟性大小，直接影响能见度，从而使人从火场中逃生发生困难，也影响消防人员的扑救工作。

1.5.2　建筑材料燃烧性能及检测分级

根据国家标准《建筑材料及制品燃烧性能分级》（GB 8624—2012）规定，建筑材料及制品燃烧性能级别分为 A 级（不燃材料）、B1（难燃材料）级、B2（可燃材料）级和 B3（易燃材料）级四个等级，对铺地材料和管道隔热材料的燃烧性能分级做了单独规定，燃烧性能等级分别由下标 fl 和 L 来区分。

1.5.3　材料防火机理及建筑防火材料

材料的燃烧过程是一种剧烈发光发热的化学反应，其燃烧的三个条件为：一是具有可燃物质，二是具有助燃剂，三是具有一定温度（如明火或高温作用）。只有这三个条件同时存在并相互接触，才能发生燃烧。防火机理即是将其中的三个因素之一隔绝开来以阻止燃烧。

建筑防火材料就是根据上述原理，将各种材料防火、阻燃作用互相配合来实现防火阻燃的目的。常用的建筑防火材料有防火涂料和防火板材等。

本任务小结

（1）掌握建筑与装饰材料的组成、结构和性能的关系，为选择材料打好基础。

（2）掌握密度、表观密度、堆积密度三个物理量的概念和主要区别，理解孔隙率、空隙率的区别。

（3）理解材料的亲水性与憎水性、吸水性与吸湿性以及耐水性、抗渗性、抗冻性的含义和区别及其在工程实践中的应用。

（4）掌握材料强度的概念和影响强度的因素，理解材料的其他力学性能含义。

（5）了解材料的热工性能、耐久性、装饰性、防火性及与环境协调性。

应用案例与发展动态

动态 1

模块二

胶凝材料

模块内容简介：

本模块主要内容是气硬性胶凝材料和水硬性胶凝材料。气硬性胶凝材料中主要介绍了建筑石灰、建筑石膏和水玻璃三类；水硬性胶凝材料中重点介绍了通用硅酸盐水泥，简单介绍了专用水泥、特性水泥和铝酸盐水泥。

模块学习目标：

学生在学完本模块后，应该掌握建筑石灰、建筑石膏、水玻璃的性能和异同点以及各自的使用环境；掌握六种通用硅酸盐水泥的共性和特性，并且能结合不同的工程环境选择不同的水泥；了解专用水泥、特性水泥及铝酸盐水泥的特性和应用环境；能够对常用胶凝材料进行必要的质量检验、标识和管理。

任务二 气硬性胶凝材料的选择与应用

任务简介： 胶凝材料是在建筑及装饰工程中能够把散粒材料黏结成整体、起到黏结作用的材料。胶凝材料分为无机胶凝材料和有机胶凝材料。无机胶凝材料分为气硬性胶凝材料和水硬性胶凝材料。本任务要学习的石膏、石灰和水玻璃都属于气硬性胶凝材料。

知识目标： (1) 了解石灰、石膏、水玻璃的原料与生产。
(2) 掌握石灰、石膏、水玻璃的水化和硬化。
(3) 掌握石灰、石膏、水玻璃的技术性质和用途。

技能目标： (1) 能够结合工程实际选用合理的气硬性胶凝材料。
(2) 能够配合试验室进行产品检验、标识和管理。

在工程材料中，凡经过一系列物理化学作用后，能够由浆体变成固体，并在变化过程中把散粒材料胶结成具有一定强度的整体的材料称为胶凝材料。胶凝材料按化学组成分为无机胶凝材料和有机胶凝材料。无机胶凝材料又分为气硬性胶凝材料（air-hardening binding material）和水硬性胶凝材料（hydraulic binding material）。只能在空气中凝结硬化、保持或继续发展强度的无机胶凝材料称为气硬性胶凝材料。不仅能在空气中硬化，而且能更好地在水中硬化、保持或继续发展强度的无机胶凝材料称为水硬性无机胶凝材料。土木工程中常用的气硬性胶凝材料主要有石灰、石膏、水玻璃。

2.1 建筑石灰

石灰（lime）是建筑上最早使用的一种传统的气硬性胶凝材料之一。由于其原料来源广泛，生产工艺简单，使用方便，成本低廉，并具有良好的建筑及装饰性能，所以目前仍然是一种使用十分广泛的建筑材料。

2.1.1 建筑石灰的生产

1. 建筑石灰的原料与生产

(1) 原料

生产石灰的主要原料是石灰岩、白垩、白云石质石灰等。其主要成分是碳酸钙，其次是碳酸镁，还有黏土等杂质，一般要求杂质控制在8%以内。此外，还可以利用化学工业副产品作为石灰的生产原料，如用碳化钙制取乙炔时所产生的主要成分为氢氧化钙的电石渣等。

(2) 生产工艺——煅烧

石灰岩经高温煅烧分解释放出二氧化碳，生成以氧化钙为主要成分（少量氧化镁）的生石灰（lump lime），反应式如下：

$$CaCO_3 \xrightarrow{900 \sim 1\,000℃} CaO + CO_2 \uparrow$$

煅烧良好的生石灰，质轻色匀，密度约为3.2 g/cm^3，表观密度为800 ~ 1 000 kg/m^3。

在实际生产中，为加快石灰岩分解，煅烧温度常控制在1 000 ~ 1 200 ℃。若石灰岩原料的尺寸过大或窑中温度不均，则碳酸钙不能完全分解，生石灰中残留有未烧透的内核，这种石灰称为“欠火石灰”。它降低了石灰的利用率，使用时黏结力不足，质量较差。若烧制的温度过高或时间过长，将使石灰表面出现裂缝或玻璃状的外壳，体积收缩明显，颜色呈灰黑色，这种石灰称为“过火石灰”，这在石灰煅烧过程中是很难避免的。过火石灰表面常被黏土杂质熔化形成的玻璃釉状物包覆，熟化很慢。当石灰已经硬化后，过火石灰才开始熟化，并产生体积膨胀（约膨胀97%），导致出现鼓包和开裂。因此，生产中控制适当的煅烧温度，而使用时对过火石灰进行处理，都是非常重要的。

2. 石灰成品的种类

石灰有以下四种成品。

① 块状生石灰，由原料煅烧而成的白色或浅灰色疏松结构块状物，主要成分为CaO。

② 生石灰粉（ground quick lime），由块状石灰磨细而成，主要成分为CaO。

③ 消石灰粉（slaked lime），由生石灰消化而成的粉末，也称熟石灰粉，主要成分为$Ca(OH)_2$。

④ 石灰膏（lime plaster），将块状生石灰用过量水（为生石灰体积的3 ~ 4倍）消化，或将消石灰粉和水拌和，所得到的一定稠度的膏状物，主要成分是$Ca(OH)_2$和水。块状石灰石如图2－1所示。

图2－1　块状生石灰

视频：常用建筑石灰产品

按照《建筑生石灰》（JC/T 479—2013）规定，按生石灰的加工情况分为建筑生石灰和建筑生石灰粉。按生石灰的成分分为钙质石灰和镁质石灰两类，前者氧化镁含量小于5%。根据化学成分的含量每类分成不同等级，详见表2－1。

表 2-1　建筑生石灰的分类

类别	名称	代号
钙质生石灰	钙质生石灰 90	CL 90
	钙质生石灰 85	CL 85
	钙质生石灰 75	CL75
镁质生石灰	镁质生石灰 85	ML 85
	镁质生石灰 80	ML 80

按照《建筑消石灰》（JC/T 481—2013）的规定，建筑消石灰按扣除游离水和结合水后（CaO + MgO）的百分含量加以分类，见表 2-2。

表 2-2　建筑消石灰的分类

类别	名称	代号	说明
钙质消石灰	钙质消石灰 90	HCL 90	HCL 90 中 HCL 表示钙质消石灰，90 表示石灰中（CaO + MgO）百分含量
	钙质消石灰 85	HCL 85	
	钙质消石灰 75	HCL 75	
镁质消石灰	镁质消石灰 85	HML 85	HML 85 中 HCL 表示镁质消石灰，85 表示消石灰中（CaO + MgO）百分含量
	镁质消石灰 80	HML 80	

3. 标记

生石灰的识别标志由产品名称、加工情况和产品依据标准编号组成。生石灰块在代号后加 Q，生石灰粉在代号后加 QP。

示例：符合 JC/T 479—2013 的钙质生石灰粉 90 标记为 CL 90 - QP JC/T 479—2013。

说明：CL——钙质生石灰；

90——（CaO + MgO）百分含量；

QP——粉状；

JC/T 479—2013——产品依据标准。

建筑消石灰的识别标志由产品名称和产品依据标准编号组成。

示例：符合 JC/T 481—2013 的钙质消石灰 90 标记为 HCL 90 JC/T 479—2013。

说明：HCL——钙质消石灰；

90——（CaO + MgO）百分含量；

JC/T 481—2013——产品依据标准。

2.1.2　石灰的熟化

石灰的水化，又称消化或熟化，是指生石灰 CaO 与水发生水化反应，生成 $Ca(OH)_2$的过程，其反应式如下：

$$CaO + H_2O \rightarrow Ca(OH)_2 + 64.9\ kJ$$

石灰的熟化过程伴随着剧烈的放热和体积膨胀（1.0～2.5倍）现象，使用中如不进行良好的控制，极易发生危险并严重影响工程质量。过火石灰水化极慢，它在正常石灰凝结硬化后才开始慢慢熟化，并产生体积膨胀，从而导致已硬化的石灰体发生鼓包开裂破坏。为了消除过火石灰的危害，生石灰熟化形成的石灰浆应在储灰坑中放置两周以上，这一过程称为石灰的“陈伏”。“陈伏”期间，石灰浆应被水膜遮盖，与空气隔绝，以免碳化。生石灰熟化理论需水量只要32.1%，而实际熟化过程中应加入过量的水，一方面是考虑熟化时释放热量会引起水分蒸发导致水分损失，另一方面就是确保生石灰充分熟化。建筑工地上常在化灰池中进行石灰膏的生产，即将块状生石灰用水冲淋，通过筛网，滤去欠火石灰和杂质，流入化灰池中沉淀而得。

2.1.3　石灰的硬化

建筑石灰的硬化是指石灰浆体由塑性状态逐步转化为具有一定强度的固体的过程。石灰浆体在空气中逐渐硬化，是由两个同时进行的物理及化学变化过程来完成的，包括结晶过程和碳化过程。

1. 干燥硬化与结晶硬化

石灰浆体在干燥过程中由于自由水分蒸发或被砌体吸收，使$Ca(OH)_2$浓度增加，随着水分继续减少，石灰浆体环境达到过饱和状态，$Ca(OH)_2$从溶液中结晶出来，靠拢、搭接、形成结晶结构网，产生强度。$Ca(OH)_2$结晶量不断增加，结构网密实度增加，使强度继续增加。

2. 碳化硬化

$Ca(OH)_2$与潮湿空气中的CO_2反应，生成$CaCO_3$，新生成的$CaCO_3$晶体相互交叉连生或与$Ca(OH)_2$共生，构成紧密接触的结晶网，使浆体强度进一步提高，反应式如下：

$$Ca(OH)_2 + CO_2 + nH_2O \longrightarrow CaCO_3 + (n+1)H_2O$$

由于空气中CO_2浓度低，且CO_2较难深入内部，同时内部水分蒸发速度也慢，故碳化过程十分缓慢。石灰浆体硬化过程慢，总强度低，耐水性差。

2.1.4　建筑石灰的技术要求

① 建筑生石灰的化学成分应符合《建筑生石灰》（JC/T 479—2013）要求，见表2-3。

表2-3　建筑生石灰的化学成分　（%）

名　称	氧化钙+氧化镁（CaO+MgO）	氧化镁（MgO）	二氧化碳（CO_2）	三氧化硫（SO_3）
CL 90-Q CL 90-QP	≥90	≤5	≤4	≤2
CL 85-Q CL 85-QP	≥85	≤5	≤7	≤2
CL 75-Q CL 75-QP	≥75	≤5	≤12	≤2
ML 85-Q ML 85-QP	≥85	>5	≤7	≤2
ML 80-Q ML 80-QP	≥80	>5	≤7	≤2

② 建筑生石灰的物理性质应符合《建筑生石灰》（JC/T 479—2013）要求，见表 2-4。

表 2-4　建筑生石灰的物理性质

名称	产浆量/（dm^3/10 kg）	细度	
		0.2mm 筛余量（%）	90μm 筛余量（%）
CL 90-Q CL 90-QP	≥26 —	— ≤2	— ≤7
CL 85-Q CL 85-QP	≥26 —	— ≤2	— ≤7
CL 75-Q CL 75-QP	≥26 —	— ≤2	— ≤7
ML 85-Q ML 85-QP	—	— ≤2	— ≤7
ML 80-Q ML 80-QP	—	— ≤7	— ≤2

注：其他物理特性，根据用户要求，可按 JC/T 478.1—2013 进行测试。

③ 建筑消石灰的技术要求应符合《建筑消石灰》（JC/T 481—2013）要求。

建筑消石灰的化学成分和物理性质应分别满足表 2-5、表 2-6 的要求。

表 2-5　建筑消石灰的化学成分　（%）

名称	CaO + MgO	MgO	SO_3
HCL 90	≥90	≤5	≤2
HCL 85	≥85		
HCL 75	≥75		
HML 85	≥85	>5	
HML 80	≥80		

表 2-6　建筑消石灰的物理性质

名称	游离水（%）	细度		安定性
		0.2 mm 筛余量（%）	90 μm 筛余量（%）	
HCL 90	≤2	≤2	≤7	合格
HCL 85				
HCL 75				
HML 85				
HML 80				

2.1.5　建筑石灰的特性

1. 可塑性、保水性好

生石灰熟化后形成的石灰浆，是一种表面吸附水膜的高度分散的氢氧化钙胶体，因而摩擦力小，颗粒间滑移较易进行，故具有良好的可塑性、保水性。利用这一性质，将其掺入水泥浆中，可显著提高砂浆的可塑性和保水性。

2. 硬化慢、强度低、耐水性差

石灰是一种硬化缓慢、强度较低的材料，1:3 石灰砂浆 28 d 抗压强度仅为 0.2～0.5 MPa。同时，石灰的硬化体中含有大量未碳化的氢氧化钙，而氢氧化钙易溶于水，所以石灰的耐水性很差，受潮后石灰溶解，强度更低，在水中还会溃散。所以，石灰不宜在潮湿的环境下使用，也不宜用于重要建筑物基础。

3. 硬化时体积收缩大

石灰在硬化过程中，会因蒸发大量的游离水而引起显著的收缩。所以除调成石灰乳作薄层涂刷外，不宜单独使用。常在其中掺入砂、纸筋等以提高抗拉强度，抵抗收缩引起的开裂。

4. 生石灰吸湿性强

生石灰容易吸收水分和二氧化碳转变成氢氧化钙和碳酸钙，因此常被作为干燥剂使用。

2.1.6　建筑石灰的应用与储运

1. 石灰的应用

石灰在建筑及装饰工程中的应用范围非常广泛，常见用途如下。

1）石灰乳涂料和砂浆　将熟化好的石灰膏或消石灰粉加入过量的水搅拌稀释，成为石灰乳，这是一种传统的室内粉刷涂料，但目前已很少使用，主要用于临时性建筑的室内粉刷。利用石灰膏配制的石灰砂浆、混合砂浆，广泛应用于建筑物 ±0.00 以上部位墙体的砌筑和抹灰，配置时常要加入纸筋等纤维质材料。

2）配制灰土和三合土　消石灰粉和黏土拌和后成为灰土，若再加入砂（或炉渣、石屑）则成为三合土。石灰改善了黏土的可塑性，经碾压或夯实，在潮湿环境中使石灰与黏土或硅铝质工业废料表面的活性氧化硅或氧化铝反应，生成具有水硬性的水化硅酸钙或水化铝酸钙，适于在潮湿环境中使用。灰土和三合土广泛应用于建筑物基础和道路垫层。

3）生产硅酸盐制品　石灰与天然砂或硅铝质工业废料混合均匀，加水搅拌，经压振或压制，形成硅酸盐制品。为使其获得早期强度，往往采用高温高压养护或蒸压，使石灰与硅铝质材料反应速度显著加快，使制品产生较高的早期强度。硅酸盐制品具体有灰砂砖、硅酸盐砖、硅酸盐混凝土制品等。

4）碳化石灰板　细石灰纤维状填料或轻质骨料和水按一定比例搅拌成型，然后通入高浓度 CO_2，经人工碳化（12～14 h）而成轻质碳化石灰板。主要用于非承重内墙、天花板等。

2. 建筑石灰的储运注意事项

生石灰的吸水性、吸湿性极强，所以存放时应注意防潮，而且不宜储存过久。建筑工地上一般将石灰的贮存期变为陈伏期，以防碳化。此外，生石灰受潮熟化时会放出大量的热，并产生体积膨胀，所以储存和运输生石灰时，不宜与易燃、易爆品同存、同运。

2.2 建筑石膏

石膏是以硫酸钙为主要成分的气硬性胶凝材料。我国的石膏资源极其丰富，石膏的使用有着悠久的历史，石膏及其制品具有轻质、隔热、吸声、防火性好、装饰性强、容易加工等性能，又因原料来源丰富，生产能耗低，因而在建筑工程中得到广泛的应用。目前，常用的石膏胶凝材料有建筑石膏、高强石膏等。

2.2.1 建筑石膏的生产

1. 石膏的生产

生产建筑石膏的主要原料是天然二水石膏（$CaSO_4 \cdot 2H_2O$），又称为软石膏或生石膏，也可采用含硫酸钙的化工副产品和废渣（如磷石膏、脱硫石膏等）。建筑石膏的生产通常是将原料（二水石膏）在不同条件（温度和压力）下加热、煅烧、脱水，再经磨细而成的。同一种原料，在不同的煅烧条件下（加热条件和程度），所得产品的结构、性质、用途也不同。

（1）建筑石膏（β 型半水石膏）

将天然二水石膏常压下煅烧加热到 107 ~ 170 ℃，可产生 β 型半水石膏（也称熟石膏），经磨细制成白色粉末，即为建筑石膏。

$$\underset{\text{（二水石膏）}}{CaSO_4 \cdot 2H_2O} \xrightarrow{107\sim170\ ℃\text{常压}} \underset{\text{（β 型半水石膏）}}{CaSO_4 \cdot \frac{1}{2}H_2O} + 1\frac{1}{2}H_2O$$

建筑石膏晶体较细，调制成一定稠度的浆体时，需水量较大（理论需水量为 18.6%，实际用水量为 60% ~80%）。多余的水分蒸发后会产生大量孔隙，因此建筑石膏制品强度较低。

（2）高强石膏（α 型半水石膏）

将天然二水石膏 124 ℃条件下压蒸（1.3 大气压）加热可产生 α 型半水石膏。

$$\underset{\text{（二水石膏）}}{CaSO_4 \cdot 2H_2O} \xrightarrow{124\ ℃\text{压蒸}} \underset{\text{（α 型半水石膏）}}{CaSO_4 \cdot \frac{1}{2}H_2O} + 1\frac{1}{2}H_2O$$

α 型半水石膏与 β 型半水石膏相比，结晶颗粒较粗，比表面积较小，制浆时用水量少（石膏用量的 35% ~45%），硬化后具有较高的强度和密实度，因此又称为高强石膏。β 型建筑石膏又称为模型石膏，主要用于陶瓷的制坯工艺，少量用于装饰浮雕。高强石膏主要用于抹灰工程、制作装饰制品和石膏板。在高强石膏中加防水剂，可用于湿度较高的环境。建筑石膏产品如图 2-2 所示。

图 2-2 袋装建筑石膏

视频：常用建筑石膏产品

2.2.2　建筑石膏的凝结和硬化

建筑石膏与适量水拌和后，能形成可塑性良好的浆体，随着石膏与水的反应，浆体的可塑性很快消失而发生凝结，此后进一步产生和发展强度而硬化。

建筑石膏与水之间产生化学反应的反应式为

$$CaSO_4 \cdot \frac{1}{2}H_2O + 1\frac{1}{2}H_2O = CaSO_4 \cdot 2H_2O + 15.4\ kJ$$

建筑石膏加水后首先进行溶解，然后发生上述的水化过程，生成二水石膏。由于二水石膏在水中的溶解度较半水石膏小很多，所以二水石膏不断从过饱和溶液中沉淀而析出胶体微粒。随着二水石膏沉淀的不断增加，就会产生结晶，结晶体的不断生成和长大，晶体颗粒之间便产生了摩擦力和黏结力，造成浆体的塑性开始下降，这一现象称为石膏的初凝；而后随着晶体颗粒间摩擦力和黏结力的增大，浆体的塑性很快下降，直至消失，这种现象称为石膏的终凝。

石膏终凝后，其晶体颗粒仍在不断长大和连生，形成相互交错且孔隙率逐渐减小的结构，其强度也会不断增大，直至水分完全蒸发，形成硬化后的石膏结构，这一过程称为石膏的硬化。石膏浆体的凝结和硬化是一个连续的、复杂的物理化学变化过程。

2.2.3　建筑石膏的技术性质

建筑石膏色白，密度 2.60～2.75 g/cm^3，堆积密度 800～1 000 kg/m^3。根据建筑石膏的原料不同，建筑石膏分为天然建筑石膏（代号为 N）、脱硫建筑石膏（代号为 S）、磷建筑石膏（代号为 P）。目前市场中应用的建筑石膏原料大部分是天然石膏，由于我国不断实施“创新、协调、绿色、开放、共享”五大发展理念，工业副产品建筑石膏的用量也日益增加。

石膏按照 2 h 抗折强度分为 3.0、2.0、1.6 三个等级。建筑石膏产品标记的顺序为：名称、代号、等级及标准号。例如，等级为 2.0 的天然建筑石膏标记为：建筑石膏 N2.0 GB/T 9776—2008。

1. 组成

建筑石膏中 β 型半水石膏（β-$CaSO_4 \cdot 1/2H_2O$）的含量（质量分数）不得低于 60.0%。

2. 物理力学性能

根据《建筑石膏》（GB/T 9776—2008）的规定，其物理力学性能见表 2－7。

表 2－7　建筑石膏物理力学性能表

等级	细度（0.2 mm 方孔筛筛余量）（%）	凝结时间/min		2 h 强度/MPa	
		初凝	终凝	抗折	抗压
3.0	≤10	≥3	≤30	3.0	6.0
2.0				2.0	4.0
1.6				1.6	3.0

3. 放射性核素限量

工业副产建筑石膏的放射性核素限量应符合《建筑材料放射性核素限量》（GB 6566—2010）的要求。

4. 限制成分

工业副产建筑石膏中限制成分氧化钾、氧化钠、氧化镁、五氧化二磷和氟的含量由供需双方商定。

2.2.4 建筑石膏的性能与应用

1. 建筑石膏的性质

(1) 凝结硬化快

建筑石膏的浆体，凝结硬化速度很快。一般石膏的初凝时间仅为 10 min 左右，终凝时间不超过 30 min，这对于普通工程施工操作十分方便。有时需要操作时间较长，可加入适量的缓凝剂，如硼砂、动物胶、亚硫酸盐酒精废液等。

(2) 硬化时体积微膨胀

建筑石膏凝结硬化是石膏吸收结晶水后的结晶过程，其体积不仅不会收缩，而且还稍有膨胀（0.2% ~1.5%），这种膨胀不会对石膏造成危害，还能使石膏的表面较为光滑饱满，棱角清晰完整，避免了普通材料干燥时的开裂。硬化后的建筑石膏质地细腻，颜色洁白，特别适合制作建筑装饰品及石膏模型。

(3) 硬化后多孔、重量轻、强度低

建筑石膏在使用时，为获得良好的流动性，加入的水分要比水化所需的水量多（大约 60%，而水化需 18.6% 左右），因此石膏在硬化过程中由于水分的蒸发，使原来的充水部分空间形成孔隙，造成石膏内部的大量微孔，使其重量减轻，但是抗压强度也因此下降，一般抗压强度为 3 ~5 MPa。

(4) 良好的隔热、吸音和“呼吸”功能

石膏硬化体中大量的微孔，使其传热性显著下降，因此具有良好的绝热能力；石膏的大量微孔，特别是表面微孔对声音传导或反射的能力也显著下降，使其具有较强的吸声能力。大的热容量和大的孔隙率及开口孔结构，使石膏具有吸收水蒸气、调节室内湿度的功能。

(5) 防火性好，耐水性差

石膏的主要成分是二水石膏，当受到高温作用时或遇火后会脱出 21% 左右的结晶水，并能在表面蒸发形成水蒸气幕，可有效地阻止火势的蔓延，具有良好的防火效果。

由于硬化石膏的强度来自于晶体粒子间的黏结力，遇水后粒子间连接点的黏结力可能被削弱。部分二水石膏溶解而产生局部溃散，所以建筑石膏硬化体的耐水性较差。

(6) 良好的装饰性和可加工性

石膏表面光滑饱满，颜色洁白，质地细腻，具有良好的装饰性。微孔结构使其脆性有所改善，硬度也较低，所以硬化石膏可锯、可刨、可钉，具有良好的可加工性。

2. 建筑石膏的应用

建筑石膏在土木工程中的应用十分广泛，可用来制作各种石膏板、各种建筑艺术配件及建筑装饰、彩色石膏制品、石膏砖、空心石膏砌块、石膏混凝土、粉刷石膏和人造大理石等。另外，石膏也作为重要的外加剂，用于水泥及硅酸盐制品中。

(1) 粉刷石膏

粉刷石膏是由建筑石膏或由建筑石膏和 $CaSO_4 \cdot 2H_2O$ 二者混合后再加入外加剂、细骨料而制成的气硬性胶凝材料。其按用途可分为面层粉刷石膏（M）、底层粉刷石膏（D）和保温层粉刷石膏（W）三类。

粉刷石膏产品标记的顺序为：产品名称、代号、等级和标准号。例如，优等品面层粉刷石膏的标记为：粉刷石膏 MA－JC/T 517—2004。

粉刷石膏黏结力高，不裂、不起鼓，表面光洁，防火，保温，并且施工方便，可实现机械化施工，是一种高档抹面材料，可用于办公室、住宅等墙面、顶棚等。

（2）建筑石膏制品

石膏及其制品有质轻、保温、不燃、防火、吸声、形体饱满、线条清晰、表面光滑而细腻、装饰性好等特点，因而是建筑室内装饰工程常用的装饰材料之一。

在装饰工程中，建筑石膏和高强石膏往往先加工成各式制品，然后镶贴、安装在基层或龙骨支架上。石膏装饰制品主要有装饰板、装饰吸声板、装饰线角、花饰、装饰浮雕壁画、画框、挂饰及建筑艺术造型等。这些制品都充分发挥了石膏胶凝材料的装饰特性，效果很好，近年来备受青睐。

1）普通纸面石膏板　纸面石膏板是以建筑石膏为主要原料，掺入纤维、外加剂和适量的轻质填料等，加水拌成料浆，浇注在行进中的纸面上，成型后再覆以上层面纸。料浆经过凝固形成芯材，切断、烘干，使芯材与护面纸牢固地结合在一起。它具有质轻、抗弯和抗冲击性强、防火、保温隔热、抗震性好的特点，并具有较好的隔声性和可调节室内湿度等优点。当与钢龙骨配合使用时，可作为A级不燃性装饰材料使用。普通纸面石膏板的耐火极限一般为5～15 min。板材的耐水性差，受潮后强度明显下降，且会产生较大变形或较大的挠度。

普通纸面石膏板还具有可锯、可钉、可刨等良好的可加工性。板材易于安装，施工速度快、工效高、劳动强度小，是目前广泛使用的轻质板材之一。

普通纸面石膏板主要用于办公楼、影剧院、饭店、候车室、候机楼、住宅等建筑的室内吊顶、隔墙、内墙等干燥环境处。

2）耐水纸面石膏板　耐水纸面石膏板是以建筑石膏为主要原料，掺入适量耐水外加剂构成耐水芯材，并与耐水的护面纸牢固黏结在一起的轻质建筑板材。它具有较高的耐水性，其他性能与普通纸面石膏板相同。它主要用于厨房、卫生间、厕所等潮湿场合的装饰。其表面也需进行再饰面处理，以提高装饰性。

3）耐火纸面石膏板　耐火纸面石膏板是以建筑石膏为主，掺入适量无机耐火纤维增强材料构成芯材，并与护面纸牢固黏结在一起的耐火轻质建筑板材。它属于难燃性建筑材料（B1级），具有较高的遇火稳定性，其遇火稳定时间一般为20～30 min。当耐火纸面石膏板安装在钢龙骨上时，可作为A级装饰材料使用。其他性能与普通纸面石膏板相同。它主要用作防火等级要求较高的建筑物的装饰材料，如影剧院、体育馆、幼儿园、展览馆、博物馆、候机（车）大厅、售票厅、商场、娱乐场所及其通道、楼梯间、电梯间等的吊顶、墙面、隔断等。

4）装饰石膏板　装饰石膏板是以建筑石膏为胶凝材料，加入适量的增强纤维、胶黏剂、改性剂等辅料，与水拌和成料浆，经成型、干燥而成的不带护面纸的装饰材料。它质轻、图案饱满、细腻、色泽柔和、美观、吸声、隔热，有一定强度，易加工及安装。它是较理想的顶棚饰面吸声板及墙面装饰材料。装饰石膏板的表面细腻，色彩、花纹、图案丰富，浮雕板和孔板具有较强的立体感，质感亲切，给人以清新柔和之感，并且具有质轻、强度较高、保温、吸声、防火、不燃、调节室内湿度等特点，广泛用于宾馆、饭店、餐厅、礼堂、影剧院、会议室、医院、幼儿园、候机（车）室、办公室、住宅等的吊顶、墙面等。对湿度较大的场所应使用防潮板。

5）印刷石膏板　印刷石膏板是以石膏板为基材，板两面均有护面纸或保护膜，面层又经印花等工艺而成，具有较好的装饰性。其用途与装饰石膏板相同。

6）穿孔石膏板　吸声用穿孔石膏板是以装饰石膏板、纸面石膏板为基板，在其上设置孔眼而成的轻质建筑板材。吸声用穿孔石膏板按基板的不同和有无背覆材料（贴于石膏板背面的透气性材料）分不同种类。板后可贴有吸声材料（如岩棉、矿棉等）。按基板的特性还可分为普通板、防潮板、耐水板和耐火板等。吸声用穿孔石膏板具有较高吸声性能，由它构成的吸声结构按照板后有无背覆材料和吸声材料及空气层的厚度，其平均吸声系数可达0.11～0.65。以装饰石膏板为基板的还具有装饰石膏板的各种优良性能。以防潮、耐水和耐火石膏板为基材的还具有较好的防潮性、耐水性和遇火稳定性。吸声用穿孔板的抗弯、抗冲击性能及断裂荷载较基板低，使用时应予以注意。

吸声用穿孔石膏板主要用于播音室、音乐厅、影剧院、会议室以及其他对音质要求高或对噪声限制较严的场所，作为吊顶、墙面等的吸声装饰材料。使用时可根据建筑物的用途或功能及室内湿度的大小来选择不同的基板。如干燥环境可选用普通基板，相对湿度大于70%的潮湿环境应选用防潮基板或耐水基板，重要建筑或防火等级要求高的应选用耐火基板。表面不再进行装饰处理的，其基板应为装饰石膏板；需进一步进行饰面处理的，其基板可选用纸面石膏板。

7）特种耐火石膏板　特种耐火石膏板是以建筑石膏为芯材，内掺多种添加剂，板面上复合专用玻璃纤维毡（其质量密度为100～120 g/m^2），生产工艺与纸面石膏板相似。特种耐火石膏板按燃烧性属于A级建筑材料。板的自重略小于普通纸面石膏板和耐火纸面石膏板。板面可丝网印刷、压滚花纹。板面上有ϕ1.5～2.0 mm的透孔，吸声系数为0.34。因石膏与毡纤维相互牢固地黏合在一起，遇火时黏结剂虽可燃烧碳化，但玻璃纤维与石膏牢固连接，支撑板材整体结构抗火而不被破坏。其遇火稳定时间可达1 h。导热系数为0.16～0.18 W/(m·K)。该种板适用于防火等级要求高的建筑物或重要的建筑物，作为吊顶、墙面、隔断等的装饰材料。

8）装饰石膏线角、花饰、造型等　石膏艺术制品可统称为石膏浮雕装饰件。它可划分为平板、浮雕板系列、浮雕饰线系列（阴型饰线及阳型饰线）、艺术顶棚、灯圈、角花系列、艺术廊柱系列、浮雕壁画、画框系列、艺术花饰系列及人体造型系列。

a. 装饰石膏线角　它是指断面形状为一字形或L形的长条状装饰部件，多用高强石膏或加筋建筑石膏制作，用浇筑法成型，其表面呈现雕花形和弧形。规格尺寸很多，线角的宽度一般为45～300 mm，长度一般为1 800～2 300 mm，装饰石膏线角见图2－3。它主要在室内装修中组合使用，如采取多层线角贴合，形成吊顶局部变高的造型处理；线角与贴墙板、踢脚线合用可构成代替木材的石膏墙裙，即上部用线角封顶，中部为带花饰的防水石膏板，底部用条板作踢脚线，贴好后再刷涂料；在墙上用线角镶裹壁画，彩饰后形成画框等。线角的安装固定多用石膏黏合剂直接粘贴。

图2－3　装饰石膏线角

b. 艺术顶棚、灯圈、角花　一般在灯（扇）座处及顶棚四角粘贴。顶棚和角花多为雕花形或弧线形石膏饰件，灯圈多为圆形花饰，直径一般为0.9～2.5 m，美观、雅致，如图2－4

所示。

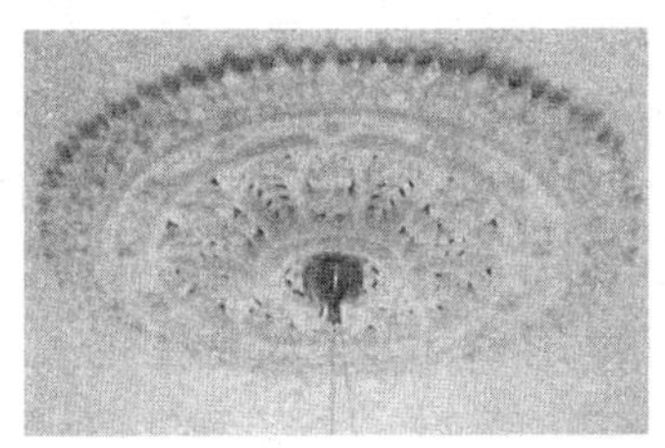

图 2－4　装饰石膏花饰、造型

c. 艺术廊柱　仿照欧洲建筑流派风格造型，分上、中、下三部分。上为柱头，有盆状、漏斗状，装饰石膏花饰、造型；中为空心圆（或方）柱体；下为基座。多用于营业门面、厅堂及门窗洞口处，如图 2－5 所示。

图 2－5　艺术廊柱

d. 石膏花台　有的花台形体为 1/2 球体，可悬置空中，上插花束而呈半球花篮状。又可将球体贴墙面而挂，或把球体置于墙壁阴角，如图 2－6 所示。

图 2－6　石膏花台

e. 石膏壁画　石膏壁画是集雕刻艺术与石膏制品于一体的饰品。整幅画面可大到 1.8 m × 4 m。画面有山水、松竹、腾龙、飞鹤等。它是由多块小尺寸预制件拼合而成的。

f. 石膏造型　单独用或配合廊柱用的人体或动物造型也有应用。

石膏线角、灯饰、花饰、造型等，充分利用了石膏制品质轻、细腻、高雅而又方便制作、成本不高的特点，并已构成系列产品，它们在建筑室内装饰中有着较为广泛的应用。

3. 建筑石膏的储运

建筑石膏在运输和储存时要注意防潮，储存期一般不超过三个月，否则将使石膏制品质量下降。

2.3　水玻璃

水玻璃俗称泡花碱，是一种碱金属硅酸盐，其化学通式为 $R_2O \cdot nSiO_2$，其中 n 为 SiO_2 与 R_2O 的摩尔数比值，称为水玻璃的模数。根据碱金属氧化物的不同，分为硅酸钠水玻璃和硅酸钾水玻璃等，建筑上通常使用的是硅酸钠水玻璃的水溶液，其模数一般为 2.5～3.5。

2.3.1　水玻璃的生产与组成

硅酸钠水玻璃的主要原料是石英砂、纯碱或含有碳酸钠的原料。将原料磨细，按比例配合，在玻璃炉内加热至1 300～1 400 ℃，熔融而生成硅酸钠，冷却后即为固态水玻璃，其反应式如下：

$$Na_2CO_3 + nSiO_2 \rightarrow Na_2O \cdot nSiO_2 + CO_2 \uparrow$$

熔融的水玻璃冷却后得到固态水玻璃，然后在0.3～0.8 MPa的蒸压釜内加热熔解成胶状玻璃溶液，即为液态水玻璃。水玻璃分子式中SiO_2与Na_2O分子数比值n称为水玻璃硅酸盐模数，一般在1.5～3.5之间。n值越大，水玻璃中胶体组分越多，水玻璃黏性越大，越难溶于水。

液体水玻璃常含杂质而呈青灰色、绿色或微黄色，以无色透明的液体水玻璃为最好。液体水玻璃可以与水按任意比例配合，使用时仍然可以加水稀释。水玻璃产品如图2-7所示

图2-7　水玻璃产品

视频：常用建筑水玻璃产品

2.3.2　水玻璃的硬化

水玻璃液体在空气中吸收二氧化碳，形成无定形硅酸凝胶，并逐渐干燥而硬化：

$$Na_2O \cdot nSiO_2 + CO_2 + mH_2O \rightarrow Na_2CO_3 + nSiO_2 \cdot mH_2O$$

上述反应过程进行缓慢。为加速硬化，常在水玻璃中加入促硬剂氟硅酸钠，促使硅酸凝胶加速析出，氟硅酸钠的适宜用量为水玻璃重量的12%～15%。其反应式如下：

$$2Na_2O \cdot nSiO_2 + Na_2SiF_6 + mH_2O \rightarrow 6NaF + (2n+1)\ SiO_2 \cdot mH_2O$$

加入氟硅酸钠后，水玻璃的初凝时间可以缩短到30～60 min，终凝时间可以缩短到240～360 min，7 d基本达到最高强度。氟硅酸钠的用量太少，硬化速度慢、强度低，且未反应的水玻璃易溶于水，导致耐水性差；用量过多，则凝结过快，造成施工困难，且渗透性大，强度也低。

2.3.3　水玻璃的特性

1. 黏结力强

水玻璃硬化后具有较高的黏结强度、抗拉强度和抗压强度。另外，水玻璃硬化析出的硅酸凝胶还有堵塞毛细孔隙而防止水分渗透的作用。

2. 耐酸性好

硬化后的水玻璃，其主要成分是SiO_2，具有高度的耐酸性能，能抵抗大多数无机酸和有机酸的作用，但不耐碱性介质侵蚀。

3. 耐热性好、不燃烧

水玻璃不燃烧，硬化后形成 SiO_2空间网状骨架，在高温下硅酸凝胶干燥得更加强烈，强度并不降低，甚至有所增加。

4. 耐碱性、耐水性较差

因 $Na_2O \cdot nSiO_2$和 SiO_2均为酸性物质，溶于碱，故水玻璃不能在碱性环境使用。而硬化产物又均溶于水，因此耐水性差。

2.3.4　水玻璃的应用

1. 用作涂刷材料表面的涂料

直接将液体水玻璃涂刷在建筑物表面，或涂刷黏土砖、硅酸盐制品、水泥混凝土等多孔材料，可使材料的密实度、强度、抗渗性、耐水性均得到提高。这是因为水玻璃与材料中的 $Ca(OH)_2$反应生成硅酸钙凝胶，填充了材料间孔隙。

2. 配制防水剂

以水玻璃为基料，配制防水剂。例如，四矾防水剂是以蓝矾（硫酸铜）、明矾（钾铝矾）、红矾（重铬酸钾）和紫矾（铬矾）各1份，溶于60份的沸水中，待降温至50 ℃，投入400份水玻璃溶液中，搅拌均匀而成的。这种防水剂可以在1 min 内凝结，适用于堵塞漏洞、缝隙等局部抢修。

3. 用于加固土壤

用模数为2.5～3的液体水玻璃和氯化钙溶液，通过金属管交替向地层压入，两种溶液发生化学反应，可析出吸水膨胀的硅酸胶体，包裹土壤颗粒并填充其空隙，阻止水分渗透并使土壤固结。用这种方法加固的砂土，抗压强度可达3～6 MPa。

4. 配制水玻璃砂浆

将水玻璃、矿渣粉、砂和氟硅酸钠按一定比例配合成砂浆，可用于修补墙体裂缝。

5. 配制耐酸砂浆、耐酸混凝土、耐热混凝土

用水玻璃作为胶凝材料，选择耐酸骨料，可配制满足耐酸工程要求的耐酸砂浆、耐酸混凝土。选择不同的耐热骨料，可配制不同耐热度的水玻璃耐热混凝土。

本任务小结

（1）建筑及装饰工程中主要应用的气硬性无机胶凝材料有石膏、石灰和水玻璃。

（2）石灰石、白云石等经过煅烧得到块状生石灰。块状生石灰经过不同的加工，可得到磨细生石灰粉、消石灰粉、石灰膏三种产品。石灰粉必须通过充分熟化后方可使用，以消除过火石灰的危害。石灰浆体的硬化过程非常缓慢。石灰的主要性质表现为：保水性和可塑性好、硬化慢、强度低、耐水性差、硬化时体积收缩大。石灰在建筑上的主要用途有：制作石灰乳涂料，配制砂浆，拌制灰土与三合土，生产硅酸盐制品等。

（3）石膏是一种以硫酸钙为主要成分的气硬性胶凝材料，有着许多优良的建筑及装饰性能，如具有良好的隔热性能、吸声性能、防火性能，装饰性和加工性能好，并具有一定的调

温、调湿性能，尤其适合作为室内的装饰装修材料，也是一种具有节能意义的新型轻质墙体材料。

(4) 建筑上常用的水玻璃为硅酸钠（$Na_2O \cdot nSiO_2$）的水溶液。工程中常用的水玻璃模数为2.5~3.5。水玻璃的特性与应用主要有：耐酸性好，用作耐酸材料；耐热性好，用作耐热材料；黏结力大，用于粘贴耐酸或耐热材料等。

应用案例与发展动态

动态2

任务三

水硬性胶凝材料的选择与应用

任务简介：本任务主要介绍土木工程三大建筑材料之一的水泥。常用的水泥为通用硅酸盐水泥，在掌握其性能基础上，学会结合工程实践正确选择水泥。可按“原材料—熟料矿物—水化硬化—水泥石结构—水泥石腐蚀—技术性能—应用”这一主线学习。

知识目标：(1) 了解通用水泥、专用水泥和特种水泥的应用环境。
(2) 掌握硅酸盐水泥熟料的矿物组成、特性、水化与凝结硬化过程。
(3) 掌握硅酸盐水泥的技术要求及防止水泥腐蚀的要点。
(4) 掌握各种通用硅酸盐水泥的共性和特性。
(5) 了解专用水泥、特性水泥和铝酸盐水泥的性能。

技能目标：(1) 能够结合工程实践要求，合理选用水泥品种和强度等级。
(2) 能够检验通用硅酸盐水泥的主要技术指标。

工程中常用的水硬性胶凝材料为水泥。水泥是一种粉末状材料，当它与水混合后，在常温下经过一定物理、化学作用，从浆体变成石状体，产生一定强度，同时将砂、石等材料胶结在一起。

水泥是建筑及装饰工程最重要的材料，也是用量最大的材料，以水泥为主的混凝土已经成为了现代建筑的基石，在经济社会发展中发挥着重要的作用。

建筑及装饰工程中应用的水泥品种众多，按其化学组成可分为硅酸盐系水泥、铝酸盐系水泥、硫铝酸盐系水泥、铁铝酸盐系水泥、磷酸盐系水泥、氟铝酸盐系水泥等系列。按照国家标准GB/T 4131—1997《水泥的命名、定义和术语》规定，水泥按性能及用途可分为三大类：①用于一般建筑工程的通用硅酸盐水泥，简称通用水泥，主要包括硅酸盐水泥、普通硅酸盐水泥、矿渣硅酸盐水泥、火山灰质硅酸盐水泥、粉煤灰硅酸盐水泥和复合硅酸盐水泥等；②具有专门用途的专用水泥，如道路水泥、砌筑水泥和油井水泥等；③具有某种比较突出性能的特性水泥，如快硬硅酸盐水泥、白色硅酸盐水泥、抗硫酸盐硅酸盐水泥、低热硅酸盐水泥和膨胀水泥等。

本任务主要介绍使用量大、用途广泛的通用硅酸盐水泥，并简要介绍铝酸盐水泥及其他一些性能水泥。

3.1 通用硅酸盐水泥

按照国家标准《通用硅酸盐水泥》（GB 175—2007）规定，凡由硅酸盐水泥熟料和适量石膏及规定的混合材料制成的水硬性胶凝材料，都称为通用硅酸盐水泥（common portland cenment）。按混合材料的品种和掺量分为硅酸盐水泥、普通硅酸盐水泥、矿渣硅酸盐水泥、粉煤灰硅酸盐水泥、火山灰质硅酸盐水泥和复合硅酸盐水泥。通用硅酸盐水泥组分详见表 3－1。

表 3－1　通用硅酸盐水泥的组分　（%）

品　种	代号	组　分				
		熟料＋石膏	粒化高炉矿渣	火山灰质混合材料	粉煤灰	石灰石
硅酸盐水泥	P·I	100	—	—	—	—
	P·Ⅱ	≥95	≤5	—	—	—
		≥95	—	—	—	≤5
普通硅酸盐水泥	P·O	≥80 且＜95	＞5 且≤20[a]			—
矿渣硅酸盐水泥	P·S·A	≥50 且＜80	＞20 且≤50[b]	—	—	—
	P·S·B	≥30 且＜50	＞50 且≤70[b]	—	—	—
火山灰质硅酸盐水泥	P·P	≥60 且＜80	—	＞20 且≤40[c]	—	—
粉煤灰硅酸盐水泥	P·F	≥60 且＜80	—	—	＞20 且≤40[d]	—
复合硅酸盐水泥	P·C	≥50 且＜80	＞20 且≤50[e]			

注：a. 本组分材料的活性混合材料，允许用不超过水泥质量的 8% 或不超过水泥质量 5% 的窑灰代替。

b. 本组分材料为符合 GB/T 203—2008 或 GB/T 18046—2008 的活性混合材料，其中允许用不超过水泥质量 8% 且符合本标准第 5.2.3 条的活性混合材料或符合本标准第 5.2.4 条的非活性混合材料或符合本标准第 5.2.5 条的窑灰中的任一种材料代替。

c. 本组分材料为符合 GB/T 2847 的活性混合材料。

d. 本组分材料为符合 GB/T 1596 的活性混合材料。

e. 本组分材料为由两种（含）以上符合本标准第 5.2.3 条的活性混合材料或/和符合本标准第 5.2.4 条的非活性混合材料组成，其中允许用不超过水泥质量 8% 且符合本标准第 5.2.5 条的窑灰代替。掺矿渣时混合材料掺量不得与矿渣硅酸盐水泥重复。

3.1.1　硅酸盐水泥

硅酸盐水泥共分为两种，一种是未掺混合材料的Ⅰ型硅酸盐水泥（代号为 P·Ⅰ），另一种是掺入少量（不超过水质量 5%）的规定品种混合材的Ⅱ型硅酸盐水泥（代号为 P·Ⅱ）。其他通用硅酸盐水泥品种均是在硅酸盐水泥的基础上生产出来的。

1. 硅酸盐水泥的原料及生产工艺

生产硅酸盐水泥的原料主要是石灰石、黏土和铁矿石，煅烧一般用煤作燃料。石灰石主要提供 CaO，黏土主要提供 SiO_2、Al_2O_3 和 Fe_2O_3，铁矿石（粉）主要是补充 Fe_2O_3 的不足。硅酸盐水泥的生产工艺流程框图可用图 3－1 表示。

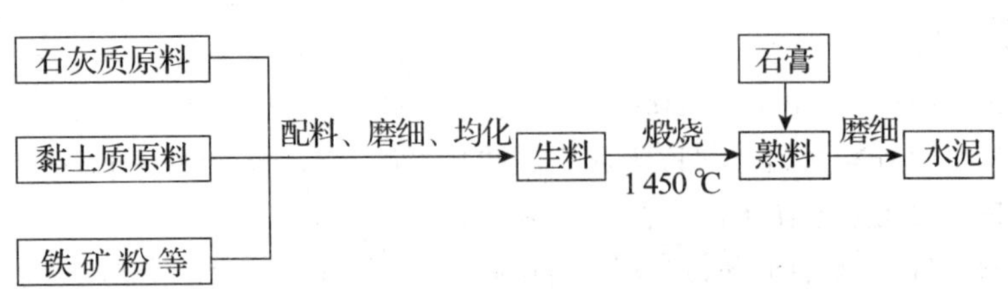

图 3－1 硅酸盐水泥的生产工艺流程框图

视频：水泥生产工艺

硅酸盐水泥的生产分为三个过程，即生料制备、熟料烧成和水泥制成，其生产过程常被形象地概括为“两磨一烧”。目前，我国主要通过以悬浮预热窑外分解技术为核心的新型干法生产工艺来生产水泥。这种新型干法生产工艺具有规模大、质量好、消耗低、效率高的特点，已经成为发展方向和主流。生料在煅烧过程中要经过干燥、预热、分解、烧成（窑内烧成温度要达到1 450 ℃）和冷却五个环节，期间发生一系列物理、化学变化，形成水泥熟料。

2. 硅酸盐水泥熟料矿物组成及特性

硅酸盐水泥熟料的组成可分为化学组成和矿物组成两类。化学组成主要是氧化钙（CaO）、氧化硅（SiO_2）、氧化铝（Al_2O_3）、氧化铁（Fe_2O_3）四种氧化物，占熟料质量的95%以上。此外，还含有少量的其他氧化物，如MgO、SO_3、Na_2O、K_2O、TiO_2、P_2O_5等，它们的总量通常占熟料的5%以下。在实际生产中，硅酸盐水泥熟料中的主要氧化物含量的波动范围为：CaO占62%～67%，SiO_2占20%～24%，Al_2O_3占4%～7%，Fe_2O_3占2.5%～6%。

在硅酸盐水泥熟料中，CaO、SiO_2、Al_2O_3、Fe_2O_3等氧化物并不是以单独的氧化物存在的，而是以两种或两种以上的氧化物反应组合成各种不同的氧化物集合体，即以多种熟料矿物的形态存在。这些熟料矿物结晶细小，通常为30～60 μm。因此，可以说硅酸盐水熟料是一种多矿物组成的、结晶细小的人造岩石。

硅酸盐水泥熟料中的主要矿物有四种。

① 硅酸三钙：$3CaO \cdot SiO_2$，简写成C_3S。

② 硅酸二钙：$2CaO \cdot SiO_2$，简写成C_2S。

③ 铝酸三钙：$3CaO \cdot Al_2O_3$，简写成C_3A。

④ 铁铝酸四钙：$4CaO \cdot Al_2O_3 \cdot Fe_2O_3$，简写成$C_4AF$。

此外，还含有少量的游离氧化钙（f-CaO）、方镁石（结晶氧化镁）、含碱矿物和玻璃体等。

硅酸三钙和硅酸二钙合称硅酸盐矿物，约占整个矿物组成的75%；铝酸三钙和铁铝酸四钙合称熔剂矿物，约占整个矿物组成的22%，硅酸盐矿物和熔剂矿物总和占97%左右。

（1）硅酸三钙

硅酸三钙的化学成分为$3CaO \cdot SiO_2$，简写为C_3S。它是硅酸盐水泥熟料中最主要的矿物成分，占水泥熟料总量的50%～60%。硅酸三钙遇水后能够很快与水产生水化反应，并产生较多的水化热。它对促进水泥的凝结硬化，特别是对水泥3～7 d内的早期强度以及后期强度都起主要作用。C_3S凝结正常、水化较快、放热较多、抗淡水侵蚀性差、强度高且增长率大。

（2）硅酸二钙

硅酸二钙的化学成分为$2CaO \cdot SiO_2$，简写为C_2S，占水泥熟料总量的15%～37%，通常为20%左右。硅酸二钙遇水后反应较慢，水化热也较低，凝结硬化缓慢，抗水性好，早期强度低、后期强度高，一年后可赶上C_3S。对水泥的后期强度起主要作用。

（3）铝酸三钙

铝酸三钙的化学成分为$3CaO \cdot Al_2O_3$，简写为C_3A，占水泥熟料总量的7%～15%。铝酸三钙遇水后反应极快，产生的热量大而且很集中。铝酸三钙对水泥的凝结起主导作用，但其水化产物强度较低，主要对水泥的早期强度有所贡献。C_3A干缩变形大，抗硫酸盐性能差。

（4）铁铝酸四钙

铁铝酸四钙的化学成分为$4CaO \cdot Al_2O_3 \cdot Fe_2O_3$，简写为$C_4AF$，占水泥熟料总量的

10% ~18%。铁铝酸四钙遇水后水化反应也很快，水化热较低，水化产物的强度不高，抗冲击性能和抗硫酸盐性能好。对水泥石的抗压强度贡献不大，主要对抗折强度贡献较大。

(5) 玻璃体

在实际生产中，由于冷却速度较快，有部分液相来不及结晶而成为过冷液体，即玻璃体。玻璃体主要成分为 Al_2O_3、Fe_2O_3、CaO、MgO、R_2O 等。自然冷却下的玻璃体含量为 2% ~21%，快冷 8% ~22%，慢冷 0 ~2%。

(6) 方镁石 (结晶 MgO)

方镁石指游离状态的氧化镁晶体，会影响水泥的安定性。方镁石含量越多，晶体尺寸越大，引起的破坏越严重，因此，应限制其含量及晶体尺寸。熟料冷却速度越快，方镁石晶体越小，含量越少。

(7) 游离氧化钙

游离氧化钙是指经高温煅烧未化合的氧化钙，会影响水泥的安定性。

硅酸盐水泥熟料主要矿物特性如表 3 -2 所示。

表 3 -2　硅酸盐水泥熟料主要矿物性质

矿物名称	硅酸三钙	硅酸二钙	铝酸三钙	铁铝酸四钙
密度/ (g/cm^3)	3.25	3.28	3.04	3.77
水化反应速度	快	慢	最快	快
强度	高	早期低、后期高	低	低（含量多时对抗折强度有利）
水化热	较高	低	最高	中
耐腐蚀性	差	好	最差	中
干缩性	中	小	大	小

硅酸盐水泥各熟料矿物特性不同，可通过调整原料配料比例，制得不同性能水泥熟料。从而，高强水泥 $C_3S\uparrow$、快硬水泥 $C_3S+C_3A\uparrow$、$C_2S\uparrow C_3S+C_3A\downarrow$ 可制得中低热水泥。

3. 硅酸盐水泥的水化与凝结硬化

(1) 硅酸盐水泥的水化

Ⅰ. 硅酸三钙的水化

硅酸三钙是水泥熟料的主要矿物，其水化作用、产物和凝结硬化对水泥的性能有重要影响。在常温下硅酸三钙的水化反应如下：

$$3CaO \cdot SiO_2 + 6H_2O \longrightarrow 3CaO \cdot SiO_2 \cdot 3H_2O + 3Ca(OH)_2$$

简写为

$$C_3S + 6H \longrightarrow C-S-H + 3CH$$

其水化产物为水化硅酸钙和氢氧化钙。水化硅酸钙为凝胶体，微观结构是纤维状，称为 C-S-H凝胶，氧化钙为组成固定的晶体，易溶于水。

硅酸三钙水化速率很快，水化放热量大。生成的 C-S-H 凝胶构成具有很高强度的空间网络结构，是水泥强度的主要来源，其凝结时间正常，早期和后期强度都较高。

Ⅱ. 硅酸二钙的水化

硅酸二钙的水化与硅酸三钙相似，但水化速率慢很多，其水化反应如下：

$$2CaO \cdot SiO_2 + 4H_2O \longrightarrow 3CaO \cdot SiO_2 \cdot 3H_2O + Ca(OH)_2$$

简写为 $$C_2S+4H \longrightarrow C-S-H+CH$$

其水化产物中水化硅酸钙与C_3S的水化产物无大的区别，也称为C－S－H凝胶。而氢氧化钙的生成量较C_3S少，且结晶比较粗大。

在硅酸盐水泥熟料矿物质中，硅酸二钙水化速率最慢，但后期增长大，水化放热量小；其早期强度低，后期强度增长，可接近甚至超过硅酸三钙的强度，是保证水泥后期强度增长的主要因素。

Ⅲ．铝酸三钙的水化

在不同的温度和湿度条件下，铝酸三钙水化产物会有所不同，有C_4AH_{19}、C_4AH_{13}、C_2AH_8、C_3AH_6等。常温下典型的水化反应为

$$3CaO \cdot Al_2O_3+H_2O \longrightarrow 3CaO \cdot Al_2O_3 \cdot 6H_2O$$

简写为 $$C_3A+H \longrightarrow C_3AH_6$$

水化铝酸三钙$3CaO \cdot Al_2O_3 \cdot 6H_2O$为等轴晶体。在硅酸盐水泥熟料矿物中，铝酸三钙水化速率最快，水化放热量大且放热速率快。其早期强度增长快，但强度值并不高，后期几乎不再增长，对水泥的早期（3 d以内）强度有一定的影响。由于C_3AH_6为立方体晶体，是水化铝酸钙中结合强度最低的产物，它甚至会使水泥后期强度下降。水化铝酸钙凝结速率快，会使水泥产生快凝现象。因此，在水泥生产时要加入缓凝剂——石膏，以使水泥凝结时间正常。

Ⅳ．铁铝酸四钙的水化

铁铝酸四钙是熟料中铁相固溶体的代表，氧化铁的作用与氧化铝的作用相似，可看作C_3A中一部分氧化铝被氧化铁所取代。其水化反应及产物与C_3A相似，生成水化铝酸钙与水化铁酸钙的固溶体，其反应可表示为

$$4CaO \cdot Al_2O_3 \cdot Fe_2O_3+7H_2O \longrightarrow 3CaO \cdot Al_2O_3 \cdot 6H_2O+CaO \cdot Fe_2O_3 \cdot H_2O$$

简写为 $$C_4AF+7H \longrightarrow C_3AH_6+CFH$$

铁铝酸四钙水化速率较快，仅次于C_3A，水化热不高，凝结正常，其强度值较低，但抗折强度相对较高。提高C_4AF的含量，可降低水泥的脆性，有利于道路等有振动交变荷载作用的应用场合。

硅酸盐水泥由熟料矿物和石膏组成，是一个多矿物集合体，其水化硬化受到各组分的共同影响。

水泥加水拌和后，C_3A、C_4AF、C_3S与水快速反应，石膏也迅速溶解于水；在石膏存在的条件下，C_3A水化产物迅速与石膏反应生成针状晶体的三硫型水化硫铝酸钙（又称钙矾石AFt），其反应式为

$$C_3AH_6+3(CaSO_4 \cdot 2H_2O)+19H_2O \longrightarrow 3CaO \cdot Al_2O_3 \cdot 3CaSO_4 \cdot 31H_2O$$

简写为 $$C_3AH_6+3C\overline{S}H_2+19H \longrightarrow C_4A\overline{S}_3H_{31}$$

若石膏消耗完毕而还有C_3A，则钙矾石会与C_3A继续作用生成单硫型水化硫铝酸钙AFm，其反应式为

$$3CaO \cdot Al_2O_3 \cdot 3CaSO_4 \cdot 31H_2O+2(3CaO \cdot Al_2O_3)+4H_2O \longrightarrow 3(3CaO \cdot Al_2O_3 \cdot CaSO_4 \cdot 12H_2O)$$

简写为 $$C_4A\overline{S}_3H_{31}+2C_3A+4H \longrightarrow 3C_4A\overline{S}H_{12}$$

水化硫铝酸钙具有正常的凝结时间，而且其强度高于水化铝酸钙。

综上所述，硅酸盐水泥水化的主要产物是C－S－H凝胶和水化铁酸钙凝胶，氢氧化钙、水化铝酸钙和水化硫铝酸钙等晶体。在完全水化的水泥石中，C－S－H凝胶约占70%、氢氧化钙约占20%、水化硫铝酸钙（包括钙矾石和单硫型水化硫铝酸钙）约占7%。硅酸盐水泥水化产

物如图 3－2、图 3－3 所示。

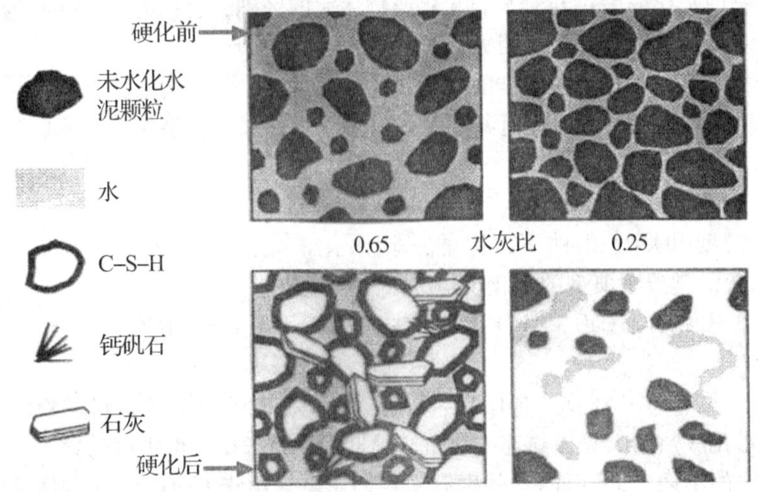

图 3－2　硅酸盐水泥各种水化产物

图 3－3　电镜下硅酸盐水泥各种水化产物

(2) 硅酸盐水泥的凝结和硬化

Ⅰ. 凝结硬化过程

水泥加水拌和后发生剧烈水化反应，一方面，使水泥浆中起润滑作用的自由水分逐渐减少；另一方面，水化产物在溶液中很快达饱和或过饱和状态而不断析出，水泥颗粒表面的新生成物质量逐渐增大，使水泥浆中固体颗粒间的间距逐渐减小，越来越多的颗粒相互连接形成了骨架结构。此时，水泥浆便开始慢慢失去可塑性，表现为水泥的初凝。

由于铝酸三钙水化极快，会使水泥很快凝结，为使工程使用时有足够的操作时间，可在水泥中加入适量的石膏。石膏会与水化铝酸三钙反应生成针状的钙矾石。钙矾石很难溶解于水，可以形成一层保护膜覆盖在水泥颗粒的表面，从而阻碍铝酸三钙的水化，阻止水泥颗粒表面水化产物的向外扩散，降低水泥的水化速度，使水泥的初凝时间得以延缓。

当掺入水泥的石膏消耗完时，水化速度会加快，水化产物不断增多，水泥颗粒间逐渐相互靠近，直至连接形成骨架。水泥浆的塑性消失，直到终凝。

随着水化产物的不断增加，水泥颗粒之间的毛细孔不断被填实，加之水化产物中的氢氧化钙晶体、水化铝酸钙晶体不断填充于水化硅酸钙等凝胶体之中，逐渐形成了具有一定强度的水泥石，从而进入了硬化阶段。水化产物的不断增加，水分的不断减少，使水泥石的强度不断发展。

随着水泥水化的不断进行，水泥浆结构内部孔隙不断被新生水化物填充和加固的过程，称为水泥的“凝结”。随后产生明显的强度并逐渐变成坚硬的人造石——水泥石，这一过程称为水泥的“硬化”。

实际上，水泥的水化过程很慢，较粗水泥颗粒的内部很难完全水化。因此，硬化后的水泥石是由晶体、胶体、未完全水化颗粒、游离水及气孔等组成的不均质体。

Ⅱ. 影响水泥凝结硬化的主要因素

ⅰ. 矿物组成

不同矿物成分和水起反应时所表现出来的特点是不同的，如 C_3A 水化速度最快，放热量最大而强度不高；C_2S 水化速度最慢，放热量最少，早期强度低，后期强度增长迅速等。因此，改变水泥的矿物组成，其凝结硬化情况将产生明显变化。水泥的矿物组成是影响水泥凝结硬化的最重要的因素。C_3S↑、C_3A↑水化反应速度快，凝结硬化快。

ⅱ. 水泥浆的水灰比

水泥浆的水灰比是指水泥浆中水与水泥的质量之比。当水泥浆中加水较多时，水灰比较大，此时水泥的初期水化反应得以充分进行；但是水泥颗粒间原来被水隔开的距离较远，颗粒间相互连接形成骨架结构所需的凝结时间相对较长，所以水泥浆凝结较慢。

水泥浆的水灰比过大时，多余的水分蒸发后形成的孔隙较多，造成水泥石的强度较低；水泥浆的水灰比过小，则会使水化不完全，胶凝产物减少，明显降低水泥石的强度。

ⅲ. 石膏掺量

石膏起缓凝作用的机理可解释为：水泥水化时，石膏能很快与铝酸三钙作用生成水化硫铝酸钙（钙矾石），钙矾石很难溶解于水，它沉淀在水泥颗粒表面上形成保护膜，从而阻碍了铝酸三钙的水化反应，控制了水泥的水化反应速度，延长了凝结时间。石膏掺量不能过多，否则，不仅不能缓凝，还会在后期引起水泥石开裂。水泥中 SO_3 含量不宜超过 3.5%。

ⅳ. 水泥的细度

在矿物组成相同的条件下，水泥磨得越细，比表面积越大，水化时与水的接触面大，水化速度快，相应地水泥凝结硬化速度就快，早期强度就高。

ⅴ. 环境温度和湿度

在适当温度条件下，水泥的水化、凝结和硬化速度较快。反应产物增长较快，凝结硬化加速，水化热较多。相反温度降低，则水化反应减慢，强度增长变缓。特别是温度低于 0 ℃时，凝结硬化停止，并有可能在冻融作用下，造成水泥石破坏，因此，冬季施工应采取一定的保温措施。但高温养护往往导致水泥后期强度增长缓慢甚至下降。水的存在是水泥水化反应的必要条件。当环境湿度十分干燥时，水泥中的水分将很快蒸发，以致水泥不能充分水化，硬化也将停止；反之，水泥的水化将得以充分进行，强度正常增加。因此，混凝土浇筑后 2 ~ 3 周内要洒水养护，以保证水化所必需的水分。

ⅵ. 龄期（时间）

水泥的凝结硬化是随时间延长而增长的，只要温度、湿度适宜，水泥强度的增长可持续若干年。一般情况下，水泥加水拌和后前28 d内水化速度较快，发展也快，28 d之后发展较慢。工程中常以水泥28 d的强度作为设计强度。

4. 硅酸盐水泥的技术要求

按照国家标准《通用硅酸盐水泥》（GB 175—2007）的要求，通用硅酸盐水泥技术要求分为物理指标、化学指标和选择性指标三类。物理指标主要指凝结时间、强度、安定性和细度等；化学指标主要指氯离子、氧化镁、三氧化硫含量以及不溶物含量和烧失量；选择性指标主要是指碱含量。

（1）细度

细度是表示水泥颗粒的粗细程度。表示方法有筛余百分数、比表面积、颗粒级配。

① 筛余百分数：是指水泥在80 μm孔径的筛子上的筛余量占水泥总质量的百分数，筛余百分数越小，水泥越细。

② 比表面积：是指单位质量的水泥粉末所具有的表面积的总和（cm^2/g或m^2/kg）。水泥越细，比表面积越大。一般为300～350 m^2/kg。

③ 颗粒级配：水泥中不同粒径的质量百分数。

标准规定：硅酸盐水泥、普通硅酸盐水泥的细度为比表面积＞300 m^2/kg，矿渣硅酸盐水泥、火山灰质硅酸盐水泥、粉煤灰硅酸盐水泥和复合硅酸盐水泥以筛余表示，80 μm方孔筛筛余不大于10%或45 μm方孔筛筛余不大于30%。

水泥颗粒越细，与水反应的表面积越大，水化反应速度加快，早期强度高，可改善水泥的安定性、泌水性、和易性及黏结性等，有利于施工。但过细，会导致水泥需水量增大，干缩性及7 d水化热增大，抗冻性降低，强度降低，易风化，不宜久存。

（2）凝结时间

凝结时间可分为两个阶段：初凝、终凝。所谓初凝即是从水泥加水拌和起，到水泥浆开始失去可塑性的时间。所谓终凝即是从水泥加水拌和起，到水泥浆完全失去可塑性并开始产生强度的时间。

水泥凝结时间是水泥的重要技术性质之一，在建筑施工中具有重要意义。初凝时间太短，混凝土、砂浆将来不及搅拌、运输、浇捣或砌筑，影响工程施工；终凝时间过长，将延长脱模及养护时间，影响施工进度。

标准规定：硅酸盐水泥初凝≥45 min，终凝≤390 min。其他品种通用硅酸盐水泥初凝≥45 min，终凝≤600 min。

（3）安定性

水泥浆体硬化后体积变化的均匀性称为水泥的体积安定性，即水泥硬化浆体能保持一定形状，不开裂、不变形、不溃散的性质。安定性不良的水泥会使混凝土构件膨胀开裂，使建筑物强度降低。体积安定性不良的水泥应作废品处理，不得应用于工程中，否则将导致严重后果。

引起安定性不良的因素：水泥含有过多的f-CaO、游离MgO，或石膏掺量过多。

当水泥生产工艺不正常时，会产生过多游离状态的氧化钙和氧化镁（f-CaO、f-MgO）。而这些游离状态的产物均经过高温煅烧，属过火煅烧，结构致密，水化速度慢。$f-CaO+H_2O \rightarrow Ca(OH)_2$固体体积增大1.98倍，而$f-MgO+H_2O \rightarrow Mg(OH)_2$固体体积增大2.48倍。$SO_3$由石膏带入，在有石膏的条件下，熟料矿物中$C_3A$水化生成钙矾石，固体体积增大2.22倍。

由于固体体积膨胀是在已硬化的试体中进行的，从而会导致水泥石开裂、破坏。

由 f－CaO 引起的水泥体积安定性用雷氏法或试饼沸煮法检验必须合格。由 f－MgO 引起的水泥体积安定性用压蒸法进行检测，石膏引起的水泥体积安定性需长时间在温水中浸泡才能检测出，所以，标准规定水泥中 MgO≤5.0%（若压蒸安定性合格，允许放宽到6.0%），水泥中 SO_3≤3.5%（对于矿渣硅酸盐水泥可以放宽到4.0%）。安定性检验用雷氏夹和沸煮箱如图3－4 所示。

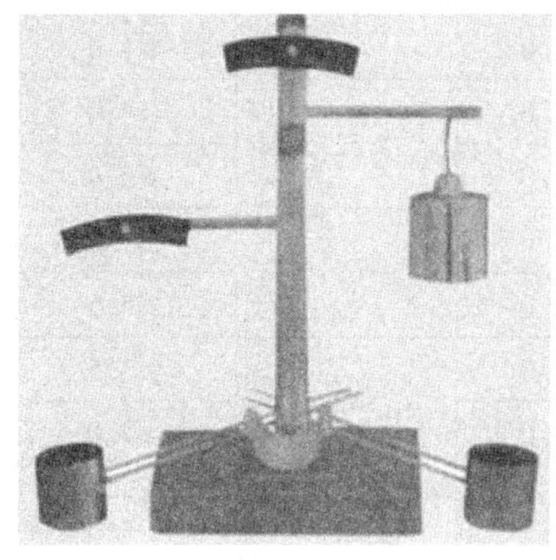

（a）雷氏夹　　（b）沸煮箱

图3－4　雷氏夹与沸煮箱

视频：水泥凝结时间测定

视频：水泥安定性检测

视频：水泥标准稠度用水量测定

（4）标准稠度用水量

为了使水泥凝结时间、安定性的测定具有可比性，人为规定水泥净浆处于一种特定的可塑状态，即标准稠度。达到水泥标准稠度的用水量叫标准稠度用水量。以用水占水泥质量的百分数表示。一般硅酸盐水泥的标准稠度用水量在21%～28%之间。

（5）水泥胶砂强度及强度等级

强度是评价硅酸盐水泥质量的又一个重要指标。水泥的强度是按照 GB/T 17961—1999《水泥胶砂强度检验方法（ISO）法》的标准方法制作的水泥胶砂试件，在（20±1）℃温度的水中，养护到规定龄期时检测的强度值。其中标准试件尺寸为4 cm×4 cm×16 cm，胶砂中水泥与标准砂之比为1:2（$W/C=0.5$），标准试验龄期分别为3 d、28 d，分别检验其抗压强度和抗折强度。

按照3 d、28 d 的抗压强度、抗折强度，可将硅酸盐水泥分为42.5、42.5R、52.5、52.5R、62.5、62.5R 六个强度等级（其中 R 型为早强型）。通用硅酸盐水泥各龄期的强度要求见表3－3。

表 3-3　通用硅酸盐水泥各龄期的强度要求

品　种	强度等级	抗压强度/MPa		抗折强度/MPa	
		3 d	28 d	3 d	28 d
硅酸盐水泥	42.5	≥17.0	≥42.5	≥3.5	≥6.5
	42.5R	≥22.0		≥4.0	
	52.5	≥23.0	≥52.5	≥4.0	≥7.0
	52.5R	≥27.0		≥5.0	
	62.5	≥28.0	≥62.5	≥5.0	≥8.0
	62.5R	≥32.0		≥5.5	
普通硅酸盐水泥	42.5	≥17.0	≥42.5	≥3.5	≥6.5
	42.5R	≥22.0		≥4.0	
	52.5	≥23.0	≥52.5	≥4.0	≥7.0
	52.5R	≥27.0		≥5.0	
矿渣硅酸盐水泥 火山灰质硅酸盐水泥 粉煤灰硅酸盐水泥 复合硅酸盐水泥	32.5	≥10.0	≥32.5	≥2.5	≥5.5
	32.5R	≥15.0		≥3.5	
	42.5	≥15.0	≥42.5	≥3.5	≥6.5
	42.5R	≥19.0		≥4.0	
	52.5	≥21.0	≥52.5	≥4.0	≥7.0
	52.5R	≥23.0		≥4.5	

(6) 不溶物、烧失量、氯离子含量

水泥的不溶物、烧失量、氯离子含量见表 3-4。

表 3-4　水泥的不溶物、烧失量、氯离子含量　(%)

品种	代号	不溶物 (质量分数)	烧失量 (质量分数)	氯离子 (质量分数)
硅酸盐水泥	P·I	≤0.75	≤3.0	≤0.06[①]
	P·Ⅱ	≤1.50	≤3.5	
普通硅酸盐水泥	P·O	—	≤5.0	
矿渣硅酸盐水泥	P·S·A	—	—	
	P·S·B	—	—	
火山灰质硅酸盐水泥	P·P	—	—	
粉煤灰硅酸盐水泥	P·F	—	—	
复合硅酸盐水泥	P·C	—	—	

注：①当有更低要求时，该指标由买卖双方协商确定。

（7）碱含量

水泥中碱含量按 $Na_2O + 0.658K_2O$ 计算值来表示。若使用活性骨料，要求提供低碱水泥时，水泥中碱含量不得大于0.60%或由供需双方商定。

当混凝土骨料中含有活性二氧化硅时，会与水泥中的碱相互作用形成碱的硅酸盐凝胶，由于后者体积膨胀可引起混凝土开裂，造成结构的破坏，这种现象称为“碱-骨料反应”。它是影响混凝土耐久性的一个重要因素。碱-骨料反应与混凝土中的总碱量、骨料活性及使用环境等有关。为防止碱-骨料反应，标准对碱含量做出了相应规定。

判定规则：检验结果化学指标符合要求，凝结时间、安定性、强度满足 GB 175—2007 的有关规定的为合格品，否则为不合格品。

5. 水泥石的腐蚀与防止

硬化水泥石在通常条件下具有较好的耐久性，但在流动的淡水和某些侵蚀介质存在的环境中，其结构会受到侵蚀，直至破坏，这种现象称为水泥石的腐蚀。它对水泥耐久性影响较大，必须采取有效措施予以防止。

腐蚀的介质常有软水介质、酸类介质、盐类介质、强碱介质等。

（1）软水腐蚀（溶出性腐蚀）

$Ca(OH)_2$ 晶体是水泥的主要水化产物之一，水泥的其他水化产物也须在一定浓度的 $Ca(OH)_2$ 溶液中才能稳定存在，而 $Ca(OH)_2$ 晶体又是较易溶于水的（20℃时溶解度为0.16 g/L）。水泥石长期接触软水时，会使水泥石中的氢氧化钙不断被溶出，当水泥石中游离的氢氧化钙减少到一定程度时，水泥石中的其他含钙矿物也可能分解和溶出，从而导致水泥石结构的强度降低，甚至破坏。当水泥石处于软水环境时，特别是处于流动的软水环境中时，水泥被软水侵蚀的速度更快。静止水中 $Ca(OH)_2$ 浓度很快就能达到饱和，溶出作用即停止，影响不大。所以软水腐蚀是一种溶出性的腐蚀。

（2）酸类腐蚀

1）碳酸水的腐蚀　雨水及地下水中常溶有较多的二氧化碳，形成碳酸。含有碳酸的水，先与水泥石中的氢氧化钙反应，中和后使水泥石碳化，形成了碳酸钙。碳酸钙再与碳酸反应生成可溶性的碳酸氢钙，并随水流失，从而破坏了水泥石的结构。其腐蚀反应过程为

$$Ca(OH)_2 + CO_2 + H_2O = CaCO_3 + 2H_2O$$

$$CaCO_3 + CO_2 + H_2O \rightleftharpoons Ca(HCO_3)_2$$

2）一般酸的腐蚀　工程结构处于各种酸性介质中时，酸性介质易与水泥石中的氢氧化钙反应，其反应产物可能溶于水中而流失，或发生体积膨胀造成结构物的局部被胀裂，从而破坏水泥石的结构。$Ca(OH)_2 + 2H^+ \rightarrow Ca^{2+} + 2H_2O$；无机强酸还会与水泥石中的水化硅酸钙、水化铝酸钙等水化产物反应，使之分解，而导致水泥石结构破坏。一般来说，有机酸的腐蚀作用较无机酸弱，且酸的浓度越大，腐蚀作用越强。

（3）盐类腐蚀

1）硫酸盐腐蚀（膨胀腐蚀）　当环境中含有硫酸盐的水渗入到水泥石结构中时，会与水泥石中的氢氧化钙反应生成石膏，石膏再与水泥石中的水化铝酸钙反应生成钙矾石，产生1.5倍的体积膨胀，这种膨胀必然导致脆性水泥石结构的开裂，甚至崩溃。由于钙矾石为微观针状晶体，人们常称其为水泥杆菌。其反应式为：

$$Ca(OH)_2 + Na_2SO_4 + 2H_2O \longrightarrow CaSO_4 \cdot 2H_2O + 2NaOH$$

$$C_3AH_6 + 3(CaSO_4 \cdot 2H_2O) + 19H_2O \longrightarrow 3CaO \cdot Al_2O_3 \cdot 3CaSO_4 \cdot 31H_2O$$

2）镁盐腐蚀　是指在海水及地下水中，常含有大量的镁盐。主要是硫酸镁和氯化镁，它们可与水泥石中的 $Ca(OH)_2$发生如下反应：

$$MgSO_4 + Ca(OH)_2 + 2H_2O \longrightarrow CaSO_4 \cdot 2H_2O + Mg(OH)_2$$

$$MgCl_2 + Ca(OH)_2 \longrightarrow CaCl_2 + Mg(OH)_2$$

反应所生成的 $Mg(OH)_2$松软而无胶凝性，$CaCl_2$易溶于水，会引起溶出性腐蚀，二水石膏又会引起膨胀腐蚀。所以硫酸镁对水泥起硫酸盐和镁盐的双重腐蚀作用，危害更大。

（4）强碱的腐蚀

浓度不高的碱类溶液，一般对水泥石无害。但若长期处于较高浓度（大于 10%）的含碱溶液中也能发生缓慢腐蚀，主要是化学腐蚀和结晶腐蚀。

1）化学腐蚀　如氢氧化钠与水化产物反应，生成胶结力不强、易溶析的产物。

$$2CaO \cdot SiO_2 \cdot nH_2O + 2NaOH \longrightarrow 2Ca(OH)_2 + Na_2O \cdot SiO_2 + (n-1)H_2O$$

$$3CaO \cdot Al_2O_3 \cdot 6H_2O + 2NaOH \longrightarrow 3Ca(OH)_2 + Na_2O \cdot Al_2O_3 + 4H_2O$$

2）结晶腐蚀　是指碱溶液渗入水泥石孔隙，与空气中的二氧化碳反应生成含结晶水的碳酸钠，碳酸钠在毛细孔中结晶体积膨胀，而使水泥石开裂破坏。

$$NaOH + CO_2 + H_2O \longrightarrow Na_2CO_3 \cdot 10H_2O$$

（5）其他腐蚀

除了上述四种主要的腐蚀类型外，一些其他物质也对水泥石有腐蚀作用，如糖、氨盐、酒精、动物脂肪、含环烷酸的石油产品及碱-骨料反应等。它们或是影响水泥的水化，或是影响水泥的凝结，或是体积变化引起开裂，或是影响水泥的强度，从不同的方面造成水泥石的性能下降甚至破坏。

实际工程中水泥石的腐蚀是一个复杂的物理化学作用过程，腐蚀的作用往往不是单一的，而是几种同时存在，相互影响。

水泥石腐蚀的产生，主要有三个基本原因：一是水泥石中存在易被腐蚀的组分，主要是 $Ca(OH)_2$和水化铝酸钙；二是有能产生腐蚀的介质和环境条件；三是水泥石本身不密实，有许多毛细孔，使侵蚀介质能进入其内部。

防止水泥石的腐蚀，一般可采取以下措施。

① 根据工程的环境特点，合理选择水泥品种，或适当掺入混合材料，减少可腐蚀物质的浓度，防止或延缓水泥的腐蚀。如处于软水环境的工程，常选用掺入混合材料的矿渣水泥、火山灰水泥或粉煤灰水泥，因为这些水泥的水泥石中氢氧化钙含量低，对软水侵蚀的抵抗能力强。

② 提高混凝土的密实度，采取措施降低水泥石结构的孔隙率，特别是提高表面的密实度，阻塞腐蚀介质渗入水泥石的通道。

③ 在水泥石结构的表面设置保护层，隔绝腐蚀介质与水泥石的联系。例如，采用涂料、贴面等致密的耐腐蚀层覆盖水泥石，能够有效地保护水泥石不被腐蚀。

6．硅酸盐水泥的特性与应用

① 凝结硬化快，早期及后期强度均高，适用于有早强要求的工程（如冬季施工、预制、现浇等工程）、高强度混凝土工程（如预应力钢筋混凝土、大坝溢流面部位混凝土）。

② 抗冻性好，适合水工混凝土和抗冻性要求高的工程。

③ 水化热高，不宜用于大体积混凝土工程，但有利于低温季节蓄热法施工。

④ 抗碳化性好，因水化后氢氧化钙含量较多，故水泥石的碱度不易降低，对钢筋的保护作用强。适用于空气中二氧化碳浓度高的环境。

⑤ 耐磨性好，适用于高速公路、道路和地面工程。

⑥ 耐热性差，因水化后氢氧化钙含量高，不适用于承受高温作用的混凝土工程。

⑦ 耐腐蚀性差，因水化后氢氧化钙和水化铝酸钙的含量较多。

3.1.2　其他通用硅酸盐水泥

通用硅酸盐水泥除前述的硅酸盐水泥之外，还有普通硅酸盐水泥、矿渣硅酸盐水泥、火山灰质硅酸盐水泥、粉煤灰硅酸盐水泥及复合硅酸盐水泥五种。它们与硅酸盐水泥生产、性能相近，只是所掺混合材品种、数量上的差异，也由此引起性能上的一些差异。

1. 混合材料

在磨制水泥时加入的天然或人工矿物材料称为混合材料。水泥用混合材料可按其活性的不同，分为活性混合材料和非活性混合材料。常用的活性混合材料有粒化高炉矿渣、火山灰质混合材料和粉煤灰等。活性混合材料应符合 GB/T 203、GB/T 18046、GB/T 1596、GB/T 2847 标准要求的粒化高炉矿渣、粒化高炉矿渣粉、粉煤灰、火山灰质混合材料。非活性混合材料是指活性指标分别低于上述标准要求的粒化高炉矿渣、粒化高炉矿渣粉、粉煤灰、火山灰质混合材料以及石灰石和砂岩，其中石灰石中的三氧化二铝含量应不大于2.5%。

(1) 活性混合材料

所谓活性混合材料是指在常温下，加水拌和后能与水泥、石灰或石膏发生化学反应，生成具有一定水硬性的胶凝产物的混合材料。因活性混合材料的掺加量较大，且其主要化学成分为活性氧化硅和活性氧化铝，当其活性激发后可使水泥后期强度大大提高，改善水泥性质的作用更加显著，甚至赶上同强度等级的硅酸盐水泥。常用的活性混合材料有粒化高炉矿渣、火山灰质材料和粉煤灰等。这些活性材料本身不会发生水化反应，不产生胶凝性。但在氢氧化钙或石膏等溶液中，它们却能产生明显的水化反应，形成水化硅酸钙和水化铝酸钙：

$$xCa(OH)_2 + SiO_2 + mH_2O \rightarrow xCaO \cdot SiO_2 \cdot nH_2O$$

$$xCa(OH)_2 + Al_2O_3 + mH_2O \rightarrow xCaO \cdot Al_2O_3 \cdot nH_2O$$

掺混合材料的硅酸盐水泥水化时，水泥熟料首先水化产生氢氧化钙，氢氧化钙再与活性混合材料中的活性氧化硅和活性氧化铝反应，形成水化硅酸钙和水化铝酸钙。因而，这一反应也称为“二次反应”。水泥熟料水化时产生氢氧化钙，水泥中也含有石膏，因此具备了使活性混合材料发挥活性的条件，常将氢氧化钙、石膏称为活性混合材料的“激发剂”。激发剂浓度越高，激发作用越大，混合材料活性发挥越充分。

1）粒化高炉矿渣　粒化高炉矿渣是高炉冶炼生铁时，将浮在铁水表面的熔融物经水淬等急冷处理而生成的松散颗粒，又称为水淬矿渣。粒化高炉矿渣的主要化学成分是 CaO，SiO_2，Al_2O_3和少量 MgO、Fe_2O_3。急冷的矿渣结构为不稳定的玻璃体，具有较大的化学潜能，其主要活性成分是活性 SiO_2和活性 Al_2O_3。常温下能与 $Ca(OH)_2$反应，生成水化硅酸钙、水化铝酸钙等有水硬性的产物，从而产生强度。在用石灰石作熔剂的矿渣中，含有少量 C_2S，本身就有一定的水硬性，加入激发剂磨细就可制得无熟料水泥。

2）火山灰质混合材料　火山灰质混合材料按其成因分为天然的和人工的两类。天然火山灰质混合材料是火山喷发时形成的一系列矿物，如火山灰、凝灰岩、浮石、硅藻土和硅藻石等；人工火山灰质混合材料是与天然火山灰成分和性质相似的人造矿物或工业废渣，如烧黏土、炉渣、煤矸石渣和煤渣等。火山灰质混合材的主要活性成分是活性 SiO_2 和活性 Al_2O_3，在激发作用下，可发挥出水硬性。

3）粉煤灰　粉煤灰是火力发电厂以煤粉作燃料，燃烧后收集下来的极细的烟道灰。其颗粒为球状玻璃体结构，呈实心或空心状态，表面致密，其活性主要取决于玻璃体的含量。粉煤灰的成分主要是活性 SiO_2 和活性 Al_2O_3，其潜在的水硬性原理同粒化高炉矿渣。扫描电镜下的粉煤灰如图 3－5 所示。

图 3－5　粉煤灰微观结构

（2）非活性混合材料

对于磨细石英砂、石灰石、黏土、缓冷矿渣等，它们掺入水泥，不与水泥成分起化学反应或化学反应很弱，主要起填充作用，可调节水泥强度，降低水化热及增加水泥产量等。

2. 普通硅酸盐水泥

普通硅酸盐水泥（简称普通水泥，代号为 P・O），是由硅酸盐水泥熟料、大于 5% 且不超过 20% 的活性混合材料、适量石膏磨细制成的水硬性胶凝材料。其中允许用不超过水泥质量 8% 且符合标准要求的非活性混合材料或不超过水泥质量 5% 且符合标准要求的窑灰代替。掺入非活性混合材料时最大掺量不得超过水泥质量的 10%。袋装普通硅酸盐水泥如图 3－6 所示。

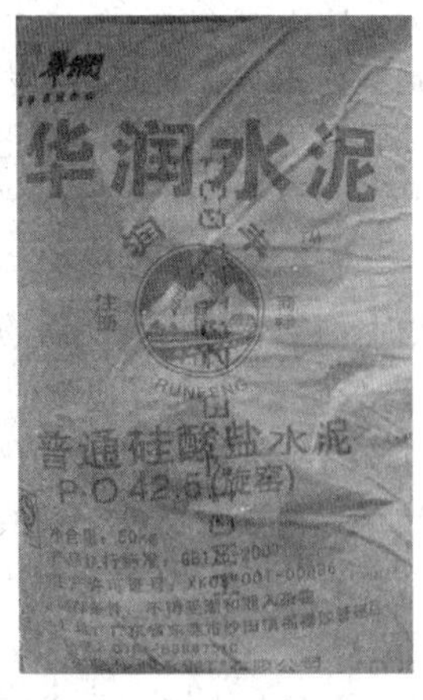

图 3－6　袋装普通水泥

视频：六大通用水泥

普通硅酸盐水泥分为42.5、42.5R、52.5、52.5R四个强度等级，各等级水泥在不同龄期的强度要求见表3-5。

表3-5　普通硅酸盐水泥技术标准

<table>
<tr><td rowspan="2">技术性质</td><td rowspan="2">细度0.08 mm方孔筛筛余百分数(%)</td><td colspan="2">凝结时间</td><td rowspan="2">安定性（沸煮法）</td><td rowspan="2">MgO含量(%)</td><td rowspan="2">SO_3含量(%)</td><td rowspan="2">烧失量(%)</td><td rowspan="2">氯离子质量分数(%)</td></tr>
<tr><td>初凝/min</td><td>终凝/min</td></tr>
<tr><td>指标</td><td>≤10.0</td><td>≥45</td><td>≤600</td><td>必须合格</td><td>≤5.0①</td><td>≤3.5</td><td>≤5.0</td><td>≤0.06②</td></tr>
<tr><td>强度</td><td colspan="4">抗压强度/MPa</td><td colspan="4">抗折强度/MPa</td></tr>
<tr><td>等级</td><td colspan="2">3 d</td><td colspan="2">28 d</td><td colspan="2">3 d</td><td colspan="2">28 d</td></tr>
<tr><td>42.5</td><td colspan="2">≥17.0</td><td colspan="2">≥42.5</td><td colspan="2">≥3.5</td><td colspan="2">≥6.5</td></tr>
<tr><td>42.5R</td><td colspan="2">≥22.0</td><td colspan="2">≥42.5</td><td colspan="2">≥4.0</td><td colspan="2">≥6.5</td></tr>
<tr><td>52.5</td><td colspan="2">≥23.0</td><td colspan="2">≥52.5</td><td colspan="2">≥4.0</td><td colspan="2">≥7.0</td></tr>
<tr><td>52.5R</td><td colspan="2">≥27.0</td><td colspan="2">≥52.5</td><td colspan="2">≥4.5</td><td colspan="2">≥7.0</td></tr>
</table>

注：①如果水泥压蒸安定性试验合格，则水泥中氧化镁含量允许放宽到6.0%。
②当有更低要求时，该指标由买卖双方协商确定。

普通硅酸盐水泥中绝大部分为硅酸盐水泥熟料，其性能与硅酸盐水泥相近，由于掺入了少量混合材料，其各项性能与硅酸盐水泥相比，也有少量的区别。其主要性能特点如下。

① 早期强度略低，后期强度高。

② 水化热略低。

③ 抗渗性好，抗冻性好，抗碳化能力强。

④ 抗侵蚀、抗腐蚀能力稍好。

⑤ 耐磨性较好，耐热性能较好。

普通硅酸盐水泥的应用范围和硅酸盐水泥基本相同，是建筑业应用面广、使用量大的水泥品种。

3. 矿渣硅酸盐水泥

矿渣硅酸盐水泥是由硅酸盐水泥熟料和大于20%且不超过70%的粒化高炉矿渣及适量石膏混合磨细而成的水硬性胶凝材料（简称矿渣水泥）。矿渣硅酸盐水泥按矿渣掺入量的大小分为A型和B型，其中A型矿渣掺量大于20%且不超过50%，代号P·S·A；B型矿渣掺入量大于50%且不超过70%，代号P·S·B。允许用石灰石、窑灰、粉煤灰和火山灰质混合材料中的一种材料代替矿渣，代替数量不超过水泥质量的8%，替代后水泥中粒化高炉矿渣不得少于20%。

矿渣硅酸盐水泥由于掺入较多的矿渣，在水泥加水后首先是熟料矿物水化，然后是氢氧化钙、石膏分别与矿渣中的活性SiO_2和活性Al_2O_3发生二次水化反应，生成水化硅酸钙、水化铝酸钙、水化硫铝酸钙等新的水化产物。因此，矿渣硅酸盐水泥性能与硅酸盐水泥相比，其主要特点如下。

① 凝结硬化慢，早期强度低，后期强度高。

② 水化热较低，放热速度慢。

③ 具有较好的耐热性能。

④ 具有较强的抗软水、抗腐蚀能力。

⑤ 保水性差，泌水性大，干缩较大。

⑥ 对湿热敏感，适宜于蒸汽养护。

⑦ 抗冻性较差，抗碳化能力差，耐磨性差。

矿渣硅酸盐水泥适宜用于任何地上工程及配制混凝土和钢筋混凝土；对于有耐淡水侵蚀和耐硫酸盐侵蚀的水工及海工工程更适用；适用大体积工程及配制耐热混凝土。不宜用于对于早强要求高的工程、受冻融或干湿交替的环境、低温工程。使用时要严格控制加水量，加强早期养护。

4. 火山灰质硅酸盐水泥

由硅酸盐水泥熟料和大于20%且不超过40%的火山灰质混合材料及适量石膏混合磨细而成的水硬性胶凝材料，称为火山灰质硅酸盐水泥（简称火山灰水泥），代号P·P。

火山灰水泥的主要性能特点如下。

① 早期强度低，后期强度高；对温度敏感，适宜于高温养护。

② 水化热较低，放热速度慢。

③ 具有较强的抗侵蚀、抗腐蚀能力。

④ 需水量大，干缩率较大。

⑤ 抗渗性好，抗冻性较差，抗碳化能力差，耐磨性差。

火山灰水泥最适宜用于地下或水中工程，尤其有抗渗、抗淡水、抗硫酸盐侵蚀要求的工程，大体积工程和蒸汽养护生产混凝土预制构件；不宜用于早强要求、耐磨要求较高的混凝土工程，有抗冻要求的工程。

5. 粉煤灰硅酸盐水泥

由硅酸盐水泥熟料和大于20%且不超过40%的粉煤灰及适量石膏混合磨细而成的水硬性胶凝材料称为粉煤灰硅酸盐水泥（简称粉煤灰水泥），代号P·F。

粉煤灰水泥的主要性能特点如下。

① 早期强度低，后期强度高；对温度敏感，适宜于高温养护。

② 水化热较低，放热速度慢。

③ 具有较强的抗侵蚀、抗腐蚀能力。

④ 需水量低，干缩率较小，抗裂性好。

⑤ 抗冻性较差，抗碳化能力差，耐磨性差。

粉煤灰硅酸盐水泥适合用于承载较晚的混凝土工程，水中及大体积工程；不宜用于有抗渗要求的混凝土工程，也不宜用于干燥环境中的混凝土工程及有耐磨性要求的混凝土工程。

6. 复合硅酸盐水泥

凡由硅酸盐水泥熟料、两种或两种以上规定的混合材料、适量的石膏磨细制成的水硬性胶凝材料，称为复合硅酸盐水泥，简称复合水泥，代号P·C。水泥中混合材料总掺量按质量百分比计应大于20%且不超过50%。水泥中允许用不超过8%的窑灰代替部分混合材料；掺矿渣时混合材料掺量不得与矿渣水泥重复。

复合水泥由于使用了复合混合材料，改变了水泥石微观结构，其早期强度大于同强度等级的矿渣水泥、火山灰水泥、粉煤灰水泥，且具有需水量小、凝结时间适中、保水性好、干缩小、水化热低、耐腐蚀性好、抗裂性好、后期强度增进率大、所配置的混凝土和易性好等特点。因此，复合水泥被广泛应用于各种工业工程、民用建筑，适用于地下、大体积混凝土工程、基础工程等各种工程。不适宜在严寒地区有水位升降的工程部位使用。

通用硅酸盐水泥是目前工程实践中使用量大、面广的水泥，其组成、性能及适用范围见表3－6。

表3－6 通用硅酸盐水泥组成、性能比较

<table>
<tr><th>项目</th><th>硅酸盐水泥（P·Ⅰ、P·Ⅱ）</th><th>普通硅酸盐水泥（P·O）</th><th>矿渣硅酸盐水泥（P·S）</th><th>火山灰质硅酸盐水泥（P·P）</th><th>粉煤灰硅酸盐水泥（P·F）</th><th>复合硅酸盐水泥（P·C）</th></tr>
<tr><td rowspan="2">组成</td><td colspan="6">硅酸盐水泥熟料、适量石膏</td></tr>
<tr><td>无或很少量的混合材料</td><td>活性混合材料（大于5%且不超过20%）</td><td>粒化高炉矿渣（大于20%且不超过50%或大于50%且不超过70%）</td><td>火山灰质混合材料（大于20%且不超过40%）</td><td>粉煤灰（大于20%且不超过40%）</td><td>20%～50%规定的混合材料</td></tr>
<tr><td rowspan="3">性能</td><td rowspan="3">1. 早期、后期强度高
2. 耐腐蚀性差
3. 水化热大
4. 抗碳化性好
5. 抗冻性好
6. 耐磨性好
7. 耐热性差</td><td rowspan="3">1. 早期强度稍低，后期强度高
2. 耐腐蚀性稍差
3. 水化热较大
4. 抗碳化性好
5. 抗冻性好
6. 耐磨性较好
7. 抗渗性好</td><td colspan="4">早期强度低，后期强度高</td><td>早期强度较高</td></tr>
<tr><td colspan="5">① 对温度敏感，适合蒸汽养护；② 耐腐蚀性好；② 水化热小；④ 抗冻性较差；⑤ 抗碳化性较差</td></tr>
<tr><td>1. 泌水性大、抗渗性差
2. 耐热性较好
3. 干缩性大</td><td>1. 保水性好、抗渗性好
2. 干缩大
3. 耐磨性差</td><td>1. 保水性差，易泌水
2. 干缩小、抗裂性好
3. 耐磨性差</td><td>干缩较大</td></tr>
</table>

3.1.3 通用硅酸盐水泥的选用、验收与保管运输

通用硅酸盐水泥作为三大建筑材料之一，在土木工程建设中发挥着巨大的作用。

工程实践中正确选用、合理使用水泥，按照标准与合同及时验收，并且妥善运输与保管好水泥，对于工程建设十分重要。

1. 通用硅酸盐水泥的选用

由于不同品种通用硅酸盐水泥在性能上的各自特点，在实际工程中应根据工程所处的环境条件、建筑物的预期寿命及混凝土所处的部位，选用适当的水泥品种，以满足工程的不同要求。通用硅酸盐水泥的选择见表3－7。

表 3-7　通用硅酸盐水泥的选择

混凝土工程特点及所处环境条件			优先选用	可以选用	不宜选用
普通混凝土	1	在一般气候环境中的混凝土	普通水泥	矿渣水泥、火山灰水泥、粉煤灰水泥、复合水泥	—
	2	在干燥环境中的混凝土	普通水泥	矿渣水泥	火山灰水泥、粉煤灰水泥
	3	在高温环境中或长期处于水中的混凝土	矿渣水泥、火山灰水泥、粉煤灰水泥、复合水泥	普通水泥	—
	4	原大体积混凝土	矿渣水泥、火山灰水泥、粉煤灰水泥、复合水泥	普通水泥	硅酸盐水泥
有特殊要求的混凝土	1	要求快硬、高强（>C40）的混凝土	硅酸盐水泥	普通水泥	矿渣水泥、火山灰水泥、粉煤灰水泥、复合水泥
	2	严寒地区的露天混凝土，寒冷地区处于水位升降范围内的混凝土	普通水泥	矿渣水泥（强度等级>32.5）	火山灰水泥、粉煤灰水泥
	3	严寒地区处于水位升降范围内的混凝土	普通水泥（强度等级>42.5）	—	矿渣水泥、火山灰水泥、粉煤灰水泥、复合水泥
	4	有抗渗要求的混凝土	普通水泥、火山灰水泥	—	矿渣水泥
	5	有耐磨性要求的混凝土	硅酸盐水泥、普通水泥	矿渣水泥（强度等级>32.5）	火山灰水泥、粉煤灰水泥
	6	受侵蚀性介质作用的混凝土	矿渣水泥、火山灰水泥、粉煤灰水泥、复合水泥	—	硅酸盐水泥、普通水泥

2. 通用硅酸盐水泥的验收、质量检验

(1) 水泥的验收

① 水泥到货后，应根据供货单位的发货明细表或入库通知单及质量合格证，核对水泥包装上所注明的工厂名称、水泥品种、水泥名称、代号和强度等级、包装日期、生产许可证编号等。

② 水泥供货分散装和袋装两种。散装水泥用专用车辆运输，以“吨”为计量单位，袋装水泥以“吨”或“袋”为计量单位，每袋净含量50 kg，且不得少于标志质量的99%；随机抽

取 20 袋，总质量不得少于 1 000 kg。散装水泥平均堆积密度为 1 450 kg/m³，袋装压实的水泥为 1 600 kg/m³。

③ 袋装水泥包装袋两侧应印有水泥名称和强度等级。硅酸盐水泥和普通硅酸盐水泥的印刷采用红色，矿渣水泥的印刷采用绿色，火山灰水泥、粉煤灰水泥和复合水泥的印刷采用黑色或蓝色。

（2）水泥的质量检验

水泥到现场后应进行质量检验。

① 水泥进场时应对其品种、级别、包装或散装仓号、出厂日期进行检查。

② 进场水泥应对其凝结时间、安定性、胶砂强度、氧化镁和氯离子含量进行复检。

③ 当在使用中对水泥质量有怀疑或出厂超过 3 个月时，应进行复检，并按复检结果使用。

④ 不合格水泥判定：凡不溶物、烧失量、三氧化硫含量、氧化镁含量、氯离子含量、凝结时间、安定性、强度指标中任何一项技术指标要求不符合标准要求者为不合格品。

⑤ 凡不合格水泥，工程中严禁使用。

3. 通用硅酸盐水泥的运输、保管

① 水泥在运输和贮存过程中不得受潮和混入杂物，不同品种和强度的水泥应分别贮存，不得混杂。

② 贮存水泥的库房应注意防潮、防漏。存放袋装水泥时，地面垫板要离地 30 cm，袋装水泥堆垛不宜太高，以免下部水泥受压结硬，一般以 10 袋为宜。如存放期短、库房紧张，亦不宜超过 15 袋。

③ 水泥的贮存应按照水泥到货的先后依次堆放，尽量做到先存先用。

④ 水泥贮存期不宜过长，以免受潮而降低水泥强度。贮存期一般为不超过 3 个月。水泥储存 3 个月，强度通常会下降 10% ~20%。

⑤ 水泥受潮的处理：当水泥有松块、结粒情况时，说明水泥开始受潮，应将松块、粒状物压成粉末并增加搅拌时间，经试验后根据实际强度等级使用；当水泥已经部分结成硬块时，表明水泥已严重受潮，使用时应筛去硬块，并将松块压碎，用于抹面砂浆等；当水泥结块坚硬时，表明该水泥已丧失活性，不能按胶凝材料使用，而只能重新粉磨后用作混合材料。

3.2　专用水泥

专用水泥是指具有专门用途的水泥，如道路水泥、油井水泥、砌筑水泥、耐酸水泥和耐碱水泥等。

3.2.1　道路硅酸盐水泥

由适当成分的生料烧制部分熔融，得到以硅酸钙为主要成分和较多铁铝酸钙的硅酸盐水泥熟料，称为道路硅酸盐水泥熟料。由道路硅酸盐水泥熟料、0 ~10% 活性混合材料和适量石膏磨细制成的水硬性胶凝材料，称为道路硅酸盐水泥（简称道路水泥），代号 P · R。

《道路硅酸盐水泥》（GB 13693—2005）规定的技术要求如下。

1）熟料矿物成分含量　道路水泥熟料矿物成分为 C_3S、C_2S、C_3A 和 C_4AF，C_3A 含量不得大于 5.0%（目前是降低水化物数量，减少水泥的干缩率），C_4AF 含量不得小于 16%（目前是为了增加水泥的抗折强度和耐磨性）。

2）凝结时间　道路水泥的初凝时间不得早于 1.5 h，终凝时间不得迟于 10 h。

3）细度　比表面积为300～450 m^2/kg。

4）安定性　氧化镁含量不得超过5.0%，三氧化硫含量不得超过3.5%，沸煮法检验安定性必须合格。

5）干缩率、耐磨性　28 d干缩率不得大于0.10%；耐磨性以28 d磨损量表示，不得大于3.00 kg/m^2。

6）强度　道路水泥按规定龄期的抗压、抗折强度划分，各龄期的抗压、抗折强度应不低于表3－8的数值。

表3－8　道路水泥各龄期强度（GB 13693—2005）

强度等级	抗折强度/MPa		抗压强度/MPa	
	3 d	28 d	3 d	28 d
32.5	3.5	6.5	16.0	32.5
42.5	4.0	7.0	21.0	42.5
52.5	5.0	7.5	26.0	52.5

7）碱含量　规定同硅酸盐水泥。

道路水泥早期强度高，特别是抗折强度高、干缩性小、耐磨性好、抗冲击性好，主要用于道路路面、飞机场跑道、广场、车站以及对耐磨性、抗干缩性要求较高的混凝土工程。

3.2.2　油井水泥

油井水泥是油田用于封固油、气井的专用水泥。

在勘探、开采石油或天然气时，要把钢质套管下入井内，再注入水泥浆将套管与周围地层胶结封固，进行固井作业，封隔地层内的油、气、水层，防止互相窜扰，以便在井内形成一条从油层流向地面、隔绝良好的油流通道。

油井水泥的基本要求为：水泥浆在筑井过程中要有一定的流动性和合适的密度，水泥浆注入井内后，应较快凝结，并在短期内达到相当强度；硬化后的水泥浆应有良好的稳定性和抗渗性、抗蚀性等。油井和气井的情况十分复杂，为适应不同油气井的具体条件，还要在水泥中加入一些外加剂，如增重剂、减轻剂或缓凝剂等。

油井底部的温度和压力随着井深的增加而提高，每深入100 m，温度约提高3℃，压力增加1.0～2.0 MPa。因此，高温高压，特别是高温对水泥各种性能的影响是油井水泥生产和使用的最主要问题。高温作用使硅酸盐水泥的强度显著下降，因此，不同浓度的油井，应该用不同组成的水泥。根据GB 10238—1998（等效采用API标准），我国油井水泥分为九个等级，包括普通（O）、中等抗硫酸盐型（MSR）和高抗硫酸盐型（HSR）三类。各级别油井水泥使用范围如下。

A级：在无特殊性能要求时使用，适用于自地面至1 830 m井深的注水泥。仅有普通型。

B级：适合于井下条件要求高早期强度时使用，适用于自地面至1 830 m井深的注水泥。分为中抗硫酸盐型和高抗硫酸盐型两种类型。

C级：适合于井下条件要求高早期强度时使用，适用于自地面至1 830 m井深的注水泥。分为普通型、中抗硫酸盐型和高抗硫酸盐型三种类型。

D级：适合于中温中压的井下条件时使用，分为中抗硫酸盐和高抗硫酸盐型两种类型。

E级：适合于高温高压的井下条件时使用，分为中抗硫酸盐和高抗硫酸盐型两种类型。

F级：适合于超高温高压的井下条件时使用，分为中抗硫酸盐和高抗硫酸盐型。

G 级、H 级：是一种基本油井水泥，分为中抗硫酸盐型和高抗硫酸盐两种类型。

J 级：适用于超高温高压条件下的 3 660 ~ 4 880 m 井深的注水泥。

油井水泥的物理性能要求包括：水灰比、水泥比表面积、15 ~ 30 min 内的初始稠度，在特定温度和压力下的稠化时间以及在特定温度、压力和养护龄期下的抗压强度。高抗硫酸盐油井水泥如图 3 - 7 所示。

图 3 - 7　高抗硫酸盐油井水泥

视频：专用水泥

3.2.3　砌筑水泥

目前在我国土木工程中，砌筑砂浆成为需要量很大的建筑材料。通常，在施工配制砌筑砂浆时，会采用最低强度即 32.5 级或 42.5 级的通用水泥，而常用砂浆的强度仅为 2.5 MPa、5.0 MPa，水泥强度与砂浆强度的比值大大超过了 4 ~ 5 倍的经济比例，为了满足砂浆和易性的要求，又需要用较多的水泥，造成砌筑砂浆强度等级超高，形成较大的浪费。因此，生产专门用于砌筑的低强度水泥非常有必要。

国家标准《砌筑水泥》（GB/T 3183—2003）规定，凡由一种或一种以上的水泥混合材料，加入适量硅酸盐水泥熟料和石膏，经磨细制成的工作性能较好的水硬性胶凝材料，称为砌筑水泥，代号 M。

砌筑水泥用混合材料可采用矿渣、粉煤灰、煤矸石、沸腾炉渣和沸石等，掺加量应大于 50%，允许掺入适量石灰石或窑灰。

凝结时间要求初凝不早于 60 min，终凝不迟于 12 h；按砂浆吸水后保留的水分计，保水率应不低于 80%；安定性用沸煮法检验必须合格；细度为 80 μm 方孔筛筛余不超过 10%；水泥中 SO_3 含量不得超过 4.0%。

砌筑水泥的强度等级及各龄期强度值应不低于表 3 - 9 的要求。

表 3 - 9　砌筑水泥的各龄期强度值

强度等级	抗折强度/MPa		抗压强度/MPa	
	7 d	28 d	7 d	28 d
12.5	7.0	12.5	1.5	3.0
22.5	10.0	22.5	2.0	4.0

砌筑水泥适用于砌筑砂浆、内墙抹面砂浆及基础垫层，允许用于生产砌块及瓦等制品。砌筑水泥一般不得用于配制混凝土，通过试验，允许用于低强度等级混凝土，但不得用于钢筋混凝土等承重结构。

3.3 特性水泥

所谓特性水泥即是某种性能比较突出的水泥。常用的有装饰用的白色、彩色水泥，用于大体积、水工工程的中、低热水泥，用于微膨胀及预应力的膨胀水泥，自应力水泥等。

3.3.1 白色硅酸盐水泥

在建筑装饰工程中，常采用白水泥和彩色水泥配制成水泥浆或水泥砂浆，用于饰面刷浆或陶瓷铺贴的勾缝。以白水泥和彩色水泥为胶凝材料，加入各种大理石、花岗石碎屑作骨料，可制成水刷石、水磨石、人造大理石等丰富多彩的建筑物饰面或制品。白水泥和彩色水泥还是制作雕塑作品的理想材料。可见，白水泥和彩色水泥以其良好的装饰性能已被广泛应用于各种装饰工程，故常称其为装饰水泥。

1. 白色硅酸盐水泥

根据国家标准《白色硅酸盐水泥》（GB/T 2015—2017），以适当成分的生料烧至部分熔融，所得的以硅酸钙为主要成分、含有少量氧化铁的白色硅酸盐水泥熟料，再加入适量石膏，磨细制成的水硬性胶凝材料称为白色硅酸盐水泥，简称白水泥，代号P·W。

2. 技术要求

细度用筛孔尺寸为0.08 mm的方孔筛的筛余不得超过10%，否则为不合格。凝结时间要求初凝时间不得早于45 min，终凝时间不得迟于10 h。水泥中三氧化硫含量不得超过3.5%。体积安定性要求用沸煮法检验必须合格，强度等级根据3 d和28 d抗压强度和抗折强度，将白水泥划分为32.5、42.5、52.5三个等级，各等级、各龄期的强度要求不得低于表3-10中的数据。

表3-10 白色硅酸盐水泥强度要求 （MPa）

强度等级	抗折强度		抗压强度	
	3 d	28 d	3 d	28 d
32.5	12.0	32.5	3.0	6.0
42.5	17.0	42.5	3.5	6.5
52.5	22.0	52.5	4.0	7.0

3. 白度

白水泥的白度是将白水泥样品装入标准压样器中，压成表面平整的白板，置于白度仪中，测其对红、绿、蓝三种原色光的反射率，以此反射率与氧化镁标准反射率相比的百分率表示。要求白度值不低于87。

4. 生产及应用

白色硅酸盐水泥的组成、性质与硅酸盐水泥基本相同，所不同的是在配料和生产过程中要严格控制着色氧化物（Fe_2O_3、MnO、Cr_2O_3、TiO_2等）的含量，因而具有白色。如果熟料中

Fe_2O_3含量为3%～4%则为暗灰色，含量为0.45%～0.7%为淡绿色，含量为0.35%～0.4%为白色。白水泥主要用于建筑物的装饰，如饰面、楼梯、外墙等大理石石砖的镶嵌以及混凝土雕塑工艺制品等。还可掺入颜料配制成彩色水泥、彩色砂浆、彩色混凝土等。白色硅酸盐水泥如图3-8所示。

图3-8　白色硅酸盐水泥

视频：特性水泥

3.3.2　彩色硅酸盐水泥

彩色水泥按其化学成分可分为彩色硅酸盐水泥、彩色铝酸盐水泥和彩色硫铝酸盐水泥三种，其中以彩色硅酸盐水泥产量最大、应用最广。下面主要介绍彩色硅酸盐水泥。

1. 彩色水泥的生产方法

白色硅酸盐水泥熟料与适量石膏和耐碱矿物颜料共同磨细即可制成彩色硅酸盐水泥。彩色硅酸盐水泥根据其着色方法的不同，有两种生产方式。

1）染色法　所谓染色法，一种是将硅酸盐水泥熟料（白水泥熟料或普通水泥熟料）、适量石膏和碱性颜料共同磨细而制得彩色水泥。这是目前国内外生产彩色水泥应用最广泛的方法。另一种与染色法类似的简易方法是将颜料直接与水泥粉混合而配制成彩色水泥，但这种方法颜料用量大，色泽也不易均匀。

2）直接烧成法　所谓直接烧成法是在水泥生料中加入着色原料而直接煅烧成彩色水泥熟料，再加入适量石膏共同磨细制成彩色水泥。常用着色原料为金属氧化物或氢氧化物，例如，加入氧化铬或氢氧化铬可制得绿色水泥；加入氧化锰在还原气氛中可制得浅蓝色水泥，在氧化气氛中可制得浅紫色水泥。这种方法着色剂用量很少，有时也可用工业副产品作着色剂。

2. 彩色水泥的颜料

根据水泥的性质及应用特点，生产彩色水泥所用的颜料应满足以下基本要求。

① 不溶于水，分散性好。

② 耐大气稳定性好。

③ 抗碱性好。

④ 着色力强，颜色浓。

⑤ 不含杂质。

⑥ 不会使水泥强度显著降低，也不会影响水泥正常凝结硬化。

⑦ 价格较便宜。

彩色水泥的常用颜料品种见表3－11，其中尤以氧化铁基颜料使用最多。

表3－11　彩色水泥的常用颜料品种

颜　色	颜　料　成　分
白	氧化钛（TiO_2）
红	合成氧化铁，铁丹（Fe_2O_3）
黄	合成氧化铁（$Fe_2O_3 \cdot H_2O$）
绿	氧化铬（Cr_2O_3）
青	群青（Fe_2O_3），钴青
紫	钴，紫氧化铁
黑	炭黑（C），合成氧化铁（$Fe_2O_3 \cdot FeO$）

3．彩色水泥的性质及应用

① 对水泥着色度的影响因素。首先是颜料掺量，当然掺量越多，颜色越浓；但这种影响又因颜料种类不同而异。另外，在相同的混合条件下，粒径较细的颜料着色能力较强，如铁丹。实验证明，一般颜料的着色能力与其粒径的平方成反比。

② 水泥中颜料的掺入对其物理力学性能将产生一定影响。彩色水泥的凝结速度一般比白水泥快，其程度因颜料的品质和掺量而异。水泥胶砂强度一般因颜料掺入而降低，掺入炭黑时尤为明显，但因优质炭黑着色力很强，掺量很少时即可达到色泽要求，所以一般问题不大。

③ 彩色水泥色浆的配制。彩色水泥色浆的配制分头道浆和二道浆两道工序。头道浆按水灰比0.75配制，二道浆按水灰比0.65配制。刷浆前先将基层用水充分湿润，先刷头道浆，待其有足够强度后再刷二道浆。浆面初凝后，必须立即开始洒水养护，至少养护3 d。为保证不发生脱粉（干后粉刷脱落）及被雨水冲掉，还可在水泥色浆中加入占水泥质量1%～2%的无水氯化钙和占水泥质量7%的皮胶液，以加速凝固，增强黏结力。

白水泥和彩色水泥广泛应用于建筑装修中。装饰水泥常用于装饰建筑物的表层，施工简单，造型方便，容易维修，价格便宜，可制作彩色水磨石、饰面砖、锦砖、玻璃马赛克以及制作水刷石、斩假石、水泥花砖的表层及地面装饰。

3.3.3　中、低热硅酸盐水泥和低热矿渣硅酸盐水泥

随着我国全面建设小康目标落实，土木工程建设越来越高层化，由此大体积混凝土被大量使用，水化热对混凝土的开裂影响越来越重要，低水化热的水泥受到重视。目前，常用的低水化热的水泥有中热硅酸盐水泥、低热硅酸盐水泥和低热矿渣硅酸盐水泥。此外，还有低热粉煤灰硅酸盐水泥、低热微膨胀水泥和粉煤灰低热微膨胀水泥。

1．中、低热水泥的定义

国家标准《中热硅酸盐水泥低热硅酸盐水泥低热矿渣硅酸盐水泥》（GB 200—2003）对这三种水泥做出了规定。

① 中热水泥：以适当成分的硅酸盐水泥熟料，加入适量石膏，磨细制成的具有中等水化热的水硬性胶凝材料，称为中热硅酸盐水泥（简称中热水泥），代号P·MH。

② 低热水泥：以适当成分的硅酸盐水泥熟料，加入适量石膏，磨细制成的具有低水化热的水硬性胶凝材料，称为低热硅酸盐水泥（简称低热水泥），代号P·LH。

③ 低热矿渣水泥：以适当成分的硅酸盐水泥熟料，加入粒化高炉矿渣、适量石膏，磨细制成的具有低水化热的水硬性胶凝材料，称为低热矿渣硅酸盐水泥（简称低热矿渣水泥），代号P·SLH。

生产中、低水化热水泥，主要是降低水泥熟料中的高水化热组分C_3S、C_3A和f-CaO的含量。中热水泥熟料中C_3S不超过55%，C_3A不超过6%，f-CaO不超过1%；低热水泥熟料中C_2S不低于40%，C_3A不超过6%，f-CaO不超过1%；低热矿渣水泥熟料中C_3A不超过8%，f-CaO不超过1.2%，低热矿渣水泥中矿渣掺量为20%~60%，允许用不超过混合材料总量50%的粒化电炉磷渣或粉煤灰代替部分矿渣。

2. 中、低热水泥的技术要求

(1) 氧化镁

中热水泥和低热水泥中氧化镁的含量不宜大于5.0%。

如果水泥经压蒸安定性试验合格，则中热水泥和低热水泥中氧化镁的含量允许放宽到6.0%。

(2) 碱含量

碱含量由供需双方商定。当水泥在混凝土中和骨料可能发生有害反应并经用户提出低碱要求时，中热水泥和低热水泥中的碱含量应不超过0.60%，低热矿渣水泥中的碱含量应不超过1.0%，碱含量按$Na_2O+0.658K_2O$计算值表示。

(3) 三氧化硫

水泥中三氧化硫的含量应不大于3.5%。

(4) 烧失量

中热水泥和低热水泥的烧失量应不大于3.0%。

(5) 比表面积

水泥的比表面积应不低于250 m^2/kg。

(6) 凝结时间

初凝应不早于60 min，终凝应不迟于12 h。

(7) 安定性

用沸煮法检验应合格。

(8) 强度与水化热

水泥的强度等级按规定龄期的抗压强度和抗折强度划分，各龄期的抗压强度和抗折强度应不低于表3-12的要求，水化热不得高于表3-13划定的数值。

表3-12　低水化热水泥各龄期强度

品种	强度等级	抗压强度/MPa			抗折强度/MPa		
		3 d	7 d	28 d	3 d	7 d	28 d
中热水泥	42.5	12.0	22.0	42.5	3.0	4.5	6.5
低热水泥	42.5	—	13.0	42.5	—	3.5	6.5
低热矿渣水泥	32.5	—	12.0	32.5	—	3.0	5.5

表 3－13　低水化热水泥各龄期水化热

品种	强度等级	水化热（不高于）/（kJ/kg）		
		3 d	7 d	28 d
中热水泥	42.5	251	293	—
低热水泥	42.5	230	260	310
低热矿渣水泥	32.5	197	230	—

3.3.4　低热微膨胀水泥

根据国家标准《低热微膨胀水泥》（GB 2938—2008）的规定，凡以粒化高炉矿渣为主要组分，加入适量硅酸盐水泥熟料和石膏，磨细制成的具有低水化热和微膨胀性能的水硬性胶凝材料，称为低热微膨胀水泥，代号 LHEC。

低热微膨胀水泥强度等级为 32.5，三氧化硫含量应为 4.0%～7.0%，比表面积不得小于 300 m^2/kg，初凝时间不得早于 45 min，终凝时间不得迟于 12 h。

低热微膨胀水泥的水化热要求见表 3－14，强度要求见表 3－15。

表 3－14　低热微膨胀水泥的水化热要求

强度等级	水化热（不高于）/（kJ/kg）	
	3 d	7 d
32.5	185	220

表 3－15　低热微膨胀水泥各龄期强度

强度等级	抗折强度/MPa		抗压强度/MPa	
	7 d	28 d	7 d	28 d
32.5	5.0	7.0	18.0	32.5

水泥净浆试体水中养护至各龄期的线膨胀率要求：1 d，≥0.05%；7 d，≥0.10%；28 d，不得大于 0.60%。

低热微膨胀水泥中石膏掺量较高，水化过程中产生的钙矾石较多，使水泥石在早期产生适当的膨胀，增加了水泥石结构的密实度，相应地改善了水泥石的抗渗性。因此，低热膨胀水泥不仅水化热低，适于大体积水泥混凝土工程，而且水泥石的内部结构致密，抗渗性能好，耐腐蚀性能进一步得到改善。可见，对大体积水中构筑物而言，特别是抗渗性要求较高时，使用低热微膨胀水泥应是最佳的选择之一。

3.3.5　膨胀水泥及自应力水泥

在水化和硬化过程中产生体积膨胀的水泥属膨胀类水泥。一般硅酸盐水泥在空气中硬化时，体积会发生收缩。收缩会使水泥石结构产生微裂缝，降低水泥石结构的密实性，影响结构的抗渗、抗冻、抗腐蚀等性能。膨胀水泥在硬化过程中体积不会发生收缩，还略有膨胀，可以解决由于收缩带来的不利后果。当用膨胀水泥制造混凝土时，由于水泥石膨胀，引起与之黏结的钢筋一起膨胀，钢筋受拉而伸长，混凝土则因钢筋的限制而受到相应的压应力。当混凝土受到外界的拉应力时，可以和混凝土内预先有的压应力抵消，从而有效地克服了混凝土抗拉强度差的缺陷。这种水泥水化本身预先产生的压应力，称为“自应力”，并用“自应力值”（单位为 MPa）来表示混凝土所产生的压力的大小。根据膨胀值的大小和用途的不同，膨胀水泥可分为补偿收缩作用的膨胀水泥和自应力水泥。前者所产生的压应力大致抵消干缩所引起的拉压力，膨胀值不是很大；后者膨胀值大，其膨胀在抵消干缩后仍能使混凝土有较大的自应力值。

根据膨胀水泥的组成，分为硅酸盐型、铝酸盐型和硫铝酸盐型。

膨胀和自应力硅酸盐水泥，由硅酸盐水泥、铝酸盐水泥和石膏组成。硅酸盐水泥为强度组分，铝酸盐水泥和石膏为膨胀组分。膨胀产生主要原因是铝酸盐水泥中的 CA 和 CA_2与石膏作用生成钙矾石。由于水泥浆体液相碱度高，其膨胀特性激烈，稳定期短，但其膨胀特性不易控制，产品量不够稳定，其抗渗性、气密性不够好，自应力值低，不宜制造大口径的高压输水、输气管。适用于加固结构、浇筑机器底座或固结地脚螺栓，并可用于接缝及修补工程。但禁止在有硫酸盐侵蚀的水中工程中使用。膨胀和自应力硅酸盐水泥应满足我国现行建材行业标准《自应力硅酸盐水泥》（JC/T 218—1995）的规定。

膨胀和自应力铝酸盐水泥，由铝酸盐水泥和二水石膏磨细而成。其膨胀也是由于形成钙矾石。由于铝酸盐水泥既是强度组分又是膨胀组分，且液相碱度低，生成的钙矾石分布均匀，加上同时还析出相当数量的 $Al(OH)_3$凝胶起塑性垫衬作用，因此浆体抗渗性气密性好，制品工艺易于控制，质量较稳定。但成本高，膨胀稳定期长。膨胀和自应力铝酸盐水泥应满足我国现行建材行业标准《自应力铝酸盐水泥》（JC 214—1996）的规定。

膨胀和自应力硫铝酸盐水泥，由硫铝酸盐水泥熟料掺入较多石膏磨细而成，水泥的膨胀也是由于钙矾石的形成。水化产物主要为钙矾石和 $Al(OH)_3$凝胶。水化初期形成的钙矾石起骨架作用，$Al(OH)_3$凝胶和 C－S－H 凝胶的存在，对膨胀起垫衬作用，因此膨胀特性缓和水泥石致密，具有良好的致密性和抗渗性。自应力值取决于石膏掺入量，可制造大口径高压输水、输气、输油管。膨胀和自应力硫铝酸盐水泥满足我国现行建材行业标准《膨胀硫铝酸盐水泥》（JC/T 739—1996）的规定。

3.4　铝酸盐水泥

铝酸盐水泥是以石灰岩和铝矾土为主要原料，配制成适当成分的生料，烧至全部或部分熔融所得以铝酸钙为主要矿物的熟料，经磨细而成的水硬性胶凝材料，代号 CA。

根据国家标准《铝酸盐水泥》（GB 201—2000），按铝酸盐水泥熟料中 Al_2O_3的含量分为四个类型：

① CA－50，$50\% \leqslant Al_2O_3 < 60\%$，耐火度为 1 500 ℃；

② CA－60，$60\% \leqslant Al_2O_3 < 68\%$，耐火度为 1 600 ℃；

③ CA－70，$68\% \leqslant Al_2O_3 < 77\%$，耐火度为 1 700 ℃；

④ CA－80，$77\% \leqslant Al_2O_3$，耐火度为 1 750 ℃。

3.4.1　铝酸盐水泥的主要矿物成分

① 铝酸一钙（$CaO \cdot Al_2O_3$，简写 CA），凝结正常，硬化迅速，为铝酸盐水泥强度的主要来源。

② 二铝酸一钙（$CaO \cdot 2Al_2O_3$，简写 CA_2），其特点是凝结、硬化慢，早期强度较低，后期强度高。

此外还有少量水化极快、凝结迅速而强度不高的七铝酸十二钙（$C_{12}A_7$）以及胶凝性极差的铝方柱石（C_2AS）、六铝酸一钙（CA_6）等矿物。

3.4.2 铝酸盐水泥的水化与硬化

铝酸一钙由于晶体结构中钙、铝的配位极不规则，水化极快。其水化过程及其产物与温度的关系极大，当温度低于30 ℃时，水化生成水化铝酸钙（CAH_{10}）、水化铝酸二钙（C_2AH_8）、氢氧化铝凝胶（AH_3）。铝酸盐水泥的硬化过程与硅酸盐水泥基本相似。CAH_{10}、C_2AH_8都属六方晶系，其晶体呈片状或针状，互相交错攀附，重叠结合，可形成紧密的结晶共生体，使水泥获得很高的强度。氢氧化铝凝胶又填充于晶体骨架的空隙，所以能形成比较致密的结构，密实度大，强度高。经5～7 d后，水化物数量就很少增加。因此铝酸盐水泥的早期强度增长很快，24 h即可达到极限强度的80%左右，后期强度增长不显著。

当温度高于30 ℃时，水化生成立方晶系的水化铝酸三钙（C_3AH_6）、氢氧化铝凝胶（AH_3）。此时形成的水泥石孔隙率很大，强度较低。因而铝酸盐水泥不宜在高于30 ℃的条件下养护。铝酸盐水泥如图3－9所示。

图3－9　铝酸盐水泥

视频：铝酸盐水泥

3.4.3 铝酸盐水泥的技术要求

1. 细度

比表面积不小于300 m^2/kg或45 μm筛余不大于20%。

2. 凝结时间

按《铝酸盐水泥》（GB 201—2000）规定的标准稠度胶砂测得的凝结时间应符合如下要求：CA－50、CA－70、CA－80铝酸盐水泥的初凝时间不早于30 min，终凝时间应不迟于6 h；CA－60铝酸盐水泥的初凝时间不早于60 min，终凝时间应不迟于18 h。

3. 强度

各类型铝酸盐水泥的不同龄期强度值不得低于表3－16的规定。

表 3-16　不同类型铝酸盐水泥各龄期强度要求

项　目		铝酸盐水泥类型			
		CA-50	CA-60	CA-70	CA-80
抗压强度/MPa	6 h	20	—	—	—
	1 d	40	20	30	25
	3 d	50	45	40	30
	28 d	—	85	—	—
抗折强度/MPa	6 h	3	—	—	—
	1 d	5.5	2.5	5.0	4.0
	3 d	6.5	5.0	6.0	5.0
	28 d	—	10.0	—	—

3.4.4　铝酸盐水泥的性能与应用

① 铝酸盐水泥凝结硬化速度快，1 d 强度可达最高强度的 80% 以上，3 d 可达到 100%。在低温（5~10 ℃）环境下，能很快硬化，强度高，而在温度超过 30℃以上的环境下，强度急剧下降。因此，铝酸盐水泥适用于紧急抢修、低温季节施工、早期强度要求高的特殊工程。而且，铝酸盐水泥硬化体中的晶体结构在长期使用中会发生转移，导致强度下降，故此，一般不适用于长期承重的结构工程中。

② 抗渗性、抗冻性好。铝酸盐水泥拌和需水量少，而水化需水量大，故硬化后水泥石的孔隙率很小。

③ 抗硫酸盐腐蚀性好。因水化产物中不含有氢氧化钙，并且氢氧化铝凝胶包裹其他水化产物起到保护作用以及水泥石的孔隙率很小，故适合抗硫酸盐腐蚀工程。

④ 铝酸盐水泥水化热大，且放热量集中。1 d 内放出的水化热为总量的 70% ~80%，使混凝土内部温度上升较高，即使在 -10 ℃下施工，铝酸盐水泥也能很快凝结硬化，可用于冬季施工的工程。但不得应用于大体积混凝土工程。

⑤ 耐热性好，如果采用耐火粗细骨料（如铬铁矿等）可制成使用温度达 1 300 ~1 400 ℃的耐热混凝土。故适合耐热工程。

⑥ 长期强度降低较大（降低 40% ~50%），不适合长期承载结构。

⑦ 高温、高湿度条件下强度显著降低。不宜在高温、高湿环境中施工、使用。

另外，铝酸盐水泥与硅酸盐水泥或石灰相混不但产生“闪凝”，而且由于生成高碱性的水化铝酸钙，使混凝土开裂，甚至破坏。因此施工时铝酸盐水泥除不得与石灰或硅酸盐水泥混合外，也不得与未硬化的硅酸盐水泥接触使用。

本任务小结

（1）水泥是重要的土木工程三大材料之一，按主要的水硬性矿物成分分为硅酸盐水泥、铝酸盐水泥等，按用途分为通用水泥、专用水泥、特性水泥等。

（2）常用的通用水泥是硅酸盐水泥、普通硅酸盐水泥、矿渣硅酸盐水泥、火山灰质硅酸盐水泥和粉煤灰水泥。

（3）通用水泥的技术指标是反映性能的技术参数，也是工程中选用的依据。

（4）对于专用水泥和特性水泥，应了解其性能和应用的范围。

应用案例与发展动态

动态 3

模块三

建筑结构材料

模块内容简介：

本模块是全书重点。目前，在建筑工程领域中常用的结构材料包括普通混凝土、金属材料、墙体材料和建筑砂浆，其中，混凝土是当今世界上用量最大的建筑材料。金属材料在建筑工程中应用也较广泛，墙体材料与建筑砂浆配套使用，形成建筑墙体。

模块学习目标：

学生在学完本模块后，掌握普通混凝土的六大组成材料、四项基本要求以及混凝土的性能；了解建筑产业现代化的内容。掌握建筑钢材的性能、类型、标识、选择和使用，掌握墙体与屋面材料的品种及复合墙体与建筑节能，应该掌握建筑砂浆的品种及应用。

任务四

普通混凝土的选择与应用

任务简介： 本任务主要是以建筑工程中大量应用的普通混凝土为对象，从普通混凝土组成材料、工作性能、配合比、耐久性等方面进行介绍，从而使学习者能够合理选择和应用普通混凝土。同时简单介绍了高强度混凝土、轻混凝土、纤维混凝土等特殊混凝土。

知识目标：（1）掌握混凝土的组成材料及主要控制指标。
（2）掌握混凝土拌和物的工作性能及影响因素。
（3）掌握混凝土强度及影响因素。
（4）掌握混凝土耐久性及影响因素。
（5）熟悉混凝土配合比设计计算过程。
（6）熟悉混凝土外加剂种类及其适用范围。
（7）熟悉混凝土变形种类；了解其他混凝土种类、性能。
（8）了解建筑产业化基本知识。

技能目标：（1）具备混凝土原材料的选择应用能力。
（2）具备混凝土工作性测定分析的能力。
（3）具备选用混凝土掺合料和外加剂的能力。
（4）能进行混凝土配合比计算。

混凝土旧称“砼”（tóng），是当代最主要的土木工程材料之一。它是以“水泥（胶凝材料）、骨料和水为主要材料，也可加入外加剂和矿物掺合料等材料，经拌和、成型、养护等工艺制作的、硬化后具有强度的工程材料”［《建筑材料术语标准》（JGJ/T 191—2009）］。所谓骨料是指在混凝土（或砂浆）中起骨架和填充作用的岩石颗粒等粒状松散材料，分为粗骨料、细骨料两类。

混凝土具有原料丰富、价格低廉、生产工艺简单的特点，因而其使用量十分大；同时混凝土还具有抗压强度高、耐久性好、强度等级范围大等优点，使用范围十分广泛，不仅在土木工程中使用，就连造船业、机械工业、海洋的开发、地热工程等方面混凝土也有很好的应用。

（1）混凝土的种类

混凝土的种类很多。按照不同的分类方法，可以分成不同种类的混凝土。按胶凝材料不同，分为水泥混凝土（普通混凝土）、沥青混凝土、石膏混凝土及聚合物混凝土等；按干表观密度不同，分为重混凝土（表观密度大于2 800 kg/m^3）、普通混凝土（表观密度为2 000 ~ 2 800 kg/m^3）和轻混凝土（表观密度小于2 000 kg/m^3）；按使用功能不同，分为结构混凝土、道路混凝土、水工混凝土、海工混凝土、保温混凝土、耐热混凝土、耐酸混凝土、防辐射混凝土及装饰混凝土等；按配筋方式不同，分为素（即无筋）混凝土、钢筋混凝土、钢丝网水泥混凝土、纤维混凝土、预应力混凝土等；按混凝土拌和物的和易性不同，分为干硬性混凝土、半干硬性混凝土、塑性混凝土、流动性混凝土、高流动性混凝土、流态混凝土等；按施工工艺不同，又分为喷射混凝土、泵送混凝土、振动（压力）灌浆混凝土、离心混凝土、碾压混凝土、挤压混凝土、真空混凝土等。

此外，随着混凝土的发展和工程的需要，还出现了补偿收缩混凝土、加气混凝土、钢管混凝土、清水混凝土、大体积混凝土、水下不分散混凝土等具有特殊功能的混凝土。泵送混凝土和商品混凝土以及新的施工工艺也给混凝土施工带来方便。

（2）混凝土的特点

混凝土的优点很多，如性能多样、用途广泛。可根据不同的工程要求配置不同性质的混凝土。混凝土的塑性较好，可根据需要浇筑成不同的形状和大小的构件和结构物；混凝土和钢筋有牢固的黏结力，钢筋混凝土结构或构件能充分发挥混凝土的抗压性能和钢筋的抗拉性能；混凝土组成材料中的砂、石等材料占80%以上，其来源广泛，符合就地取材和经济的原则；混凝土具有良好的耐久性，同钢材、木材相比维修保养费用低；还能充分利用工业废料作骨料或掺合料，如粉煤灰、矿渣等，有利于环境保护。

同时混凝土也存在抗拉强度低、变形能力小、易开裂、自重大、硬化速度慢和生产周期长等缺点，随着科学技术的迅速发展，混凝土的不足之处正在不断被改进。

（3）混凝土的发展

1824 年，英国利兹城（Leeds）的约瑟夫·阿斯普丁（Joseph Aspdin）获得“波特兰水泥”专利证书，被认为是现代水泥的鼻祖。波特兰水泥的发明开创了现代混凝土的历史。混凝土材料在发展初期，因为科学技术水平较低，质量很差，1850 年发明的钢筋混凝土弥补了混凝土抗拉性能较低的缺陷，在混凝土发展史上产生第一次飞跃。

随着钢筋混凝土埋论研究和试验研究的不断深入，出现了大量混凝土材料的科学理论。1928 年发明了预应力钢筋混凝土，发挥了混凝土与钢筋的协同功能，为减少结构断面、增大荷载能力、提高抗裂和耐久性等起到卓越的作用，这是混凝土发展史上的第二次飞跃。

1935 年，美国研制出木质素磺酸盐减水剂，通过强力搅拌、振动成型干硬半干硬性混凝土，使 C50、C60 等级混凝土得到了广泛应用。1962 年日本研制出更高减水率的 β-萘磺酸甲醛缩合物钠盐减水剂，可用于制备高强（抗压强度达 100 MPa），或坍落度达 20 cm 以上的混凝土。1964 年联邦德国研制了磺化三聚氰胺甲醛树脂减水剂，将混凝土浇筑形式由人工或吊罐浇筑发展为泵送方式，促进混凝土生产水平与施工水平的提升。高效减水剂的应用成为混凝土发展史上的第三次飞跃。近年来，随着混凝土材料的高性能化，聚羧酸系、氨基磺酸盐系等高减水率、大流动性和坍落度经时损失小的新型高效减水剂得到了迅速的开发和应用。

目前，混凝土仍向着轻质、高强、多功能、高性能、绿色环保、低碳的方向发展。发展复合材料，不断扩大资源，预拌混凝土和使混凝土商品化也是今后发展的重要方向。

4.1　普通混凝土组成材料

普通混凝土（简称混凝土）是由水泥、砂、石子和水四种基本材料，根据需要加入矿物掺合料和外加剂，按比例拌和，经浇筑、养护、硬化而形成的人造石材。混凝土组织结构如图 4-1 所示。

在混凝土中，水泥与水形成水泥浆包裹砂、石颗粒，并填充砂石的空隙，水泥浆在硬化前主要起润滑作用，使混凝土拌和物具有良好的工作性；在硬化后，水泥浆主要起胶结作用，将砂、石黏结成一个整体，使其具有良好的强度及耐久性。砂、石在混凝土中起骨架作用，并可抑制混凝土的收缩。

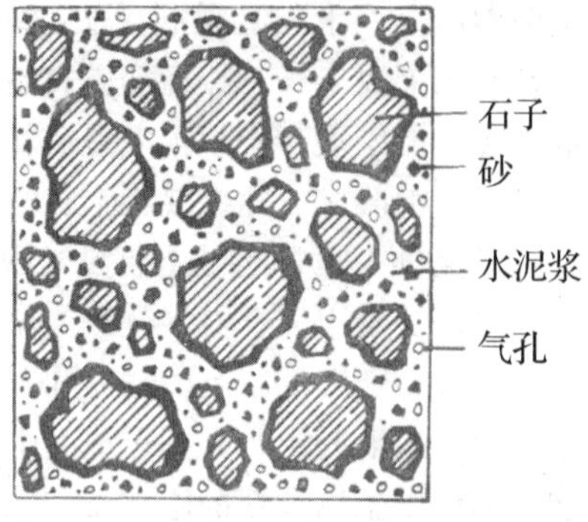

图4-1　混凝土组织结构

混凝土的技术性质在很大程度上是由原材料的性质及其相对含量决定的，同时也与施工工艺（搅拌、浇筑、养护）有关。因此，必须了解原材料的性质、作用及其质量要求，合理选用原材料，这样才能保证混凝土的质量。

4.1.1　水泥

水泥的品种多样，在水泥的选择使用时既要严格执行国家的相关标准规定，同时还要按照设计要求和针对不同的工程实际情况进行选择。

1. 水泥的品种

配制建筑用混凝土通常采用硅酸盐水泥、普通硅酸盐水泥、矿渣硅酸盐水泥和粉煤灰硅酸盐水泥等。其中，普通硅酸盐水泥使用最多，被广泛用于混凝土和钢筋混凝土工程。有时在水泥的选择上还会根据工程的实际情况进行，如在进行厚大混凝土施工时，为了避免由于水泥水化热引起的混凝土内外过大温度差对质量的影响，通常会考虑使用低水化热的水泥，如粉煤灰硅酸盐水泥。

2. 水泥的强度等级

水泥的强度等级应与混凝土的设计强度等级相适应。原则上配制高强度等级的混凝土选用高强度等级的水泥，配制低强度等级的混凝土采用低强度等级的水泥。

如用高强度等级的水泥配制低强度等级的混凝土时，会使水泥的用量偏少，影响混凝土的工作性和密实度，应掺入一定量的掺合料；如用低强度等级的水泥配制高强度等级的混凝土时，水泥用量会过多，经济性不合理的同时也会影响混凝土的流动性等技术性能性质。

4.1.2　细骨料（砂）

在《普通混凝土用砂、石质量及检验方法标准》（JGJ 52—2006）中，将公称粒径小于5.00 m［或4.75 mm——《建设用砂》（GB/T 14684—2011）、《建筑材料术语标准》（JGJ/T 191—2009）中提法。以下类同，不再注明］的骨料称为细骨料（砂）。混凝土用砂分为天然砂和人工砂。

天然砂是由自然条件作用而形成，公称粒径小于5.00 mm（或4.75 mm）的岩石颗粒，按其产源不同可分为河砂、海砂、山砂。人工砂（或称机制砂）是岩石经除土开采、机械破碎、筛分而成，公称粒径小于5.00 mm（或4.75 mm）的岩石颗粒。另外，把天然砂与人工砂按一定比例组合而成的砂称为混合砂。配制混凝土时所采用的细骨料（砂）的质量要求主要有以下几方面。

1. 砂的颗粒级配及粗细程度

（1）砂的颗粒级配

砂的颗粒级配是指砂的大小颗粒的搭配情况，如图4-2所示。如果混凝土中是同样粗细的砂，空隙最大；两种粒径的砂搭配起来，空隙减小；而三种不同粒径的砂搭配在一起空隙就更小。从而可以看出混凝土用砂应该有较好的颗粒级配，级配良好的砂，不仅可以节省水泥，而且可以使混凝土结构密实、强度高。

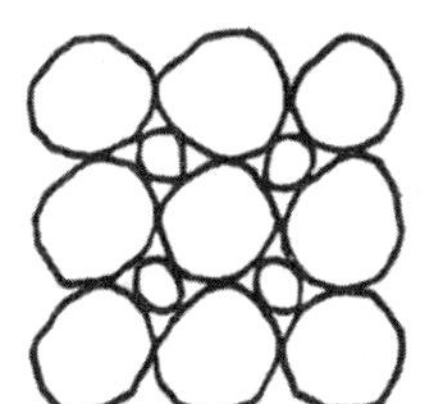
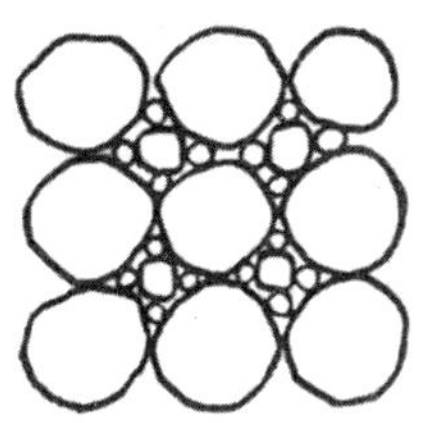

图 4－2　骨料颗粒级配示意图

视频：砂的颗粒级配

（2）砂的粗细程度

砂的粗细程度是指不同粒径的砂粒混合在一起后的总体的粗细程度。通常按细度模数 μ_f（或 Mx）的不同分为粗、中、细、特细四级（GB/T 14684—2011 中将特细砂去除）。在相同质量的条件下，细砂的总表面积大，而粗砂的总表面积小。在混凝土中，砂子的总表面积越大则包裹砂粒表面的水泥浆需要量越多。因此，一般来说用粗砂拌制混凝土比用细砂拌制混凝土节省水泥浆。

（3）砂的颗粒级配和粗细程度的评定方法

在拌制混凝土时，砂的颗粒级配和粗细程度应同时考虑。而砂的颗粒级配和粗细程度常用筛分法测定，标准套筛如图 4－3 所示。

图 4－3　砂的标准套筛

视频：砂的筛分

筛分法就是采用一套标准的试验筛（砂的公称粒径、砂筛筛孔的公称直径和方孔筛筛孔边长尺寸对照关系如表 4－1 所示），公称直径依次为 5. 00 mm、2. 50 mm、1. 25 mm、630 μm、315 μm、160 μm。将 500g 的干砂试样由粗到细依次过筛，然后称得余留在各筛上砂的筛余量，记为 m_1、m_2、m_3、m_4、m_5、m_6，计算各筛上的分计筛余百分率 a_1、a_2、a_3、a_4、a_5、a_6（各筛上的筛余量占砂样总量的百分率）及累计筛余百分率 A_1、A_2、A_3、A_4、A_5和 A_6（各级筛和比该筛粗的所有分计筛余百分率相加在一起）。

表 4－1　砂的公称粒径、砂筛筛孔的公称直径和方孔筛筛孔边长尺寸对照关系表（JGJ 52—2006）

砂的公称粒径	砂筛筛孔的公称直径	方孔筛筛孔边长
5. 00 mm	5. 00 mm	4. 75 mm
2. 50 mm	2. 50 mm	2. 36 mm
1. 25 mm	1. 25 mm	1. 18 mm
630 μm	630 μm	600 μm
315 μm	315 μm	300 μm
160 μm	160 μm	150 μm
80 μm	80 μm	75 μm

累计筛余与分计筛余的关系如表 4－2 所示。

表 4－2　累计筛余与分计筛余的关系

筛孔公称直径/mm	筛余量/g	分计筛余百分率（%）	累计筛余百分比（%）
5. 00 mm	m_1	a_1	$A_1 = a_1$
2. 50 mm	m_2	a_2	$A_2 = a_1 + a_2$
1. 25 mm	m_3	a_3	$A_3 = a_1 + a_2 + a_3$
0. 63 mm	m_4	a_4	$A_4 = a_1 + a_2 + a_3 + a_4$
0. 315 mm	m_5	a_5	$A_5 = a_1 + a_2 + a_3 + a_4 + a_5$
0. 16 mm	m_6	a_6	$A_6 = a_1 + a_2 + a_3 + a_4 + a_5 + a_6$

除特细砂外，砂的颗粒级配可按公称直径 630 μm 筛孔的累计筛余量分成三个级配区（见表 4－3）。且颗粒级配区应处于表 4－3 中的某一区内。

表 4－3　砂颗粒级配区（JGJ 52—2006）

级配区 / 累计筛余(%) / 公称粒径	Ⅰ 区	Ⅱ 区	Ⅲ 区
5. 00 mm	10 ~ 0	10 ~ 0	10 ~ 0
2. 50 mm	35 ~ 5	25 ~ 0	15 ~ 0
1. 25 mm	65 ~ 35	50 ~ 10	25 ~ 0
630 μm	85 ~ 71	70 ~ 41	40 ~ 16
315 μm	95 ~ 80	92 ~ 70	85 ~ 55
160 μm	100 ~ 90	100 ~ 90	100 ~ 90

注：1. 此表数据不适用特细砂；

2. 砂的实际颗粒级配与表中数据相比，除公称直径为 5. 00 mm 和 630 μm 的累计筛余外，其余公称粒径的累计筛余可稍有超出分界线，但总超出量不得大于 5%。

当天然砂的实际颗粒级配不符合要求时，宜采取相应的技术措施，并经试验证明能确保混凝土质量后，方允许使用。

为了更直观地反映砂的颗粒级配，可参照表 4－3 的内容绘制砂的级配曲线图，如图4－4所示。

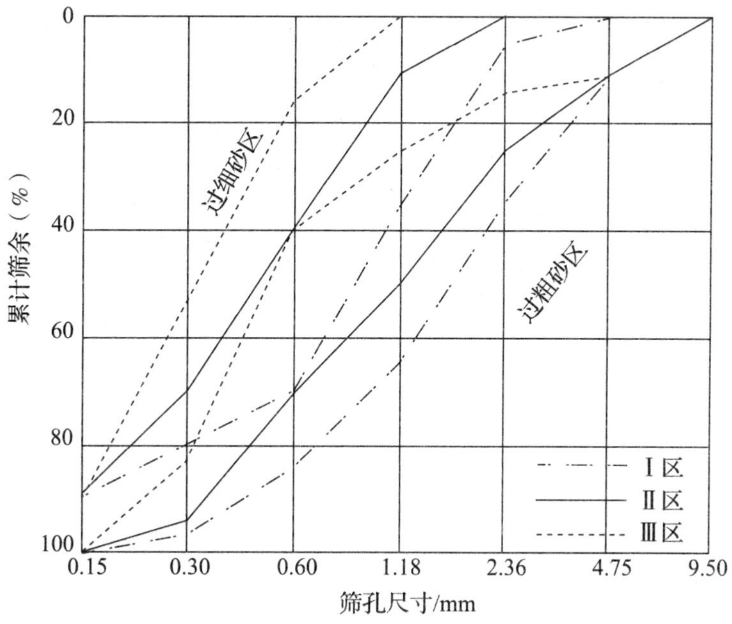

图 4－4　砂的颗粒级配曲线

配制混凝土时宜优先选用Ⅱ区砂。当采用Ⅰ区砂时，应提高砂率，并保持足够的水泥用量，以满足混凝土的和易性要求；当采用Ⅲ区砂时，宜适当降低砂率；当采用特细砂时，应符合相应的规定。泵送混凝土，宜选用中砂。

用细度模数表示砂的粗细程度，如表 4－4 所示。

砂的细度模数 μ_f 的计算公式：

$$\mu_f = \frac{(A_2 + A_3 + A_4 + A_5 + {}_6) - 5A_1}{100 - A_1} \tag{4-1}$$

表 4－4　砂按细度模数分类

细度模数 μ_f	砂的粗细程度
3.7～3.1	粗　砂
3.0～2.3	中　砂
2.2～1.6	细　砂
1.5～0.7	特细砂

细度模数与颗粒级配是两个概念，衡量的方法各不相同。细度模数是用公式（4－1）算出来的，而颗粒级配是根据表 4－3 判断出来的。

例 4－1　某工程用砂经筛分试验后，测得各筛累计筛余百分率如表 4－5 所示，试确定砂的粗细程度和颗粒级配。

表 4-5 累计筛余百分率

方孔筛筛孔边长/mm	筛余量/g	分计筛余百分率（%）	累计筛余百分比（%）
4.75	8	1.6	1.6
2.36	82	16.4	18
1.18	70	14	32
0.6	98	19.6	51.6
0.3	124	24.8	76.4
0.15	106	21.2	97.6
<0.15	12	2.4	100

解： $\mu_f = \frac{(A_2 + A_3 + A_4 + A_5 + A_6) - 5A_1}{100 - A_1} = \frac{(18 + 32 + 51.6 + 76.4 + 97.6) - 5 \times 1.6}{100 - 1.6} = 2.72$

查表 4-4 确定该砂为中砂。再将该砂的累计筛余百分比与表 4-3 中数据比较，判定该砂的颗粒级配属于Ⅱ区。

2. 砂的含泥量、泥块含量和石粉含量

砂的含泥量是指天然砂中公称粒径小于 80 μm（75 μm）的颗粒含量；泥块含量指砂中公称粒径大于 1.25 mm（1.18 mm），经水洗、手捏后变成小于 630 μm（600 μm）的颗粒的含量。泥通常包裹在砂颗粒表面，妨碍了水泥浆与砂的黏结，使混凝土的强度、耐久性降低。

砂的含泥量和泥块含量应符合表 4-6 的规定。

表 4-6 砂的含泥量和泥块含量（JGJ 52—2006）

混凝土强度等级	≥C60	C55 ~ C30	≤C25
含泥量（按质量计，%）	≤2.0	≤3.0	≤5.0
泥块含量（按质量计，%）	≤0.5	≤1.0	≤2.0

注：1. 对有抗渗、抗冻或其他特殊要求的小于或等于 C25 混凝土用砂，其含泥量不应大于 3.0%；
2. 对有抗渗、抗冻或其他特殊要求的小于或等于 C25 混凝土用砂，其泥块含量不应大于 1.0%。

石粉含量是指人工砂中公称粒径小于 80 μm（75 μm），且其矿物组成和化学成分与被加工母岩相同的颗粒含量。过多的石粉含量会妨碍水泥与骨料的黏结，对混凝土无益，但适量的石粉含量不仅可弥补人工砂颗粒多棱角对混凝土带来的不利，还可以完善砂子的级配，提高混凝土的密实性，进而提高混凝土的综合性能，反而对混凝土有益。因此人工砂中的石粉含量要求可适当降低，见表 4-7。

表 4-7 人工砂或混合砂中石粉含量（JGJ 52—2006）

混凝土强度等级		≥C60	C55 ~ C30	≤C25
石粉含量（%）	MB < 1.4（合格）	≤5.0	≤7.0	≤10.0
	MB ≥ 1.4（不合格）	≤2.0	≤3.0	≤5.0

3．砂的坚固性

砂的坚固性是指砂在气候、环境变化或其他物理因素作用下抵抗破坏的能力。砂的坚固性应采用硫酸钠溶液法进行检验，试样经5次循环后，其质量损失应符合表4－8的规定。

表4－8　砂的坚固性指标（JGJ 52—2006）

混凝土所处的环境条件及其性能要求	5次循环后的质量损失（%）
在严寒及寒冷地区室外使用并经常处于潮湿或干湿交替状态下的混凝土 对于有抗疲劳、耐磨、抗冲击要求的混凝土 有腐蚀介质作用或经常处于水位变化区的地下结构混凝土	≤8
其他条件下使用的混凝土	≤10

4．砂的有害物质含量

配制混凝土用砂要求清洁、不含杂质，以保证混凝土的质量。当砂中含有云母、轻物质、有机物、硫化物及硫酸盐等有害物质时，其含量应符合表4－9的规定。

表4－9　砂中有害物质含量（JGJ 52—2006）

项　目	质量指标
云母含量（按质量计,%）	≤2.0
轻物质含量（按质量计,%）	≤1.0
硫化物及硫酸盐含量（折算成 SO_3 按质量计,%）	≤1.0
有机物含量（用比色法试验）	颜色不应深于标准色，当颜色深于标准色时，应按水泥胶砂强度试验方法进行强度对比试验，抗压强度比不应低于0.95

注：1．对于有抗冻、抗渗要求的混凝土用砂，其云母含量不应大于1.0%；
2．当砂中含有颗粒状的硫酸盐或硫化物杂质时，应进行专门检验，确认能满足混凝土耐久性要求后，方可采用。

同时混凝土用砂还应满足以下要求：

①对于长期处于潮湿环境的重要混凝土结构所用的砂，应进行骨料的碱活性检验，一般控制混凝土中碱含量不超过3 kg/m^3；

②对于钢筋混凝土用砂，其氯离子含量不得大于0.06%（以干砂的质量百分率计）；

③对于预应力混凝土用砂，其氯离子含量不得大于0.02%（以干砂的质量百分率计）；

④海砂中贝壳含量应小于3%～8%；

⑤砂的表观密度不小于2 500 kg/m^3，松散堆积密度不小于14 500 kg/m^3，空隙率不大于44%。

4.1.3　粗骨料（石子）

在《普通混凝土用砂、石质量及检验方法标准》（JGJ 52—2006）中，粗骨料是指公称粒径大于5.00 mm［或4.75 mm——《建设用卵石、碎石》（GB/T 14685—2011）、《建筑材料术语标准》（JGJ/T 191—2009）中提发。以下类同，不再注明］的岩石颗粒。混凝土中常用的粗骨料按其来源可分为碎石和卵石，根据颗粒级配可分为单粒级和连续粒级，根据岩石成因可分为沉积岩、岩浆岩和变质岩。

由天然岩石或卵石经破碎、筛分而得的，公称粒径大于5.00 mm（4.75 mm）的岩石颗粒称为碎石；由自然条件作用形成的，公称粒径大于5.00 mm（4.75 mm）的颗粒称为卵石。碎石与卵石相比，表面比较粗糙、多棱角，表面积大、孔隙率大，与水泥的黏结强度较高。因此，在水胶比相同的条件下，用碎石拌制的混凝土，流动性较小，但强度较高；而卵石正相反，流动性大，但强度较低。

配制混凝土的粗骨料技术性能参数的要求主要有以下几点。

1. 颗粒级配及最大粒径

（1）颗粒级配

粗骨料的颗粒级配也是通过筛分试验来确定的。取一套孔边长为2.36mm、4.75mm、9.50mm、16.0mm、19.0mm、26.5mm、31.5mm、37.5mm、53.0mm、63.0mm、75.0mm、90.0mm的标准方孔筛进行试验。各筛的累计筛余百分率需符合表4－10的规定。累计筛余百分率的计算方法与砂相同。

碎石或卵石的颗粒级配按供应情况分连续粒级和单粒级两种。单粒级宜用于组合成满足要求的连续粒级；也可与连续粒级混合使用，以改善其级配或配成较大粒度的连续粒级。

当卵石的颗粒级配不符合表4－10规定时，应采取措施并经试验证实能确保工程质量后，方允许使用。

表4－10　碎石或卵石的颗粒级配范围（JGJ 52—2006）

级配情况	公称粒径/mm	累计筛余，按质量（%）											
		方孔筛筛孔边长尺寸/mm											
		2.36	4.75	9.5	16.0	19.0	26.5	31.5	37.5	53	63	75	90
连续粒级	5～10	95～100	80～100	0～15	0	—	—	—	—	—	—	—	—
	5～16	95～100	85～100	30～60	0～10	0	—	—	—	—	—	—	—
	5～20	95～100	90～100	40～80	—	0～10	0	—	—	—	—	—	—
	5～25	95～100	90～100	—	30～70	—	0～5	0	—	—	—	—	—
	5～31.5	95～100	90～100	70～90	—	15～45	—	0～5	0	—	—	—	—
	5～40	—	95～100	70～90	—	30～65	—	—	0～5	0	—	—	—
单粒级	10～20	—	95～100	85～100	—	0～15	0	—	—	—	—	—	—
	16～31.5	—	95～100	—	85～100	—	—	0～10	0	—	—	—	—
	20～40	—	—	95～100	—	80～100	—	—	0～10	0	—	—	—
	31.5～63	—	—	—	95～100	—	—	75～100	45～75	—	0～10	0	—
	40～80	—	—	—	—	95～100	—	—	70～100	—	30～60	0～10	0

(2) 最大粒径

最大粒径是用来表示粗骨料的粗细程度的。公称粒径的上限称为该粒级的最大粒径。粗骨料的最大粒径增大则该粒级的粗骨料总表面积减小，包裹粗骨料所需的水泥浆量就少。在一定和易性和水泥用量条件下，则能降低用水量而提高混凝土强度。对中低强度的混凝土，尽量选择最大粒径较大的粗骨料，但通常不宜大于 40 mm。

根据《混凝土质量控制标准》（GB 50164—2011）和《混凝土结构工程施工质量验收规范》（GB 50204—2015）规定，混凝土结构中，粗骨料最大公称粒径不得超过构件结构截面最小尺寸的 1/4，且不得超过钢筋最小净距的 3/4；对于混凝土实心板，不得超过板厚的 1/2，且不得超过 50 mm；对于泵送混凝土，最大粒径与输送管道内径之比，碎石不宜大于 1:3，卵石不宜大于 1:2.5。

2. 针、片状颗粒含量

凡岩石颗粒的长度大于该颗粒所属粒级的平均粒径 2.4 倍者为针状颗粒，厚度小于平均粒径 0.4 倍者为片状颗粒。平均粒径指该颗粒上、下限粒径的平均值。针、片状颗粒过多会使混凝土的强度、和易性和耐久性降低。石子中针、片状颗粒含量应符合表 4－11 的规定。

表 4－11 针、片状颗粒含量（JGJ 52—2006）

混凝土强度等级	≥C60	C55～C30	≤C25
针、片状颗粒含量（按质量计,%）	≤8	≤15	≤25

3. 含泥量、泥块含量

碎石或卵石中含泥量和泥块含量应符合表 4－12 的规定。

表 4－12 碎石或卵石中含泥量和泥块含量（JGJ 52—2006）

混凝土强度等级	≥C60	C55～C30	≤C25
含泥量（按质量计,%）	≤0.5	≤1.0	≤2.0
泥块含量（按质量计,%）	≤0.2	≤0.5	≤0.7

注：1. 对于有抗冻、抗渗或其他特殊要求的混凝土，其所用碎石或卵石中含泥量不应大于 1.0%；
2. 当碎石或卵石的含泥量是非黏土质的石粉时，其含泥量可由表中数据调高至 1.0%、1.5%、3.0%；
3. 对于有抗冻、抗渗或其他特殊要求的强度等级小于 C30 的混凝土，其所用碎石或卵石中泥块含量不应大于 0.5%。

4. 强度

为了保证混凝土的强度，要求粗骨料质地致密、具有足够的强度。粗骨料的强度可用岩石抗压强度或压碎值指标来表示。

岩石抗压强度即浸水饱和状态下的骨料母体岩石，制成 50 mm^3 的立方体试件，在标准试验条件下测得的抗压强度值。一般岩浆岩不小于 80 MPa，变质岩不小于 60 MPa，沉积岩不小于 30 MPa。岩石抗压强度应比所配制的混凝土强度至少高 20%。当混凝土强度等级大于或等于 C60 时，应进行岩石抗压强度试验。

压碎指标是对粒状粗骨料强度的另一种测定方法。该方法是将一定质量的气干状态的石子，按规定方法填充于压碎指标测定仪中，在试验机上均匀加载荷至 200 kN 并稳荷 5 s，卸载后，用孔径

2.36 mm 的方孔筛筛除被压碎的细粒，再称出筛余试样质量，计算出被压碎质量所占的百分比即为压碎指标。压碎指标越小，说明粗骨料抵抗受压破坏的能力越强。该种方法操作简便，在实际生产质量控制中应用较普遍。碎石和卵石抵抗压碎的能力，应符合表 4－13 和表 4－14 的规定。

表 4－13　碎石的压碎值指标（JGJ 52—2006）

岩石品种	混凝土强度等级	碎石压碎值指标（%）
沉积岩	C60～C40	≤10
	≤C35	≤16
变质岩或深成的火成岩	C60～C40	≤12
	≤C35	≤20
喷出的火成岩	C60～C40	≤13
	≤C35	≤30

注：沉积岩包括石灰岩、砂岩等，变质岩包括片麻岩、石英岩等，深成的火成岩包括花岗岩、正长岩、闪长岩和橄榄岩等，喷出的火成岩包括玄武岩和辉绿岩等。

表 4－14　卵石的压碎值指标（JGJ 52—2006）

混凝土强度等级	C60～C40	≤C35
压碎值指标（%）	≤12	≤16

5．坚固性

坚固性是指骨料在气候、环境变化或其他物理因素作用下抵抗破坏的能力。采用硫酸钠溶液法检验，试样经 5 次循环后，其质量损失应符合表 4－15 的规定。

表 4－15　碎石或卵石的坚固性指标（JGJ 52—2006）

混凝土所处的环境条件及其性能要求	5 次循环后的质量损失（%）
在严寒及寒冷地区室外使用，并经常处于潮湿或干湿交替状态下的混凝土，有腐蚀性介质作用或经常处于水位变化区的地下结构或有抗疲劳、耐磨、抗冲击等要求的混凝土	≤8
在其他条件下使用的混凝土	≤12

6．有害物质含量

碎石或卵石中的硫化物和硫酸盐含量以及卵石中有机物等有害物质含量应符合表 4－16 的规定。

表 4－16　碎石或卵石中的有害物质含量（JGJ 52—2006）

项　　目	质　量　要　求
硫化物及硫酸盐含量（折算成 SO_3，按质量计，%）	≤1.0
卵石中有机物含量（用比色法试验）	颜色应不深于标准色。当颜色深于标准色时，应配制成混凝土进行强度对比试验，抗压强度比应不低于 0.95

注：当碎石或卵石中含有颗粒状硫酸盐或硫化物杂质时，应进行专门检验，确认能满足混凝土耐久性要求时方可采用。

同时混凝土用粗骨料还应满足以下要求。

① 卵石和碎石经碱-骨料反应试验后，试件应无裂缝、疏裂、胶体外溢等现象，在规定的试验龄期膨胀率小于0.10%。

② 表观密度不小于2 600 kg/m³，连续级配松散堆积空隙率应小于43%～47%。吸水率小于等于1.0%～3.0%。

4.1.4　混凝土用水

混凝土用水是混凝土拌和用水和混凝土养护用水的总称，包括饮用水、地表水、地下水、再生水、混凝土企业设备洗刷水和海水等。符合国家标准的生活饮用水可用于拌和混凝土，海水可用来拌制素混凝土，但不得用来拌制钢筋混凝土与预应力钢筋混凝土。混凝土用水还应符合表4－17的有关要求。

表4－17　混凝土用水水质要求（JGJ 63—2006）

项　目	预应力混凝土	钢筋混凝土	素混凝土
pH值	≥5.0	≥4.5	≥4.5
不溶物/（mg/L）	≤2 000	≤2 000	≤5 000
可溶物/（mg/L）	≤2 000	≤5 000	≤10 000
Cl^-/（mg/L）	≤500	≤1 000	≤3 500
SO_4^{2-}/（mg/L）	≤600	≤2 000	≤2 700
碱含量/（mg/L）	≤1 500	≤1 500	≤1 500

注：1. 对于设计使用年限为100年的结构混凝土，氯离子含量不得超过500 mg/L；对使用钢丝或经热处理钢筋的预应力混凝土，氯离子含量不得超过350 mg/L；

2. 碱含量按 $Na_2O+0.658K_2O$ 计算值来表示；采用非碱活性骨料，可不检验碱含量。

4.1.5　矿物掺合料

在拌制混凝土时，为了节约水泥、改善混凝土性能、调节混凝土强度等级而加入的天然的或人造的矿物材料，统称为混凝土掺合料。

用于混凝土中的掺合料可分为活性矿物掺合料和非活性矿物掺合料两大类。非活性矿物掺合料一般与水泥组分不起化学作用或化学作用很小，如磨细石英砂、石灰石、硬矿渣之类材料。活性矿物掺合料虽然本身不硬化或硬化速度很慢，但能与水泥水化生成的$Ca(OH)_2$生成具有水硬性的胶凝材料，如粒化高炉矿渣、粉煤灰、火山灰质材料等。

活性矿物掺合料依其来源分为天然类、人工类和工业废料类。

天然类主要有火山灰、凝灰岩、硅藻土、蛋白石质黏土、钙性黏土和黏土页岩等；人工类主要有煅烧页岩和黏土；工业废料类主要有粉煤灰、硅灰、沸石粉、水淬高炉矿渣粉和煅烧煤矸石。

1. 粉煤灰

粉煤灰是从燃烧煤粉的锅炉烟气中收集到的细粉末，其颗粒多呈球形，表面光滑。粉煤灰有高钙粉煤灰和低钙粉煤灰之分，由褐煤燃烧形成的粉煤灰，其氧化钙含量较高（>10%），呈褐黄色，称为高钙粉煤灰，它具有一定的水硬性；由烟煤和无烟煤燃烧形成的粉煤灰，其氧化钙含量很低（<10%），呈灰色或深灰色，称为低钙粉煤灰，一般具有火山灰活性。

低钙粉煤灰来源比较广泛，是当前国内外用量最大、使用范围最广的混凝土掺合料。优点主要有以下两方面。

1）节约水泥　一般可节约水泥10%～15%，经济效益显著。

2）改善和提高混凝土的技术性能　改善混凝土的工作性、泵送性能；提高混凝土抗硫酸盐性能；提高混凝土的抗渗性；降低混凝土水化热，是厚大体积混凝土施工时的主要掺合料；抑制碱-骨料反应。

国家标准《用于水泥和混凝土中的粉煤灰》（GB/T 1596—2005）将粉煤灰分为Ⅰ级、Ⅱ级和Ⅲ级三个等级，见表4-18。

表4-18　拌制混凝土和砂浆用粉煤灰技术要求

项　目		技术要求		
		Ⅰ级	Ⅱ级	Ⅲ级
细度（0.045mm方孔筛筛余），不大于（%）	F类粉煤灰	12.0	25.0	45.0
	C类粉煤灰			
需水量比，不大于（%）	F类粉煤灰	95.0	105.0	115.0
	C类粉煤灰			
烧失量，不大于（%）	F类粉煤灰	5.0	8.0	15.0
	C类粉煤灰			
含水量，不大于（%）	F类粉煤灰	1.0		
	C类粉煤灰			
三氧化硫，不大于（%）	F类粉煤灰	3.0		
	C类粉煤灰			
游离氧化钙，不大于（%）	F类粉煤灰	1.0		
	C类粉煤灰	4.0		
安定性（雷氏夹沸煮后增加距离），不大于/mm	F类粉煤灰	5.0		

注：1. F类粉煤灰——由无烟煤或烟煤煅烧收集的粉煤灰；
2. C类粉煤灰——由褐煤或次烟煤煅烧收集的粉煤灰。

配制泵送混凝土、大体积混凝土、抗渗混凝土、抗硫酸盐和抗软水侵蚀混凝土、蒸养混凝土、轻骨料混凝土、地下工程和水下工程混凝土、压浆和碾压混凝土等，均可掺用粉煤灰。粉煤灰用于混凝土工程可根据等级，按下列规定应用。

① Ⅰ级粉煤灰适用于钢筋混凝土和跨度小于6 m的预应力混凝土。

② Ⅱ级粉煤灰适用于钢筋混凝土和无筋混凝土。

③ Ⅲ级粉煤灰主要用于无筋混凝土。对设计强度等级C30及以上的无筋粉煤灰混凝土，宜采用Ⅰ、Ⅱ级粉煤灰。

④ 用于预应力钢筋混凝土、钢筋混凝土及设计强度等级 C30 及以上的无筋混凝土的粉煤灰等级，如经试验论证，可采用比上述规定低一级的粉煤灰。粉煤灰的微观结构如图 4－5 所示。

图 4－5　粉煤灰的微观结构

视频：混凝土掺合料

2. 沸石粉

沸石粉是天然的沸石岩磨细而成的。沸石岩是一种经天然煅烧后的火山灰质铝硅酸盐矿物。其有一定量活性二氧化硅和三氧化铝，能与水泥水化析出的氢氧化钙作用，生成胶凝物质。沸石粉具有很大的内表面积和开放性结构，其细度为 0.08 mm 筛的筛余 <5%，平均粒径为 5.0～6.5μm，颜色为白色。

沸石岩系有几十个品种，用作混凝土掺合料的主要为斜发灰沸石和丝光沸石。沸石粉用作混凝土掺合料主要有以下几点效果。

①提高混凝土强度，配制高强混凝土。如用 42.5 级普通硅酸盐水泥，以等量取代法掺入 10%～15% 的沸石粉，再加入适量的高效减水剂，可以配制出抗压强度为 70 MPa 的高强混凝土。

②改善混凝土工作性，配制流态混凝土及泵送混凝土。沸石粉与其他矿物掺合料一样，也具有改善混凝土工作性及可泵性的功能。例如：以沸石粉取代等量水泥配制坍落度 16～20 cm 的泵送混凝土，未发现离析现象及管路堵塞现象，同时还节约了 20% 的水泥。

3. 硅灰

硅灰又称硅粉或硅烟灰，是从生产硅铁合金或硅钢等所排放的烟气中收集到的颗粒极细的烟尘，色呈浅灰到深灰。硅灰的颗粒是微细的玻璃球体，其粒径为 0.1～1.0 μm，是水泥颗粒粒径的 1/50～1/100，比表面积为 18.5～20 m^2/g。硅灰有很高的火山灰活性，可配制高强、超高强混凝土，其掺量一般为水泥用量的 5%～10%，在配制超高强混凝土时，掺量可达20%～30%。

由于硅灰具有高比表面积，因而其需水量很大，将其作为混凝土掺合料须配以减水剂方可保证混凝土的工作性。

硅灰用作混凝土掺合料有以下几方面效果。

①提高混凝土强度，配制高强超高强混凝土。普通硅酸盐水泥水化后生成的 $Ca(OH)_2$ 约占体积的 29%，硅灰能与该部分 $Ca(OH)_2$ 反应生成水化硅酸钙，均匀分布于水泥颗粒之间，形成密实的结构。掺入水泥质量 5%～10% 的硅灰就可配制出抗压强度达 100 MPa 以上的超高强混凝土。

②改善混凝土的孔结构，提高混凝土抗渗性、抗冻性及抗腐蚀性。掺入硅灰的混凝土，其

总孔隙率虽变化不大，但其毛细孔会相应变小，大于 0.1μm 的大孔几乎不存在。因而掺入硅灰的混凝土抗渗性明显提高，抗冻性及抗硫酸盐腐蚀性也相应提高。

③抑制碱-骨料反应。

4．超细微粒矿物质掺合料

硅灰是理想的超细微粒矿质混合材料，但其资源有限，因此多采用超细粉磨的高炉矿渣粉、粉煤灰或沸石粉等作为超细微粒混合材料，配制高强、超高强混凝土。超细微粒混合材料的比表面积一般大于 500 m^2/kg，可等量替代水泥 15% ~50%。

超细微粒混合材料的材料组成不同，其作用效果有所不同，一般具有以下几方面效果。

①显著改善混凝土的力学性能，可配制出 C100 以上的超高强混凝土。

②显著改善混凝土的耐久性，所配制的混凝土收缩大大减小，抗冻、抗渗性能提高。

③改善混凝土的流变性，可配制出大流动性且不离析的泵送混凝土。

5．火山灰质掺合料

1）煅烧煤矸石　煤矸石是煤矿开采或洗煤过程中所排除的夹杂物。我国煤矿排出的煤矸石数量较大。所谓煤矸石实际上并非单一的岩石，而是含碳物和岩石（砾岩、砂岩、页岩和黏土）的混合物，是一种碳质岩，其灰分超过 40%，有一定的发热量。煤矸石的成分，随着煤层地质年代的不同而波动，其主要成分为 SiO_2 和 Al_2O_3，其次是 Fe_2O_3 及少量 CaO、MgO 等。

将煤矸石经过高温煅烧，使所含黏土矿物脱水分解，并除去炭分，烧掉有害杂质，就可使其具有较好的活性，是一种可以很好利用的火山灰质掺合料。

2）浮石、火山渣　浮石、火山渣都是火山喷出的轻质多孔岩石，具有发达的气孔结构。两者以表观密度大小区分，密度小于 $1g/cm^3$ 者为浮石，大于 $1g/cm^3$ 者为火山渣。从外观颜色区分，白色至灰白色者为浮石，灰褐色至红褐色者为火山灰。浮石、火山灰的主要化学成分为 SiO_2 和 Al_2O_3，并且多呈玻璃体结构状态。在碱性激发条件下可获得水硬性，是理想的混凝土掺合料。

6．粒化高炉矿渣粉

粒化高炉矿渣粉简称矿渣粉，是将粒化高炉矿渣经烘干、粉磨后达到相当细度的粉状掺合料。矿渣的主要化学成分为 CaO、SiO_2、Al_2O_3。矿渣粉掺入混凝土后，混凝土后期强度增长率较高、收缩值较小。矿渣粉对混凝土有一定的缓凝作用，低温时影响更明显，因而主要用于大体积混凝土、泵送混凝土和商品混凝土。

根据《用于水泥和混凝土中的粒化高炉矿渣粉》（GB/T 18046—2008）的规定，矿渣粉根据 28 天活性指数分为 S105、S95 和 S75 三个级别，相应的技术指标见表 4－19。

表 4－19　粒化高炉矿渣粉的技术要求

级别	比表面积/（m^2/kg）	活性指数		流动度比（%）	含水量（%）	SO_3（%）	氯离子（%）	烧失量（%）	玻璃体含量（%）	放射性	密度/（g/cm^3）
		7 d	28 d								
S105	≥500	95	105	≥95	≤1.0	≤4.0	≤0.06	≤3.0	≥85	合格	≥2.8
S95	≥400	75	95								
S75	≥300	55	75								

掺矿渣粉的混凝土与普通混凝土的用途一样，可用作钢筋混凝土、预应力钢筋混凝土和素混凝土。大掺量矿渣粉混凝土更适合于大体积混凝土、地下工程混凝土和水下混凝土等。矿渣粉还适合于配制高强混凝土、高性能混凝土。掺矿渣粉的混凝土允许同时掺入粉煤灰，但粉煤灰的掺量不宜超过矿渣粉。混凝土中的矿渣粉掺量，应根据混凝土强度等级和不同用途通过试验确定。对于 C50 及以上的高强度混凝土，矿渣粉的掺量一般不宜超过 30%。

4.2　混凝土拌和物的工作性

4.2.1　工作性的概念

混凝土在未凝结硬化以前，称为混凝土拌和物。混凝土拌和物的工作性，也叫和易性，是指混凝土拌和物易于施工操作（拌和、运输、浇捣）并能获得质量均匀、成型密实的混凝土的性能。

工作性实际上是一项综合技术性质，包括流动性、黏聚性、保水性三方面含义。

1. 流动性

流动性指混凝土拌和物在本身自重或施工机械振捣的作用下，能产生流动，并均匀密实地填满模板的性能。

2. 黏聚性

黏聚性指混凝土拌和物在施工过程中其组成材料之间有一定的黏聚力，不致产生分层（拌和物中各组分出现层状分离现象）和离析（拌和物中某些组分的分离、析出现象）。

3. 保水性

保水性指混凝土拌和物在施工过程中，具有一定的保水能力，不致产生泌水（水从水泥浆中泌出）现象。

混凝土拌和物的工作性是上述三个方面性能的综合体现，它们之间既相互联系又相互矛盾。当流动性大时，往往黏聚性和保水性差，反之亦然。因此，应结合不同工程对混凝土拌和物工作性的需要，使这三方面的性能达到良好的统一，即矛盾得到统一。

混凝土拌和物如产生分层、离析、泌水等现象，会影响混凝土的密实性，降低混凝土质量。

4.2.2　工作性的测定方法及指标选择

对混凝土工作性的测定方法通常采用坍落度法和维勃稠度法，对于泵送高强度混凝土和自密实混凝土可采用坍落扩展度法。

1. 坍落度法

如图 4－6 所示，坍落度试验就是将混凝土拌和物按规定方法装入坍落度筒内，装满刮平后，垂直向上将筒提起，置于混凝土一侧，混凝土拌和物由于自重将会产生坍落现象，用尺量出拌和物向下坍落的高度（单位为 mm）即为拌和物的坍落度值（用 T 表示）。坍落度值越大表示混凝土拌和物流动性越大。

视频：混凝土坍落度测定

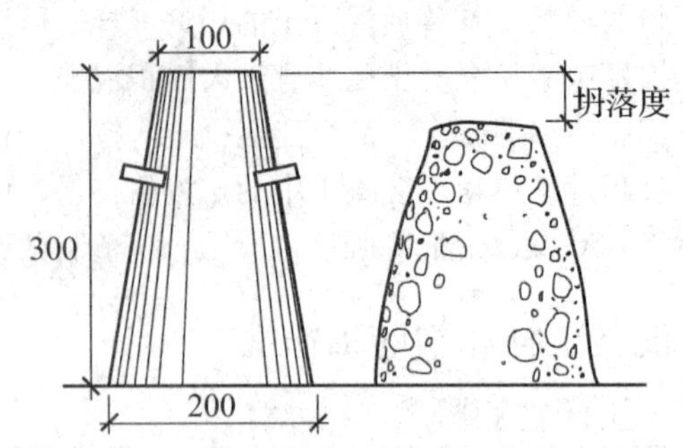

图 4-6　坍落度筒及坍落度法示意图

施工过程中选择混凝土拌和物的坍落度，要根据构件截面大小、钢筋疏密程度和捣实方法等来确定。构件截面尺寸较小或钢筋较密，或采用人工插捣时，坍落度可选择大些。反之，如构件截面尺寸较大，或钢筋较疏，或采用振动器振捣时，坍落度可选择小些。

采用机械振捣的方式浇筑混凝土时的坍落度值可参考表 4-20 选用。

表 4-20　混凝土浇筑时的坍落度

结构种类	坍落度/mm
无配筋的大体积结构（挡土墙、基础等）或配筋稀疏的结构	10~30
板、梁或大型及中型截面的柱子等	30~50
配筋密列的结构（薄壁、斗仓、筒仓、细柱等）	50~70
配筋特密的结构	70~90

拌和物粘黏聚性的评定是用捣棒在已坍落完成的混凝土拌和物锥体侧面轻轻敲打，此时如果锥体保持整体均匀逐渐下沉，则表示黏聚性良好；如锥体突然倒塌或出现离析现象，则表示黏聚性不好。

拌和物保水性的评定是通过观察混凝土拌和物稀浆析出的程度来评定，坍落度筒提起后如有较多的稀浆从底部析出，则表明混凝土的保水性不好；如无稀浆或只有少量稀浆析出，表示混凝土的保水性良好。

坍落度试验只适用于骨料最大粒径不大于 40 mm 的非干硬性混凝土（指混凝土拌和物坍落度值不小于 10 mm 的混凝土）。根据《混凝土质量控制标准》（GB 50164—2011）的规定，依据坍落度的不同，可将混凝土拌和物分为五级，见表 4-21。

表 4-21　混凝土拌和物的坍落度等级划分（GB 50164—2011）

等级	名称	坍落度/mm
S1	低塑性混凝土	10~40
S2	塑性混凝土	50~90
S3	流动性混凝土	100~150
S4	大流动性混凝土	160~210
S5	超大流动性混凝土	≥220

2. 维勃稠度法

对于干硬性混凝土拌和物（坍落度值小于 10 mm），通常采用维勃稠度仪测定其稠度。如图 4 - 7 所示为维勃稠度仪及其示意图。

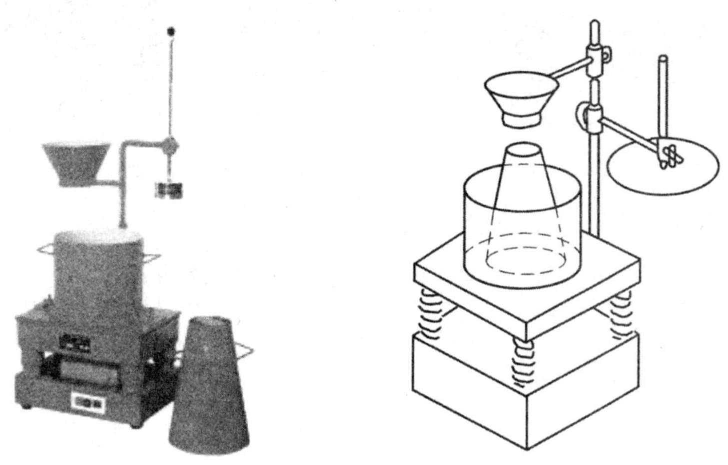

图 4 - 7　维勃稠度仪及维勃稠度法示意图

维勃稠度测试法就是在坍落度筒中按规定方法装满拌和物，提起坍落度筒，在拌和物椎体顶面放一透明圆盘，开启振动台，同时用秒表计时，到透明圆盘的底面完全为水泥浆所布满时，停止计时，关闭振动台，所读秒数即为维勃稠度。

该法适用于骨料最大粒径不大于 40 mm、维勃稠度在 5 ~ 30 s 之间的混凝土拌和物稠度测定。按混凝土拌和物稠度的不同可将拌和物稠度分为五级。见表 4 - 22 所示。

表 4 - 22　混凝土拌和物的维勃稠度等级划分（GB 50164—2011）

等　级	名　称	维勃稠度/s
V0	超干硬性混凝土	≥31
V1	特干硬性混凝土	30 ~ 21
V2	干硬性混凝土	20 ~ 11
V3	半干硬性混凝土	10 ~ 6
V4	低塑性混凝土	5 ~ 3

3. 坍落扩展度法

当混凝土坍落度大于 220 mm 时，用钢尺测量混凝土扩展后最终的最大直径和最小直径，在这两个直径之差小于 50 mm 的条件下，用其算术平均值作为坍落扩展度值。混凝土扩展度测定如图 4 - 8 所示。

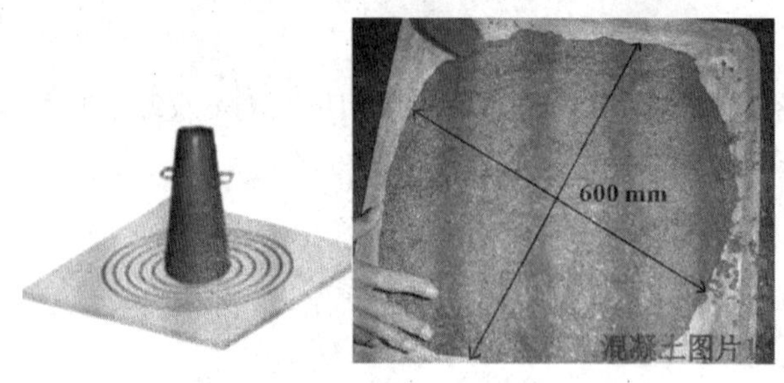

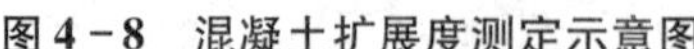
图 4-8　混凝土扩展度测定示意图

视频：流态混凝土测定

该方法适用于泵送高强度混凝土和自密实混凝土。扩展度的等级划分如表 4-23 所示。

表 4-23　混凝土拌和物的扩展度等级划分（GB 50164—2011）

等　级	扩展度/mm
F1	≤340
F2	350～410
F3	420～480
F4	490～550
F5	560～620
F6	≥630

4. 坍落度经时损失及其测定方法

混凝土从拌和到浇筑，需要有一段运输和停放时间，这种随时间增长，混凝土和易性变差的现象，被称为混凝土坍落度经时损失。

混凝土都存在坍落度经时损失，只是有大有小，掺用外加剂尤其是传统的高效减水剂后，其坍落度经时损失要比不掺时的混凝土大，甚至只经过 20～30 min，坍落度即降低为初始值的 1/2～1/3，这将直接影响外加剂的使用效果及混凝土的生产和施工。

混凝土拌和物坍落度经时损失检测方法是在混凝土进行完坍落度试验后立即将混凝土拌和物装入不吸水的容器内密闭搁置 1 h，然后应再将混凝土拌和物倒入搅拌机内搅拌 20 s，卸出搅拌机后应再次测试混凝土拌和物的坍落度。前后两次坍落度之差即为坍落度经时损失，计算应精确到 5 mm。

如果工程需要，也可按照此方法测定经过不同时间的坍落度损失（比如有些企业生产中常测定 2 h 的坍落度）。坍落度损失可以为负值，表示经过一段时间后，混凝土拌和物坍落度反而有所增大。

4.2.3　影响混凝土拌和物工作性的因素

影响混凝土工作性的因素很多，主要有原材料的性质、混凝土的水泥浆数量、水胶比、砂率、环境因素及施工条件等。

1. 水泥浆的数量

混凝土拌和物中的水泥浆使得混凝土具有流动性。在水胶比不变的情况下，单位体积拌和物内，如果水泥浆愈多，则拌和物的流动性愈大。但若水泥浆过多，将会出现流浆现象，使拌和物的黏聚性变差，同时对混凝土的强度与耐久性也会产生一定影响，且水泥用量也大。水泥浆过少，致使其不能填满骨料空隙或不能很好包裹骨料表面时，就会产生崩坍现象，黏聚性变差。因此，混凝土拌和物中水泥浆的含量应以满足流动性要求为度，不宜过量。

2. 水胶比

水胶比即每立方米混凝土中水和胶凝材料质量之比（当胶凝材料仅为水泥时，也叫水灰比），用 W/B 表示。水胶比的大小，代表胶凝材料浆体的稀稠程度，水胶比越大，浆体越稀软，混凝土拌和物的流动性越大；水胶比越小，浆体越干稠，混凝土拌和物的流动性越差。但是这一关系在水胶比为0.4～0.8的范围内时，又呈现的极其不敏感，这是“恒定用水量法则”的体现，即在确定的流动性要求下，胶水比与混凝土的适配强度间呈现简单的线性关系。

3. 砂率

砂率是指混凝土中砂的质量占砂、石总质量的百分率。砂率的变动会使骨料的空隙率和骨料的总表面积有显著改变，因而对混凝土拌和物的工作性产生显著影响。砂率可用下式表示：

$$\beta_s = \frac{m_s}{m_s + m_g} \times 100\% \tag{4-2}$$

式中：β_s——砂率，%；

m_s——砂的质量，kg；

m_g——石子的质量，kg。

砂率过大时，骨料的总表面积及空隙率都会增大，在水泥浆含量不变的情况下，水泥浆相对变少，减弱了水泥浆的润滑作用，使得混凝土拌和物的流动性降低。如砂率过小，又不能保证在粗骨料之间有足够的砂浆层，也会降低混凝土拌和物的流动性，而且会严重影响其黏聚性和保水性。因此，砂率有一个合理值。当采用合理砂率时，在用水量及水泥用量一定的情况下，能使混凝土拌和物获得最大的流动性且能保持良好的黏聚性和保水性，如图4－9所示。或者，当采用合理砂率时，能使混凝土拌和物获得所要求的流动性及良好的黏聚性与保水性，而水泥用量为最少，如图4－10所示。

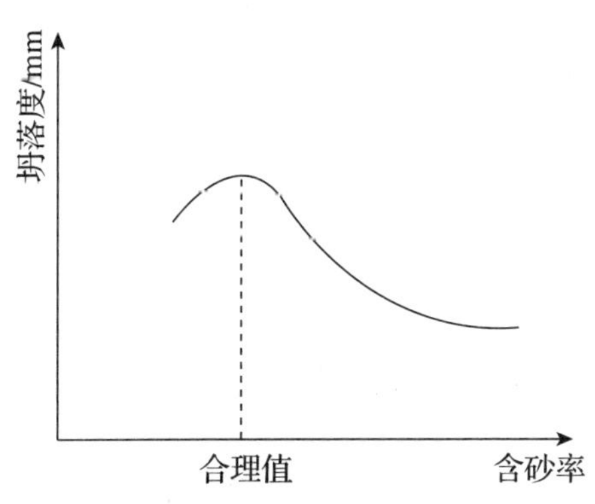

图4－9　含砂率与坍落度的关系曲线（水与水泥用量一定）

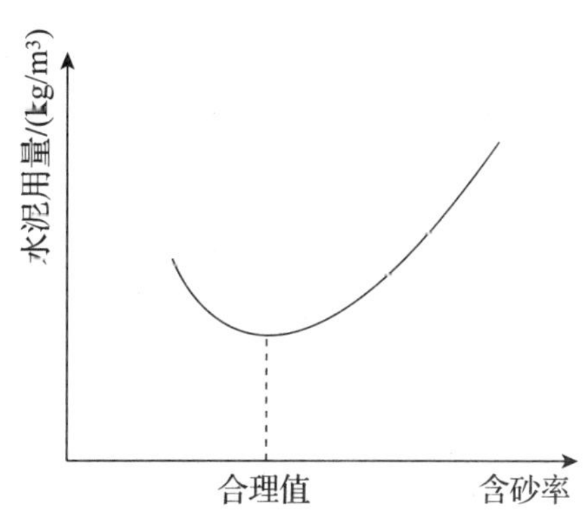

图4－10　含砂率与水泥用量的关系曲线（坍落度相同）

影响合理砂率的因素很多，很难通过计算的方法得出合理的砂率。通常我们在保证拌和物不离析，又能很好地浇筑、捣实的条件下，尽量选用较小的砂率，可以节省水泥。对于工程量较大的工程应通过试验的方法找出合理的砂率，如无使用经验可按骨料的品种、规格及混凝土的水胶比参照表4－24选用。

表4－24　混凝土的砂率（JGJ 55—2011）　　（%）

水胶比	卵石最大粒径/mm			碎石最大粒径/mm		
	10	20	40	16	20	40
0.40	26～32	25～31	24～30	30～35	29～34	27～32
0.50	30～35	29～34	28～33	33～38	32～37	30～35
0.60	33～38	32～37	31～36	36～41	35～40	33～38
0.70	36～41	35～40	34～39	39～44	38～43	36～41

注：1. 本表数值系中砂的选用砂率，对细砂或粗砂，可相应地减小或增大砂率；

2. 采用人工砂配制混凝土时，砂率可适当增大；

3. 只用一个单粒级粗骨料配制混凝土时，砂率应适当增大。

4. 水泥品种和骨料性质

用矿渣水泥和火山灰水泥时，拌和物的坍落度一般较用普通水泥时为小，而且矿渣水泥将使拌和物的泌水性显著增加。从前面对骨料的分析可知，一般卵石拌制的混凝土拌和物比碎石拌制的流动性好。河砂拌制的混凝土拌和物比山砂拌制的流动性好。骨料级配好的混凝土拌和物的流动性也好。

5. 温度和时间

拌和物的工作性受温度的影响，如图4－11所示。因为环境温度的升高，水分蒸发及水泥水化反应加快，拌和物的流动性变差，而且坍落度损失也变快。因此施工中为保证一定的工作性，必须注意环境温度的变化，采取相应的措施。

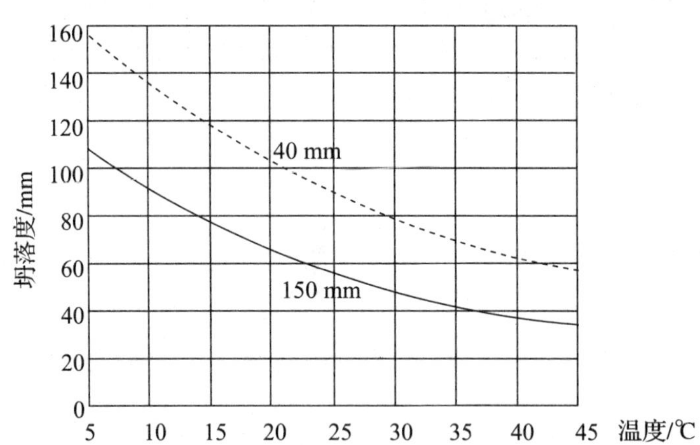

图4－11　温度对坍落度的影响曲线（线上数字为拌和物骨料最大粒径）

拌和物拌制后，随时间的延长而逐渐变得干稠，流动性减小，原因是有一部分水供水泥水化，一部分水被骨料吸收，一部分水蒸发以及凝聚结构的逐渐形成，致使混凝土拌和物的流动性变差。图4－12是坍落度随时间变化曲线图。由于拌和物流动性的这种变化特点，在施工中测定工作性的时间，应推迟至搅拌完约15 min为宜。

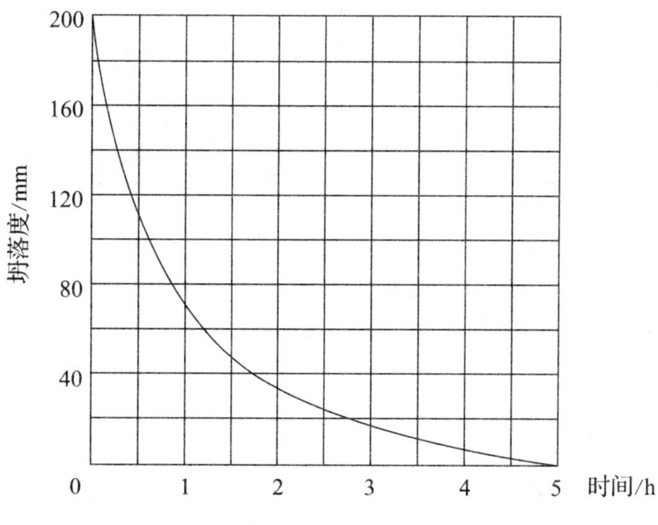

图 4－12　拌和后时间与坍落度关系曲线

6. 外加剂

在拌制混凝土时，加入很少量的外加剂能使混凝土拌和物在不增加水泥用量的条件下，获得很好的工作性，增大流动性和改善黏聚性、降低泌水性。并且由于改变了混凝土结构，还能提高混凝土的耐久性。因此，工程中这种方法较为常用。

4.2.4　改善混凝土拌和物工作性的措施

实际工作中，如只注重改善混凝土工作性的话，可能混凝土的其他性质如强度等就会受到影响。通常调整混凝土的工作性时可采取如下措施。

①尽可能降低砂率，有利于提高混凝土的质量和节约水泥。

②改善砂、石的级配，尽量采用较粗的砂、石。

③当混凝土拌和物坍落度太小时，维持水胶比不变，适当增加水泥和水的用量，或者加入外加剂等；当拌和物坍落度太大，但黏聚性良好时，可保持砂率不变，适当增加砂、石用量。

4.3　混凝土的强度

混凝土拌和物硬化后，应具有足够的强度，以保证建筑物能安全地承受设计荷载。混凝土的强度包括抗压强度、抗拉强度、抗剪强度等，其中混凝土的抗压强度最大、抗拉强度最小，为抗压强度的1/20～1/10。

4.3.1　混凝土受压破坏过程

硬化后的混凝土在未受外力作用之前，由于水泥水化造成的化学收缩和物理收缩引起砂浆体积的变化，在粗骨料与砂浆界面上产生了分布极不均匀的拉应力。它足以破坏粗骨料与砂浆的界面，形成许多分布很乱的界面裂缝。混凝土受外力作用时，其内部产生了拉应力，这种拉应力很容易在具有几何形状为楔形的微裂缝顶部形成应力集中，随着拉应力的逐渐增大，导致微裂缝的进一步延伸、汇合、扩大，最后形成几条可见的裂缝。混凝土试件就随着这些裂缝形成发展而破坏。如图 4－13 为一混凝土试块在轴向压力逐渐增大的情况下，内部裂缝逐渐形成发展直至试块破坏的全过程。

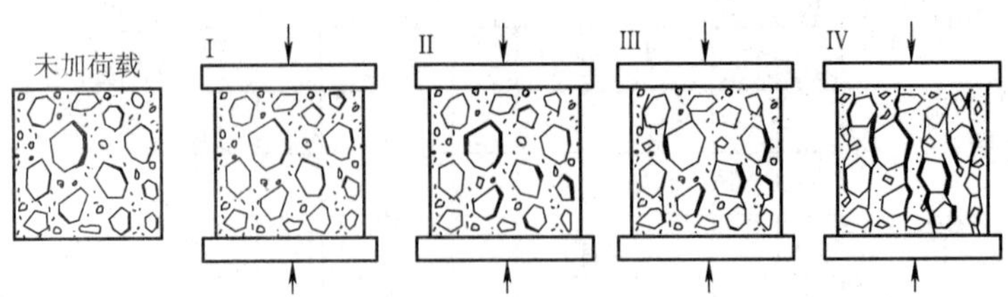

图 4－13 试块受压破坏裂缝发展示意图

4.3.2 混凝土抗压强度与强度等级

1. 混凝土抗压强度

混凝土抗压强度是指将标准养护的标准试件，用标准的测试方法得到的抗压强度值。试件的标准养护方法：按标准方法制作的边长为 150 mm 的立方体试件，成型后立刻用不透水的薄膜覆盖表面，在温度为（20±5）℃的环境中静置一至二昼夜，然后编号、拆模。拆模后应立即放入温度为（20±2）℃，相对湿度为 95% 以上的标准养护室中养护，或在温度为（20±2）℃的不流动的 $Ca(OH)_2$ 饱和溶液中养护。标准养护龄期为 28 d（从搅拌加水开始计时）。

试件有标准试件和非标准试件。标准试件的尺寸为边长 150 mm 的立方体，当采用边长为 100 mm、200 mm 的非标准立方体试件时，须折算为标准立方体试件的抗压强度，换算系数分别为 0.95、1.05。

2. 混凝土强度等级

混凝土的强度等级按立方体抗压强度标准值划分，用 C 与立方体抗压强度标准值（以 MPa 计）来表示。根据《混凝土质量控制标准》（GB 50164—2011），将混凝土强度划分为：C10、C15、C20、C25、C30、C35、C40、C45、C50、C55、C60、C65、C70、C75、C80、C85、C90、C95、C100 等十九个级别。

4.3.3 混凝土的抗拉强度

混凝土的抗拉强度很低，只有抗压强度的 1/20～1/10，且随着混凝土强度等级的提高，比值有所降低，也就是当混凝土强度等级提高时，抗拉强度的增加不及抗压强度提高得快。因此，混凝土在工作时一般不依靠其抗拉强度。但抗拉强度对于开裂现象有重要意义，在结构设计中抗拉强度是确定混凝土抗裂度的重要指标。有时也用它来间接衡量混凝土与钢筋的黏结强度。

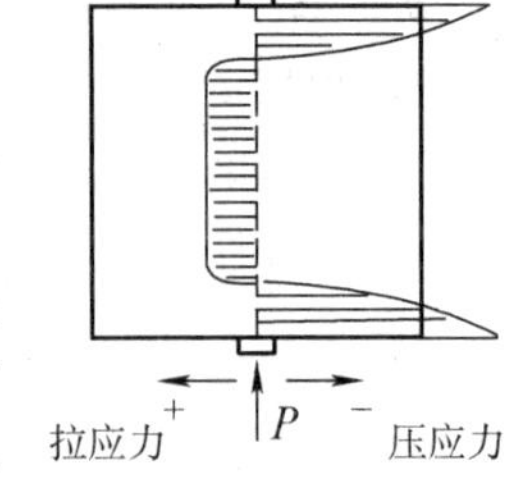

图 4－14 劈裂试验时试件的应力分布

混凝土抗拉强度通常采用立方体（国际上多用圆柱体）的劈裂抗拉试验来测定，称为劈裂抗拉强度 f_{ts}（MPa），再将其乘以相应的换算系数转换成混凝土的抗拉强度 f_t。该方法的原理是在试件的两个相对的表面素线上，作用上均匀分布的压力，这样就能够在外力作用的竖向平面内产生均布拉伸应力（见图 4－14）。这个方法大大地简化了抗拉试件的制作，并且较正确地反映了试件的抗拉强度。

混凝土劈裂抗拉强度公式：

$$f_{ts}=\frac{2P}{\pi A}=0.637\frac{P}{A}$$

式中：P——压力荷载，N；

A——试件劈裂面面积，mm^2。

4.3.4　影响混凝土强度的因素

混凝土的强度与水泥强度等级、水胶比及骨料的性质有密切关系，此外还受到施工质量、养护条件及龄期的影响。

1. 水泥强度等级和水胶比

水泥强度等级和水胶比是影响混凝土强度的主要因素。在相同的配合比条件下，水泥强度等级越高，所配制的混凝土强度越高。在水泥的强度及其他条件相同的情况下，水胶比越小，水泥石的强度及与骨料黏结强度越大，混凝土的强度越高。但水胶比过小，拌和物过于干稠，也不易保证混凝土质量。试验证明，混凝土的强度随水胶比的增大而降低，呈曲线关系，而混凝土强度和胶水比的关系，则呈直线关系，如图 4－15 所示。

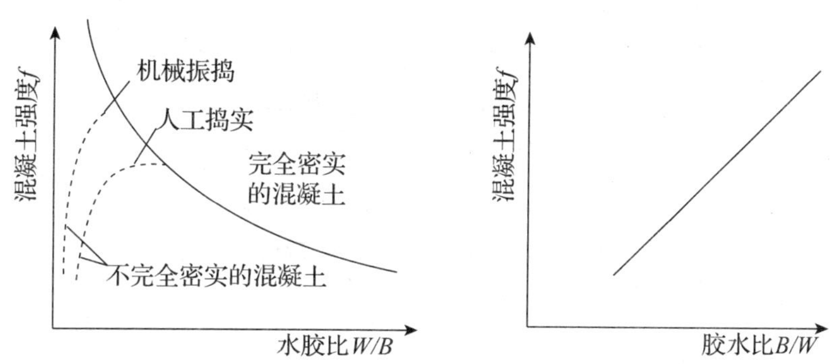

图 4－15　混凝土强度与水胶比关系

确定混凝土 28 d 龄期抗压强度通常采用如下经验公式。

$$f_{cu,0} = \alpha_a f_b \left(\frac{C}{W} - \alpha_b\right) \tag{4-3}$$

式中：$f_{cu,0}$——混凝土 28 天龄期抗压强度，MPa；

f_b——胶凝材料 28 天抗压强度，MPa，可实测，且试验方法应按现行国家标准《水泥胶砂强度检验方法（ISO 法）》（GB 17671）执行。

f_b 也可按下式计算：

$$f_b = \gamma_f \gamma_s f_{ce} \tag{4-4}$$

式中：γ_f、γ_s——粉煤灰影响系数和粒化高炉矿渣粉影响系数，按表 4－25 选用；

f_{ce}——水泥 28 天胶砂抗压强度，MPa，可实测。

f_{ce}也可按下式计算：

$$f_{ce} = \gamma_c f_{ce,g} \tag{4-5}$$

式中：γ_c——水泥 28 天强度等级值的富裕系数，可按实际统计资料确定；当缺乏实际资料时，也可按表 4－26 选用；

$f_{ce,g}$——水泥强度等级值，MPa。

α_a，α_b 为回归系数，宜按下列规定选用：①根据工程所使用的原材料，通过试验建立水胶比与混凝土强度关系式来确定；②当不具备上述试验统计资料时，可按表 4－27 选用。

表 4-25　粉煤灰影响系数（γ_f）和粒化高炉矿渣粉影响系数（γ_s）

种类 掺量（%）	粉煤灰影响系数 γ_f	粒化高炉矿渣粉影响系数 γ_s
0	1.0	1.00
10	0.85～0.95	1.00
20	0.75～0.85	0.95～1.00
30	0.65～0.75	0.90～1.00
40	0.55～0.65	0.80～0.90
50		0.70～0.85

注：1. 采用Ⅰ级、Ⅱ级粉煤灰宜取上限值；

2. 采用 S75 级粒化高炉矿渣粉宜取下限值，采用 S95 级粒化高炉矿渣粉宜取上限值，采用 S105 级粒化高炉矿渣粉可取上限值加 0.05；

3. 当超出表中的掺量时，粉煤灰和粒化高炉矿渣粉影响系数应经试验确定。

表 4-26　水泥强度等级值的富裕系数（γ_c）

水泥强度等级值	32.5	42.5	52.5
富裕系数	1.12	1.16	1.10

表 4-27　回归系数 α_a、α_b 取值表

回归系数	碎　石	卵　石
α_a	0.53	0.49
α_b	0.20	0.13

2. 养护的温度和湿度

（1）温度影响

温度升高，水化速度加快，混凝土强度的发展也快；反之，在低温下混凝土强度发展相应迟缓，温度对混凝土强度的影响见图 4-16。当温度处于冰点以下时，由于混凝土中的水分大部分结冰，混凝土的强度不但停止发展，同时还会受到冻胀破坏作用，严重影响混凝土的早期和后期强度。

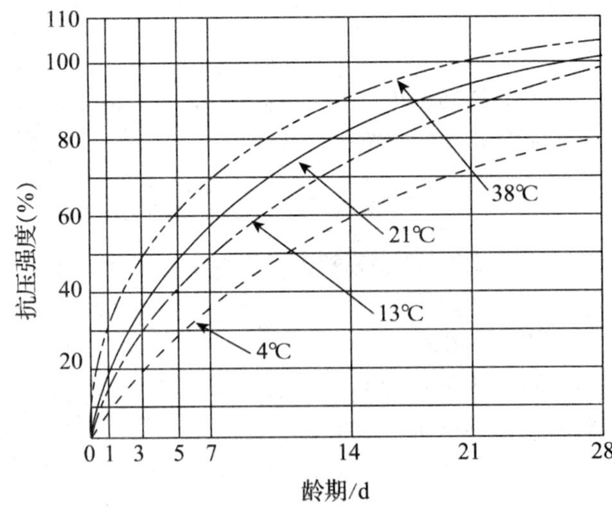

图 4-16　养护温度对混凝土强度的影响

(2) 湿度影响

湿度适当，水泥水化能顺利进行，使混凝土强度得到充分发挥。如果湿度不够，水泥水化反应不能正常进行，甚至水化停止，使混凝土结构疏松，形成干缩裂缝，严重降低了混凝土的强度和耐久性。图 4－17 是混凝土强度与保持潮湿日期的关系。

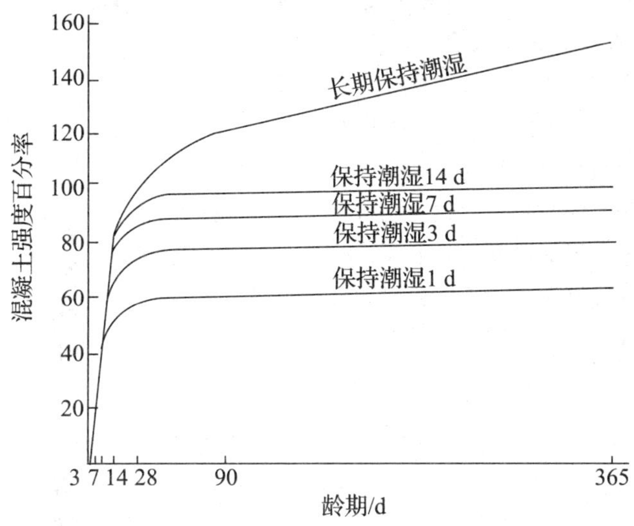

图 4－17　混凝土强度与保持潮湿日期的关系

3. 养护时间（龄期）

混凝土在正常养护条件下，其强度将随着龄期的增加而增长。最初 7～14 d 内，强度增长较快，28 d 以后增长缓慢。但龄期延续很久其强度仍有所增长。不同龄期混凝土强度的增长情况如图 4－16 所示。因此，在一定条件下养护的混凝土，可根据其早期强度大致地估计 28 d 的强度。对于普通水泥制成的混凝土，在标准养护条件下，龄期不小于 3 d 的混凝土强度发展大致与其龄期的对数成正比关系，因而其强度可以按下式计算。

$$f_n = f_{28}\lg n/\lg 28 \tag{4-6}$$

除上述因素外，施工条件、试验条件等都会对混凝土的强度产生一定影响。

4.3.5　提高混凝土强度的措施

针对混凝土强度的影响因素，可以提高混凝土强度的措施主要有以下几种：

① 采用高强度水泥和快硬早强类水泥；

② 降低水胶比；

③ 采用蒸汽养护和蒸压养护；

④ 采用机械搅拌和振捣的方式

⑤ 掺入合适的混凝土外加剂、掺合料。

4.4　混凝土的变形

4.4.1　干湿变形

干湿变形取决于周围环境的湿度变化。混凝土在干燥过程中，首先发生气孔水和毛细水的蒸发。气孔水的蒸发并不引起混凝土的收缩。毛细孔水的蒸发，使毛细孔中形成负压，随着空气湿度的降低负压逐渐增大，产生收缩力，导致混凝土收缩。当毛细孔中的水蒸发完后，如继续干燥，则凝胶体颗粒的吸附水也发生部分蒸发，由于分子引力的作用，粒子间距离变小，使凝胶体紧缩。混凝土这种收缩在重新吸水以后大部分可以恢复。当混凝土在水中硬化时，体积不变，甚至轻微膨胀。这是由于凝胶体中胶体粒子的吸附水膜增厚，胶体粒子间的距离增大所致。膨胀值远比收缩值小，一般没有破坏作用。

在一般条件下混凝土的极限收缩值为（50～90）$\times 10^{-5}$ mm/mm。收缩受到约束时往往引起混凝土开裂，故施工时应予以注意。通过试验得知：

① 混凝土的干燥收缩是不能完全恢复的；

② 混凝土的干燥收缩与水泥品种、用量和用水量有关；

③ 砂石在混凝土中形成骨架，对混凝土收缩有一定的抵抗作用；

④ 在水中养护或在潮湿条件下养护可大大减小混凝土的收缩。

4.4.2 温度变形

混凝土与其他材料一样，也具有热胀冷缩的性质。混凝土的温度膨胀系数约为 1×10^{-5}，即温度升高 1℃，每米膨胀 0.01 mm。温度变形对大体积混凝土及大面积混凝土工程极为不利。

在混凝土硬化初期，水泥水化放出较多的热量，混凝土同时也是热的不良导体，散热较慢，大体积混凝土内部的水化热不能及时释放出来，而混凝土表面温度散失快，因此大体积混凝土会形成较大的内外温差，有时可达 50～70 ℃。这将使内部混凝土的体积产生较大的膨胀，而外部混凝土却随气温降低而收缩。内部膨胀和外部收缩互相制约，在外表混凝土中将产生很大拉应力，严重时使混凝土产生裂缝。因此，对大体积混凝土工程，必须尽量设法减少混凝土发热量，如采用低水化热水泥、减少水泥用量、采取人工降温等措施，去防止温度变形对混凝土结构的影响。

4.4.3 化学缩减

混凝土在硬化过程中，由于水泥水化生成的产物其平均密度比反应前物质的平均密度大，混凝土在硬化时体积就会变小，引起混凝土的收缩，称之为化学缩减。其特点是混凝土的收缩量随龄期的延长而增加，大概在 40 天左右趋于稳定。通常化学缩减对混凝土质量的影响较小。

4.4.4 荷载作用下的变形

1. 短期荷载作用下的变形

（1）弹塑性变形

混凝土内部结构中含有砂石骨料、水泥石（水泥石中又存在着凝胶、晶体和未水化的水泥颗粒）、游离水分和气泡，这就决定了混凝土本身的不匀质性。它不是一种完全的弹性体，而是一种弹塑性体。它在受力时，既会产生可以恢复的弹性变形，又会产生不可恢复的塑性变形，其应力与应变之间的关系不是直线而是曲线，如图 4－18 所示。

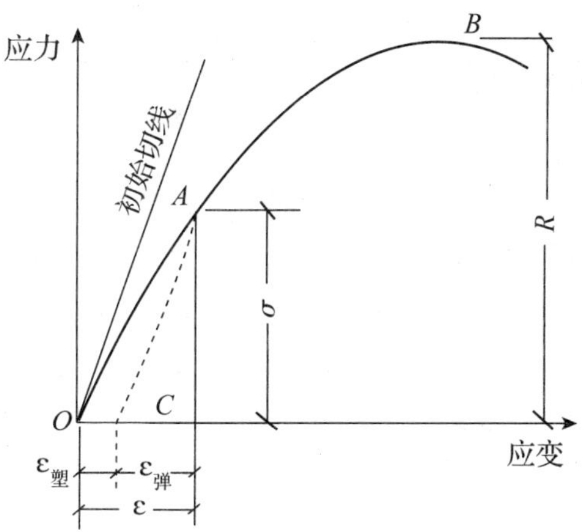

图 4－18 混凝土的压力作用应力—应变曲线

在静力实验的加荷过程中，若加荷至应力为 σ、应变为 ε 的 A 点，然后将荷载逐渐卸去，卸荷时的应力—应变曲线如图 4－15 中 AC 段所示。卸荷后能恢复的应变 $\varepsilon_{弹}$ 是混凝土的弹性作用引起的，称为弹性应变；剩余的不能恢复的应变 $\varepsilon_{塑}$ 则是由于混凝土的塑性性质引起的，称为塑性应变。

（2）混凝土变形模量

在应力—应变曲线上任一点的应力 σ 与其应变 ε 的比值，叫作混凝土在该应力下的变形模量。在计算钢筋混凝土的变形、裂缝开展及大体积混凝土的温度应力时，均需知道该时混凝土的变形模量。在混凝土结构或钢筋混凝土结构设计中，常采用一种按标准方法测得的静力受压弹性模量。混凝土的强度越高，弹性模量越高，两者存在一定的相关性。

混凝土的弹性模量因其骨料与水泥石的弹性模量而异。由于水泥石的弹性模量一般低于骨料的弹性模量，所以混凝土的弹性模量一般略低于其骨料的弹性模量。在材料质量不变的条件下，混凝土的骨料含量较多、水胶比较小、养护较好及龄期较长时，混凝土的弹性模量就较大。蒸汽养护的弹性模量比标准养护的低。

混凝土的弹性模量与钢筋混凝土构件的刚度关系很大，建筑物须有足够的刚度，在受力下保持较小的变形，才能发挥其正常使用功能，因此所用混凝土须有足够高的弹性模量。

2. 徐变

混凝土在长期荷载作用下，沿着作用力方向的变形会随时间不断增长，即荷载不变，但变形仍随时间增大，这个过程通常要持续 2～3 年。这种在长期荷载作用下产生的变形称为徐变。

混凝土徐变和许多因素有关。混凝土的水胶比较小或混凝土在水中养护时，同龄期的水泥石中未填满的孔隙较少，故徐变较小。水胶比相同的混凝土，其水泥用量越多，即水泥石相对含量越大，其徐变越大。混凝土所用骨料弹性模量较大时，徐变较小。此外，徐变与混凝土的弹性模量也有密切关系，一般弹性模量大者，徐变小。

混凝土在受压、受拉或受弯时，均有徐变现象。混凝土的徐变对钢筋混凝土构件来说，能消除钢筋混凝土内的应力集中，使应力较均匀地重新分布；对大体积混凝土，能消除一部分由于温度变形所产生的破坏应力。但在预应力钢筋混凝土结构中，混凝土的徐变，将使钢筋的预加应力受到损失。

4.5 混凝土的耐久性

混凝土的耐久性就是指混凝土抵抗环境介质作用并长期保持其良好的使用性能和外观完整性，从而维持混凝土结构的安全、正常使用的能力。混凝土的耐久性主要包括抗渗性、抗冻性、抗侵蚀性、抗碳化及抗碱-骨料反应等方面。

4.5.1 混凝土的抗渗性

混凝土的抗渗性指混凝土抵抗水、油等液体在压力作用下渗透的性能。它直接影响混凝土的抗冻性和抗侵蚀性。混凝土的抗渗性主要与其密实度及内部孔隙的大小和构造有关。混凝土内部的互相连通的孔隙和毛细管通路，以及由于在混凝土施工成型时，振捣不实产生的蜂窝、孔洞都会造成混凝土渗水。

混凝土的抗渗性用抗渗等级 P 表示，分为 P4、P6、P8、P10、P12 等五个等级，相应表示混凝土能抵抗 0.4 MPa、0.6 MPa、0.8 MPa、1.0 MPa、1.2 MPa 的静水压力而不渗水。

抗渗混凝土所用原材料应符合以下规定：

① 粗骨料宜采用连续级配，其最大粒径不宜大于 40 mm，含泥量不得大于 1.0%，泥块含量不得大于 0.5%；

② 细骨料的含泥量不得大于 3.0%，泥块含量不得大于 1.0%；

③ 外加剂宜采用防水剂、膨胀剂、引气剂、减水剂或引气减水剂；

④ 抗渗混凝土宜掺用矿物掺合料；

⑤ 每立方米混凝土中的水泥和矿物掺合料总量不宜小于 320 kg；

⑥ 砂率宜为 35% ~45%。

4.5.2 混凝土的抗冻性

混凝土的抗冻性是指混凝土在水饱和状态下，经受多次冻融循环作用，能保持强度和外观完整性的能力。混凝土的抗冻性能用抗冻等级（快冻法）F 表示，分为 F50、F100、F150、F200、F250、F300、F350、F400 等八个级别，例如 F50 表示混凝土能承受最大冻融循环次数为 50 次。

混凝土的抗冻性主要取决于混凝土的构造特征和含水程度。具有较高密实度和含闭口孔多的混凝土具有较高的抗冻性，混凝土中水饱和程度越高，产生的冰冻破坏就越严重。

4.5.3 混凝土的抗侵蚀性

当混凝土所处环境中含有侵蚀性介质时，混凝土便会遭受侵蚀，通常有软水侵蚀、硫酸盐侵蚀、镁盐侵蚀、碳酸侵蚀、一般酸侵蚀与强碱侵蚀等。混凝土在海岸、海洋工程中的应用也很广，海水对混凝土的侵蚀作用除化学作用外，尚有反复干湿的物理作用；盐分在混凝土内的结晶与聚集、海浪的冲击磨损、海水中氯离子对混凝土内钢筋的锈蚀作用等，也都会使混凝土遭受破坏。

混凝土的抗侵蚀性与所用水泥的品种、混凝土的密实程度和孔隙特征有关。密实和孔隙封闭的混凝土，环境水不易侵入，故其抗侵蚀性较强。所以，提高混凝土抗侵蚀性的措施，主要是合理选择水泥品种、降低水胶比、提高混凝土的密实度和改善孔结构。

4.5.4　混凝土的碳化

混凝土的碳化，是指空气中的二氧化碳在湿度适宜的条件下与水泥水化产物氢氧化钙发生反应，生成碳酸钙和水。碳化使混凝土内部碱度降低，对钢筋的保护作用降低，使钢筋易锈蚀，对钢筋混凝土造成极大的破坏。碳化对混凝土也有有利的影响，碳化放出的水分有助于水泥的水化作用，而且碳酸钙可填充水泥石孔隙，提高混凝土的密实度。

4.5.5　混凝土的碱-骨料反应

碱-骨料反应是指混凝土中的碱性物质与骨料中的活性成分发生化学反应，引起混凝土内部自膨胀产生应力而开裂的现象。碱-骨料反应给混凝土工程带来的危害是相当严重的，因为碱-骨料反应时间较为缓慢，短则几年，长则几十年才能被发现。一旦发生就难以控制，严重影响混凝土结构的耐久性。因此，需要预先防止发生。

碱-骨料反应中的碱指 Na 和 K，以当量 Na_2O 计算（当量 $Na_2O = Na_2O + 0.658K_2O$）。碱-骨料反应发生和产生破坏作用的三个必要条件为：

① 混凝土使用的骨料含有碱活性矿物，即属于碱活性骨料；

② 混凝土含有过量的当量 Na_2O，一般超过 3.0 kg/m^3；

③ 环境潮湿，能提供碱-硅凝胶膨胀的水源。

4.5.6　提高混凝土耐久性的措施

除原材料的选择外，提高混凝土的密实度是提高混凝土耐久性的一个关键点。通常提高混凝土耐久性的措施有以下几个方面。

① 根据实际情况合理选择水泥品种。

② 适当控制混凝土的水胶比及水泥用量，其中水胶比不但影响混凝土的强度，而且也严重影响其耐久性，故应该严格控制水胶比，具体可参考表 4-28。

③ 选用较好的砂、石骨料是保证混凝土耐久性的重要条件。

④ 掺用减水剂、引气剂等外加剂，提高混凝土的抗渗性、抗冻性等。

⑤ 混凝土施工时，应搅拌均匀、振捣密实、加强养护以保证混凝土的施工质量。

⑥ 使用非活性骨料。可对骨料专门进行碱活性测试，或根据以往的调查结果选用骨料。

⑦ 控制混凝土的总含碱量（当量 Na_2O）低于 3.0 kg/m^3。碱的来源包括水泥、外加剂、拌和水和骨料，其中水泥和外加剂是主要来源。

⑧ 胶凝材料中使用6%以上硅灰，或25%以上粉煤灰，或40%以上磨细矿渣（矿粉）。这些矿物掺合料含有的氧化硅，比骨料中氧化硅活性更高，能够预先将钾、钠固结在早期反应生成的硅酸钙凝胶中，从而防止后期有过量钾、钠与骨料反应。

表 4-28　混凝土的最大水胶比和最小水泥用量

环境类别	条　件	最低强度等级	最大水胶比	最小胶凝材料用量/（kg/m^3）		
				素混凝土	钢筋混凝土	预应力混凝土
一	室内干燥环境 无侵蚀性静水浸没环境	C20	0.60	250	280	300

续表

<table>
<tr><th rowspan="2">环境类别</th><th rowspan="2">条　件</th><th rowspan="2">最低强度等级</th><th rowspan="2">最　大水胶比</th><th colspan="3">最小胶凝材料用量/（kg/m³）</th></tr>
<tr><th>素混凝土</th><th>钢　筋混凝土</th><th>预应力混凝土</th></tr>
<tr><td>二 a</td><td>室内潮湿环境
非严寒和非寒冷地区的露天环境
非严寒和非寒冷地区与无侵蚀性的水或土壤直接接触的环境
严寒和寒冷地区的冰冻线以下与无侵蚀性的水或土壤直接接触的环境</td><td>C25</td><td>0.55</td><td>280</td><td>300</td><td>300</td></tr>
<tr><td>二 b</td><td>干湿交替环境
水位频繁变动环境
严寒和寒冷地区的露天环境
严寒和寒冷地区冰冻线以上与无侵蚀性的水或土壤直接接触的环境</td><td>C30
（C25）</td><td>0.50
（0.55）</td><td colspan="3">320</td></tr>
<tr><td>三 a</td><td>严寒和寒冷地区冬季水位变动区环境
受除冰盐影响环境
海风环境</td><td>C35
（C30）</td><td>0.45
（0.50）</td><td colspan="3">330</td></tr>
<tr><td>三 b</td><td>盐渍土环境
受除冰盐影响环境
海岸环境</td><td>C40</td><td>0.40</td><td colspan="3">—</td></tr>
<tr><td>四</td><td>海水环境</td><td>—</td><td>—</td><td colspan="3">—</td></tr>
<tr><td>五</td><td>受人为或自然的侵蚀性物质影响的环境</td><td>—</td><td>—</td><td colspan="3">—</td></tr>
</table>

4.6 普通混凝土配合比设计

4.6.1 普通混凝土配合比的表示方法

混凝土配合比是指混凝土中各组成材料数量之间的比例关系。常用的表示方法有两种：一种是以每立方米混凝土中各材料的质量表示，如每立方米混凝土中水泥 300 kg，矿物掺合料 60 kg，砂子 660 kg、石子 1 240 kg、水 180 kg；第二种表示方法是以各材料的相互质量比来表示（水泥质量取为 1），如将上述配合比换算过来为水泥:矿物掺合料:砂:石:水 = 1:0.2:2.2:4.13:0.6，通常将胶凝材料和水的比例单独以水胶比的形式表示，即水泥:砂:石 = 1:2.2:4.13，水胶比（W/B）为 0.5。

4.6.2 普通混凝土配合比设计的要求

设计混凝土配合比的任务，就是要根据原材料的技术性能和施工条件，合理选择原材料，并确定出能满足工程所要求技术经济指标的各组成材料用量。具体要求主要有以下几点：

① 混凝土结构设计要求的强度等级；

② 施工方面要求混凝土具有的良好工作性；

③ 与使用环境相适应的耐久性；

④ 节约水泥，降低混凝土成本。

4.6.3　普通混凝土配合比设计步骤

混凝土配合比设计主要包括初步配合比设计、基准配合比设计、设计配合比和施工配合比四项内容。

1. 初步配合比设计

(1) 确定配制强度 ($f_{cu,o}$)

① 当混凝土的设计强度等级小于 C60 时，配制强度按下式确定：

$$f_{cu,o} \geqslant f_{cu,k} + 1.645\sigma \tag{4-7}$$

式中：$f_{cu,o}$——混凝土配制强度，MPa；

$f_{cu,k}$——混凝土立方体抗压强度标准值，这里取混凝土的设计强度等级值，MPa；

σ——混凝土强度标准差，MPa；

1.645——混凝土强度保证率为95%时对应的系数。

② 当设计强度等级不小于 C60 时，配制强度应按下式确定：

$$f_{cu,o} \geqslant 1.15 f_{cu,k} \tag{4-8}$$

混凝土强度标准差 σ 按下述规定确定。

① 当具有近 1～3 个月的同一品种、同一强度等级混凝土的强度资料，且试件组数不小于 30 时，其混凝土强度标准差 σ 按下式计算：

$$\sigma = \sqrt{\frac{\sum_{i=1}^{n} f_{cu,i} - n m_{fcu}^2}{n-1}} \tag{4-9}$$

式中：σ——混凝土强度标准差，MPa；

$f_{cu,i}$——第 i 组的试件强度，MPa；

m_{fcu}——n 组试件的强度平均值，MPa；

n——试件组数。

对于强度等级不大于 C30 的混凝土，当混凝土强度标准差计算值不小于 3.0 MPa 时，应按上式计算结果取值；当混凝土强度标准差计算值小于 3.0 MPa 时，应取 3.0 MPa 时值。

对于强度等级大于 C30 且小于 C60 的混凝土，当混凝土强度标准差计算值不小于 4.0 MPa 时，应按上式计算结果取值；当混凝土强度标准差计算值小于 4.0 MPa 时，应取 4.0 MPa 时值。

② 当不具备近期的同一品种、同一强度等级混凝土强度资料时，混凝土强度标准差 σ 可参照表 4－29 选用。

表 4－29　混凝土强度标准差取值表（JGJ 55—2011）

混凝土强度标准值	≤C20	C25～C45	C50～C55
σ/MPa	4.0	5.0	6.0

(2) 确定水胶比 (W/B)

当混凝土强度等级小于C60时，混凝土水胶比宜按下式计算：

$$W/B=\frac{\alpha_a f_b}{f_{cu,o}+\alpha_a\alpha_b f_b} \tag{4-10}$$

式中：W/B——混凝土水胶比；

α_a，α_b——回归系数，如无试验统计资料按照表4-27选用；

f_b——胶凝材料28 d胶砂抗压强度，MPa，可实测，也可按规定方法进行计算（参见4.3.4节）。

根据混凝土的使用条件，水胶比值应满足混凝土耐久性对最大水胶比的要求，查表4-26，若计算出的水胶比大于规定的最大水胶比值，则取规定的最大水胶比值。

(3) 确定每立方米混凝土用水量 (m_{w0})

每立方米混凝土用水量的多少，是决定混凝土流动性的主要因素，通常根据工程实际经验确定，如无经验，也可参照表4-30和表4-31选用。

表4-30　干硬性混凝土的用水量（JGJ 55—2011） （kg/m^3）

拌和物稠度		卵石最大公称粒径/mm			碎石最大公称粒径/mm		
项目	指标	10.0	20.0	40.0	16.0	20.0	40.0
维勃稠度/s	16~20	175	160	145	180	170	155
	11~15	180	165	150	185	175	160
	5~10	185	170	155	190	180	165

表4-31　塑性混凝土的用水量（JGJ 55—2011） （kg/m^3）

拌和物稠度		卵石最大粒径/mm				碎石最大粒径/mm			
项目	指标	10.0	20.0	31.5	40.0	16.0	20.0	31.5	40.0
坍落度/mm	10~30	190	170	160	150	200	185	175	165
	35~50	200	180	170	160	210	195	185	175
	55~70	210	190	180	170	220	205	195	185
	75~90	215	195	185	175	230	215	205	195

注：1. 本表用水量系指采用中砂时的平均取值，采用细砂时，每立方米混凝土用水量可增加5~10 kg；采用粗砂时，则可减少5~10 kg。

2. 掺用矿物掺合料和外加剂时，用水量应相应调整。

3. 本表适用于混凝土的水胶比在0.4~0.8之间时选用。

掺用外加剂时，每立方米流动性或大流动性混凝土的用水量 (m_{w0}) 可按下式计算：

$$m_{w0}=m'_{w0}(1-\beta) \tag{4-11}$$

式中：m_{w0}——计算配合比每立方米混凝土的用水量，kg/m^3；

m'_{w0}——未掺加外加剂时推定的满足实际坍落度要求的每立方米混凝土用水量，kg/m^3（以表4-31中90 mm坍落度的用水量为基础，按每增大20 mm坍落度相应增加5 kg/m^3

用水量来计算，当坍落度增大到180 mm以上时，随坍落度相应增加的用水量可减少）；

β——外加剂的减水率，%，应经混凝土试验确定。

(4) 计算每立方米混凝土中胶凝材料（m_{b0}）、矿物掺合料（m_{f0}）和水泥（m_{c0}）用量

① 每立方米混凝土的胶凝材料用量（m_{b0}）按下式计算，并应进行试拌调整，在拌和物性能满足的情况下，取经济合理的胶凝材料用量：

$$m_{b0}=\frac{m_{w0}}{\left(\frac{W}{B}\right)} \tag{4-12}$$

除配置C15及其以下强度等级的混凝土外，混凝土的最小胶凝材料用量应符合表4－32的规定。

表4－32　混凝土的最小胶凝材料用量（JGJ 55—2011）

最大水胶比	最小胶凝材料用量/（kg/m^3）		
	素混凝土	钢筋混凝土	预应力混凝土
0.60	250	280	300
0.55	280	300	300
0.50	320		
≤0.45	330		

② 每立方米混凝土的矿物掺合料用量（m_{f0}）按下式计算：

$$m_{f0}=m_{b0}\beta_f \tag{4-13}$$

式中：β_f——矿物掺合料掺量，%，该掺量应通过试验确定，采用硅酸盐水泥或普通硅酸盐水泥时，最大掺量宜符合表4－33的规定。

表4－33　钢筋混凝土和预应力混凝土中矿物掺合料最大掺量（JGJ 55—2011）

	矿物掺合料种类	水胶比	最大掺量（%）	
			采用硅酸盐水泥时	采用普通硅酸盐水泥时
钢筋混凝土	粉煤灰	≤0.40	45	35
		>0.40	40	30
	粒化高炉矿渣粉	≤0.40	65	55
		>0.40	55	45
	钢渣粉	—	30	20
	磷渣粉	—	30	20
	硅灰	—	10	10
	复合掺合料	≤0.40	65	55
		>0.40	55	45

续表

	矿物掺合料种类	水胶比	最大掺量（%）	
			采用硅酸盐水泥时	采用普通硅酸盐水泥时
预应力混凝土	粉煤灰	≤0.40	35	30
		>0.40	25	20
	粒化高炉矿渣粉	≤0.40	55	45
		>0.40	45	35
	钢渣粉	—	20	10
	磷渣粉	—	20	10
	硅灰	—	10	10
	复合掺合料	≤0.40	55	45
		>0.40	45	35

注：1. 对基础大体积混凝土，粉煤灰、粒化高炉矿渣粉和复合掺合料的最大掺量可增加5%；

2. 采用产量大于30%的C类粉煤灰的混凝土应以实际使用的水泥和粉煤灰产量进行安定性检验；

3. 采用其他通用硅酸盐水泥时，宜将水泥混合材掺量20%以上的混合材量计入矿物掺合料；

4. 复合掺合料各组分的掺量不宜超过单掺时的最大掺量；

5. 在混合使用两种或两种以上矿物掺合料时，矿物掺合料总掺量应符合表中复合掺合料的规定。

c. 每立方米混凝土中的水泥用量（m_{c0}）按下式计算：

$$m_{c0} = m_{b0} - m_{f0} \tag{4-14}$$

（5）确定砂率（β_s）

砂率是指砂与骨料总量的重量比。合理的砂率应根据骨料的技术指标、混凝土拌和物性能和施工要求，参考既有历史资料确定。如无相关资料，可参照表4-34进行选择。

表4-34　混凝土的砂率（JGJ 55—2011） （%）

水胶比	卵石最大公称粒径/mm			碎石最大公称粒径/mm		
	10.0	20.0	40.0	16.0	20.0	40.0
0.40	26~32	25~31	24~30	30~35	29~34	27~32
0.50	30~35	29~34	28~33	33~38	32~37	30~35
0.60	33~38	32~37	31~36	36~41	35~40	33~38
0.70	36~41	35~40	34~39	39~44	38~43	36~41

注：1. 本表数值系中砂的选用砂率，对细砂或粗砂，可相应地减少或增大砂率。

2. 只用一个单粒级粗骨料配制混凝土时，砂率应适当增大。

3. 采用人工砂配置混凝土时，砂率可适当增大。

4. 本表适用于坍落度为10~60 mm的混凝土，如坍落度小于10 mm，其砂率应经试验确定。如坍落度大于60 mm，其砂率可经试验确定，也可在本表的基础上，按坍落度每增大20 mm，砂率增大1%的幅度予以调整。

(6) 确定每立方米混凝土的砂、石用量 (m_{s0}、m_{g0})

确定砂、石用量可采用质量法或体积法。

1) 质量法　根据经验，假定每立方米混凝土拌和物的质量 m_{cp} (通常可取 2 350 ~ 2 450 kg)，由下列方程组解得 m_{s0}、m_{g0}。

$$\left.\begin{aligned} & m_{f0}+m_{c0}+m_{g0}+m_{s0}+m_{w0}=m_{cp} \\ & \beta_s=\frac{m_{s0}}{m_{s0}+m_{g0}}\times 100\% \end{aligned}\right\} \tag{4-15}$$

2) 体积法　假定每立方米混凝土拌和物体积等于各组成材料绝对体积及拌和物所含空气的体积之和，据此列出如下方程组，解得 m_{s0}、m_{g0}。

$$\left.\begin{aligned} & \frac{m_{c0}}{\rho_c}+\frac{m_{f0}}{\rho_f}+\frac{m_{g0}}{\rho_g}+\frac{m_{s0}}{\rho_s}+\frac{m_{w0}}{\rho_w}+0.01\alpha=1 \\ & \beta_s=\frac{m_{s0}}{m_{s0}+m_{g0}}\times 100\% \end{aligned}\right\} \tag{4-16}$$

式中：ρ_c——水泥的密度，kg/m^3，可取 2 900 ~ 3 100 kg/m^3；

ρ_g、ρ_s——粗、细骨料的表观密度，kg/m^3；

ρ_f——矿物掺合料的密度，kg/m^3；

ρ_w——水的密度，kg/m^3，可取 1 000 kg/m^3；

α——混凝土的含气量百分数，在不使用引气型外加剂时，可取为 1。

通过上述过程可将混凝土拌和物中的胶凝材料、砂、石和水的用量求出，得到初步配合比。

2. 基准配合比

利用上述过程求出的各材料的用量，是借助于经验公式或经验数据得到的，因而不一定能符合实际情况，还必须要通过混凝土的试拌和调整，直到混凝土拌和物的工作性符合要求为止，这时的混凝土配合比即为基准配合比，作为检验混凝土强度用。

3. 设计 (实验室) 配合比

对满足工作性要求的基准配合比再次进行试拌和调整，还要考虑混凝土的强度、耐久性等方面的要求，直至满足要求，这时的配合比即为设计 (实验室) 配合比。

4. 施工配合比

设计 (实验室) 配合比的确定，都是以干燥的砂、石为基准的，而施工现场存放的砂、石通常是含有一定水分的，所以还应该根据现场砂、石的含水情况对设计 (实验室) 配合比进行调整修正，修正后的配合比称为施工配合比，也即最终用来指导施工的混凝土配合比。

施工配合比的调整方法是：在设计配合比或试验室配合比的基础上，假定现场砂、石的含水率分别为 $a\%$、$b\%$，则可利用下列公式进行调整，确定出混凝土施工配合比。

$$m'_c=m_c$$

$$m'_s=m_s\ (1+a\%)$$

$$m'_g=m_g\ (1+b\%)$$

$$m'_w=m_w-m_s\cdot a\%-m_g\cdot b\%$$

式中：m'_c、m'_s、m'_g、m'_w——每立方米混凝土拌和物中，水泥、砂、石、水的实际用量。

4.6.4 普通混凝土配合比设计实例

例 4－2 某工程中的现浇钢筋混凝土楼板，混凝土的强度等级为 C25，采用机械搅拌、机械振捣方式浇捣，根据工程的实际情况确定混凝土的坍落度要求为 30 ~ 50 mm，该工程为异地施工，无相关混凝土强度统计资料，使用原材料如下：水泥——普通硅酸盐水泥 42.5 级，密度 $\rho_c = 3.1\ g/cm^3$；粉煤灰——采用 II 级粉煤灰，掺量为水泥用量的 20%，密度 $\rho_f = 2.2\ g/cm^3$；砂——中砂，颗粒级配合格，表观密度 $\rho_s = 2.6\ g/cm^3$；石——碎石，最大粒径 40 mm，颗粒级配合格，表观密度 $\rho_g = 2.65\ g/cm^3$；水——生活饮用水。试确定混凝土的初步配合比。

解：

（1）确定配制强度（$f_{cu,o}$）。

查表 4－29 确定 σ 取值为 5.0。

$f_{cu,o} = f_{cu,k} + 1.645\sigma = 25 + 1.645 \times 5 = 33.23$ MPa

（2）确定水胶比（W/B）

先查表 4－26 确定 γ_c 取值为 1.16。

水泥 28 d 胶砂抗压强度 $f_{ce} = \gamma_c \times f_{ce,g} = 1.16 \times 42.5 = 49.3$

本工程混凝土中掺加粉煤灰为 II 级，掺量为 20%，查表 4－27 确定 γ_f、γ_s 分别为 0.85、1.00。

胶凝材料 28 d 胶砂抗压强度值 $f_b = \gamma_f \gamma_s f_{ce} = 0.85 \times 1 \times 49.3 = 41.90$

查表 4－27 确定 α_a、α_b 取值为 0.53、0.20。

则 $W/B = \dfrac{\alpha_a f_b}{f_{cu,o} + \alpha_a \alpha_b f_b} = \dfrac{0.53 \times 41.90}{33.23 + 0.53 \times 0.2 \times 41.90} = 0.59$

故取水胶比为 0.59。

（3）确定每立方米混凝土用水量（m_{w0}）

根据坍落度 30 ~ 50 mm、碎石最大粒径 40 mm，查表 4－31 确定每立方米混凝土用水量为 175 kg。

（4）计算每立方米混凝土中胶凝材料（m_{b0}）、矿物掺合料（m_{f0}）和水泥（m_{c0}）用量

a. 每立方米混凝土的胶凝材料用量 $m_{b0} = \dfrac{m_{w0}}{\left(\dfrac{W}{B}\right)} = \dfrac{175}{0.59} = 296.6$

b. 每立方米混凝土的粉煤灰用量 $m_{f0} = m_{b0}\beta_f = 296.6 \times 0.2 = 59.3$

c. 每立方米混凝土中的水泥用量 $m_{c0} = m_{b0} - m_{f0} = 296.6 - 59.3 = 237.3$

（5）确定砂率（β_s）

依据水胶比、碎石最大粒径，查表 4－34 确定合理砂率取为 $\beta_s = 37\%$（内插法查表）

（6）计算砂、石用量 m_{s0}、m_{g0}

① 质量法。假定混凝土拌和物的表观密度为 2 400 kg/m^3，解方程组

$$\begin{cases} m_{f0}+m_{c0}+m_{g0}+m_{s0}+m_{w0}=m_{cp} \\ \beta_s=\dfrac{m_{s0}}{m_{s0}+m_{g0}}\times 100\% \\ m_{f0}=59.3 \\ m_{c0}=237.3 \\ m_{w0}=175 \\ m_{cp}=2400 \\ \beta_s=0.37 \end{cases}$$

得：$m_{s0}=713.5\ \text{kg}$，$m_{g0}=1\ 214.9\ \text{kg}$

即每 1m^3 混凝土中各种原材料质量为

$m_{c0}=237.3\ \text{kg}$、$m_{f0}=59.3\ \text{kg}$、$m_{w0}=175\ \text{kg}$、$m_{s0}=713.5\ \text{kg}$、$m_{g0}=1214.9\ \text{kg}$

② 体积法公式如下：

$$\begin{cases} \dfrac{m_{c0}}{\rho_c}+\dfrac{m_{f0}}{\rho_f}+\dfrac{m_{g0}}{\rho_g}+\dfrac{m_{s0}}{\rho_s}+\dfrac{m_{w0}}{\rho_w}+0.01\alpha=1 \\ \beta_s=\dfrac{m_{s0}}{m_{s0}+m_{g0}}\times 100\% \end{cases}$$

解得：$m_{s0}=693.4\ \text{kg}$，$m_{g0}=1\ 178.8\ \text{kg}$

即每 1m^3 混凝土中各种原材料质量为

$m_{c0}=237.3\ \text{kg}$、$m_{f0}=59.3\ \text{kg}$、$m_{w0}=175\ \text{kg}$、$m_{s0}=693.4\ kg$，$m_{g0}=1178.8\ \text{kg}$

4.7　混凝土外加剂

混凝土外加剂是一种在混凝土搅拌之前或拌制过程中加入的、用以改善新拌混凝土和（或）硬化混凝土性能的材料。其掺量通常不大于水泥质量的5%。外加剂的掺量虽小，但其技术经济效果显著，因此外加剂已成为混凝土的重要组成部分。

4.7.1　外加剂的分类

根据《混凝土外加剂定义、分类、命名与术语》（GB/T 8075—2005）的规定，混凝土外加剂按其主要功能分为四类：

①改善混凝土拌和物流变性能的外加剂，包括各种减水剂和泵送剂等；

②调节混凝土凝结时间、硬化性能的外加剂，包括缓凝剂、促凝剂和速凝剂等；

③改善混凝土耐久性的外加剂，包括引气剂、防水剂、阻锈剂和矿物外加剂等；

④改善混凝土其他性能的外加剂，包括膨胀剂、防冻剂、着色剂等。

4.7.2　常用外加剂

1. 减水剂

减水剂是当前外加剂中品种最多、应用最广的一种，根据其功能分为普通减水剂（在混凝土坍落度基本相同的条件下，能减少拌和用水量的外加剂）、高效减水剂（在混凝土坍落度基本相同的条件下，能大幅度减少拌和用水量的外加剂）、早强减水剂（兼有早强和减水功能的外加剂）、缓凝减水剂（兼有缓凝和减水功能的外加剂）、引气减水剂（兼有引气和减水功能的外加剂）。

减水剂按其主要化学成分为木质素磺酸盐类、多环芳香族磺酸盐类、水溶性树脂磺酸盐类、脂肪族类及聚羧酸系等。

各种减水剂尽管成分不同，但均为表面活性剂，所以其减水作用机理相似。表面活性剂是具有显著改变（通常为降低）液体表面张力或二相间界面张力的物质，其分子由亲水基团和憎水基团两个部分组成。表面活性剂加入水溶液中后，其分子中的亲水基团指向溶液，憎水基团指向空气、固体或非极性液体并作定向排列，形成定向吸附膜而降低水的表面张力和二相间的界面张力。在液体中显示出表面活性作用。

当水泥浆体中加入减水剂后，减水剂分子中的憎水基团定向吸附于水泥质点表面，亲水基团指向水溶液，在水泥颗粒表面形成单分子或多分子吸附膜，在电斥力作用下，使原来水泥加水后由于水泥颗粒间分子凝聚力等多种因素而形成的絮凝结构（见图 4 - 19）打开，把被束缚在絮凝结构中的游离水释放出来，这就是由减水剂分子吸附产生的分散作用。

水泥加水后，水泥颗粒被水湿润，湿润越好，在具有同样工作性能的情况下所需的拌和水量也就愈少，且水泥水化速度亦加快。当有表面活性剂存在时，降低了水的表面张力和水与水泥颗粒间的界面张力，这就使水泥颗粒易于湿润、利于水化。同时，减水剂分子定向吸附于水泥颗粒表面，亲水基团指向水溶液，使水泥颗粒表面的溶剂化层增厚，增加了水泥颗粒间的滑动能力，又起了润滑作用［见图 4 - 20（a）、（b）］。若是引气型减水剂，则润滑作用更为明显。

综上所述，混凝土中掺加减水剂后可获得改善工作性或减水增强或节省水泥等多种效果。同时混凝土的耐久性也能得到显著改善

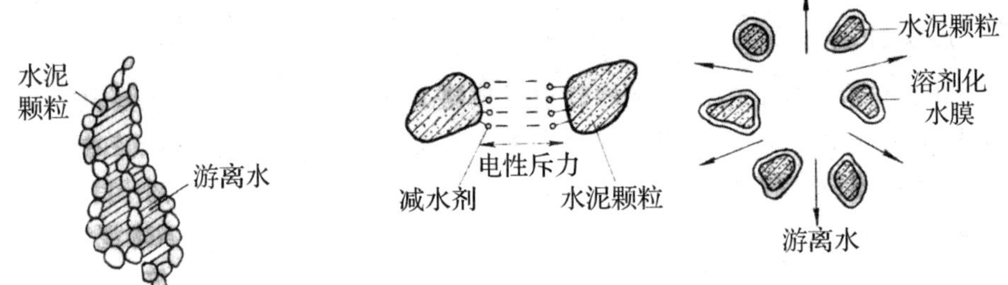

图 4 - 19　水泥浆的絮凝结构　　　　**图 4 - 20　减水剂作用示意图**

2. 早强剂

早强剂是指加速混凝土早期强度发展的外加剂。不加早强剂的混凝土从开始拌和到凝结硬化形成一定的强度都需要一段较长的时间，为了缩短施工周期，例如：加速模板的周转、缩短混凝土的养护时间、快速达到混凝土冬期施工的临界强度等，常需要掺入早强剂。目前常用的早强剂有氯盐、硫酸盐、有机醇胺三大类以及以它们为基础的复合早强剂。

视频：常用混凝土外加剂

1）氯盐类早强剂　主要有氯化钙、氯化钠、氯化钾、氯化铁、氯化铝等氯化物，氯盐类早强剂均有良好的早强作用，其中氯化钙早强效果好而成本低，应用最广。氯化钙的适宜掺量为水泥质量的 0.5% ~2.0%，能使混凝土 1 d 强度提高 70% ~140%，3 d 强度提高40% ~70%。

2）硫酸盐类早强剂　主要有硫酸钠（即元明粉）、硫代硫酸钠、硫酸钙、硫酸铝、硫酸铝钾等。其中硫酸钠应用较多。硫酸钠为白色固体，一般掺量为水泥质量的0.5%～2.0%。当掺量1%～1.5%时，可使混凝土3 d强度提高40%～70%，硫酸钠对矿渣水泥混凝土的早强效果优于对普通水泥混凝土。

3）有机醇胺类早强剂　主要有三乙醇胺（简称TEA）、三异丙醇胺（简称TP）、二乙醇胺等，其中早强效果以三乙醇胺为最佳。三乙醇胺是无色或淡黄色油状液体，呈碱性，能溶于水。掺量为水泥质量的0.02%～0.05%，能使混凝土早期强度提高50%左右，28 d强度不变或略有提高。三乙醇胺对水泥有一定缓凝作用。三乙醇胺对普通水泥混凝土的早强效果优于对矿渣水泥混凝土。

早强剂可加速混凝土硬化，缩短养护周期，加快施工进度，提高模板周转率。多用于冬季施工或紧急抢修工程。在实际应用中，早强剂单掺效果不如复合掺加。因此较多使用由多种组分配成的复合早强剂，尤其是早强剂与早强减水剂同时复合使用，其效果更好。

3. 缓凝剂

缓凝剂是能延长混凝土凝结时间的外加剂。缓凝剂的主要种类有：羟基羧酸及其盐类，如柠檬酸、酒石酸钾钠等；糖类，如糖钙、葡萄糖酸盐等；无机盐类，如磷酸盐、锌盐等；木质素磺酸盐类，如木质素磺酸钙、木质素磺酸钠等。

缓凝剂能使混凝土拌和物在较长时间内保持塑性状态，以利于浇灌成型，提高施工质量，而且还可延缓水化放热时间，降低水化热。缓凝剂适用于长距离运输或长时间运输的混凝土、夏季和高温施工的混凝土、大体积混凝土等。不适用于5 ℃以下的混凝土，也不适用于有早强要求的混凝土及蒸养混凝土，缓凝剂的掺量不宜过多，否则会引起强度降低，甚至长时间不凝结。

4. 引气剂

引气剂是在混凝土搅拌过程中能引入大量均匀分布、稳定而封闭的微小气泡且能保留在硬化混凝土中的外加剂。能减少混凝土拌和物泌水、离析现象的发生，改善工作性，并能显著提高硬化混凝土抗冻性、耐久性。

当搅拌混凝土拌和物时，引入的气泡具有滚珠作用，减小拌和物的摩擦阻力从而提高流动性；同时气泡还可缓解水分结冰产生的冰胀应力，且气泡呈封闭状态，很难吸入水分，所以混凝土的抗冻融破坏能力得以成倍提高，而且大量均匀分布的封闭气泡切断了渗水通道，提高了混凝土的抗渗能力；但是，由于气泡的弹性变形，使混凝土弹性模量降低，引气剂增加了混凝土的气泡，含气量每增加1%，强度要损失3%～5%。

引气剂主要有松香树脂类、烷基和烷基芳烃磺酸盐类、脂肪醇磺酸盐类和皂甙类，其中松香树脂类中的松香热聚物和松香皂应用最多，而松香热聚物效果最好。引气剂适用于配制抗冻混凝土、抗渗混凝土、抗硫酸盐混凝土、泵送混凝土、港口混凝土，不适用于蒸养混凝土及预应力混凝土。使用引气剂时，含气量控制在3%～6%为宜。

有时单掺引气剂有可能会使混凝土强度降低，工程上较多使用引气减水剂。

5. 防冻剂

防冻剂是能使混凝土在负温下硬化，并在规定养护条件达到预期性能的外加剂。我国常用的防冻剂是由多组分复合而成，其主要组分有防冻组分、减水组分、引气组分、早强组分等。

防冻组分是复合防冻剂中的重要组分，按其成分可分为三类。

1）氯盐类　常用为氯化钙、氯化钠。由于氯化钙参与水泥的水化反应，不能有效地降低混凝土中液相的冰点，故常与氯化钠复合使用，通常采用配比为氯化钙:氯化钠 = 2:1。

2）氯盐阻锈类　氯盐与阻锈剂复合而成。阻锈剂有亚硝酸钠、铬酸盐、磷酸盐、聚磷酸盐等，其中亚硝酸钠阻锈效果最好，故被广泛应用。

3）无氯盐类　有硝酸盐、亚硝酸盐、碳酸盐、尿素、乙酸盐等。

复合防冻剂中的减水组分、引气组分、早强组分则分别采用前面所述的各类减水剂、引气剂、早强剂。

防冻剂中各组分对混凝土的作用有：改变混凝土中液相浓度，降低液相冰点，使水泥在负温下仍能继续水化；减少混凝土拌和用水量，减少混凝土中能成冰的水量；提高混凝土的早期强度，增强混凝土抵抗冰冻的破坏能力。

各类防冻剂具有不同的特性，因此防冻剂品种选择十分重要。氯盐类防冻剂适用于无筋混凝土。氯盐防锈类防冻剂可用于钢筋混凝土。无氯盐类防冻剂，可用于钢筋混凝土和预应力钢筋混凝土，但硝酸盐、亚硝酸盐、碳酸盐类则不得用于预应力混凝土以及与镀锌钢材或与铝铁相接触部位的钢筋混凝土。含有六价铬盐、亚硝酸盐等有毒防冻剂，严禁用于饮水工程及与食品接触的部位。

6. 膨胀剂

膨胀剂是在混凝土硬化过程中因化学作用能使混凝土产生一定体积膨胀的外加剂。

膨胀剂的种类有硫铝酸钙类、氧化钙类、氧化镁类、金属类等。

1）硫铝酸钙类膨胀剂　这类膨胀剂有：明矾石膨胀剂（主要成分是明矾石与无水石膏或二水石膏）、CSA 膨胀剂（主要成分是无水硫铝酸钙）、U 型膨胀剂（主要成分是无水硫铝酸钙、明矾石、石膏）等。

2）氧化钙类膨胀剂　这类膨胀剂的制备方法有多种，如用一定温度下煅烧的石灰加入适量石膏与水淬矿渣制成；生石灰与硬脂酸混磨而成；以石灰石、黏土、石膏在一定温度下烧成熟料粉磨后再与经一定温度煅烧的磨细石膏混拌而成等。

3）金属类膨胀剂　常用的铁屑膨胀剂是由铁粉掺加适量的氧化剂（如过铬酸盐、高锰酸盐等）配制而成。

上述各种膨胀剂的成分不同，引起膨胀的原理亦不尽相同。硫铝酸钙类膨胀剂加入水泥混凝土后，自身组成中的无水硫铝酸钙水化或参与水泥矿物的水化或与水泥水化产物反应，形成三硫型水化硫铝酸钙（钙矾石），钙矾石相的生成，使固相体积增加很大，而引起表观体积膨胀。氧化钙类膨胀剂的膨胀作用主要是由氧化钙晶体水化形成氢氧化钙晶体，体积增大而导致的。铁粉膨胀作用则是由于铁粉中的金属铁与氧化剂发生氧化作用，形成氧化铁，并在水泥水化的碱性环境中还会生成胶状的氢氧化铁而产生膨胀效应。

7. 泵送剂

泵送剂是指能改善混凝土拌和物泵送性能的外加剂。所谓泵送性能，就是混凝土拌和物具有能顺利通过输送管道、不阻塞、不离析、黏塑性良好的性能。泵送剂采用由减水剂、缓凝剂、引气剂等复合而成。

1）特点　泵送剂是流化剂的一种，它除了能大大提高拌和物的流动性以外，还能使新拌混凝土在 60 ~ 180 min 时间保持其流动性，剩余坍落度不低于原始的 55%。此外，它不是缓凝剂更不应有缓强性。缓凝时间不宜超过 120 min（有特殊要求除外）。液体泵送剂与水一起加入搅拌机中，并延长搅拌时间。

2）适用范围　适用于各种需要采用泵送工艺的混凝土。缓凝泵送剂用于大体积混凝土、高层建筑、滑模施工、水下灌注桩等，含防冻组分的泵送剂适用于冬期施工混凝土。

4.7.3　外加剂的选择

① 外加剂的品种应根据工程设计和施工要求选择，通过试验及技术经济比较确定。

② 严禁使用对人体、对环境产生污染的外加剂。

③ 掺外加剂混凝土所用水泥，宜采用硅酸盐水泥、普通硅酸盐水泥、矿渣硅酸盐水泥、火山灰质硅酸盐水泥、粉煤灰硅酸盐水泥和复合硅酸盐水泥，并应检验外加剂与水泥的适应性，符合要求方可使用。

④ 掺外加剂混凝土所用材料，如水泥、砂、石、掺合料、外加剂均应符合国家现行的有关标准的规定。试配掺外加剂的混凝土时，应采用工程使用的原材料，检测项目应根据设计及施工要求确定，检测条件应与施工条件相同，当工程所用原材料或混凝土性能要求发生变化时，应再进行试配试验。

⑤ 不同品种外加剂复合使用时，应注意其相容性及对混凝土性能的影响，使用时应进行试验，满足要求方可使用。

⑥ 外加剂的掺量以胶凝材料总量的百分比表示，外加剂的掺量应按供货生产单位推荐掺量、使用要求施工条件、混凝土原材料等因素通过试验确定。

⑦ 对含有氯离子、硫酸根离子的外加剂应符合本规范及有关标准的规定。

⑧ 处于与水相接触或潮湿环境中的混凝土，当使用碱活性骨料时，由外加剂带入的碱含量（以当量氧化钠计）不宜超过 1 kg/m^3混凝土，混凝土总碱含量尚应符合有关标准的规定。

4.7.4　外加剂的质量控制

选用的外加剂应有供货单位提供的下列技术文件：

① 产品说明书，并应标明产品主要成分；

② 出厂检验报告及合格证；

③ 具有资质的检测单位所发的掺外加剂混凝土性能检测报告。

外加剂运到工地（或混凝土搅拌站）应立即取代表性样品进行检验，进货与工程试配时一致方可入库使用，若发现不一致时，应停止使用。外加剂按不同供货单位、不同品种、不同牌号分别存放，标识清楚。粉状外加剂应防止受潮结块，如有结块，经性能检验合格后粉碎至全部通过 0.63 mm 筛后方可使用。液体外加剂应放置阴凉干燥处，防止日晒、受冻、污染、进水或蒸发，如有沉淀等现象，经性能检验合格后方可使用。外加剂配料控制系统标识清楚、计量应准确，计量误差不大于外加剂用量的 2%。液体外加剂冬季必采取保温措施。

4.8　其他混凝土

常用的其他混凝土一般有：高强、高性能混凝土；轻质混凝土；泵送混凝土；大体积混凝土；纤维混凝土；喷射混凝土；抗渗混凝土；装饰混凝土；抗冻混凝土；超流态（自密实）混凝土等。

4.8.1　高强混凝土

在 40 多年前，强度达 40 MPa 以上便称为高强混凝土。而后界限提高到 50 MPa。近年来，更高强度的混凝土已在国内外桥梁工程、高层建筑、预制混凝土制品、港口和海洋工程、高架结构、大跨屋盖、防护工程、水工结构及路面工程等领域得到应用。现阶段通常认为强度等级达到 C60 和超过 C60 的混凝土为高强混凝土。

高强混凝土作为一种新的类型混凝土，以其抗压强度高、抗变形能力强、耐久性好、密度大、孔隙率低的优越性，在高层建筑结构、大跨度桥梁结构以及某些特种结构中得到广泛的应用。

高强混凝土最大的特点是抗压强度高，一般为普通强度混凝土的 4 ~ 6 倍，故可减小构件的截面，因此最适宜用于高层建筑。试验表明，在一定的轴压比和合适的配箍率情况下，高强混凝土框架柱具有较好的抗震性能。而且柱截面尺寸减小，减轻自重，避免短柱，对结构抗震也有利，而且提高了经济效益。高强混凝土材料为预应力技术提供了有利条件，可采用高强度钢材和人为控制应力，从而大大地提高了受弯构件的抗弯刚度和抗裂度。因此世界范围内越来越多地采用施加预应力的高强混凝土结构，应用于大跨度房屋和桥梁中。此外，利用高强混凝土密度大的特点，可用作建造承受冲击和爆炸荷载的建（构）筑物，如原子能反应堆基础等。利用高强混凝土抗渗性能强和抗腐蚀性能强的特点，建造具有高抗渗和高抗腐要求的工业用水池等。

4.8.2 高性能混凝土

高性能混凝土是一种新型高技术混凝土，是在大幅度提高普通混凝土性能的基础上采用现代混凝土技术制作的混凝土。它以耐久性作为设计的主要指标，针对不同用途要求，对下列性能重点予以保证：耐久性、工作性、适用性、强度、体积稳定性和经济性。为此，高性能混凝土在配置上的特点是采用低水胶比，选用优质原材料，且必须掺加足够数量的矿物细掺料和高效外加剂。

与普通混凝土相比，高性能混凝土具有如下独特的性能。

① 高性能混凝土具有一定的强度和高抗渗能力，但不一定具有高强度，中、低强度亦可。

② 高性能混凝土具有良好的工作性，混凝土拌和物应具有较高的流动性，混凝土在成型过程中不分层、不离析，易充满模型；泵送混凝土、自密实混凝土还具有良好的可泵性、自密实性能。

③ 高性能混凝土的使用寿命长，对于一些特护工程的特殊部位，控制结构设计的不是混凝土的强度，而是耐久性。能够使混凝土结构安全可靠地工作 50 ~ 100 年以上，是高性能混凝土应用的主要目的。

④ 高性能混凝土具有较高的体积稳定性，即混凝土在硬化早期应具有较低的水化热，硬化后期具有较小的收缩变形。

概括起来说，高性能混凝土就是能更好地满足结构功能要求和施工工艺要求的混凝土，能最大限度地延长混凝土结构的使用年限，降低工程造价。

4.8.3 轻质混凝土

轻质混凝土是指对容重不大于 1 950 kg/m^3 的混凝土的统称。轻质混凝土按其孔隙结构分为轻集料混凝土（即多孔集料轻混凝土）、多孔混凝土（主要包括加气混凝土和泡沫混凝土等）和大孔混凝土（即无砂混凝土或少砂混凝土）。轻质混凝土与普通混凝土相比，其最大特点是容重轻、具有良好的保温性能。混凝土的容重越小，热导率越低，保温性能越好。容重为 500 ~ 1 400 kg/m^3 的轻混凝土，其热导率一般为 0.116 ~ 0.488 W/（m·K），主要用作有保温要求的墙体、屋面或各种热工构筑物的保温层。容重 1 400 ~ 1 900 kg/m^3、抗压强度为 15 ~ 50 MPa 的结构轻混凝土，由于自重轻、弹性模量低、抗震性能好、耐火性能也较好等特点，主要用作工业与民用建筑，特别是高层建筑和桥梁工程的承重结构。

1. 轻集料混凝土

用轻粗集料、轻砂（或普通砂）、水泥和水配制成的、容重不大于 1 950 kg/m^3 的混凝土，称轻集料混凝土。

轻集料混凝土按轻集料的种类分为天然轻集料混凝土（如浮石混凝土、火山渣混凝土和多孔凝灰岩混凝土等）、人造轻集料混凝土（如黏土陶粒混凝土、页岩陶粒混凝土以及膨胀珍珠岩混凝土和用有机轻集料制成的混凝土等）、工业废料轻集料混凝土（如煤渣混凝土、粉煤灰陶粒混凝土和膨胀矿渣珠混凝土等）。

按细集料种类分为全轻混凝土（采用轻砂作细集料的轻集料混凝土）、砂轻混凝土（部分或全部采用普通砂作细集料的轻集料混凝土）。

2. 加气混凝土

加气混凝土是用含钙材料（水泥、石灰）、含硅材料（石英砂、尾矿粉、粉煤灰、粒化高炉矿渣、页岩等）和加气剂作为原材料，经过磨细、配料、搅拌、浇注、切割和压蒸养护（8 或 15 大气压下养护 6 ~ 8 h）等工序生产而成。一般是采用铝粉作为加气剂，它加在加气混凝土料浆中，与含钙材料中的氢氧化钙发生化学反应放出氢气，形成气泡，使料浆形成多孔结构。

除铝粉外，也可采用过氧化氢、碳化钙和漂白粉等作为加气剂。加气混凝土制品的生产也可以采用常压蒸汽养护的方法。加气混凝土的抗压强度一般为 0.5 ~ 1.5 MPa。

加气混凝土制品有砌块和条板两种（见图 4 - 21）。条板均配有钢筋，钢筋宜加工或点焊成网片，而且必须预先经过防锈处理。加气混凝土屋面板可用于工业和民用建筑，作承重和保温合一的屋面板。在墙体结构中，可采用砌块或条板，用于承重的或非承重的内墙和外墙。由于加气混凝土能利用工业废料，产品成本较低，能大幅度降低建筑物自重，生产率较高，保温性能好，因此具有较好的经济技术效果。

3. 泡沫混凝土

泡沫混凝土如图 4 - 22 所示。它实质上是加气混凝土中的一个特殊品种，孔结构和材料性能都接近于加气混凝土，它们二者的差别，只是在气孔形状和加气手段之间的差别。加气混凝土气孔一般是椭圆形的，而泡沫混凝土受毛细孔作用的影响，产生变形，形成多面体。加气混凝土是利用化学发气，通过化学反应，由内部产生气体而形成气孔；泡沫混凝土则是通过机械制泡的方法，先将发泡剂制成泡沫，然后将泡沫加入水泥、菱镁、石膏浆中，形成泡沫浆体，再经自然养护、蒸汽养护而成。

图 4 - 21　加气混凝土

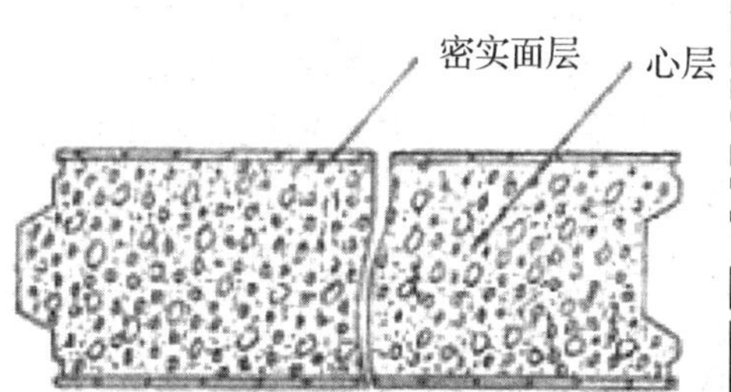

图 4 - 22　泡沫混凝土

视频：加气混凝土

泡沫混凝土通常是用机械方法将泡沫剂水溶液制备成泡沫，再将泡沫加入到含硅质材料、钙质材料、水及各种外加剂等组成的料浆中，经混合搅拌、浇注成型、养护而成的一种多孔材料。由于泡沫混凝土中含有大量封闭的孔隙，使其具有下列良好的物理力学性能。

（1）轻质

泡沫混凝土的密度小，密度等级一般为300～1 800 kg/m^3，常用泡沫混凝土的密度等级为300～1 200 kg/m^3。

（2）保温隔热性能好

由于泡沫混凝土中含有大量封闭的细小孔隙，因此具有良好的热工性能，即良好的保温隔热性能，这是普通混凝土所不具备的。

（3）隔音耐火性能好

泡沫混凝土属多孔材料，因此它也是一种良好的隔音材料，在建筑物的楼层和高速公路的隔音板、地下建筑物的顶层等可采用该材料作为隔音层。泡沫混凝土是无机材料，不会燃烧，从而具有良好的耐火性，在建筑物上使用，可提高建筑物的防火性能。

4.8.4 泵送混凝土

可用混凝土泵通过管道输送拌和物的混凝土称为泵送混凝土（也可称为流态混凝土）。泵送混凝土坍落度较大，易于流动，且黏聚性良好。

泵送施工要求混凝土拌和物既要有较大的流动性，又不能产生离析，流态混凝土恰好可满足这种要求。过去采用的大流动性混凝土（坍落度为200 mm左右），因水泥用量和用水量较多，因而收缩裂缝多，抗渗性、耐久性较差，钢筋也易锈蚀。而流态混凝土克服了大流动性混凝土的缺点，既满足了施工要求，又改善了混凝土质量。流态混凝土所用的流化剂是一种高效减水剂。

坍落度是反映流态混凝土流态化效果的具体技术指标，影响流态混凝土坍落度的因素很多，如流化剂的掺量、掺入时间、混凝土的温度等。流态混凝土的坍落度，与普通混凝土一样也存在经时损失问题，即搅拌好的流态混凝土也随着时间的延长而坍落度逐渐减小。流态混凝土的坍落度的经时变化，与混凝土原材料、温度、流化剂种类和掺入时间、混凝土搅拌等因素有关。一般水泥用量少的流态混凝土，其坍落度经时损失显著；水泥用量多者，坍落度经时损失则相对较少。萘磺酸盐甲醛缩合物和三聚氢胺磺酸盐甲醛缩合物流化剂，在掺量相同的条件下，后者的坍落度经时损失较大。流化剂掺入的时间越迟，流态混凝土坍落度的经时损失越大。温度越高，坍落度的经时损失也越大。

4.8.5 大体积混凝土

现代建筑中时常涉及大体积混凝土施工，如高层楼房基础、大型设备基础、水利大坝等。它主要的特点就是体积大，水泥水化热释放比较集中，内部温升比较快。混凝土内外温差较大时，会在混凝土内部产生较大温度应力，会使混凝土产生温度裂缝，影响结构安全和正常使用。

产生裂缝的主要原因有以下几方面。

（1）水泥水化热

水泥在水化过程中要释放出一定的热量，而大体积混凝土结构断面较厚，表面系数相对较小，所以水泥发生的热量聚集在结构内部不易散失。这样混凝土内部的水化热无法及时散发出去，以至于越积越高，使内外温差增大。单位时间混凝土释放的水泥水化热，与混凝土单位体积中水泥用量和水泥品种有关，并随混凝土的龄期而增长。由于混凝土结构表面可以自然散热，实际上内部的最高温度，多数发生在浇筑后的最初 3 ~ 5 d。

（2）外界气温变化

大体积混凝土在施工阶段，它的浇筑温度随着外界气温变化而变化。特别是气温骤降，会大大增加内外层混凝土温差，这对大体积混凝土是极为不利的。

温度应力是由于温差引起温度变形造成的；温差愈大，温度应力也愈大。同时，在高温条件下，大体积混凝土不易散热，混凝土内部的最高温度一般可达 60 ~ 65 ℃，并且有较长的延续时间。因此，应采取温度控制措施，防止混凝土内外温差引起的温度应力。

（3）混凝土的收缩

混凝土中约 20% 的水分是水泥硬化所必需的，而约 80% 的水分要蒸发。多余水分的蒸发会引起混凝土体积的收缩。混凝土收缩的主要原因是内部水蒸发引起混凝土收缩。如果混凝土收缩后，再处于水饱和状态，还可以恢复膨胀并几乎达到原有的体积。干湿交替会引起混凝土体积的交替变化，这对混凝土是很不利的。

影响混凝土收缩，主要是水泥品种、混凝土配合比、外加剂和掺合料的品种以及施工工艺（特别是养护条件）等。

大体积混凝土所选用的原材料应注意以下几点。

① 粗骨料宜采用连续级配，细骨料宜采用中砂。

② 外加剂宜采用缓凝剂、减水剂，掺合料宜采用粉煤灰、矿渣粉等。

③ 大体积混凝土在保证混凝土强度及坍落度要求的前提下，应提高掺合料及骨料的含量，以降低单方混凝土的水泥用量。

④ 水泥应尽量选用水化热低、凝结时间长的水泥，优先采用中热硅酸盐水泥、低热矿渣硅酸盐水泥、大坝水泥、矿渣硅酸盐水泥、粉煤灰硅酸盐水泥、火山灰质硅酸盐水泥等。

但是，水化热低的矿渣水泥的析水性比其他水泥大，在浇筑层表面有大量水析出。这种泌水现象，不仅影响施工速度，同时影响施工质量。因析出的水聚集在上下两浇筑层表面间，使混凝土水胶比改变，而在清水时又带走了一些砂浆，这样便形成了一层含水量多的夹层，破坏了混凝土的黏结力和整体性。混凝土泌水性的大小与用水量有关，用水量多，泌水性大；且与温度高低有关，水完全析出的时间随温度的提高而缩短；此外，还与水泥的成分和细度有关。所以，在选用矿渣水泥时应尽量选择泌水性的品种，并应在混凝土中掺入减水剂，以降低用水量。在施工中，应及时排出析水或拌制一些干硬性混凝土均匀浇筑在析水处，用振捣器振实后，再继续浇筑上一层混凝土。

4.8.6　纤维混凝土

纤维混凝土是纤维和水泥基料（水泥石、砂浆或混凝土）组成的复合材料的统称。水泥石、砂浆与混凝土的主要缺点是：抗拉强度低、极限延伸率小、性脆，加入抗拉强度高、极限延伸率大、抗碱性好的纤维，可以克服这些缺点。

一般来说，纤维可分为两类：一类为高弹性模量的纤维，包括玻璃纤维、钢纤维（见图 4 - 23）和碳纤维等；另一类为低弹性模量的纤维，如尼龙、聚丙烯、人造丝以及植物纤维等。高弹性模量纤维中钢纤维应用最多。低弹性模量纤维不能提高混凝土硬化后的抗拉强度，但能提高混凝土的抗冲击强度，因此其应用领域也逐渐扩大，其中聚丙烯纤维应用较多。各类纤维中以钢纤维对抑制混凝土裂缝的形成、提高混凝土抗拉和抗弯强度、增加韧性效果最好。与普通混凝土相比，纤维混凝土（见图4－24）具有较高的抗拉与抗弯极限强度，尤其韧性提高的幅度最大。

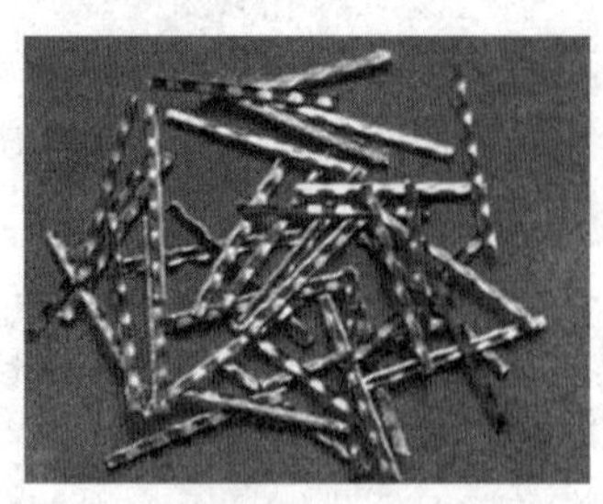

图4－23　钢纤维

图4－24　钢纤维混凝土

最常用的钢纤维混凝土与普通混凝土相比具有优越的物理和力学性能。

① 强度和重量比值增大。

② 具有较高的抗拉、抗弯、抗剪和抗扭强度。在混凝土中掺入适量钢纤维，其抗拉强度提高25%～50%，抗弯强度提高40%～80%，抗剪强度提高50%～100%。

③ 具有卓越的抗冲击性能。材料抵抗冲击或震动荷载作用的性能，称为冲击韧性，在通常的纤维掺量下，冲击抗压韧性可提高2～7倍，冲击抗弯、抗拉等韧性可提高几倍到几十倍。

④ 收缩性能明显改善。在通常的纤维掺量下，钢纤维混凝土较普通混凝土的收缩值降低7%～9%。

⑤ 抗疲劳性能显著提高。钢纤维混凝土的抗弯和抗压疲劳性能比普通混凝土都有较大改善。当掺有1.5%钢纤维抗弯疲劳寿命为1×10^6次时，应力比为0.68，而普通混凝土仅为0.51；当掺有2%钢纤维混凝土抗压疲劳寿命达2×10^6次时，应力比为0.92，而普通混凝土仅为0.56。

⑥ 耐久性能显著提高。钢纤维混凝土除抗渗性能与普通混凝土相比没有明显变化外，由于钢纤维混凝土抗裂性、整体性好，因而耐冻融性、耐热性、耐磨性、抗气蚀性和抗腐蚀性均有显著提高。掺有1.5%的钢纤维混凝土经150次冻融循环，其抗压和抗弯强度下降约20%，而其他条件相同的普通混凝土却下降60%以上，经过200次冻融循环，钢纤维混凝土试件仍保持完好。掺量为1%、强度等级为CF35的钢纤维混凝土耐磨损失比普通混凝土降低30%。掺有2%钢纤维高强混凝土抗气蚀能力较其他条件相同的高强混凝土提高1.4倍。钢纤维混凝土在空气、污水和海水中都呈现良好的耐腐蚀性，暴露在污水和海水中5年后的试件碳化深度小于5 mm，只有表层的钢纤维产生锈斑，内部钢纤维未锈蚀，不像普通钢筋混凝土中钢筋锈蚀后，锈蚀层体积膨胀而将混凝土胀裂。

4.8.7　喷射混凝土

喷射混凝土是指借助喷射机械，利用压缩空气或其他动力，将按一定配比的拌和料，通过管道运输并以高速喷射到受喷面上，迅速凝结固化而成的混凝土。主要用于隧道、地下工程和矿井巷道的衬砌和支护，喷射混凝土施工见图4－25。

喷射混凝土原材料宜采用普通水泥，要求良好的骨料，10 mm以上的粗骨料控制在30%以下，最大粒径小于25 mm；不宜使用细砂。依靠高速喷射时水泥与骨料的反复连续撞击压密混凝土，由于采用较小的水胶比，与混凝土、砖石、钢材有很高的黏结强度，与钢筋网联合使用可很好地在结合面上传递拉应力和剪应力，具有较高的力学性能和良好的耐久性。

喷射混凝土有干拌法和湿拌法两种。干拌法是将水泥、砂、石在干燥状态下拌和均匀，用压缩空气送至喷嘴并与压力水混合后进行喷灌的方法。此法水胶比宜小，石子须用连续级配，粒径不得过大，水泥用量不宜太小，一般可获得 28 ~ 34 MPa 的混凝土强度和良好的黏着力。但因喷射速度大，粉尘污染及回弹情况较严重，使用上受一定限制。湿拌法是将拌好的混凝土通过压浆泵送至喷嘴，再用压缩空气进行喷灌的方法。施工时宜用随拌随喷的办法，以减少稠度变化。此法的喷射速度较低，由于水胶比增大，混凝土的初期强度亦较低，但回弹情况有所改善，材料配合易于控制，工作效率较干拌法高。

视频：其他混凝土

图 4-25　喷射混凝土施工

视频：透水混凝土砌块

4.8.8　抗渗混凝土

普通混凝土往往由于不够密实，在压力水作用下会造成透水现象，同时水的浸透将加剧溶出性等侵蚀。所以在经常受压力水作用的工程和构筑物，必须在表面做防水层，例如使用水泥砂浆防水层、卷材防水层等。这些防水层不但施工复杂，而且成本高，如果能够提高混凝土本身的抗渗性能，达到防水要求，工程的防水效果会更好。

抗渗混凝土通过提高混凝土的密实度，改善孔隙结构，从而减少渗透通道，提高抗渗性。常用的办法是掺用引气型外加剂，使混凝土内部产生不连通的气泡，截断毛细管通道，改变孔隙结构，从而提高混凝土的抗渗性。此外，减小水胶比，选用适当品种及强度等级的水泥，保证施工质量，特别是注意振捣密实、养护充分等，都对提高抗渗性能有重要作用。

混凝土的抗渗性用抗渗等级（P）来表示。我国标准采用抗渗等级。抗渗等级是以 28 d 龄期的标准试件，按标准试验方法进行试验时所能承受的最大水压力来确定。GB 50164—2011《混凝土质量控制标准》根据混凝土试件在抗渗试验时所能承受的最大水压力，混凝土的抗渗等级划分为 P4、P6、P8、P10、P12 等五个等级。

抗渗混凝土是通过各种方法提高混凝土抗渗性能，以达到抗渗等级等于或大于 P6 级的混凝土。一般是通过混凝土组成材料的质量改善，合理选择混凝土配合比和骨料级配，以及掺加适量外加剂，达到混凝土内部密实或是堵塞混凝土内部毛细管通路，使混凝土具有较高的抗渗性能。

目前常用的抗渗混凝土，按其配制方法大体可分四类：骨料级配法防水混凝土、普通防水混凝土、掺外加剂的防水混凝土和采用特种水泥的防水混凝土。

4.8.9 装饰混凝土

装饰混凝土，又称清水混凝土，因其极具装饰效果而得名。它属于一次浇注成型，不做任何外装饰，直接采用现浇混凝土的自然表面效果作为饰面，因此不同于普通混凝土，表面平整光滑，色泽均匀，棱角分明，无碰损和污染，只是在表面涂一层或两层透明的保护剂，显得十分天然、庄重。

装饰混凝土是混凝土材料中最高级的表达形式，它显示的是一种最本质的美感，体现的是“素面朝天”的品位。装饰混凝土具有朴实无华、自然沉稳的外观韵味，与生俱来的厚重与清雅是一些现代建筑材料无法效仿和媲美的。材料本身所拥有的柔软感、刚硬感、温暖感、冷漠感不仅对人的感官及精神产生影响，而且可以表达出建筑情感。世界上越来越多的建筑师采用装饰混凝土工艺，如世界级建筑大师贝聿铭、安藤忠雄等都在他们的设计中大量地采用了装饰混凝土。日本国家大剧院、巴黎史前博物馆等世界知名的艺术类公建，均采用这一建筑艺术形式。

装饰混凝土是名副其实的绿色混凝土。混凝土结构不需要装饰，舍去了涂料、饰面等化工产品，有利于环保。装饰混凝土结构一次成型，不剔凿修补、不抹灰，减少了大量建筑垃圾，有利于保护环境。

1）消除了诸多质量通病　装饰装饰混凝土避免了抹灰开裂、空鼓甚至脱落的质量隐患，减轻了结构施工的漏浆、楼板裂缝等质量通病；促使工程建设的质量管理进一步提升：装饰混凝土的施工，不可能有剔凿修补的空间，每一道工序都至关重要，迫使施工单位加强施工过程的控制，使结构施工的质量管理工作得到全面提升。

2）降低工程总造价　装饰混凝土的施工需要投入大量的人力物力，势必会延长工期，但因其最终不用抹灰、吊顶、装饰面层，从而减少了维保费用，最终降低了工程总造价。

4.9 建筑产业现代化

建筑产业现代化是以绿色发展为理念，以现代科学技术进步为支撑，以工业化生产方式为手段，以工程项目管理创新为核心，以世界先进水平为目标，广泛运用信息技术、节能环保技术，将建筑产品生产过程联结为完整一体化产业链系统。这个过程包括金融投资、规划设计、开发建设、施工生产、管理服务以及新材料、新设备的更新换代等环节，以达到提高工程质量、安全生产水平、社会与经济效益，全面实现为用户提供满足需求的低碳绿色建筑产品。

建筑产业现代化是一个动态的过程，是随着时代进步与科技发展而不断发展的。从《绿色建筑行动方案》、《国家新型城镇化规划（2014—2020年）》、《关于推进建筑业发展和改革的若干意见》、《关于推进建筑信息化模型应用的指导意见》、《建筑产业化发展纲要》、《关于进一步加强城市规划建设管理工作的若干意见》、《关于大力发展装配式建筑的指导意见》、《2016—2020年建筑业信息化发展纲要》等政策文件的先后出台，到《装配式混凝土结构技术规程》、《混凝土结构工程施工质量验收规范》行业规程和国家验收规范，不断从各方面推进建筑产业现代化。

4.9.1　建筑产业现代化的特征与内涵

1. 现代建筑业的特征

现代建筑业与传统建筑业的区别在于：现代建筑业更加强调以知识和技术为投入元素，即应用现代建造技术、现代生产组织系统和现代管理理念，而进行的以现代集成建造为特征、知识密集为特色、高效施工为特点的技术含量高、附加值大、产业链长的产业组织体系。现代建筑业是随着当代信息技术、先进建造技术、先进材料技术和全球供应链系统而产生的。其主要有以下特征。

①充分应用和吸收当今世界先进科学技术，施工工艺、装备、材料技术含量高，建筑产品的科技含量、附加值、贡献率较高，并呈现出建筑业与服务业既分工又融合的特点。

②利用现代信息技术（BIM），集成建筑产品全寿命期业务流程，形成以价值链为基础的分工协作模式。

③符合现代社会可持续发展理念，具有节约资源、减少污染排放、利于保护环境的低碳绿色特点。

④建立起与现代建造技术相适应、符合社会化大生产要求的生产方式和企业组织形式。

⑤具有满足建筑业可持续发展要求的高素质产业工人队伍。

⑥产业关联度高，对国民经济带动作用大，能迅速成为相关产业发展的重要支撑。

2. 建筑产业现代化的内涵

产业现代化是指通过发展科学技术，采用先进的技术手段和科学的管理方法，使产业自身建立在当代世界科学技术基础上，使产业的生产和技术水平达到国际上的先进水平。

（1）产业现代化的特征。产业现代化是一个发展的过程，是一个历史的动态概念。随着科学技术的发展和新技术的广泛运用，产业现代化的水平越来越高。

产业现代化从目前产业构成要素而言，主要特征体现在以下几个方面。

①产业劳动资料现代化。即产业所使用的主要生产设备和工具具有当代世界先进技术水平，它是产业和产业体系是否现代化的一个重要标志。

②产业结构现代化。产业现代化需要有一个与其相适应的现代化产业结构，它是在先进技术和生产力发展基础上建立起来的相互协调发展的结构体系。

③产业劳动力现代化。产业现代化要求劳动者的技术水平、管理水平和文化水平都有实质性提高。产业现代化对于劳动力要求不是指个别的、单独的劳动力，而是要求有一个工程技术管理人员及技能工人比重合理的劳动力结构。

④产业管理现代化。生产设备和工具的现代化[illegible]然要求管理的现代化，否则就不能发挥现代设备和生产技术的作用。产业管理现代化表现在管理思想、管理组织、管理人员和管理方法、手段的现代化。

⑤技术经济指标现代化。一个产业是否现代化，其关键反映在一些主要的技术经济指标上。例如，主要产业的产品质量和数量、劳动生产率、产值利润率、技术装备率、物质消耗水平、资金运用情况以及产业集中度等。

（2）建筑产业现代化的基本内涵。目前，对建筑产业现代化的研究还处于起步阶段，尚没有统一标准，就现阶段而言，建筑产业现代化的基本内涵包括以下内容。

①最终产品绿色化。20 世纪 80 年代，人类提出可持续发展理念。传统建筑业资源消耗大、建筑能耗大、扬尘污染物排放多、固体废弃物利用率低。党的十八大提出了“推进绿色发展、

循环发展、低碳发展”和“建设美丽中国”的战略目标。面对来自建筑节能、环保方面的更大挑战，2013 年我国启动了《绿色建筑行动方案》,“十三五”时期必须贯彻“创新、协调、绿色、开放、共享”五大发展理念。

②建筑生产工业化。建筑生产工业化是指用现代工业化的大规模生产方式代替传统的手工生产方式来建造建筑产品。主要包括：传统作业方式的工业化改进，如泵送混凝土、新型模板与模架、钢筋集中加工配送、各类新型机械设备等。

③建造过程精益化。用精益建造的系统方法，控制建筑产品的生成过程。精益建造理论是以生产管理理论为基础，以精益思想原则为指导，在保证质量、最短的工期、消耗最少资源的条件下，对工程项目管理过程进行重新设计，以向用户移交满足使用要求工程为目标的新型建造模式。

④全产业链集成化。借助于信息技术手段，用整体综合集成的方法把工程建设的全部过程组织起来，使设计、采购、施工、机械设备和劳动力实现资源配置更加优化组合，采用工程总承包的组织管理模式，在有限的时间内发挥最有效的作用，提高资源的利用效率，创造更大的效用价值。

⑤项目管理国际化。随着经济全球化，工程项目管理必须将国际化与本土化、专业化进行有机融合，将建筑产品生产过程中各个环节通过统一的、科学的组织管理来加以综合协调，以项目利益相关者满意为标志，达到提高投资效益的目的。

⑥管理高管职业化。在西方发达国家，企业的高端管理人员是具有较高社会价值认同度的职业阶层。努力建设一支懂法律、守信用、会管理、善经营、作风硬、技术精的企业高层复合型管理人才队伍，是促进和实现建筑产业现代化的强大动力。

⑦产业工人技能化。随着建筑业科技含量的提高，繁重的体力劳动将逐步减少，复杂的技能型操作工序将大幅度增加，对操作工人的技术能力也提出了更高的要求。因此，实现建筑产业现代化急需要强化职业技能培训与考核持证，促进有一定专业技能水平的农民工向高素质的新型产业工人转变。

4.9.2 装配式建筑的构成

1. 装配式建筑

装配式建筑是指将传统建造方式中的大量现场作业工作转移到工厂进行，在工厂加工制作好建筑用部品部件，如楼板、墙板、楼梯、阳台等，运输到建筑施工现场，通过可靠的连接方式在施工现场装配安装而成的建筑。

装配式建筑采用标准化设计、工厂化生产、装配化施工、信息化管理、智能化应用，是现代工业化生产方式。目前，装配式建筑主要包括装配式混凝土结构、装配式钢结构及现代木结构等建筑。大力发展装配式建筑是实施“创新驱动发展、经济转型升级”的重要举措，是落实中央城市工作会议精神的战略举措，是推进建筑业转型发展的重要方式。

2. 国外装配式建筑的发展历程

17 世纪，欧洲建筑开始采用一些定型的预制构件搭建帐篷和简易房屋；18 世纪，英国发明了波特兰水泥，北欧在室内生产预制混凝土构件；19 世纪，欧洲大城市人口不断增加，建筑走上工业化道路；20 世纪 30 年代苏联推行建筑构件标准化和预制装配方法。1961—1964 年德国发展了钢结构体系，住宅建筑工业化的高潮遍及欧洲各国，并发展到美国、加拿大、日本等经济发达国家。到目前，美国、德国、法国、澳大利亚、瑞典、日本、新加坡等国家装配式建筑向着结构装饰一体化、叠合板、剪力墙结构体系、模数协调、构件与部品通用及体现“易建性”为原则的方向发展。

3. 国内装配式建筑的发展历程

20 世纪 50 年代，向苏联学习工业厂房的标准化设计和预制建造技术，20 世纪 60 年代末 70 年代初，预制件行业开始形成，20 世纪 80 年代开始装配式混凝土大板房的建设，进入 21 世纪，随着《装配式混凝土结构技术规程》（JGJ1—2014）的生效，我国建筑产业化发展开始重新起步，即将掀起一次建筑产业现代化高潮。目前，国内经过十多年的积累和发展，一批专门从事装配式建筑研究的企业，可为开发商、设计单位、构件厂、施工单位提供技术和产品支持，其中较为成熟的技术和产品有灌浆套筒钢筋连接技术、夹心三明治保温墙板技术、预制构件专用预埋件产品等，缩短了与发达国家之间的技术差距。在我国众多的装配体系中，装配式混凝土结构使用量最大，其次为钢结构。其中，预制装配式结构又以剪力墙结构和框架结构为主要代表。目前在国内装配式结构发展中，具有代表性的企业有万科集团、黑龙江宇辉集团、长沙远大住友、南京大地集团、南通中南建设、合肥宝业西伟德、杭萧钢构、山东万斯达等。

4. 装配式建筑的构成

建筑结构一般包括建筑的承重结构和围护结构两部分。建筑结构的承重结构一般由水平楼盖梁板和竖向构件墙柱等组成。水平楼盖主要承受竖向荷载，包括建筑结构自重和活荷载。竖向构件不仅承受水平楼盖的传来的竖向荷载，还抵抗风荷载和地震作用的水平荷载作用。

根据建筑的使用功能、建筑高度、造价及施工等都不同，组成建筑结构构件的梁、柱、墙等可以选择不同的建筑材料以及不同的材料组合，例如，钢筋混凝土、钢材、钢骨混凝土、型钢混凝土、木材等。装配式建筑根据主要受力构件材料的不同，可分为装配式混凝土结构建筑、钢结构建筑、钢 - 混凝土混合结构建筑、木结构建筑。

（1）装配式混凝土结构建筑

装配式混凝土结构是由预制混凝土构件通过可靠的连接方式装配而成的混凝土结构，包括装配整体式混凝土结构、全装配混凝土结构等。为满足因抗震而提出的“等同现浇”要求，目前常采用装配整体式混凝土结构，即由预制混凝土构件通过可靠的连接方式进行连接并与现场后浇混凝土、水泥基灌浆料形成整体的分配是混凝土结构。

装配式混凝土结构承受竖向及水平荷载的基本单元主要为框架和剪力墙。这些基本单元可组成不同的结构体系。主要有装配整体式混凝土框架结构、装配整体式混凝土剪力墙结构、装配整体式框架 - 现浇剪力墙结构、装配整体式部分框支剪力墙结构、装配式单层混凝土排架结构五种。

（2）钢结构建筑

钢结构是主要由钢制材料组成的结构，是主要的建筑结构类型之一。钢结构主要由型钢和钢板等制成的钢梁、钢柱、钢桁架等构成构建组成，各构件或部件之间采用焊接、螺栓或铆钉链接。由于其自重较轻且施工变简便，因此广泛应用于大型厂房、场馆、超高层等领域。钢结构建筑是建筑工业化最好的诠释，是目前最为安全可靠的装配式建筑。

钢结构建筑的常见结构形式种类繁多，主要有多高层钢结构、门式刚架轻型房屋钢结构、大跨度钢结构和低层弯薄壁型钢结构。

（3）钢 - 混凝土混合结构建筑

钢 - 混凝土混合结构是指由钢、钢筋混凝土、钢与钢筋混凝土组合构件中，任意两种或两种以上构件组成的结构。多高层建筑中采用的混合结构主要形式如下。

① 混合框架结构：包括钢梁 - 型钢（钢管）混凝土柱混合框架结构和型钢混凝土梁 - 型钢（钢管）混凝土柱混合框架结构，型钢混凝土梁、柱截面等。

② 框架 - 剪力墙混合结构：包括钢框架 - 钢筋混凝土剪力墙结构和混合框架 - 钢筋混凝土剪力墙结构。

③ 框架 - 核心筒混合结构：包括钢框架 - 钢筋混凝土核心筒结构和混和框架 - 钢筋混凝土核心筒结构。

④ 筒中筒混合结构：包括钢框筒 - 钢筋混凝土核心筒结构和混合框筒 - 混凝土核心筒结构。

(4) 木结构建筑

木结构建筑为木材制成的建筑。木材是一种取材容易，加工简便的结构材料。木结构自重较轻，抗震性能好，木构件便于运输、装拆，能多次使用，在古代被广泛地用房屋建筑中，也是天然的装配式建筑形式。中国建筑经历了两千多年的封建帝制，留下了大量的木结构建筑。我国形成了以榫卯技术为特点的木结构框架结构体系，如悬臂梁结构、拱结构和悬索结构，从皇家宫殿、宗教寺庙到民居民宅形成了完整的建筑特点及结构技术体系。

现在木结构建筑按结构构件采用的材料类型分为轻型木结构、胶合木结构、方木原木结构和木结构组合建筑。

4.9.3 装配式建筑的优势与不足

下面以装配式预制混凝土结构为例，简述它的优势与不足。

1. 质量方面

门窗洞预留尺寸在工厂已完成，定位准确，尺寸偏差完全可控。现场安装简单，安装质量易保证，见图 4 - 26。

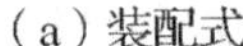

(a) 装配式

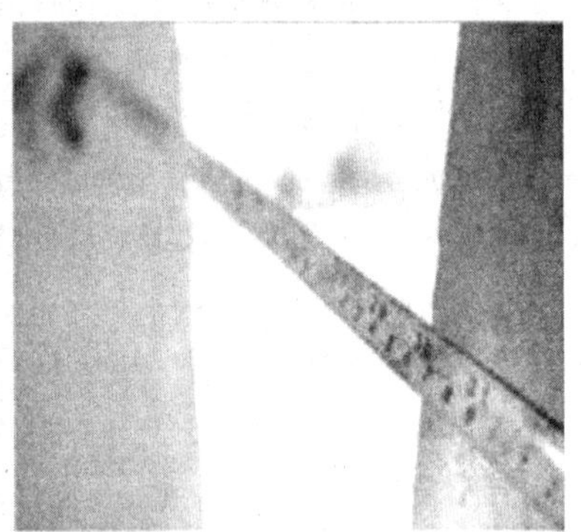

(b) 传统式

图 4 - 26 装配式建筑预留门窗洞与传统建筑对比

可将保温板夹在两层混凝土板之间，且每块墙板之间有效防火间隔，可以达到系统防火 A 级，避免大面积火灾隐患，且保温效果好，保温层耐久性号，外墙为混凝土结构，防水抗渗效果好，见图 4 - 27。

（a）装配式

（b）传统式

图 4－27　装配式建筑保温板的夹心与传统建筑对比

取消内外粉刷，墙面均为混凝土墙面，有效避免开裂、空鼓、裂缝等墙体质量通病，且平整度好，见图 4－28。

（a）装配式

（b）传统式

图 4－28　装配式建筑混凝土墙面与传统建筑对比

管线均在工厂内预埋到位，现场无需后开槽，尤其适用于全装修成品房，见图 4－29。

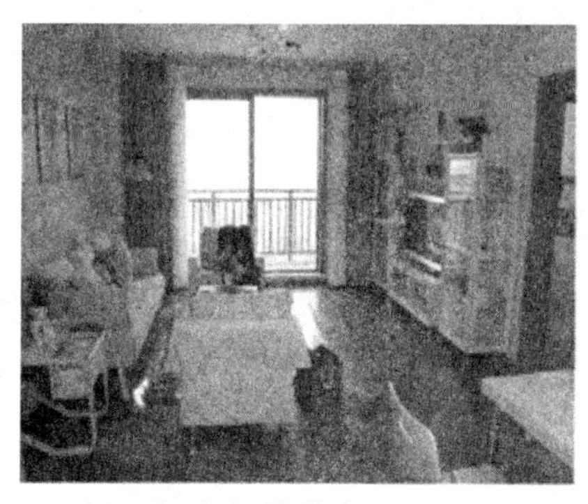

（a）装配式

（b）传统式

图 4－29　装配式建筑管线与传统建筑对比

2. 安全方面

PC构件（混凝土构件）在工厂预制，构件运输至施工现场后通过大型机械吊装就位（见图4-30），操作工人只需进行扶板就位、临时固定等工作，施工过程更安全；且大幅降低用工强度，现场工人可减少约50%，且主要为产业技术工人，大大降低民工工资纠纷的社会风险。

（a）装配式

（b）传统式

图4-30　装配式建筑现场吊装与传统建筑对比

3. 环保方面

现场施工取消脚手架，取消了室内、外墙抹灰工序，钢筋由工厂统一配送，取消楼板底模，大幅减少现场建筑垃圾。施工过程更环保，节水80%，节地20%，节材20%，节能70%，节时70%。

（a）装配式

（b）传统式

图4-31　装配式建筑整洁现场与传统建筑对比

4. 工厂化生产流程

构件配件均在现代化流水的生产车间进行生产，运用现代物流技术运输，现场进行吊装，实现装配式安装。工厂生产车间见图4-32。

视频：装配式建筑生产安装

图 4－32　构件工厂内景

视频：宇辉混凝地装配式建造

视频：官廊底板混凝土浇筑抹平

视频：官廊安装底板预制

相较于传统生产方式，建筑产业现代化具有多种优势，但目前也存在以下问题制约其全面推广。

（1）建造成本较高，规模化效益未能体现

目前，预制构件企业不多，部分企业的生产线没开足，未能形成规模化发展。因此和传统建造方式相比，对于建筑面积在 10 万平米以下的项目，采用建筑产业现代化方式的建安成本较传统方式高出 300 元/平方米左右，导致企业一般不愿主动选择采用建筑产业现代化方式。但由于需求不多，反过来又制约预制构件企业增加工厂布点、扩大生产规模。

（2）缺少有经验的设计单位

和传统项目不同的是，建筑产业现代化要求从设计之初就考虑构件的拆分及精细化设计，在设计过程与结构、设备、电气、内装专业紧密沟通，实现全专业全过程的一体化设计。目前，有相关设计经验的设计单位只有寥寥几家几家，跟不上建筑产业现代化大规模推广的发展速度。

（3）适用范围有局限

工厂规模化生产的优势在于产品的标准化、通用性，因此适用于外立面简单明快，户型重复率高的中低端住宅。而且预制板均为强度较高的混凝土，管线也预埋到位，业主后期自行装修改造难度较大，因此适用范围主要在于保障房、廉租房等全装修成品住宅。

本任务小结

1. 混凝土旧称“砼”，是由胶凝材料、水、粗骨料和细骨料（根据情况可掺入外加剂），按照适当比例配合，经搅拌振捣成型，在一定条件下养护而成的人造石材。

2. 混凝土按表观密度不同，分重混凝土（表观密度大于2 800 kg/m^3）、普通混凝土（表观密度为2 000～2 800 kg/m^3）、轻混凝土（表观密度小于2 000 kg/m^3）。

3. 普通混凝土是由水泥、砂、石和水等材料按比例拌和，经浇筑养护硬化而形成的人造石材。

4. 混凝土用砂宜选用中砂，石子最大粒径不宜大于40 mm。

5. 混凝土掺合料是在拌制混凝土时，为了节约水泥、改善混凝土性能、调节混凝土强度等级而加入的天然的或人造的矿物材料，用于混凝土中的掺合料可分为活性矿物掺合料和非活性矿物掺合料两大类。

6. 混凝土的工作性就是指混凝土拌和物易于施工操作（拌和、运输、浇捣）并能获得质量均匀、成型密实的混凝土的性能。工作性是一项综合的技术性质，包括流动性、黏聚性和保水性等三方面。

7. 混凝土工作性的测定方法通常采用坍落度法和维勃稠度法。

8. 影响混凝土工作性的因素主要有原材料的性质、混凝土的水泥浆数量、水胶比、砂率、环境因素及施工条件等。

9. 改善混凝土的工作性可采取如下措施：

（1）尽可能降低砂率，有利于提高混凝土的质量和节约水泥；

（2）改善砂、石的级配，尽量采用较粗的砂、石；

（3）当混凝土拌和物坍落度太小时，维持水胶比不变，适当增加水泥和水的用量，或者加入外加剂等；当拌和物坍落度太大，但黏聚性良好时，可保持砂率不变，适当增加砂、石用量。

10. 影响混凝土的强度因素有水泥强度等级、水胶比及骨料的性质，此外还受到施工质量、养护条件及龄期的影响。

11. 提高混凝土强度的措施主要有以下几种：

（1）采用高强度水泥和快硬早强类水泥；

（2）采用干硬性水泥；

（3）采用蒸汽养护和蒸压养护；

（4）采用机械搅拌和振捣的方式

（5）掺入合适的混凝土外加剂、掺合料。

12. 混凝土的耐久性就是指混凝土抵抗环境介质作用并长期保持其良好的使用性能和外观完整性，从而维持混凝土结构的安全、正常使用的能力。混凝土的耐久性主要包括抗渗性、抗冻性、抗侵蚀性、抗碳化及抗碱骨料反应等方面。

13. 提高混凝土耐久性的措施有以下几个方面：

（1）根据实际情况合理选择水泥品种；

（2）适当控制混凝土的水胶比及水泥用量，其中水胶比不但影响混凝土的强度，而且也严重影响其耐久性，故应该严格控制水胶比，具体可参考表4－25；

（3）选用较好的砂、石骨料是保证混凝土耐久性的重要条件；

（4）掺用减水剂、引气剂等外加剂，提高混凝土的抗渗性、抗冻性等；

（5）混凝土施工时，应搅拌均匀、振捣密实、加强养护以保证混凝土的施工质量。

14. 混凝土配合比设计主要包括初步配合比设计、基准配合比设计、设计配合比和施工配合比四项内容。

15. 混凝土外加剂按其主要功能分为四类：

（1）改善混凝土拌和物流变性能的外加剂，包括各种减水剂和泵送剂等；

（2）调节混凝土凝结时间、硬化性能的外加剂，包括缓凝剂、促凝剂和速凝剂等；

（3）改善混凝土耐久性的外加剂，包括引气剂、防水剂、阻锈剂和矿物外加剂等；

（4）改善混凝土其他性能的外加剂，包括膨胀剂、防冻剂、着色剂等。

16. 强度等级达到C60和超过C60的混凝土为高强混凝土。高强混凝土的特点是强度高、耐久性好、变形小，能适应现代工程结构向大跨度、重载、高耸发展和承受恶劣环境条件的需要。

17. 高性能混凝土是一种新型高技术混凝土，是在大幅度提高普通混凝土性能的基础上采用现代混凝土技术制作的混凝土。它以耐久性作为设计的主要指标，针对不同用途要求，对下列性能重点予以保证：耐久性、工作性、适用性、强度、体积稳定性和经济性。与普通混凝土相比，高性能混凝土具有如下独特的性能。

（1）高性能混凝土具有一定的强度和高抗渗能力，但不一定具有高强度，中、低强度亦可。

（2）高性能混凝土具有良好的工作性，混凝土拌和物应具有较高的流动性，混凝土在成型过程中不分层、不离析，易充满模型；泵送混凝土、自密实混凝土还具有良好的可泵性、自密实性能。

（3）高性能混凝土的使用寿命长，对于一些特护工程的特殊部位，控制结构设计的不是混凝土的强度，而是耐久性。能够使混凝土结构安全可靠地工作50～100年以上，是高性能混凝土应用的主要目的。

（4）高性能混凝土具有较高的体积稳定性，即混凝土在硬化早期应具有较低的水化热，硬化后期具有较小的收缩变形。

18. 建筑产业现代化是建筑业转型发展的必然，体现了产品绿色化、生产工业化、建造精益化、产业集成化、管理国际化、高管职业化、工人技能化等内涵。

应用案例与发展动态

动态4（1）

动态4（2）

▶▶▶任务五

金属材料的选择与应用

任务简介： 金属材料作为无机材料的一种，广泛应用于铁路、桥梁、房屋建筑等各种工程中，并在现代工农业生产中占有极其重要的地位。常用的金属材料包括黑色金属和有色金属两大类。黑色金属是指以铁元素为主要成分的金属及其合金，常用的黑色金属材料有钢和生铁。有色金属是指黑色金属以外的金属，如铝、铜、铅、锌等金属及其合金。

知识目标：
(1) 熟悉钢筋的种类及常用钢筋的特性。
(2) 掌握钢材的力学性质。
(3) 掌握钢材工艺性质及其质量检定方法。
(4) 掌握钢结构用钢和混凝土结构用钢两类钢材的技术性质和应用。
(5) 了解铝材的一般特性和应用。

技能目标：
(1) 具备合理选用钢筋品种、级别的能力。
(2) 具备查阅钢筋主要力学指标能力。
(3) 具备钢筋力学性能试验操作的能力。

金属材料作为无机材料，一直有着广泛的应用，在现代工农业生产和人民生活中占有极其重要的地位。

钢材作为一种传统的金属材料，至今仍然是应用很广泛。自20世纪中叶以来，世界钢产量增加了4倍，20世纪末全球的钢产量维持在7.8亿吨左右，比塑料和其他金属产量之和还高4倍以上，中国已连续多年保持世界第一产钢大国称号。非铁金属的冶炼产品总产量也呈增加趋势，其中，铝、镍、镁和钛的产量增长率最高，其次是铜、锌和铅。

金属材料特别是钢铁大量应用的原因很简单，即材料的应用必须以低价格、多用途为目的。但是，随着现代科学技术的发展，对钢铁材料的性能提出越来越高的要求，这也是钢铁材料能不断发展和应用的原因和动力。

5.1 建筑钢材

5.1.1 钢材的冶炼和分类

1. 钢的冶炼

钢是由生铁冶炼而成的。生铁的含碳量为2.06%～6.67%，同时含有较多的硫、磷等杂质，因此生铁表现出抗拉强度较低和脆性大等特点，且不能采用轧制或锻压等方法来进行加工，现代炼钢方法是以生铁为原料，在熔融状态下采取一定的措施，如吹入空气或氧气进行氧化还原反应，使生铁中的杂质含量和含碳量降低到规定标准要求，再经过脱氧处理的工艺过程。为了改善钢的性能，必要时可掺入合金元素。理论上，将含碳量在2%以下、含杂质较少的铁碳合金称为钢。

常用的钢材冶炼方法主要有转炉冶炼法、平炉冶炼法和电炉冶炼法三种。钢在冶炼的过程中，不可避免地使部分氧化铁残留在钢水中，降低了钢的质量，因此要进行脱氧处理。脱氧程度不同，钢的内部状态和性能也不同。

2. 钢的分类

钢的分类方法很多，通常有以下几种分类方法。

(1) 按照化学成分分类

按化学成分可将钢分为碳素钢（非合金钢）和合金钢两类。碳素钢根据含碳量分为低碳钢（含碳量≤0.25%）、中碳钢（含碳量为0.25%～0.6%）和高碳钢（含碳量>0.6%）。合金钢根据合金元素总量分为低合金钢（合金元素总量≤5%）、中合金钢（合金元素总量为5%～10%）和高合金钢（合金元素总量>10%）。

(2) 按有害杂质含量分类（S. P）

按质量（根据磷、硫的含量）可将钢分为普通钢、优质钢、高级优质钢和特级优质钢。钢的磷、硫含量见表5－1。

表5－1　各质量等级钢的磷、硫百分含量

钢　类	碳　素　钢		合　金　钢	
	P	S	P	S
普通质量钢	≤0.045	≤0.050	≤0.045	≤0.045
优　质　钢	≤0.040	≤0.040	≤0.035	≤0.035
高级优质钢	≤0.030	≤0.030	≤0.025	≤0.025
特级优质钢	≤0.025	≤0.020	≤0.025	≤0.015

(3) 按脱氧程度分类

根据冶炼时的脱氧程度不同又可将钢分为沸腾钢、镇静钢和半镇静钢。沸腾钢在冶炼时脱氧不充分，浇注时碳与氧反应发生沸腾。这类钢一般为低碳钢，其塑性好、成本低、成材率高，但不致密，主要用于制造用量大的冷冲压零件，如汽车外壳、仪器仪表外壳等。镇静钢脱氧充分，组织致密，但成材率低。而半镇静钢介于前两者之间。

(4) 按用途分类

结构钢：主要用于工程结构及机械零件的钢，一般为低、中碳钢。

工具钢：主要用于各种刀具、量具和模具的钢，一般为高碳钢。

特殊钢：具有特殊的物理、化学及机械性能的钢，如不锈钢、耐热钢、耐磨钢等。

3. 钢的编号

我国钢的牌号一般采用汉语拼音字母、化学元素符号和阿拉伯数字相结合的方法表示。采用汉语拼音字母表示钢产品的名称、用途、特性和工艺方法时，一般从代表钢产品名称的汉字的汉语拼音中选取第一个字母。采用汉语拼音字母，原则上只取一个，一般不超过两个。

我国国家标准《钢铁及合金牌号统一数字代号体系》（GB/T 17616—1998）对钢铁及合金

产品牌号规定了统一数字代号，与现行的《钢铁产品牌号表示方法》（GB/T 221—2008）等同时并用。统一数字代号有利于现代化的数据处理设备进行存储和检索，便于生产和使用。

统一数字代号由固定的6位符号组成，左边第一位用大写的拉丁字母作前缀（“I”和“O”除外），后接5位阿拉伯数字。每个统一数字代号只适用于一个产品牌号。

统一数字代号的结构形式如下：

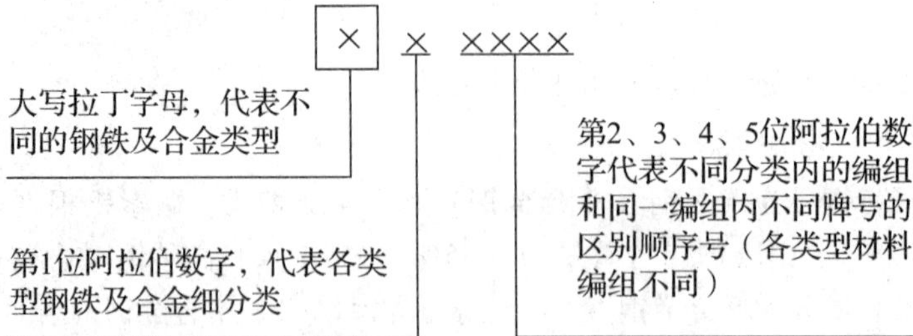

钢铁及合金的类型及每个类型产品牌号统一数字代号如表5－2所示。各类型钢铁及合金的细分类和主要编组及其产品牌号统一数字代号详见国标GB/T 17616—1998。

表5－2　钢铁及合金的类型与统一数字代号

钢铁及合金的类型	统一数字代号	钢铁及合金的类型	统一数字代号
合金结构钢	A×××××	杂类材料	M×××××
轴承钢	B×××××	粉末及粉末材料	P×××××
铸铁、铸钢及铸造合金	C×××××	快淬金属及合金	Q×××××
电工用钢和纯铁	E×××××	不锈、耐蚀和耐热钢	S×××××
铁合金和生铁	F×××××	工具钢	T×××××
高温合金和耐蚀合金	H×××××	非合金钢	U×××××
精密合金及其他特殊物理性能材料	J×××××	焊接用钢及合金	W×××××
低合金钢	L×××××	—	—

5.1.2　钢材的技术性能

钢材的技术性能主要包括力学性能、工艺性能和化学性能等。只有掌握钢材的各项性能指标及要求，才能做到正确、经济及合理地选择和使用钢材。

1. 钢材的力学性能

（1）抗拉性能

拉伸是材料特别是建筑钢材的主要受力形式，抗拉性能是钢材最主要的技术性能。

1）低碳钢的拉伸　低碳钢拉伸过程的应力、应变如图5－1所示。从图5－1中可以看到，低碳钢受拉经历了四个阶段：弹性阶段（*OA*段）、屈服阶段（*AB*段）、强化阶段（*BC*段）、颈缩阶段（*CD*段）。

①弹性阶段（*OA*），此时卸掉载荷，试样恢复到原来尺寸。*A*点所对应的应力为材料承受最大弹性变形时的应力，称为弹性极限。在*OA*段，钢材的应力与应变成正比，在此阶段应力和应变的比值称为弹性模量，即$E=\frac{\sigma}{\varepsilon}=\tan\alpha$，单位为MPa。*A*点的应力为应力和应变能保持正比的最大应力，称为比例极限，用σ_p表示，单位为MPa。

②屈服阶段（AB），钢材在荷载作用下，开始丧失对变形的抵抗能力，并产生明显的塑性变形。在屈服阶段，屈服台阶最高点所对应的应力称为屈服上限（σ_{sU}）；最低点所对应的应力称为屈服下限（σ_{sL}）。屈服下限的应力为钢材的屈服强度，用 σ_s 表示，单位为 MPa。屈服强度是确定结构容许应力的主要依据。

③强化阶段（BC），应变随应力的增加而继续增加。C 点的应力称为强度极限或抗拉强度，用 σ_b 表示，单位为 MPa。屈强比 σ_s/σ_b 在工程中很有意义，此值越小，表明结构的可靠性越高，即防止结构破坏的潜力越大；但此值太小时，钢材强度的有效利用率低。合理的屈强比一般在 0.60～0.75。

视频：抗拉试验

④颈缩阶段（CD），钢材的变形速度明显加快，而承载能力明显下降。此时在试件的某一部位，截面急剧缩小，出现颈缩现象，钢材将在此处断裂。

2）高碳钢（硬钢）的拉伸　高碳钢（硬钢）的拉伸过程，无明显的屈服阶段，如图 5－2 所示。通常以条件屈服强度 $\sigma_{0.2}$ 作为硬质钢材设计强度选取值。条件屈服点是使硬钢产生 0.2% 塑性变形（残余变形）时的应力。

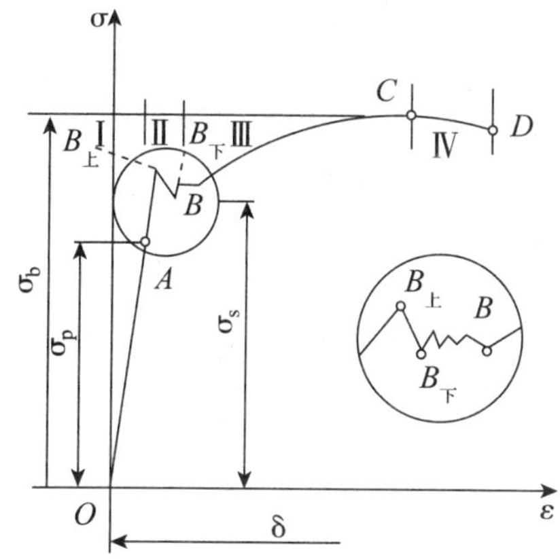

图 5－1　低碳钢的应力－应变曲线

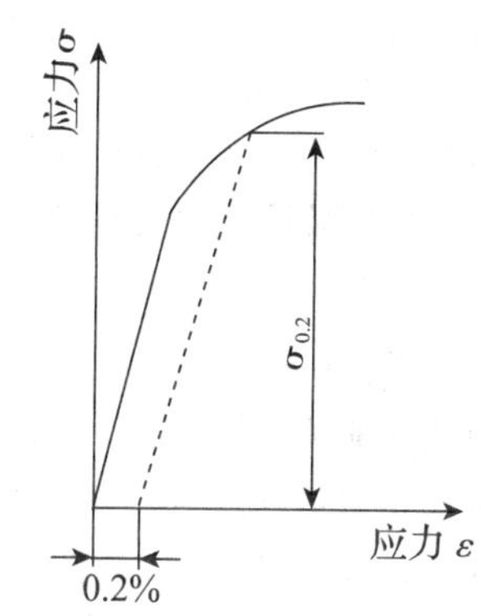

图 5－2　高碳钢拉伸及条件屈服点

3）钢材的拉伸性能指标　该指标主要有强度指标和塑性指标两种。

①强度指标。屈服强度或屈服点：$\sigma_s=\dfrac{F_s}{A_0}$

抗拉强度或强度极限：$\sigma_b=\dfrac{F_b}{A_0}$

式中：σ_s，σ_b——分别为钢材的屈服强度和抗拉强度，MPa；

F_s，F_b——分别为钢材拉伸时的屈服荷载和极限荷载，N；

A_0——钢材试件的初始横截面积，mm^2。

②塑性指标。钢材的塑性指标有两个，都是表示在外力作用下产生塑性变形的能力。一是伸长率，二是断面收缩率（即试件拉断后，颈缩处横截面面积的最大缩减量与原始截面面积的百分比）。

伸长率：$A=\dfrac{L_u-L_0}{L_0}\times100\%$　$\delta=\dfrac{l_1-l_0}{l_0}\times100\%$

式中：L_0（l_0）——为原始标距，mm；

L_u（l_1）——为断后标距，mm。

δ 越大，则钢材的塑性越好。伸长率大小与标距大小有关，对于同一种钢材，$\delta_5 > \delta_{10}$。钢材具有一定的塑性变形能力，可以保证钢材应力重分布，从而不致产生突然脆性破坏。

断面收缩率：$Z = \frac{S_0 - S_u}{S_0} \times 100\%$ （$\psi = \frac{F_0 - F_1}{F_0} \times 100\%$）。

式中：S_0（F_0）——为原始横截面面积，mm^2

S_u（F_1）——为断后最小横截面面积，mm^2。

显然，A 与 Z 值越大，材料的塑性越好。两者比较，用 Z 表示塑性比 A 更接近于材料的真实应变。当 $A > Z$ 时，试样无颈缩，是脆性材料的特征；反之，$A < Z$ 时，试样有颈缩，是塑性材料的特征。试样 d（d_0）不变时，随 L_0 增加，A 下降，只有当 L_0/d 为常数时，不同材料的伸长率才有可比性。当 $L_0 = 11.3\sqrt{S_0}$时，断后伸长率用 A_{113}（δ_{10}）表示，当 $L_0 = 5.65\sqrt{S_0}$时，断后伸长率用 A（δ_5）表示，很明显，$A > A_{113}$。

通常以伸长率 δ 的大小来区别塑性的好坏。δ 越大表示塑性越好。$\delta > 2\% \sim 5\%$ 的称为塑性材料，如低碳钢、铝、铜合金等；$\delta < 2\% \sim 5\%$ 的称为脆性材料，如铸铁等。低碳钢的塑性指标平均值为 $\delta = 15\% \sim 30\%$。

钢材即使在弹性范围内工作，由于其内部原有一些结构缺陷和杂质夹杂物，也有可能产生应力集中现象，使局部应力超过屈服强度。一定的塑性变形能力，可保证应力重新分布，从而避免结构的破坏。但塑性过大时，钢质软，结构塑性变形大，也会影响实际使用。

从拉伸曲线我们还可以得到材料韧性的信息，所谓材料的韧性是指材料从变形到断裂整个过程所吸收的能量，具体地说就是拉伸曲线与横坐标所包围的面积。

（2）冲击韧性

冲击韧性是指材料在冲击荷载作用下，抵抗破坏的能力，如图 5－3 所示。根据《金属夏比 V 型缺口冲击试验方法》规定，以刻槽的标准试件，在冲击试验机的摆锤作用下，以破坏后缺口（标准夏比缺口冲击试样如图 5－4 所示）处单位面积所消耗的功来表示，符号 α_k，单位为 J/cm^2。α_k 值越大，冲断试件消耗的功越多，或者说钢材断裂前吸收的能量越多，说明钢材的韧性越好，不容易产生脆性断裂。钢材的冲击韧性会随环境温度下降而降低。

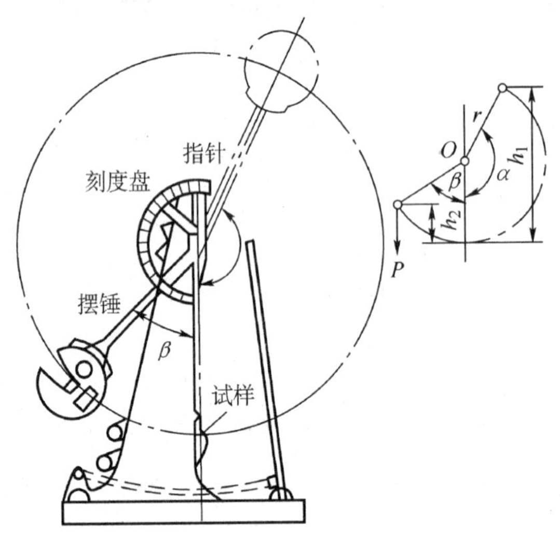

图 5－3　摆锤式冲击试验机示意图

视频：冲击韧性试验

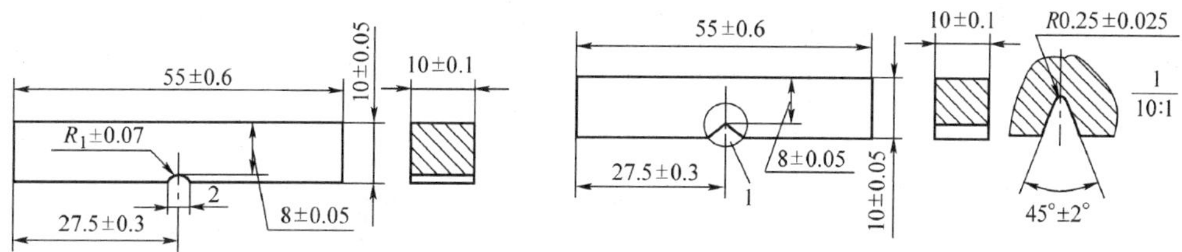

图 5－4　标准夏比缺口冲击试样

(a) U 型缺口冲击试样　(b) V 型缺口冲击试样

材料的冲击韧性除取决于其化学成分和组织外，还与加荷速度、温度、试样的表面质量、材料的冶炼质量和时效有关。加荷愈快，温度愈低，表面质量愈差，时间愈长，则 α_k 值愈低。

试验时将试样放置在固定支架上，然后把由于抬高而具有一定位能的摆锤释放，使试样承受冲击弯曲以致断裂。

材料的冲击韧性随温度下降而下降。在某一温度范围内 α_k 值发生急剧下降的现象称为韧脆转变，发生韧脆转变的温度范围称为韧脆转变温度，如图 5－5 所示。常在低温下服役的船舶、桥梁等结构材料的使用温度应高于其韧脆转变温度，如果使用温度低于韧脆转变温度，则材料处于脆性状态，可能发生低应力脆性破坏。应当指出的是，并非所有材料都有韧脆转变现象，如铝和铜合金等就没有韧脆转变。

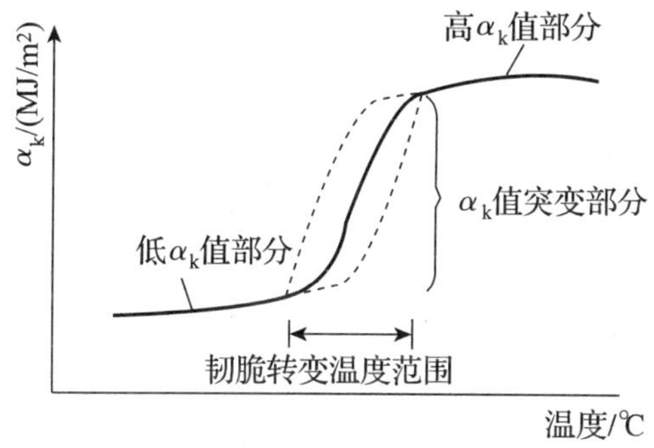

图 5－5　韧脆转变温度曲线示意图

(3) 硬度

硬度是指钢材表面抵抗硬物压入表面的能力。我国现行硬度试验根据其测试方法的不同可分为静压法（如布氏硬度、洛氏硬度、维氏硬度等）、划痕法（如莫氏硬度）、回跳法（如肖氏硬度）及显微硬度、高温硬度等多种方法。用各种方法所测得的硬度值不能直接比较，可通过硬度对照表进行换算。一般布氏硬度用符号 HB，洛氏硬度用符号 HR 表示。

硬度与材料的化学成分、组织状态、加工处理、工作环境和其他机械性能等有关。硬度值随硬度试验方法的不同，其物理意义也不同。用划痕法测得的硬度值，表示材料表面抵抗断裂的能力；用压入法测得的硬度值，表示材料表面抵抗塑性变形的能力；用动力法测得的硬度值，表示材料变形功的大小。因此，硬度代表材料的强度和韧性等综合性能指标。

硬度与强度之间有近似的对应关系。一般来说，金属硬度越高，强度也越大。硬度与延展性、韧性和耐磨性也有一定关系。一般来说，硬度越高，延展性和韧性越差，耐磨性越好。布氏硬度测定示意图如图 5－6 所示。

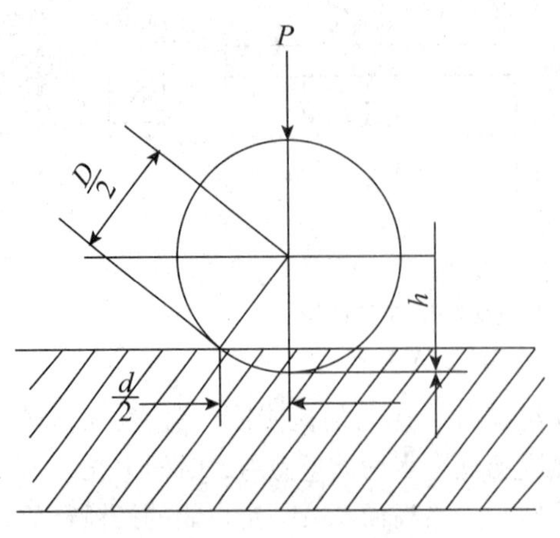

图 5－6　布氏硬度测定示意图

视频：硬度试验

（4）疲劳强度

钢材在交变荷载作用下，受到远小于其抗拉强度的应力时就发生断裂，这种现象称为疲劳破坏。所谓交变载荷是指大小或方向随时间而变化的载荷。如发动机的轴、齿轮等均受交变载荷作用。实际服役的金属材料有 90% 是因为疲劳而破坏。疲劳破坏是脆性破坏，即破坏前没有明显的塑性变形。

一般认为，钢材的疲劳破坏是由拉应力引起的，抗拉强度高，其疲劳极限也较高。钢材的疲劳极限与其内部组织和表面质量有关。

2．钢材的工艺性能

建筑钢材的工艺性能主要包括冷弯性能、焊接性能、热处理性能等。

（1）冷弯性能

冷弯性能是指钢材在常温下承受弯曲变形的能力。冷弯性能用试验方法来检验钢材承受规定弯曲程度的弯曲变形性能，检查试件弯曲部位是否有裂纹、裂断和分层。

视频：冷弯试验

冷弯性能的表示方法一般用弯曲角度 α（外角）或弯心直径 d 对材料厚度 a 的比值表示，α 愈大或 d/a 愈小，则材料的冷弯性愈好，如图 5－7 所示。通过冷弯试验有助于暴露钢材的某些缺陷，如钢材因冶炼、轧制过程不良产生的气孔、杂质、裂纹、严重偏析等，以及焊接时产生的局部脆性和焊接接头质量缺陷等。所以，钢材的冷弯指标不仅是工艺性能的要求，还是评定钢材质量的重要指标。

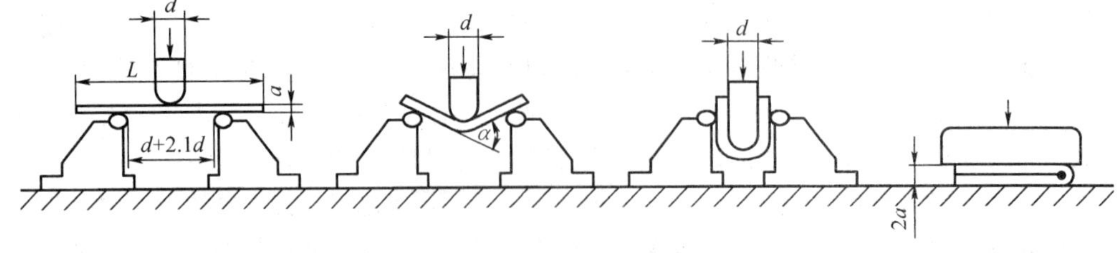

图 5－7　钢材冷弯试验示意图

在常温下，以规定弯心直径和弯曲角度（90°或180°）对钢材进行弯曲，在弯曲处外表面即受拉区或侧面无裂纹、起层、鳞落或断裂等现象，则钢材冷弯合格。

（2）焊接性能

焊接是钢结构的主要连接形式，建筑工程中的钢结构有90%以上为焊接结构。焊接的质量取决于焊接工艺、焊接材料和钢材的可焊性等。

钢材的焊接性能是指在一定的焊接工艺条件下，在焊缝及其附近过热区不产生裂纹及硬脆倾向，焊接后钢材的力学性能，特别是强度不能低于母材的强度。

钢材的化学成分对钢材的可焊性有很大的影响。随钢材的含碳量、合金元素及杂质元素含量的提高，钢材的可焊性降低。钢材的含碳量超过0.25%时，可焊性明显降低；加入合金元素（硅、锰、钒等），也将增大焊接处的硬脆性，降低可焊性。硫、磷含量较多时，在焊缝及其附近过热区产生裂纹及硬脆倾向提高，会使焊口处产生裂纹，严重降低焊接质量。

（3）热处理性能

热处理性能是指将钢材按一定的方法加热、保温和冷却以改变其显微组织或消除内应力，获得人们所需性能的一种工艺性能。钢材的热处理一般在钢铁厂进行，并以热处理状态交货。在施工现场有时需对焊接件进行热处理。

根据钢材加热、冷却方式及获得的组织和性能不同，钢的热处理工艺可分为普通热处理（退火、正火、淬火、回火及调质）、表面热处理（表面淬火和化学热处理）及形变热处理。常见的热处理工艺曲线如图5－8所示。

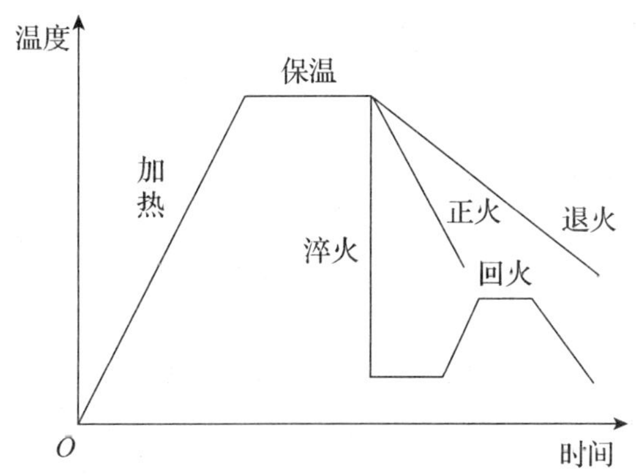

图5－8　热处理工艺示意图

1）退火　指金属材料加热到适当的温度，保持一定的时间，然后缓慢冷却的热处理工艺。常见的退火工艺有再结晶退火、去应力退火、球化退火、完全退火等。退火的目的主要是降低金属材料的硬度，提高塑性，以利切削加工或压力加工，减少残余应力，提高组织和成分的均匀化，或为后道热处理做好组织准备等。

2）正火　指将钢材或钢件加热到钢的组织转变温度以上，保持适当时间后，在静止的空气中冷却的热处理的工艺。正火的目的主要是提高低碳钢的力学性能，改善切削加工性，细化晶粒，消除组织缺陷，为后道热处理做好组织准备等。

3）淬火　指将钢件加热到相变温度以上，保持一定的时间，然后快速冷却以获得目的组织的热处理工艺。淬火是钢最重要的强化方法。

4）回火　指经过淬火的钢材重新加热到低于相变温度的某一温度，适当保温后，冷却到室温的热处理工艺。回火的目的主要是消除钢件在淬火时所产生的应力，使钢件具有高的硬度和耐磨性外，并具有所需要的塑性和韧性等。

5）调质　指将钢材或钢件进行淬火及回火的复合热处理工艺。用于调质处理的钢称调质钢，一般是指中碳结构钢和中碳合金结构钢。

5.1.3　钢材的晶体组织与化学成分

1. 钢材的晶体组织

钢材在生产过程中，由于采用不同的生产工艺和设备，钢材组织和成分会有所不同。同时，钢材主要是铁和碳组成的，加入合金元素后，可以形成不同种类的新相和化合物。但主要成分还是与铁碳含量及碳的存在状态有关。

从相的组成的角度来看，钢材组成中铁碳合金在室温下的平衡组织皆由铁素体和渗碳体两相组成。含碳量的变化不仅引起铁素体和渗碳体相对量的变化，而且可以引起组织的变化，这是由于成分的变化，引起不同性质的结晶过程，从而使相发生变化造成的。由铁碳合金相图可以看出这种变化，由于侧重点不同，这里不再详述。

2. 钢材的化学成分与性能

钢材中的基本元素除铁外，还有碳、硅、锰、硫、磷及氢、氧、氮等元素和一些非金属夹杂物。

①碳是决定钢材性能的最重要元素。随含碳量增加，钢材强度和硬度相应提高，而塑性和韧性相应降低；此外，含碳量过高还会增加钢的冷脆性和时效敏感性，降低耐候性和可焊性。

②锰和硅是钢中的有益元素，是在炼钢的过程中加入的脱氧剂，同时锰还有脱硫的作用。它们把钢液中 FeO 还原成铁，并形成 MnO 与 SiO_2；锰与钢液中的 S 结合形成 MnS，从而在很大程度上消除了硫在钢中的有害影响。这些产物大部分进入炉渣，小部分残留于钢中形成非金属夹杂。锰和硅总有一部分会溶于钢液中，冷却至室温后即溶于铁素体中，提高铁素体的强度。锰和硅对提高钢材的轻度和硬度有显著作用，但是并不是锰和硅的含量越高越好，当锰和硅的含量较高时，将使钢材的塑性和韧性下降，可焊性变差等。故钢材中锰和硅的含量要有个合适质量百分含量值，一般锰在 $<0.8\%$，硅在 $<0.5\%$。

③硫是钢中的有害元素，它是在炼钢时由矿石和燃料带来到钢中来的杂质。硫的最大危害是引起钢在加热时开裂，这种现象称为热脆。硫的存在还使钢的冲击韧性、可焊接性、疲劳强度和耐蚀性降低。但是硫能提高钢的切削加工性能。

④磷一般说来是有害的杂质元素，它是由矿石和生铁等炼钢原料带入的。磷具有很强的固溶强化作用，使钢的强度和硬度大幅度提高，但是却剧烈降低钢的韧性，尤其是低温韧性。磷的有害就在于剧烈的降低钢的低温韧性，使钢材产生冷脆。同时，还使钢材的冷弯性能和可焊接性变坏。

⑤一般认为氮是有害元素，其影响与碳、磷类似，使钢材的强度提高，塑性、韧性下降，加剧钢材时效敏感性和冷脆性，降低可焊性。

⑥氢对钢的危害作用很大。一是引起氢脆，即在低于钢材强度极限的应力作用下，经过一定时间，在无任何征兆的情况下突然断裂；二是导致钢材内部产生细裂纹缺陷——白点，这种缺陷钢材多发生在合金钢中。

⑦氧在钢中的溶解度非常小，几乎全部以氧化物夹杂的形式存在于钢中，对钢的塑性、韧性、疲劳强度和耐蚀性等危害很大。

⑧铝、钛、钒、铌等均是炼钢时加入的强脱氧剂，也是合金钢常用的元素。适量加入到钢内，可改善钢的组织，细化晶粒，显著提高强度和改善韧性。

5.1.4　钢材的加工

根据钢材加工温度不同，分为冷加工和热加工两种。冷加工是指常温下进行加工，常见的冷加工方式有冷拉、冷拔、冷轧、冷扭、刻痕等；热加工是将钢材按照一定的规律加热、保温、冷却，以获得需要性能的一种工艺过程。

钢材的主要加工方法有轧制、锻造、拉拔和挤压等。

① 轧制是将金属坯料通过一对旋转轧辊的间隙（各种形状），因受轧辊的压缩使材料截面减小、长度增加的压力加工方法。这是生产钢材最常用的生产方式，主要用来生产型材、板材、管材。轧制分冷轧、热轧两种。

② 锻造是利用锻锤的往复冲击力或压力机的压力使坯料改变成我们所需的形状和尺寸的一种压力加工方法。一般分为自由锻和模锻，常用作生产大型材、开坯等截面尺寸较大的材料。

③ 拉拔是将已经轧制的金属坯料（型、管、制品等）通过模孔拉拔成截面减小长度增加的加工方法，大多用作冷加工。

④ 挤压是将金属放在密闭的挤压筒内，一端施加压力，使金属从规定的模孔中挤出而得到有同形状和尺寸的成品的加工方法，多用于生产有色金属材料。

5.1.5　钢结构用钢

钢结构构件一般应直接选用各种型钢加工。构件之间可直接连接或通过钢板进行连接。连接方式有铆接、螺栓连接或焊接。所用母材主要是碳素结构钢及低合金高强度结构钢。

型钢是一种有一定截面形状和尺寸的条形钢材。按加工工艺分有热轧和冷轧成型两种。按断面形状分有简单断面型钢（①方钢——热轧方钢、冷拉方钢；②圆钢——热轧圆钢、锻制圆钢、冷拉圆钢；③线材；④扁钢；⑤弹簧扁钢；⑥角钢—等肢角钢、不等肢角钢；⑦三角钢；⑧六角钢；⑨弓形钢；⑩椭圆钢）和复杂断面型钢（①工字钢——普通工字钢、轻型工字钢；②槽钢——热轧槽钢（普通槽钢、轻型槽钢）、弯曲槽钢；③H 型钢（又称宽腿工字钢）；④钢轨——重轨、轻轨、起重机钢轨、其他专用钢轨；⑤窗框钢；⑥钢板桩；⑦弯曲型钢——冷弯型钢、热弯型钢；⑧其他）。

建筑工程中广泛使用的是工字钢、槽钢、角钢、T 型钢、H 型钢等。

5.1.6　钢筋混凝土结构用钢材

钢筋混凝土结构用的钢筋和钢丝，主要由碳素结构钢和低合金钢轧制而成。主要品种有热轧钢筋、冷加工钢筋、热处理钢筋、预应力混凝土用钢丝和钢绞线。

1. 热轧钢筋

钢筋混凝土用热轧钢筋分为光圆钢筋和带肋钢筋两种。热轧光圆钢筋是横截面通常为圆形、且表面为光滑的配筋用钢材，采用钢锭经热轧成型并自然冷却而成。热扎带肋钢筋是横截面为圆形，且表面通常有两条纵肋和沿长度方向均匀分布的横肋的钢筋。按肋的形状分为月牙肋和等高肋，如图 5-9 所示。月牙肋的纵横肋不相交，而等高肋则纵横肋相交。月牙肋钢筋有生产简便、强度高、应力集中敏感性小、疲劳性能好等优点，但其与混凝土的黏结锚固性能稍逊于等高肋钢筋。

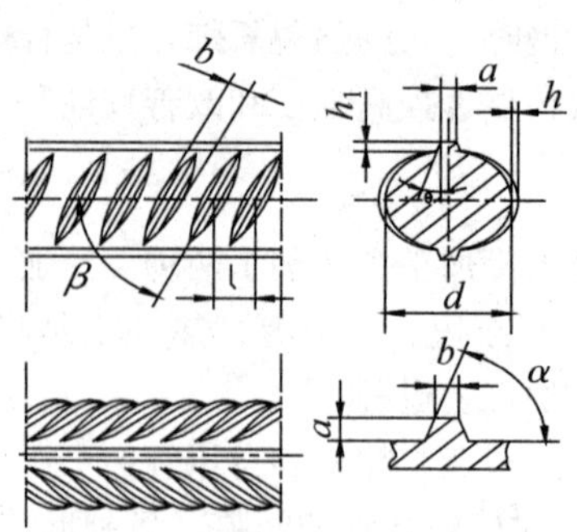

图5-9 热轧带肋钢筋的外形

热轧钢筋的力学工艺性能见表5-3。其中，热轧直条光圆钢筋强度等级代号为HPB235；热轧带肋钢筋牌号由HRB和屈服点的最小值构成。H、R、B分别为热轧（Hot rolled）、带肋（Ribbed）、钢筋（Bars）三个词的英文首位字母。热轧带肋钢筋有HRB335、HRB400、HRB500三个牌号。其意义如下：

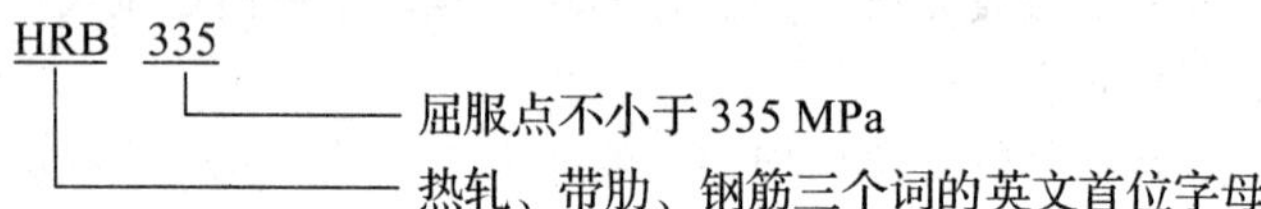

此牌号表示屈服点不小于335 MPa的热轧带肋钢筋。

热轧光圆钢筋的公称直径范围为8～20 mm，推荐公称直径为8、10、12、16、20 mm。钢筋混凝土用热轧带肋钢筋的公称直径范围为6～50 mm，推荐的公称直径为6、8、10、12、16、20、25、32、40和50 mm。热轧钢筋的力学性能和工艺性能应符合表5-3的规定，即冷弯性能必须合格。

表5-3 热轧钢筋的力学性能、工艺性能

表面形状	强度等级代号	公称直径	屈服点 σ_s /MPa	抗拉强度 σ/MPa	伸长率 δ_5（%）	冷弯 d—弯心直径 a—钢筋公称直径
			不小于			
光圆	HPB235	8～20	235	370	25	180° $d=a$
月牙肋	HRB335	6～25 28～50	335	490	16	180° $d=3a$ 180° $d=4a$
	HRB400	6～25 28～50	400	570	14	180° $d=4a$ 180° $d=5a$
	HRB500	6～25 28～50	500	630	12	180° $d=6a$ 180° $d=7a$

热轧带肋钢筋应在其表面轧上牌号标志，还可依次轧上厂名（或商标）和直径（mm）数字。轧上钢筋的牌号以阿拉伯数字表示，HRB335、HRB400、HRB500对应的阿拉伯数字分别为2、3、4。厂名以汉语拼音字头表示；直径数（mm）以阿拉伯数字表示，直径不大于10mm

的钢筋，可不轧标志，采用挂牌方法。标志应清晰明了，标志的尺寸由供方按钢筋直径大小做适当规定，与标志相交的横肋可以取消。

2. 低碳热轧圆盘条

低碳热轧圆盘条是由屈服强度较低的碳素结构钢轧制的盘条，是目前用量最大、使用最广的线材，也称普通线材。除大量用作建筑工程中钢筋混凝土的配筋外，还适用于供拉丝、包装及其他用途。其公称直径大都在5.5～30 mm之间，大多通过卷线机成盘卷供应，因此称为盘条、盘圆或线材。

盘条按用途分为供拉丝用盘条（代号L）、供建筑和其他一般用途用盘条（代号J）两种。低碳热轧圆盘条的牌号由屈服点符号、屈服点数值、质量等级符号、脱氧方法符号、用途类别符号等五个内容表示。具体符号、数值表示的意义见表5－4。低碳热轧圆盘条的力学性能和工艺性能如表5－5所示。

表5－4　低碳热轧圆盘条牌号中各符号、数值的含义

符号及数值名称	屈服点	屈服点不小于/MPa	质量等级	脱氧方法	用途类别
符号	Q	195 215 235	A B	沸腾钢—F 半镇静钢—b 镇静钢—Z	供拉丝用—L 供建筑和其他用途—J

如牌号：Q235AF－J，表示为屈服点不小于235 MPa、质量等级为A级的沸腾钢，是供建筑和其他用途用的低碳钢热轧圆盘条钢筋。

表5－5　低碳热轧圆盘条的力学性能和工艺性能

牌　号	力学性能			冷弯试验180° d = 弯心直径 a = 试样直径
	屈服点 σ_s/MPa	抗拉强度 σ_b/MPa	伸长率 δ_5（%）	
	不小于			
Q215	215	375	27	$d=0$
Q235	235	410	23	$d=0.5a$

3. 冷轧带肋钢筋

冷轧带肋钢筋由热轧圆盘条经冷轧或冷拔减径后，在表面冷轧成两面或三面有肋的钢筋。钢筋冷轧后允许进行低温回火处理。冷轧带肋钢筋多用于非预应力构件，与热轧圆盘条相比，强度提高17%左右，可节约钢材30%左右；用于预应力构件，与低碳冷拔丝比，伸长率高，钢筋与混凝土之间的黏结力较大，适用于中、小预应力混凝土结构构件；同时也适用于焊接钢筋网。

根据GB 13788—2000规定，冷轧带肋钢筋按抗拉强度分为CRB 550、CRB 650、CRB 800、CRB 970、CRB 1170共五个牌号。C、R、B分别为冷轧、带肋、钢筋三个英文单词的首位字母，数字为抗拉强度的最小值。

冷轧带肋钢筋的直径范围为4～12 mm，推荐的公称直径为5、6、7、8、9、10 mm。冷轧带肋钢筋的力学性能和工艺性能应符合表5－6的规定；当进行冷弯试验时，受弯曲部位表面不得产生裂纹；强屈比 $\sigma_b/\sigma_{0.2}$ 应不小于 1.05。其具体的尺寸规定应符合 GB 13788—2000 的规定。

表 5-6　冷轧带肋钢筋的力学性能和工艺性能

级别代号	抗拉强度 σ_b/MPa	伸长率不小于（%）		弯曲试验（180°）	反复弯曲次数	应力松弛 $\sigma_{con}=0.7\sigma_b$	
						1 000 h	10 h
	不小于	δ_{10}	δ_{100}			不大于（%）	
CRB 550	550	8	—	$d=3a$	—	—	—
CRB 650	650	—	4.0	—	3	8	5
CRB 800	800	—	4.0	—	3	8	5
CRB 970	970	—	4.0	—	3	8	5
CRB 1 170	1 170	—	4.0	—	3	8	5

4. 冷拉钢筋

冷拉钢筋是采用钢筋混凝土用热轧光圆钢筋和带肋钢筋经过冷加工和时效处理而得到的钢筋。在冷拉时可采用控制冷拉应力或控制冷拉率的方法进行，但必须符合《混凝土结构工程施工质量验收规范》（GB 50204—2015）中的有关规定。冷拉钢筋的强度比热轧光圆钢筋和热轧带肋钢筋的屈服点有所提高，而塑性、韧性有所降低。冷拉Ⅰ级钢筋适用于钢筋混凝土结构中的受拉钢筋，冷拉Ⅱ、Ⅲ、Ⅳ级钢筋可作为预应力混凝土结构的预应力配筋。对承受冲击荷载和振动荷载的结构、起重机的吊钩等不得使用冷拉钢筋；另外由于焊接时局部受热会影响焊口处钢材的性能，因此冷拉钢筋的焊接必须在冷拉之前进行。

冷拉钢筋的力学性能和工艺性能见表 5-7。冷弯试验后不得有裂纹、起层现象。

表 5-7　冷拉钢筋的力学性能和工艺性能

钢筋级别	钢筋直径/mm	屈服强度/（N/mm）^{2}	抗拉强度/（N/mm）^{2}	伸长率 δ_{10}/%	冷弯试验 a—钢筋直径，mm	
		不小于			弯曲角度	弯曲直径
Ⅰ	≤12	280	370	11	180°	$3a$
Ⅱ	≤25	450	510	10	90°	$3a$
	28～40	430	490	10	90°	$4a$
Ⅲ	8～40	500	570	8	90°	$5a$
Ⅳ	10～28	700	835	6	90°	$5a$

注：表中冷拉钢筋的屈服强度值，系现行国家标准《混凝土结构设计规范》中冷拉钢筋的强度标准值；钢筋直径大于 25 mm 的冷拉Ⅲ、Ⅳ级钢筋，冷弯弯曲直径增加 1a。

5. 热处理钢筋

热处理钢筋，是经过淬火和回火调质处理的螺纹钢筋。分有纵肋和无纵肋两种，其外形分别见图 5－10、图 5－11。代号为 RB 150。

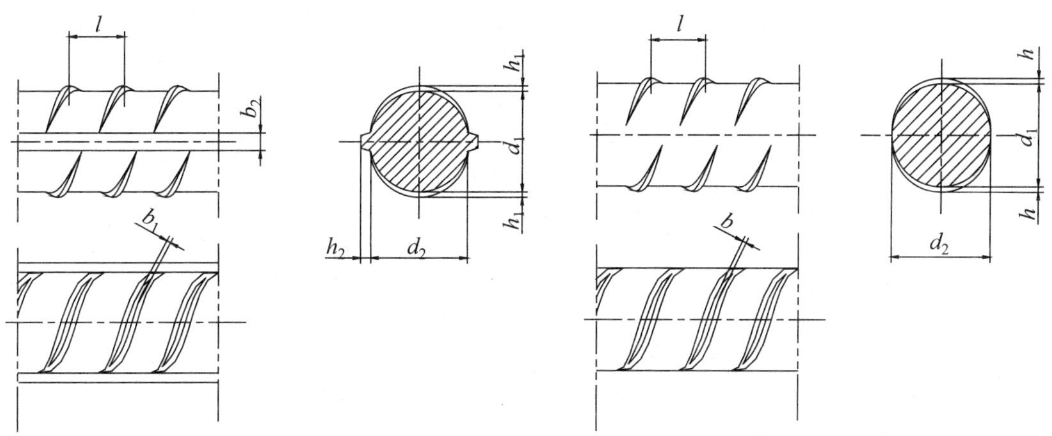

图 5－10　有纵肋热处理钢筋外形　　　**图 5－11　无纵肋热处理钢筋外形**

热处理钢筋规格，有公称直径 6、8. 2、10 mm 三种。钢筋经热处理后应卷成盘。每盘应由一整根钢筋盘成，且每盘钢筋的质量应不小于 60 kg。每批钢筋中允许由 5% 的盘数不足 60 kg，但不得小于 25 kg。公称直径为 6 mm 和 8. 2 mm 的热处理钢筋盘的内径不小于 1. 7 m；公称直径为 10 mm 的热处理钢筋盘的内径不小于 2. 0 m；热处理钢筋的牌号有 $40Si_2Mn$、$48Si_2Mn$ 和 $45Si_2Cr$三个，为低合金钢。各牌号钢的化学成分应符合有关标准规定。热处理钢筋的力学性能应符合表 5－8 的规定。

表 5－8　预应力混凝土用热处理钢筋的力学性能

公称直径/mm	牌　号	$\sigma_{0.2}$	σ_b	δ_{10}（%）
		不小于/MPa		不小于
6 8. 2 10	$40Si_2Mn$ $48Si_2Mn$ $45Si_2Cr$	1 325	1 470	6

热处理钢筋具有较高的综合力学性能，除具有很高的强度外，还具有较好的塑性和韧性，特别适合于预应力构件。钢筋成盘供应，可省去冷拉、调质和对焊工序，施工方便。但其应力腐蚀及缺陷敏感性强，应防止产生锈蚀及刻痕等现象。热处理钢筋不适用于焊接和点焊的钢筋。

6. 预应力混凝土钢丝及钢绞线

（1）预应力混凝土用钢丝

预应力混凝土用钢丝简称预应力钢丝，是以优质碳素结构钢盘条为原料，经淬火、酸洗、冷拉制成的用作预应力混凝土骨架的钢丝。

根据国标规定，钢丝按交货状态分为冷拉钢丝和消除应力钢丝两种，按外形分为光面钢丝和刻痕钢丝两种，按用途分为桥梁用、电杆及其他水泥制品用两类。

钢丝比低碳钢热轧圆盘条、热轧光圆钢筋、热轧带肋钢筋的抗拉强度高、质量稳定、安全可靠施工方便，在构件中采用钢丝可节约钢材、减小构件截面积和节省混凝土。钢丝主要用作桥梁、吊车梁、电杆、楼板、大口径管道等预应力混凝土构件中的预应力配筋。

（2）预应力混凝土用钢绞线

预应力混凝土用钢绞线简称预应力钢绞线，是由多根圆形断面钢丝捻制而成。钢绞线按左捻制成并经回火处理消除内应力。钢绞线按应力松弛性能分为两级Ⅰ级松弛（代号Ⅰ）、Ⅱ级松弛（代号Ⅱ）。

根据国标规定，按预应力混凝土的钢绞线结构分：（1×2）用两根钢丝捻制的钢绞线、（1×3）三根钢丝捻制的钢绞线、（1×3）Ⅰ三根刻痕钢丝捻制的钢绞线、（1×7）七根钢丝捻制的钢绞线、（1×7）C 用七根钢丝捻制又经模拔的钢绞线等五类。

钢绞线与其他配筋材料相比，具有强度高、柔性好、质量稳定、成盘供应不需接头等优点，适宜作大型建筑、公路或铁路桥梁、吊车梁等大跨度预应力混凝土构件的预应力钢筋，广泛地应用于大跨度、重荷载的结构工程中。港珠澳大桥沉管隧道的钢筋混凝土结构用钢如图 5－12 所示。

图 5－12　建筑钢筋应用现场（港珠澳大桥沉管）

视频：现场钢筋套丝

视频：现场钢筋调查与切断

视频：现场钢筋折弯

视频：上海中心大厦
钢结构与 BIM 系统

视频：洞庭湖二桥主索缆制作

视频：一天三层中国新常态

5.1.7　装饰用钢材

在普通钢材的中添加多种元素或在基体表面上进行表面处理，可使钢材成为一种金属感强、美观大方的装饰材料，在现代建筑装饰中，逐渐受到更多的关注。

目前，建筑装饰工程中常用的装饰钢材制品主要有不锈钢板与钢管、彩色不锈钢板、彩色涂层钢板和彩色压型钢板以及塑料复合钢板及轻钢龙骨等。

1. 不锈钢及其制品

在空气或化学腐蚀介质中，不锈钢是一种能够抵抗腐蚀的高合金钢。它具有表面美观和耐腐蚀性能好等特性，不必经过镀色等表面处理，而发挥不锈钢所固有的表面性能。不锈钢是加铬元素为主并加入其他元素的合金钢，铬含量越高，钢的抗腐蚀性越好。除铬外，不锈钢中还含有镍、锰、钛、硅等元素，这些元素都能影响不锈钢的强度、塑性、韧性和耐蚀性。

不锈钢的耐腐蚀是由于铬的性质比铁活泼，在不锈钢中，铬首先与环境中的氧化合，生成一层与钢基材牢固结合的致密氧化膜层，称作钝化膜，它能使合金钢得到保护，不致锈蚀。

不锈钢按其化学成分可分为铬不锈钢、铬镍不锈钢和高锰低铬不锈钢等几类。按不同耐腐蚀特点，又可分为普通不锈钢（简称不锈钢）和耐酸钢两类，前者具有耐大气和水蒸气侵蚀的能力，后者除对大气和水汽有抗蚀能力外，还对某些化学侵蚀介质（如酸、碱、盐溶液）具有良好的抗蚀性。常用的不锈钢有 40 多个品种，其中，建筑装饰用不锈钢主要是 Cr18Ni8，OCr17Ti，Cr17Mn2Ti 等几种。还可以根据金相组织进行分类有奥氏体不锈钢、铁素体不锈钢、马氏体不锈钢、双相不锈钢和沉淀硬化不锈钢

不锈钢主要特点包括膨胀系数大，为碳钢的 1.3～1.5 倍，导热系数只有碳钢的 1/3，韧性和延展性很好，常温下可以加工。同时耐腐蚀性好，经不同表面加工可形成不同的光泽度和反射能力，安装方便，装饰效果好，具有时代感。

2. 不锈钢装饰制品

建筑装饰用不锈钢制品包括薄钢板、管材、型材及各种异型材。主要的是薄钢板，其中，厚度小于 2 mm 的薄钢板用得最多。不锈钢制品在建筑上可用作屋面、幕墙、门、窗、内外墙饰面、栏杆扶手等。目前，不锈钢包柱被广泛用于大型商场、宾馆和餐馆的入口、门厅、中厅等处，这是由于不锈钢包柱不仅是一种新颖的具有很高观赏价值的建筑装饰手段，而且，由于其镜面反射作用，可取得与周围环境中的各种色彩、景物交相辉映的效果。同时，在灯光的配合下，还可形成晶莹明亮的高光部分，从而有助于在这些共享空间中，形成空间环境中的兴趣中心，对空间环境的效果起到强化、点缀和烘托的作用。

（1）彩色不锈钢板

彩色不锈钢板系在不锈钢板上进行技术性和艺术性加工，使其表面成为具有各种绚丽色彩的不锈钢装饰板，其颜色有蓝、灰、紫、红、青、绿、金黄、橙、茶色等多种。

彩色不锈钢板具有抗腐蚀性强、机械性能较高、彩色面层经久不褪色、色泽随光照角度不同会产生色调变幻等特点，而且彩色面层能耐 200 ℃ 的温度，耐盐雾腐蚀性能比一般不锈钢好，耐磨和耐刻划性能相当于箔层涂金的性能。当弯曲 90 ℃时，彩色层不会损坏。

彩色不锈钢板可用作厅堂墙板、天花板、电梯厢板、车厢板、建筑装潢、招牌等装饰之用。采用彩色不锈钢板装饰墙面，不仅坚固耐用、美观新颖，而且具有强烈的时代感。

(2) 彩色涂层钢板

为提高普通钢板的防腐和装饰性能，70 年代开始，一些先进国家开发出了一种新型带钢预涂产品——彩色涂层钢板。我国也在上海宝山钢铁厂兴建了第一条现代化彩色涂层钢板生产线。这种钢板涂层可分为有机涂层、无机涂层和复合涂层，以有机涂层钢板发展最快。有机涂层可以配制各种不同色彩和花纹，故称之为彩色涂层钢板。

彩色涂层钢板具有优异的装饰性，涂层附着力强，可长期保持新颖的色泽，并且具有良好的耐污染性能、耐高低温性能和耐沸水浸泡性能，另外加工性能也好，可进行切断、弯曲、钻孔、铆接、卷边进而可以加工制成压型板，其断面形状和铝合金压型板基本相似。结构如图 5-13所示。

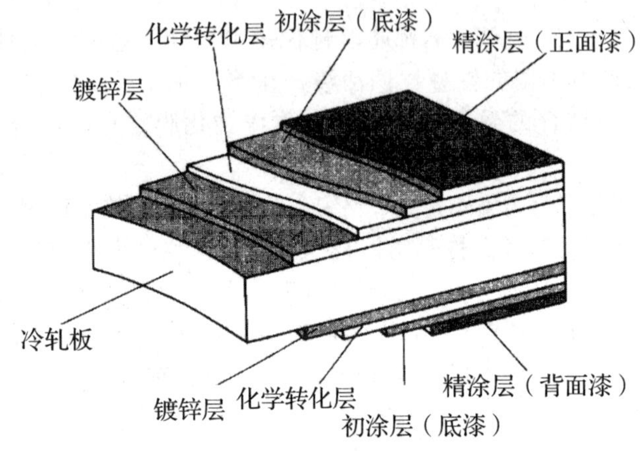

图 5-13 彩色涂层钢板结构

彩色涂层钢板可用作建筑外墙板、屋面板、护壁板、拱覆系统等，如表 5-9 所示。如作商业亭、候车亭的瓦楞板，工业厂房大型车间的壁板与屋顶等。另外，还可用作防水气渗透板、排气管道、通风管道、耐腐蚀管道、电气设备罩等。一般彩色涂层钢板尺寸如表 5-10 所示。

表 5-9 常用彩色涂层钢板分类和代号

分类方法	类　别	代号	分类方法	类　别	代号
按用途分	建筑外用	JW	按涂料种类分	内用丙烯酸	NR
	建筑内用	JN		塑料溶胶	SJ
	家用电器	JD		有溶胶	YJ
按表面状态分	涂层板	TC	按基材类别分	低碳钢冷轧钢带	DL
	印花板	YH		小锌花平整钢带	XP
	压花板	YaH			
按涂料种类分	外用聚酯	WZ		大锌花平整钢带	DP
	内用聚酯	NZ		铁锌合金钢带	XT
	硅改性聚酯	GZ			
	外用丙烯酸	WB		电镀锌钢带	DX

表 5-10 彩色涂层钢板尺寸

名称	厚度/mm	宽度/mm	钢板长度/mm
尺寸	0.3～2.0	700～1 550	500～4 000

(3) 轻钢龙骨

所谓龙骨是指罩面板装饰中的骨架材料。罩面板装饰包括室内厢墙、厢断、吊顶。与抹灰类和贴面类装饰相比，罩面板大大减少了装饰工程中的湿作业工程量。

龙骨按用途分为隔墙龙骨及吊顶龙骨。隔墙龙骨如图 5-14 所示，一般作为室内隔断墙骨架，两面覆以石膏板或石棉水泥板、塑料板、纤维板、金属板等为墙面，表面用塑料壁纸或贴墙布装饰，内墙用涂料等进行装饰，以组成新型完整的隔断墙。吊顶龙骨如图 5-15 所示，用作室内吊顶骨架，面层采用各种吸声材料，以形成新颖美观的室内吊顶。龙骨的材料有轻钢、铝合金、塑料等。

建筑用轻钢龙骨是以冷轧钢板、镀锌钢板、彩色喷塑钢板或铝合金板材作原料，采用冷加工工艺生产的薄壁型材，经组合装配而成的一种金属骨架。它具有自重轻、刚度大、防火、抗震性能好、加工安装简便等特点，适用于工业与民用建筑等室内隔墙和吊顶所用的骨架。可装配各种类型的石膏板、钙塑板、吸音板等。用作墙体隔断和吊顶的龙骨支架，美观大方，它广泛用于各种民用建筑工程以及轻纺工业厂房等场所，对室内装饰造型、隔音等功能起到良好效果。

轻钢龙骨断面有 U 型、C 型、T 型及 L 型。吊顶龙骨代号 D，隔断龙骨代号 Q。吊顶龙骨分主龙骨（又叫大龙骨、承重龙骨）、交龙骨（又叫覆面龙骨，包括中龙骨和小龙骨）。隔断龙骨则分竖龙骨、横龙骨和通贯龙骨等。

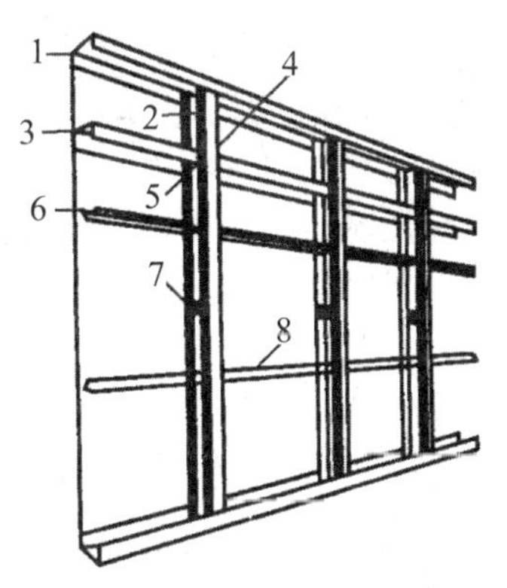

图 5-14 墙体龙骨示意图

1—横龙骨；2—竖龙骨；3—通撑龙骨；4—角托；5—卡托；6—通贯龙骨；7—支撑卡；8 通贯龙骨连接件

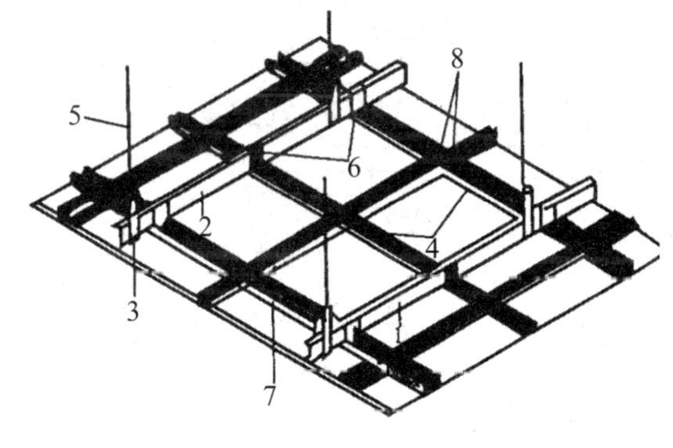

图 5-15 吊顶龙骨示意图

1—承载龙骨连接件；2—承载龙骨；3—吊件；4—覆面龙骨连接件；5—吊杆；6—挂件；7—覆面龙骨；8—挂插件

轻钢龙骨的产品规格、技术要求、试验方法和检验规则在国家标准《建筑用轻钢龙骨》（GB 11981—2001）中有具体规定，且该标准也正在在重新修订中，这里给出的数据图表按 GB 11981—2001，供参考。轻钢龙骨按断面宽度划分，隔墙龙骨主要规格有 Q50、Q75、Q100、

Q150，吊顶龙骨主要规格有 D38、D45、D50 和 D60。

技术要求包括外观质量、表面防锈、形状尺寸和力学性能等指标。轻钢龙骨的外形要平整、棱角清晰，切口不允许有影响使用的毛刺和变形。龙骨表面应镀锌防锈，不允许有起皮、脱落等现象。对于腐蚀、损伤、麻点等缺陷也需按规定要检测。形状尺寸要求应符合 GB 11981—2001 中有关规定。

产品标记顺序有产品名称、代号、断面宽度、高度、钢板厚度和标准号。如断面形状为 C 型，宽度 45 mm，高度 12 mm，钢板厚度 1.5 mm 的吊顶龙骨，可标记为：建筑用轻钢龙骨 DC45 × 12 × 1.5GB11981。

(4) 彩色压型钢板

彩色压型钢板是以冷轧板、镀锌钢板、彩色涂层板等不同类别的钢板为基材，经成型机轧制，并涂敷各种耐腐蚀涂层与彩色烤漆而制成的轻型围护结构材料。这种钢板具有质量轻、抗震性好、耐久性强、色彩鲜艳、易加工以及施工方便等特点。适用于作工业与民用及公共建筑的屋盖、墙板及墙壁装贴等。

《建筑用压型钢板》(GB/T 12755—91) 规定压型钢板表面不允许有用 10 倍放大镜所观察到的裂纹存在。对用镀锌钢板及彩色涂层钢板制成的压型钢板规定不得有镀层、涂层脱落以及影响使用性能的擦伤。

压型板共有 27 种不同的型号。压型板波距的模数为 50 mm、100 mm、150 mm、200 mm、250 mm、300 mm（但也有例外）；波高为 21 mm、28 mm、35 mm、38 mm、51 mm、70 mm、75 mm、130 mm、173 mm，压型板的有效覆盖宽度的尺寸系列为 300 mm、450 mm、600 mm、750 mm、900 mm、1000 mm（但也有例外）。压型板（YX）的型号顺序以波高、波距、有效覆盖宽度来表示，如 YX38—175—700 表示波高 38 mm、波距 175 mm、有效覆盖宽度为 700 mm 的压型板。图 5 - 16 是几种压型钢板的板型。

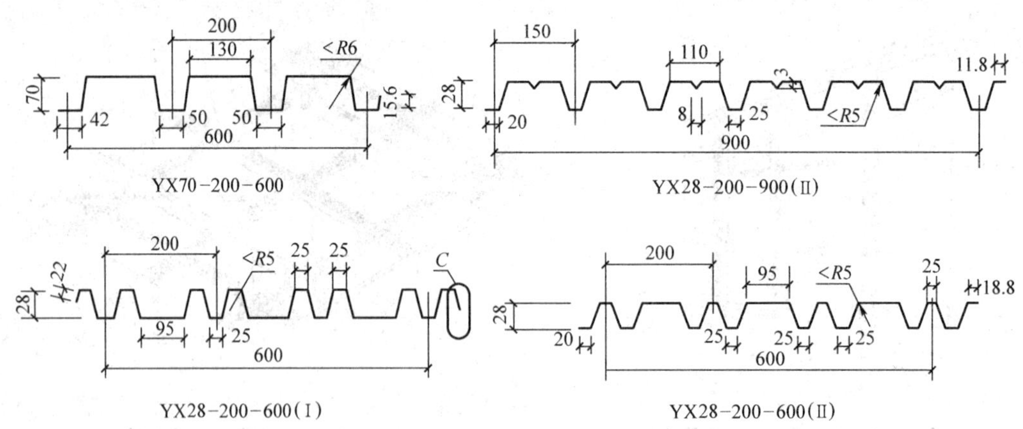

图 5 - 16　建筑用压型钢板的板型

压型钢板具有质量轻（板厚 0.5 ~ 1.2 mm）、波纹平直坚挺、色彩鲜艳丰富、造型美观大方、耐久性强（涂敷耐腐蚀涂层）、抗震性高、加工简单、施工方便等特点，广泛用于工业与民用建筑及公共建筑的内外墙面、屋面、吊顶等的装饰以及轻质夹心板材的面板等。

5.1.8　钢材的防腐蚀与防火

钢材的锈蚀是指钢的表面与周围介质发生化学作用或电化学作用遭到侵蚀而破坏的过程。

锈蚀不仅使钢结构有效断面减小，而且会形成程度不等的锈坑、锈斑，造成应力集中，加速结构破坏。若受到冲击荷载、循环交变荷载作用，将产生锈蚀疲劳现象，使钢材疲劳强度大为降低，甚至出现脆性断裂。

金属腐蚀发生的根本原因是其化学性质不稳定，即金属及其本身较其某些化合物（如氧化物、氢氧化物、盐等）原子处于自由能较高的状态，这种倾向在条件（动力学因素）具备时，就会发生金属单质向化合物的转化，即发生腐蚀。

钢材锈蚀根本原因的主要影响因素有环境湿度、侵蚀性介质性质及数量、钢材材质及表面状况等。

1. 钢材锈蚀的分类

（1）化学锈蚀

化学锈蚀是指钢材直接与周围介质（如空气、水或其他物质）发生化学反应，这种锈蚀多数是氧化作用，在钢材表面形成疏松的铁氧化物或其他化合物。在常温下，钢材表面形成一薄层钝化能力很弱的氧化保护膜，它疏松，易破裂，有害介质可进一步侵入而发生反应，造成锈蚀。在干燥环境下，锈蚀进展缓慢。但在温度或湿度较高的环境条件下，这种锈蚀进展会加快。

（2）电化学锈蚀

钢材的表面锈蚀主要因电化学作用引起，由于金属表面成分不均匀并含有杂质，在表面介质的作用下，各成分电极电位的不同，形成许多微电池。在潮湿空气中，钢材表面将覆盖一层薄的水膜。在阳极区，铁被氧化成 Fe^{2+} 离子进入水膜。因为水中溶有来自空气中的氧，故在阴极区氧将被还原为 OH^- 离子，两者结合成为不溶于水的 $Fe(OH)_2$，并进一步氧化成为疏松易剥落的红棕色铁锈 $Fe(OH)_3$。电化学锈蚀是最主要的钢材锈蚀形式。但是钢材的腐蚀是多种因素综合作用的结果。

钢材锈蚀时，伴随体积增大，最严重的可达原体积的 5～6 倍。在钢筋混凝土中会使周围的混凝土胀裂。

2. 钢材锈蚀的防止

（1）保护层法

在钢材表面施加保护层，使钢与周围介质隔离，从而防止锈蚀。保护层可分为金属保护层和非金属保护层两类。

金属保护层是用耐蚀性较强的金属，以电镀或喷镀的方法覆盖钢材表面，如镀锌、镀锡、镀铬等。

非金属保护层是用有机或无机物质作保护层。常用的是在钢材表面涂刷各种防锈涂料，此法简单易行，但不耐久。此外，还可采用塑料保护层、沥青保护层及搪瓷保护层等。

（2）添加合金元素法

在生产实践中，人们常常利用在钢材冶炼过程中加入合金元素的方法提高钢材的耐蚀性。

（3）物理或化学热处理

对钢材进行采用合适的物理热处理工艺，可提高钢材的耐蚀性；采用合适的化学热处理方式（表面渗碳或渗氮），可大幅提高钢的耐蚀性。

3. 钢结构的防火

钢材作为结构材料，本身不燃烧，却不耐高温，其机械性能如屈服点、弹性模量、抗压强度、荷载能力等均会应温度的升高而急剧下降，当钢构件温度达到 350 ℃、500 ℃、600 ℃时，强度分别下降1/3、1/2、2/3。据理论计算，全负荷钢结构失去静态平衡稳定性的临界温度为540 ℃。纽约世贸大厦的倒塌就是因为高温燃烧导致作为结构承重体系的钢材软化所致。所谓钢结构的防火措施就是给钢构件提供一层适用于吸热或绝热的材料。这些材料在火中将起到延迟钢构件温升的作用。

钢结构的防火保温方式通常有以下几种。

1）外包层　就是在钢结构外表添加外包层，可以现浇成型，也可以采用喷涂法。现浇成型的实体混凝土外包层通常用钢丝网或钢筋来加强，以限制收缩裂缝，并保证外壳的强度。喷涂法可以在施工现场对钢结构表面涂抹砂泵以形成保护层，砂泵可以是石灰水泥或是石膏砂浆，也可以掺入珍珠岩或石棉。同时外包层也可以用珍珠岩、石棉、石膏或石棉水泥、轻混凝土做成预制板，采用胶黏剂、钉子、螺栓固定在钢结构上。

2）浇筑混凝土砌筑砖块法　用现浇混凝土作外包层时，可以在钢结构上现浇成型，也可采用喷涂法（喷射工艺）。这种方法保护层强度高、耐冲击，占用空间较大，适用于容易碰撞、无保护面板的钢柱防火保护。

3）充水法　是指在空心钢构件内充水，以抵御火灾。这是最有效的方法。它能使钢结构在火灾时保持较低的温度。水在结构构件内循环，受热的水可经冷却再循环，或由水管引入凉水来取代加热过的水。这种方法在国外被广泛地使用在钢柱的防护中。这种方法造价低，对空心钢构件的防渗漏、防腐蚀要求高，只适用于空心钢构件的保护。

4）包覆法　指采用无机防火板材对大型钢构件进行箱式包裹，如石膏板、蛭石板、无石棉硅酸钙隔热板等，包板的厚度根据耐火极限的要求而定。这种方法具有施工方便、装修面平整光滑、成本低、损耗小、无环境污染、施工周期短、耐老化等优点，推广前景好，是钢结构防火保护新的发展方向。

5）复合保护法　紧贴钢板用防火涂料或柔性毡状隔热材料，外用防火薄板作罩面板。这种方法适用于表面有装饰要求的钢结构，一般用于需要粘贴柔性毡状隔热材料或涂敷厚质防火涂料的钢柱。

5.2　铝及铝合金

铝及铝合金以其特有的性能和装饰效果，被广泛应用于建筑工程、航空航天、汽车制造、化工包装等领域。

5.2.1　铝及铝合金特性

铝元素在地壳组成中约占 8.13%，仅次于氧和硅。铝在自然界是以化合物的形式存在的，铝由三氧化二铝通过电解得到金属铝，再通过提纯，分离出杂质，制成铝锭。

纯铝具有银白色金属光泽，密度小（2.72 g/cm^3），熔点低（660.4 ℃），导电、导热性能优良，仅次于银、铜、金；无磁性；纯铝在空气中易氧化，可在表面形成一层致密牢固的氧化膜，因而抗大气腐蚀性能好；具有极好的塑性和较低的强度，易于加工成形；还具有良好的低温塑性，直到 -253 ℃时其塑性和韧性也不降低。纯铝的主要用途是配制铝合金，还可用来制造导线、包覆材料及耐蚀器具等。经冷加工后，铝的强度可提高到150 ~ 250 MPa。

纯铝的强度、硬度低，故不能作为结构材料使用。向铝中加入适量的合金元素制成铝合金，可改变其组织结构，提高性能。既可以保持铝质量轻的特点，同时机械性能明显提高，是典型的轻质高强的材料，同时其耐蚀性和低温脆硬性得到较大改善。

常加入的元素主要有铜、锰、硅、镁、锌等，此外还有铬、镍、钛、钪、锆、铒等辅加元素。由于这些合金元素的强化作用，使得铝合金既具有高强度又保持纯铝的优良特性，因此铝合金既可以用于建筑装饰，还可以可用于制造承受较大载荷的机械零件或构件，成为工业中广泛使用的有色金属材料；由于铝合金具有高的比强度，所以又成为飞机的主要结构材料。

5.2.2 铝合金的分类、牌号及性质

1. 铝合金分类

① 按制造的成品分为工业铝、航空铝、民用铝、导电铝几大类。

② 按含铝量分为熟铝和生铝。生铝为含铝量98%以下的合金，性质脆硬，只能翻砂铸造产品；熟铝为含铝量98%以上的合金，性质柔软，可压延或冲轧多种器皿。

③ 按形态分为铝板、铝锭、铝线、铝杆、铝饼等。

④ 按加工方法可以分为变形铝合金和铸造铝合金。变形铝合金又分为不可热处理强化型铝合金和可热处理强化型铝合金。不可热处理强化型铝合金不能通过热处理来提高机械性能，只能通过冷加工变形来实现强化，它主要包括高纯铝、工业高纯铝、工业纯铝以及防锈铝等。可热处理强化型铝合金可以通过淬火和时效等热处理手段来提高机械性能，它可分为硬铝、锻铝、超硬铝和特殊铝合金等。铸造铝合金按化学成分可分为铝硅合金、铝铜合金、铝镁合金和铝锌合金。

2. 铝合金的牌号

① 纯铝产品：纯铝分冶炼品和压力加工品两类，前者以化学成分Al表示，后者用汉语拼音LG（铝、工业用的）表示。

② 压力加工铝合金：铝合金压力加工产品分为防锈（LF）、硬质（LY）、锻造（LD）、超硬（LC）、包覆（LB）、特殊（LT）及钎焊（LQ）等七类。常用铝合金材料的状态为退火（M焖火）、硬化（Y）、热轧（R）等三种。

③ 铸造铝合金：铸造铝合金（ZL）按成分中铝以外的主要元素硅、铜、镁、锌分为四类，代号编码分别为100、200、300、400。

5.2.3 铝合金型材的加工和表面处理

铝合金型材生产加工包括熔铸、挤压和氧化三个过程。

1. 熔铸

熔铸是铝材生产的首道工序。主要过程为如下。

1）配料　根据需要生产的具体合金牌号，计算出各种合金成分的添加量，合理搭配各种原材料。

2）熔炼　将配好的原材料按工艺要求加入熔炼炉内熔化，并通过除气、除渣精炼手段将熔体内的杂渣、气体有效除去。

3）铸造　熔炼好的铝液在一定的铸造工艺条件下，通过深井铸造系统，冷却铸造成各种规格的圆铸棒。

2. 挤压

挤压是型材成形的手段。

先根据型材产品断面设计、制造出模具，利用挤压机将加热好的圆铸棒从模具中挤出成形。

在挤压时还用一个风冷淬火过程及其后的人工时效过程，以完成热处理强化。不同牌号的可热处理强化合金，其热处理制度不同。

3. 氧化

挤压好的铝合金型材，其表面耐蚀性不强，须通过阳极氧化进行表面处理以增加铝材的抗蚀性、耐磨性及外表的美观度。其主要过程为如下。

1）表面预处理　用化学或物理的方法对型材表面进行清洗，裸露出纯净的基体，以利于获得完整、致密的人工氧化膜。还可以通过机械手段获得镜面或无光（亚光）表面。

2）阳极氧化　经表面预处理的型材，在一定的工艺条件下，基体表面发生阳极氧化，生成一层致密、多孔、强吸附力的膜层。

3）封孔　将阳极氧化后生成的多孔氧化膜的膜孔孔隙封闭，使氧化膜防污染、抗蚀和耐磨性能增强。氧化膜是无色透明的，利用封孔前氧化膜的强吸附性，在膜孔内吸附沉积一些金属盐，可使型材外表显现本色（银白色）以外的许多颜色，如：黑色、古铜色、金黄色及不锈钢色等。

除了上述阳极氧化表面处理工艺外，铝合金还有很多的表面处理方法，如电泳涂装、表面喷涂、拉丝处理等。

5.2.4　建筑装饰铝合金及制品

在现代建筑中，常用的铝合金制品有铝合金门窗、铝合金装饰板及吊顶、铝及铝合金波纹板、压型板、冲孔平板、铝箔等，这些制品具有承重、耐用、装饰、保温、隔热等优良性能。

1. 铝合金门窗

铝门窗是由经过表面处理的铝合金型材，经过备料→铣切→钻孔→铣槽→组角→组装→装密闭条→装玻璃→装启闭配件→成品检验→成品入库等工序加工而成。门窗框料之间的连接采用直角榫头、不锈钢螺丝钉结合。现代建筑装修工程，尽管铝合金门窗比普通钢门窗的造价高3~4倍，但因其长期维修费用少、性能好、美观、节约能源等，所以，其在建筑装饰工程中扮演了重要角色，并得到广泛应用。

（1）铝合金门窗的特点

① 轻质、高强。由于门窗框的断面是空腹薄壁组合断面，这种断面利于使用并因空腹而减轻了铝合金型材的质量，铝合金门窗较钢门窗轻50%左右。在断面尺寸较大且质量较轻的情况下，其截面却有较高的抗弯刚度。

② 密闭性能好。密闭性能为门窗的重要性能指标，铝合金门窗较之普通木门窗和钢门窗，其气密性、水密性和隔音性能均佳。铝合金门窗的推拉门窗比平开门窗的密闭性稍差，因此推拉门窗在构造上加设了尼龙毛条，以增强其密闭性能。

③ 使用中变形小。一是因为型材本身的刚度好，二是由于其制作过程中采用冷连接。横竖杆件之间、五金配件的安装，均是采用螺丝、螺栓或铝钉，它是通过角铝或其他类型的连接件，使框、扇杆件连成一个整体。同钢门窗的电焊连接相比，这种冷连接可以避免在焊接过程

中因受热不均而产生的变形现象，从而确保制作精度。

④ 立面美观。一是造型美观，门窗面积大，使建筑物立面效果简洁明亮，并增加了虚实对比，富有层次感；二是色调美观，其门窗框料经过氧化着色处理，可具银白色、金黄色、青铜色、古铜色、黄黑色等色调或带色的花纹，外观华丽雅致，无须再涂漆或进行表面维修。

⑤ 耐腐蚀，使用维修方便。铝合金门窗不需要涂漆，不褪色、不脱落，表面不需要维修。铝合金门窗强度高，刚性好，坚固耐用，开闭轻便灵活，无噪声。

⑥ 施工速度快。铝合金门窗现场安装的工作量较小，施工速度快。

⑦ 使用价值高。在建筑装饰工程中，特别是对于高层建筑、高档次的装饰工程，如果从装饰效果、空调运行及年久维修等方面综合权衡，铝合金门窗的使用价值是优于其他种类门窗的。

⑧ 便于工业化生产。铝合金门窗框料型材加工、配套零件及密封件的制作与门窗装配试验等，均可在工厂内进行大批量工业化生产，有利于实现门窗设计标准化、产品系列化和零配件通用化以及门窗产品商品化。

(2) 铝合金门窗性能指标

铝合金门窗在出厂前须经过严格的性能试验，只有达到规定的性能指标后才可以安装使用。常用的性能指标如下。

① 强度。铝合金门窗的强度是在门窗专用仪器设备上进行加压实验，用所用风压的等级来表示的。

② 气密性。在压力箱内，使窗的前后形成一定压力差，用每平方米面积每小时的通气量（m^3）表示窗的气密性，单位 $m^3/(h \cdot m^2)$。

③ 水密性。在压力箱内，对窗的外侧加入周期为 2 s 的正弦脉冲压力，同时向窗内单位面积（m^2）上每分钟喷 4 L 的人工降雨，连续 10 min 的实验，看室内一侧是否有渗漏现象。根据加压大小的平均值来评定水密性等级。

④ 开闭力。装配和安装好后，窗扇打开或关闭所需要的力的大小。

⑤ 隔声和隔热性能。当声频一定声音时，铝合金窗的响声通过损失趋于恒定时，响声通过的损失大小来评定隔声性；隔热用窗的热对流阻抗来表示。

⑥ 尼龙导向轮的耐久性等。

(3) 铝合金门窗的类型

根据结构与开闭方式的不同，铝合金门窗可分为推拉门、推拉窗、平开门、平开窗、固定窗、悬挂窗、回转门、回转窗等几种。

根据色泽的不同，铝合金门窗可分为银白色、金黄色、青铜色、古铜色、黄黑色等几种。

根据生产系列（习惯上按门窗型材截面的宽度尺寸）的不同，铝合金门窗可分为 38 系列、42 系列、50 系列、54 系列、60 系列、64 系列、70 系列、78 系列、80 系列、90 系列、100 系列等。

根据铝合金窗的抗风压强度、空气渗透系数和雨水渗透性可分为分 A 类（高性能窗）、B 类（中性能窗）、C 类（低性能窗）。每一类里又按同样指标分为优等品、一等品和合格品。

2. 铝合金装饰板

铝合金装饰板具有质量轻、不燃烧、耐久性好、施工方便及装饰效果好等特点，广泛用于公共建筑室内外装饰。常用的有如下几种。

（1）铝合金花纹板

铝合金花纹板是采用防锈铝合金等坯料用特制的花纹轧制而成的，花纹美观大方，不易磨损，防滑性能好，防腐蚀性强，便于冲洗。通过表面处理可以得到不同的颜色。花纹板材平整，裁剪尺寸精确，便于安装，广泛用于墙面装饰及楼梯及楼梯踏板处。

（2）铝质浅花纹板

以冷作硬化后的铝材为基材，经过轧制而成。铝合金浅花纹板是优良的建筑装饰材料之一，如表5－11所示。它花纹精巧别致，色泽美观大方，除具有普通铝板共有的优点外，刚度提高20%，抗污垢、抗划伤、抗擦伤能力均有提高，尤其是增加了立体图案和美丽的色彩，更使建筑物生辉。它是我国所特有的建筑装修产品。铝合金浅花纹板对白光反射率达75%～90%，热反射率达85%～95%。在氨、硫、硫酸、磷酸、亚磷酸、浓硝酸、浓醋酸中耐蚀性好。通过电解、电泳涂漆等表面处理可得到不同色彩的浅花纹板。

表5－11　铝质浅花纹板的规格及花色名称

花色名称	产品规格/mm			花纹高度	卷材重/kg
	底板厚度	宽度	平片板		
小橘皮	0.3～1.2	200～400	1 500	0.05～0.12	5～80
大菱形	0.3～1.5	200～400	1 500	0.10～0.20	5～80
小豆点	0.25～0.9	200～400	1 500	0.10～0.15	5～80
小菱形	0.25～1.2	200～400	1 500	0.05～0.12	5～80
蜂窝形	0.30～0.90	150～350	1 500	0.20～0.70	5～80
月季花	0.20～0.6	200～400	2 000	0.05～0.12	5～80
飞天图	0.30～1.2	200～400	2 000	0.10～0.25	5～80

（3）铝及铝合金波纹板

铝及铝合金波纹板是世界上广泛应用的装饰材料，它主要用于墙面装饰，也可用于屋面，表面经化学处理可以有各种颜色，有较好的装饰效果，又有很强的反射光能力，铝合金波纹板的特点是自重轻（仅为钢的3/10），它能防火、防潮、耐腐蚀，十分经久耐用，在大气中使用20年不需要换，搬迁拆卸下的波纹板仍可重新使用。它适合于旅馆、饭店、商场等建筑墙面和屋面的装饰。常见铝合金波纹板形状如图5－17所示。

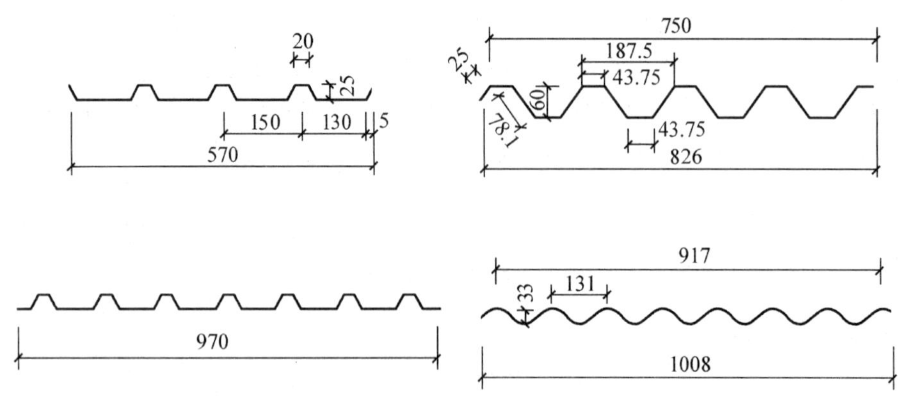

图5－17　铝合金波纹板波纹形状

（4）铝合金穿孔吸声板

铝合金穿孔板采用各种铝合金平板经机械穿孔而成。孔型根据需要有圆孔、方孔、长圆孔、长方孔、三角孔、三小组合孔等。这是一种降低噪声并兼有装饰作用的新产品。

铝合金穿孔板材质轻、耐高温、耐腐蚀、防火、防潮、防震、化学稳定性好，造型美观，色泽幽雅，立体感强，装饰效果好，且组装简便，可用于宾馆、饭店、影院、播音室等公共建筑和中高档民用建筑改善音质条件，也可用于各类车间厂房、人防地下室等作为降噪措施。铝合金穿孔板及装饰板的主要规格，性能及生产厂见表5－12。

表5－12　铝合金穿孔板及装饰板主要规格、性能及生产厂

产品名称	生产厂	性能和特点	规格/（mm×mm×mm）
穿孔平面吸声板	无锡市铝制品厂	材质：防锈铝（LF21） 板厚：1mm 孔径：ϕ6，孔距：10 降噪系数：1.16 工作使用降噪效果：4～8 dB 吸声系数：（Hz/吸声系数），厚度75 mm　125/0.13，250/184，500/1.18，1000/1.37，2 000/1.04，4 000/0.97	495×495×（50～100）
穿孔块体式吸声体	无锡市铝制品厂	材质：防锈铝（LF21） 板厚：1mm 孔径：ϕ6，孔距：10 降噪系数：2.17 工作使用降噪效果：4～8dB（A）吸声系数：（Hz/吸声系数），厚度75 mm　125/0.22，250/1.25，500/2.34，1 000/2.63，2 000/2.54，4 000/2.25	750×500×100
铝合金穿孔压花吸声板		材质：电化铝板 孔径：6～8 工程使用降噪效果：4～8dB	500×500×（0.8～1） 1 000×1 000×（0.8～1）

3．其他铝合金装饰制品

铝合金装饰制品除了上述以外，还有很多如铝合金吊顶龙骨、铝合金百叶窗、搪瓷铝合金制品及铝箔等，另外，铝合金还可压制五金零件，如把手、铰锁以及标志、商标、提把、提攀、嵌条、包角等装饰制品，既美观，金属感强，又耐久不腐。此外，铝合金还可以用作建筑模板如图5－18所示。

图 5-18　建筑铝合金模板

视频：铝合金应用

5.3　其他金属材料

建筑与装饰工程中还常用到铸铁、铜合金及金箔等建筑与装饰材料。

5.3.1　铸铁

含碳量大于2.11%，并含有较多硅、锰、硫、磷等元素的铁碳合金。铸铁具有良好的铸造性能，成本低，是工业上广泛应用的一种黑色金属材料。

铸铁性脆，无塑性，抗压强度较高，但抗拉和抗弯强度不高，不宜作结构材料。在建筑中大量采用铸铁水管，用作上下水管道、城市输水、输气，也用作排水管、地沟、窨井等盖板以及暖气片及各种零部件。铸铁也是一种常用的装饰材料，用于制作门、窗、栏杆、栅栏及某些建筑小品等。图 5-19 为建筑中常用的铸铁管件。

图 5-19　建筑中常用的铸铁管件

视频：铸铁及其应用

5.3.2　铜及合金

铜为紫红色金属，故又称为紫铜。铜的密度为 8.72 g/cm^3，具有优良的导电性、导热性、延展性和耐蚀性，但强度较低，易生锈。一般用于制作发电机、母线、电缆、开关装置、变压器等电工器材和热交换器、管道、太阳能加热装置的平板集热器等导热器材。

建筑上所用纯铜较少，一般均用铜合金。常用的铜合金分为青铜、黄铜、白铜三大类。

青铜原指铜锡合金，后除黄铜、白铜以外的铜合金均称青铜，并常在青铜名字前冠以第一主要添加元素的名。锡青铜的铸造性能、减摩性能好和机械性能好，适合制造轴承、蜗轮、轮等。铅青铜是现代发动机和磨床广泛使用的轴承材料。铝青铜强度高，耐磨性和耐蚀性好，用于铸造高载荷的齿轮、轴套、船用螺旋桨等。磷青铜的弹性极限高、导电性好，适合制造精密弹簧和电接触元件，铍青铜还用来制造煤矿、油库等使用的无火花工具。铍铜是一种过饱和固溶体铜基合金，是机械性能，物理性能，化学性能及抗蚀性能良好。

黄铜是由铜和锌所组成的合金。如果只是由铜、锌组成的黄铜就叫作普通黄铜。黄铜常被用于制造阀门、水管、空调内外机连接管和散热器等。如果是由二种以上的元素组成的多种合金就称为特殊黄铜。如由铅、锡、锰、镍、铁、硅组成的铜合金。特殊黄铜又叫特种黄铜，它强度高、硬度大、耐化学腐蚀性强。还有切削加工的机械性能也较突出。黄铜有较强的耐磨性能。由黄铜所拉成的无缝铜管，质软、耐磨性能强。黄铜无缝管可用于热交换器和冷凝器、低温管路、海底运输管。制造板料、条材、棒材、管材，铸造零件等。含铜在62%～68%，塑性强，制造耐压设备等。为了改善普通黄铜的性能，常添加其他元素，如铝、镍、锰、锡、硅、铅等。铝能提高黄铜的强度、硬度和耐蚀性，但使塑性降低，适合作海轮冷凝管及其他耐蚀零件。锡能提高黄铜的强度和对海水的耐腐性，故称海军黄铜，用作船舶热工设备和螺旋桨等。铅能改善黄铜的切削性能；这种易切削黄铜常用作钟表零件。黄铜铸件常用来制作阀门和管道配件等。

白铜是以镍为主要添加元素的铜合金。铜镍二元合金称普通白铜；加有锰、铁、锌、铝等元素的白铜合金称复杂白铜。工业用白铜分为结构白铜和电工白铜两大类。结构白铜的特点是机械性能和耐蚀性好，色泽美观。这种白铜广泛用於制造精密机械、眼镜配件、化工机械和船舶构件。电工白铜一般有良好的热电性能。锰铜、康铜、考铜是含锰量不同的锰白铜，是制造精密电工仪器、变阻器、精密电阻、应变片、热电偶等用的材料。黄铜阀门见图5－20。

图5－20　黄铜阀门

视频：铜及其合金应用

5.3.3　金箔

金箔是我国民间传统工艺品，相传已有1700多年历史，源于东晋，成熟于南北朝，流行于宋、齐、梁、陈。金箔是以未锻造的黄金为主要原料，通过特殊工艺把黄金锤成厚度达到0.12 um左右的黄金薄片。黄金由于具有良好的延展性和可塑性，一两纯金（32.5 g）可锤成万分之一毫米厚、面积16.2 m^2 的金箔。黄金的性质稳定，永不变色、抗氧化、防潮湿、耐腐蚀、防变霉、防虫咬、防辐射，用黄金制作的金箔具有薄如蝉翼、色泽纯正、厚度均匀、经久不变色等特点。由于金箔的这些特点，使金箔广泛用于一些高档的宾馆、会馆、别墅、会议室等重要的和特殊要求的工程（如人民大会堂）内外部装修、金字招牌、寺庙贴金、雕塑贴金、工艺品、文物保护和修复等。图 5－21 所示为香港恒丰金业公司用黄金打造的“黄金宫殿”。这座“瑞士号黄金皇宫”位于恒丰金业土瓜湾总部，占地七百多平方米，耗时五年建成，耗资三亿港元。黄金屋内所有家具设计均参考西式皇宫用品及陈设，包括床、沙发、茶几、书桌、椅、餐桌、梳妆台、浴缸、坐厕、洗手盆及地下嵌画、壁画、天花浮雕等，全是黄金制造，璀璨夺目，令人叹为观止

图 5－21 “瑞士号黄金皇宫”

视频：金箔及其应用

本任务小结

金属材料是建筑工程中十分重要的材料。钢材具有一些特殊的性能和优点，使其广泛地应用于工业各领域中。建筑工程中钢材的使用量十分大，有各种型号和规格，同时由于建筑结构向大跨度和高层发展，为钢结构提供了舞台，使钢结构得以快速发展。建筑钢材的技术性质包括抗拉性能、冲击性能、硬度、耐疲劳性、冷弯性能和焊接性能。建筑工程用钢包括钢结构用钢和混凝土结构用钢。

目前建筑工程当中，铝及铝合金是除钢材外用量较多的另一种金属材料。本任务主要介绍了铝及铝合金的特性、分类、加工、制品等内容。此外，还介绍了铸铁、铜及合金、金箔等金属材料。

应用案例与发展动态

动态 5

任务六
墙体材料及屋面材料的选择与应用

任务简介： 通过学习掌握各种砌墙砖、砌块、板材、屋面材料的性能，能够结合工程特点正确选择相应的材料。

知识目标： (1) 了解禁止生产使用普通烧结黏土砖的意义，掌握目前我国常用的几种砌墙砖的类型、性能。
(2) 掌握我国目前常用建筑砌块的类型、性能。
(3) 了解墙体板材的种类，性能特。
(4) 掌握常用屋面材料的类型、品种、主要技术性能。

技能目标： (1) 能根据工程标准规范要求，正确完成砌墙砖等各项材料常规试验、数据处理、并评定检测结果、书写检测报告及资料的分析整理。
(2) 具有分析判别的能力，并能合理选择墙体与屋面材料。

墙体材料是房屋建筑的主要围护材料和结构材料，其用量占砖混结构房屋所用材料的首位。常用的墙体材料有砖、砌块和板材三大类，其中普通黏土砖在我国的使用已有数千年的历史，虽然普通黏土砖具有毁田取土、生产能耗大、抗震性能差、块小自重大、自然耗损大、劳动生产率低、不利于施工机械化等缺点，但由于其具有较好的绝热、耐火和耐久性，且造价低廉，至今仍得到一定的应用，但随着节能减排、低碳环保的需要，普通黏土将逐步退出历史舞台。

墙体材料的发展方向是，大力发展多孔砖、空心砖、废渣砖、各种建筑砌块和建筑板材等各种新型墙体材料，其主要优点是：轻质、高强；隔声、保温、隔热、多功能；生产耗能低、保护良田；施工速度快、劳动生产率高；抗震性能好；使用面积增大；平面布置灵活，便于房屋改造；社会效益和经济效益好。

6.1 砌墙砖

由于砖的价格便宜，且又满足一定的建筑功能要求，在建筑物中用于承重墙和非承重墙体的砖，统称为砌墙砖。砌墙砖按孔洞率大小分为实心砖、多孔砖和空心砖。实心砖又称普通砖，孔洞率<25%（多孔砌块孔洞率≥33%）；多孔砖孔洞率≥25%，孔的尺寸小而数量多；空心砖孔洞率≥40%，且孔的尺寸大而数量少。

按制造工艺分为烧结砖、蒸养（压）砖、免烧（蒸）砖等。

按原料分为黏土砖、页岩砖、灰砂砖、粉煤灰砖、煤矸石砖、炉渣砖等。

6.1.1 烧结砖

凡是以黏土、页岩、煤矸石或粉煤灰为原料，经成型和高温焙烧而制得的用于砌筑承重和非承重墙体的砖统称为烧结砖。目前在墙体材料中应用最多的是烧结普通砖、烧结多孔砖和烧结空心砖。由于多孔砖和空心砖的尺寸和空孔洞率大于或等于普通砖，一方面可减少黏土的消耗量20%~30%，节约耕地和燃料；另一方面改善了墙体的保温隔热性能和吸声性能。

1. 烧结普通砖

烧结普通砖是以黏土、页岩、煤矸石、粉煤灰为主要原料，经成型、干燥、焙烧、冷却而成的用于砌筑的直角六面体小型块材。包括黏土砖（N）、页岩砖（Y）、煤矸石砖（M）、粉煤灰砖（F）、煤矸石砖（M）。

（1）生产工艺

各种烧结普通砖的生产工艺基本相同，以烧结黏土砖为例，生产工艺过程简述为：采土—配料调制—制坯—干燥—焙烧—成品。焙烧是生产过程中最重要的环节。砖坯在焙烧过程中，要控制好焙烧温度，火候要适当、均匀，否则将出现不合格品——欠火砖和过火砖。欠火砖是由于焙烧过程中温度过低，砖的孔隙率大，强度低，耐久性差。过火砖是由于焙烧温度过高，易出现弯曲等变形，砖的孔隙率小，外形尺寸极不规整。欠火砖色浅，敲击时声哑，过火砖色较深，敲击时声清脆。

砖坯在氧化气氛中焙烧，则制得红砖。若砖坯在氧化气氛中烧成后，再经浇水闷窑，使窑内形成还原气氛，使砖内的红色高价氧化铁（Fe_2O_3）还原成青色的低价氧化亚铁（FeO），即制得青砖。

按焙烧方法不同，烧结普通砖又分为内燃砖和外燃砖。内燃砖是将可燃性工业废料（煤渣、粉煤灰、煤矸石等）以适当比例掺入砖坯中，当砖烧到一定温度后，坯内的燃料燃烧而烧结成砖。这样既节省了大量燃煤，节约黏土，又使砖坯烧结均匀，且留下许多封闭小孔，所以砖的强度有所提高，表面密度减小，隔音保温性能增强。

（2）烧结普通砖的主要技术性质

国家标准《烧结普通砖》（GB 5101—2003）规定，烧结普通砖的尺寸偏差、外观质量、强度等级和抗风化性质等主要技术性能指标均作了具体规定。强度、抗风化性能和放射性物质合格的砖，根据尺寸偏差、外观质量、泛霜和石灰爆裂分为优等品（A）、一等品（B）和合格品（C）三个质量等级。

Ⅰ. 尺寸偏差

烧结普通砖的公称尺寸为240 mm × 115 mm × 53 mm，如图6－1所示。若加上砌筑灰缝厚约10mm，则4块砖长、8块砖宽和16块砖厚约1 m^3，因此，每立方米砌体砖4 × 8 × 16 = 512块。砖的尺寸允许偏差应符合表6－1的规定。

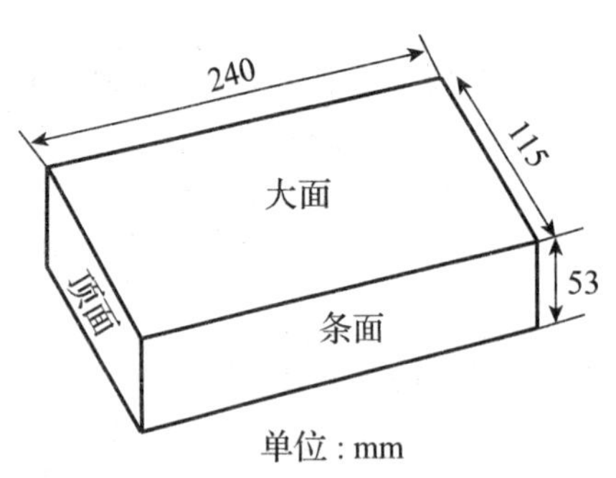

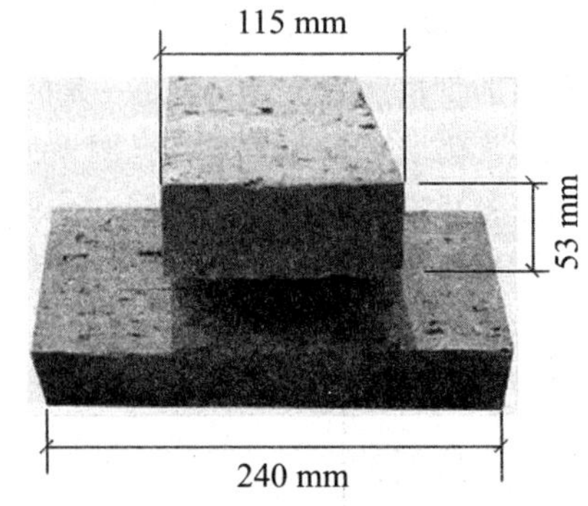

图6－1　砖的尺寸及各部分名称

表 6-1　烧结普通砖尺寸允许偏差　　(mm)

公称尺寸	优等品		一等品		合格品	
	样本平均偏差	样本极差	样本平均偏差	样本极差	样本平均偏差	样本极差
240	±2.0	≤6	±2.5	≤7	±3.0	≤8
115	±1.5	≤5	±2.0	≤6	±2.5	≤7
53	±1.5	≤4	±1.6	≤5	±2.0	≤6

Ⅱ. 外观质量

烧结普通砖的外观质量包括两条面高度差、弯曲、杂质凸出高度、缺棱掉角、裂纹、完整面、颜色等内容，分别应符合表 6-2 的规定。

表 6-2　烧结普通砖的外观质量　　(mm)

<table>
<tr><th colspan="2">项　目</th><th>优等品</th><th>一等品</th><th>合格品</th></tr>
<tr><td colspan="2">两条面高度差</td><td rowspan="3">≤2</td><td rowspan="3">≤3</td><td rowspan="3">≤4</td></tr>
<tr><td colspan="2">弯曲</td></tr>
<tr><td colspan="2">杂质凸出高度</td></tr>
<tr><td colspan="2">缺棱掉角的两个破坏尺寸（不得同时大于）</td><td>5</td><td>20</td><td>30</td></tr>
<tr><td rowspan="2">裂纹长度，≤</td><td>大面上宽度方向及其延伸至条面的长度</td><td>30</td><td>60</td><td>80</td></tr>
<tr><td>大面上长度方向及其延伸至顶面的长度或条顶面上水平裂纹的长度</td><td>50</td><td>80</td><td>100</td></tr>
<tr><td colspan="2">完整面，≥</td><td>两条面和两顶面</td><td>一条面和一顶面</td><td></td></tr>
<tr><td colspan="2">颜色</td><td>基本一致</td><td></td><td></td></tr>
</table>

注：1. 为装饰而加的色差、凹凸纹、拉毛、压花等不算作缺陷。

2. 凡有下列缺陷之一者，不得称为完整面：

①缺损在条面或顶面上造成的破坏面尺寸同时大于 10 mm×10 mm；

②条面或顶面上裂纹宽度大于 1 mm，其长度超过 30 mm；

③压陷、粘底、焦花在条面或顶面的凹陷或凸出超过 2 mm，区域尺寸同时大于 10 mm×10 mm。

Ⅲ. 强度等级

按抗压强度（MPa），砖划分为 MU30、MU25、MU20、MU15、MU10 五个强度等级。强度等级的确定是通过取 10 块砖样进行抗压强度试验，再根据公式（6-1）和式（6-2）确定的强度平均值和强度标准值或最小值来划分的，各强度等级应满足表 6-3 的要求。

表 6-3 烧结普通砖的强度等级 (MPa)

强度等级	抗压强度平均值 $\bar{f}$	变异系数 $\delta \leqslant 0.21$	变异系数 $\delta > 0.21$
		强度标准值 f_k	单块最小抗压强度值 f_{min}
MU30	≥30.0	≥22.0	≥25.0
MU25	≥25.0	≥18.0	≥22.0
MU20	≥20.0	≥14.0	≥16.0
MU15	≥15.0	≥10.0	≥12.0
MU10	≥10.0	≥6.5	≥7.5

注：强度变异系数 $\delta = S/\bar{f}$。

强度平均值：
$$\bar{f} = \frac{1}{10}\sum_{i=1}^{10} f_i \tag{6-1}$$

标准值 f_k：
$$f_k = \bar{f} - 1.8S \tag{6-2}$$

标准差：
$$S = \sqrt{\frac{1}{9}\sum_{i=1}^{10}(f_i - \bar{f})^2} \tag{6-3}$$

上述三式中：δ——强度变异系数，精确至 0.01；

f_k——强度标准值，精确至 0.01 MPa；

S——10 块试样的抗压强度标准差，精确至 0.01 MPa；

$\bar{f}$——10 块试样的抗压强度平均值，精确至 0.01 MPa；

f_i——单块试样抗压强度测定值，精确至 0.01 MPa。

Ⅳ. 泛霜和石灰爆裂

泛霜指砖的原料中含有可溶性盐类，在砖使用过程中，随水分蒸发在砖表面产生盐析，常为白色粉末，如图 6-2 所示。严重者会导致粉化剥落。国家标准严格规定烧结制品中优等产品不允许出现泛霜，一等产品不允许出现中等泛霜，合格产品不允许出现严重泛霜。

图 6-2 泛霜

石灰爆裂是烧结砖的原料中夹杂着石灰石，焙烧时石灰石被烧成生石灰块，在使用过程中生石灰吸水熟化转变为熟石灰，体积膨胀而产生爆裂现象。石灰爆裂影响砖的质量，使砖砌体强度降低，直至破坏。因此，对于优等品砖，不允许出现最大破坏尺寸大于 2 mm 的爆裂区域；一等品不允许出现最大破坏尺寸大于 10 mm 的爆裂区域，在 2～10 mm 之间爆裂区域，每组砖样不得多于 15 处；合格品则要求不允许出现最大破坏尺寸大于 15 mm 的爆裂区域，在 2～15 mm 之间的爆裂区域，每组砖样不得多于 15 处，其中大于 10 mm 的不得多于 7 处。

Ⅴ. 抗风化性能

抗风化性能是指材料在干湿变化、温度变化、冻融变化等物理因素作用下不破坏并保持原有性质的能力。我国按风化指数将各省市划分为严重风化区和非严重风化区，如表6-4 所示。

表 6－4　风化区的划分

严重风化区		非严重风化区		
1. 黑龙江	8. 青海省	1. 山东省	8. 四川省	15. 海南省
2. 吉林省	9. 陕西省	2. 河南省	9. 贵州省	16. 云南省
3. 辽宁省	10. 山西省	3. 安徽省	10. 河南省	17. 西藏自治区
4. 内蒙古自治区	11. 河北省	4. 江苏省	11. 福建省	18. 上海市
5. 新疆维吾尔自治区	12. 北京市	5. 湖南省	12. 台湾省	19. 重庆市
6. 宁夏回族自治区	13. 天津市	6. 江西省	13. 广东省	
7. 甘肃省		7. 浙江省	14. 广西壮族自治区	

用于严重风化区中 1～5 地区的砖必须进行冻融试验。其他地区的砖，其沸煮吸水率与饱和系数指标若能达到表 6－5 的要求，可认为其抗风化性能合格，不再进行冻融试验，当有一项指标达不到要求时，也必须进行冻融试验。

表 6－5　抗风化性能

砖种类	严重风化区				非严重风化区			
	5 h 沸煮吸水率(%)		饱和系数		5 h 沸煮吸水率(%)		饱和系数	
	平均值	单块最大值	平均值	单块最大值	平均值	单块最大值	平均值	单块最大值
黏土砖	≤21	≤23	≤0.85	≤0.87	≤23	≤25	≤0.88	≤0.90
粉煤灰砖	≤23	≤25			≤30	≤32		
页岩砖	≤16	≤18	≤0.74	≤0.77	≤18	≤20	≤0.78	≤0.80
煤矸石砖	≤19	≤21			≤21	≤23		

注：粉煤灰掺入量（体积比）小于 30% 时，按黏土砖规定判定。

Ⅵ. 酥砖和螺旋纹砖

酥砖是指砖坯被雨水淋、受潮、受冻或在焙烧过程中受热不均匀等原因，从而产生大量的网状裂纹的砖，这种现象会使砖的强度和抗冻性严重降低。

螺纹砖是指从挤泥机挤出的砖坯上存在螺旋纹的砖。它在烧结时不易消除，导致砖受力时易产生应力集中，使砖的强度下降。产品中不允许有欠火砖、酥砖和螺旋纹转。

Ⅶ. 产品标记

烧结普通砖的产品标记按产品名称、类别、强度等级、质量等级和标准编号顺序编写。

示例：烧结普通砖，强度等级 MU15，一等品的黏土砖，其标记为：交接普通砖 N MU15 B GB 5101。

(3) 烧结普通砖的应用

烧结普通砖具有较高的强度，较好的耐久性，保温、隔热、隔声、价格低廉等优点，加之原料广泛、工艺简单，所以是应用历史最久、应用范围最为广泛的墙体材料。用于砌筑墙体、基础、柱、拱、烟囱、铺砌地面。其中优等品适用于清水墙和墙体装饰，一等品、合格品可用于混水墙，中等泛霜的砖不能用于潮湿部位。

2. 烧结多孔砖

烧结多孔砖是以黏土、页岩、煤矸石、粉煤灰、淤泥（江河湖淤泥）及其他固体废弃物等为主要原料，经焙烧制成主要用于建筑物承重部位的多孔砖和多孔砌块（以下简称砖和砌块），形状如图6-3。

图6-3　烧结多孔砖外形

视频：普通烧结砖

(1) 砖和砌块的分类、规格、等级和标记

砖和砌块的分类、规格、等级和标记依据《烧结多孔砖和多孔砌块》（GB 13544—2011）规定。

1）分类　按主要原料分为黏土砖和黏土砌块（N）、页岩砖和砌块（Y）、煤矸石砖和砌块（M）、粉煤灰砖和砌块（F）、淤泥（江河湖淤泥）砖和砌块（U）、固体废弃物砖和砌块（G）。

2）规格　砖和砌块的外形一般为直角六面体，在与砂浆的结合面上应设有增加结合力的粉刷槽和砌筑砂浆槽。砖和砌块的长度、宽度、高度尺寸为：砖规格尺寸（mm）290、240、190、180、140、115、90；砌块规格尺寸（mm）490、440、390、340、290、240、190、180、140、115、90。其他规格尺寸由供需双方协商确定。

3）等级　砖和砌块等级分为强度等级和密度等级。依据抗压强度分为MU30、MU25、MU20、MU15、MU10五个强度等级；依据密度，砖分为1 000、1 100、1 200、1 300四个密度等级，砌块分为900、1 000、1 100、1 200四个密度等级。

4）产品标记　砖和砌块的产品标记按产品名称、品种、规格、强度等级、密度等级和标准号顺序编写。

标记示例：规格尺寸290 mm×140 mm×90 mm、强度等级MU25、密度1200的黏土烧结多孔砖，其标记为：烧结多孔砖 N 290×140×90 MU25 1200　GB 13544—2011。

(2) 技术要求

1）尺寸允许偏差　尺寸允许偏差应满足表6-6要求。

表6-6　烧结多孔砖尺寸允许偏差　（mm）

尺寸	样本平均偏差	样本极差
>400	±3.0	≤10.0
300~400	±2.5	≤9.0
200~300	±2.5	≤8.0
100~200	±2.0	≤7.0
<100	±1.5	≤6.0

2）外观质量　烧结多孔砖的外观质量应符合表6－7的规定。

表6－7　烧结多孔砖的外观质量　（mm）

项　目		指　标
1. 完整面	不得少于	一条面和一顶面
2. 缺棱掉角的三个破坏尺寸	不得同时大于	30
3. 裂纹长度		
（1）大面（有孔面）上深入孔壁15 mm以上宽度方向及其延伸到条面的长度	不大于	80
（2）大面（有孔面）上深入孔壁15 mm以上长度方向及其延伸到顶面的长度	不大于	100
（3）条顶面上的水平裂纹	不大于	100
4. 杂质在砖或砌块面上造成的凸出高度	不大于	5

注：凡有下列缺陷之一者，不能称为完整面：
① 缺损在条面或顶面上造成的破坏面尺寸同时大于20 mm×30 mm；
② 条面或顶面上裂纹宽度大于1 mm，其长度超过70 mm；
③ 压陷、焦花、粘底在条面或顶面上的凹陷或凸出超过2 mm，区域最大投影尺寸同时大于20 mm×30 mm。

3）密度等级　烧结多孔砖密度等级应符合表6－8的规定。

表6－8　砖和砌块的密度等级　（kg/m^3）

密度等级		3块砖或砌块干燥表观平均密度值
砖	砌块	
—	900	≤900
1 000	1 000	900～1 000
1 100	1 100	1 000～1 100
1 200	1 200	1 100～1 200
1 300	—	1 200～1 300

4）强度等级　砖和砌块强度等级应符合表6－9的规定。

表6－9　强度等级

强度等级	抗压强度平均值$\bar{f}$	强度标准值f_k
MU30	≥30.0	≥22.0
MU25	≥25.0	≥18.0
MU20	≥20.0	≥14.0
MU15	≥15.0	≥10.0
MU10	≥10.0	≥6.5

5）泛霜与石灰爆裂　每块砖或砌块不允许出现严重泛霜。破坏尺寸大于2 mm且小于或等于15 mm的爆裂区域，每组砖和砌块不得多于15处，其中大于10 mm的不得多于7处爆裂区

域；不允许出现破坏尺寸大于 15 mm 的爆裂区域。

6）抗风化性能　风化区的分类见表 6-4。严重风化区中的 1、2、3、4、5 地区的砖、砌块和其他地区以淤泥、固体废弃物为主要原料生产的砖和砌块必须进行冻融试验；其他地区以黏土、粉煤灰、页岩、煤矸石为主要原料生产的砖和砌块的抗风化性能符合表 6-10 规定时，可不做冻融试验，否则必须进行冻融试验。

表 6-10　抗风化性能

种　类	项　目							
	严重风化区				非严重风化区			
	5 h 沸煮吸水率(%)		饱和系数		5 h 沸煮吸水率(%)		饱和系数	
	平均值	单块最大值	平均值	单块最大值	平均值	单块最大值	平均值	单块最大值
黏土砖和砌块	≤31	≤23	≤0.85	≤0.87	≤23	≤25	≤0.88	≤0.90
粉煤灰砖和砌块	≤23	≤25			≤30	≤32		
页岩砖和砌块	≤16	≤18	≤0.74	≤0.77	≤18	≤20	≤0.78	≤0.80
煤矸石砖和砌块	≤19	≤21			≤21	≤23		

注：粉煤灰掺入量（质量比）小于 30% 时按黏土砖和砌块规定判定。

15 次冻融循环试验后，每块砖和砌块不允许出现裂纹、分层、掉皮、缺棱掉角等冻坏现象。

产品中不允许有欠火砖（砌块）、酥砖（砌块）。砖和砌块的放射性核素限量应符合 GB 6566 的规定。

3. 烧结空心砖

烧结空心砖是指以黏土、页岩、煤矸石或粉煤灰以及淤泥、建筑渣土及其他固体废弃物为主要原料，经焙烧而成的具有竖向孔洞（孔洞率不小于 40%，孔的尺寸小而数量多）的砖。主要用于非承重墙和填充墙体。

根据《烧结空心砖和空心砌块》（GB 13545—2014）的规定，烧结空心砖的主要技术要求如下。

（1）规格尺寸

烧结空心砖的外形为直角六面体，如图 6-4 所示，根据国家标准《烧结空心砖和空心砌块》（GB 13545—2003）的规定，砖的长、宽、高尺寸应符合下列要求：390 mm、290 mm、240 mm、190 mm、180（175）mm、140 mm、115 mm、90 mm，其他规格尺寸由供需双方协商确定。

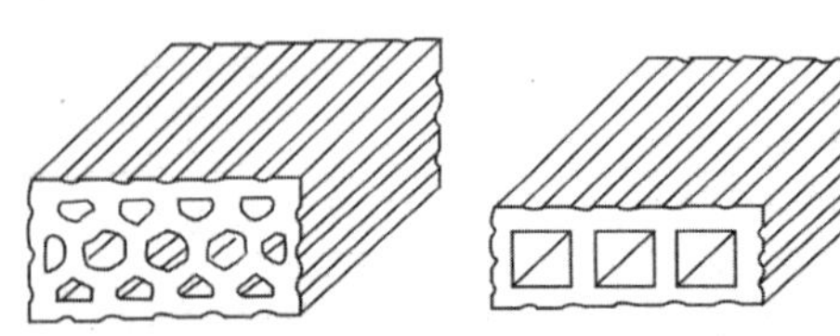

图 6-4　烧结空心砖

（2）强度等级及密度等级

根据抗压强度分为 MU10.0、MU7.5、MU5.0、MU3.5、MU2.5 五个强度等级，各强度等级的强度值应符合表 6-11 的要求。

表 6-11　烧结空心砖和空心砌块的强度等级

强度等级	抗压强度/MPa			密度等级范围/（kg/m³）
	抗压强度平均值 $\bar{f}\geq$	变异系数 $\delta\leq0.21$	变异系数 $\delta>0.21$	
		强度标准值 f_k	单块最小抗压强度值 f_{min}	
MU10.0	≥10.0	≥7.0	≥8.0	≤1 100
MU7.5	≥7.5	≥5.0	≥5.8	
MU5.0	≥5.0	≥3.5	≥4.0	
MU3.5	≥3.5	≥2.5	≥2.8	
MU2.5	≥2.5	≥1.6	≥1.8	≤800

（3）尺寸允许偏差

尺寸允许偏差见表 6-12。

表 6-12　烧结空心砖尺寸允许偏差　（mm）

尺寸	优等品		一等品		合格品	
	样本平均偏差	样本极差	样本平均偏差	样本极差	样本平均偏差	样本极差
>300	±2.5	≤6.0	±3.0	≤7.0	±3.5	≤8.0
>200～300	±2.0	≤5.0	±2.5	≤6.0	±3.0	≤7.0
100～200	±1.5	≤4.0	±2.0	≤5.0	±2.5	≤6.0
<100	±1.5	≤3.0	±1.7	≤4.0	±2.0	≤5.0

（4）密度等级

烧结空心砖体积密度分为 800 级、900 级、1 000 级、1 100 级四个体积密度级别（见表 6-13）。强度、密度、抗风化性能和放射性物质合格的砖和砌块，根据尺寸偏差、外观质量、孔洞排数及其结构、泛霜、石灰爆裂、吸水率分为优等品（A）、一等品（B）和合格品（C）三个质量等级。

表 6-13　烧结空心砖和空心砌块的密度级别

密度级别	5 块密度平均值
800	≤800
900	801～900
1 000	901～1 000
1 100	1 001～1 100

(5) 外观质量

烧结空心砖的外观质量要求见表6－14。

表6－14 烧结空心砖的外观质量要求 (mm)

<table>
<tr><th colspan="2">项　　目</th><th>优等品</th><th>一等品</th><th>合格品</th></tr>
<tr><td colspan="2">弯　　曲</td><td>≤3</td><td>≤4</td><td>≤5</td></tr>
<tr><td colspan="2">缺棱掉角的三个破坏尺寸不得同时大于</td><td>15</td><td>30</td><td>40</td></tr>
<tr><td colspan="2">垂直度差</td><td>≤3</td><td>≤4</td><td>—</td></tr>
<tr><td rowspan="2">未贯穿裂纹长度</td><td>(1) 大面上宽度方向及其延伸到条面的长度</td><td>不允许</td><td>≤100</td><td>≤120</td></tr>
<tr><td>(2) 大面上长度方向或条面上水平面方向的长度</td><td>不允许</td><td>≤120</td><td>≤140</td></tr>
<tr><td rowspan="2">贯穿裂纹长度</td><td>(1) 大面上宽度方向及其延伸到条面的长度</td><td>不允许</td><td>≤40</td><td>≤60</td></tr>
<tr><td>(2) 壁、肋沿长度方向、宽度方向及其水平面方向的长度</td><td>不允许</td><td>≤40</td><td>≤60</td></tr>
<tr><td colspan="2">肋、壁内残缺长度</td><td>不允许</td><td>≤40</td><td>≤60</td></tr>
<tr><td colspan="2">完整面(不得少于)</td><td>一条面和一大面</td><td>一条面和一大面</td><td>—</td></tr>
</table>

注：凡有下列缺陷之一者，不能称为完整面：

① 缺损在条面或顶面上造成的破坏面尺寸同时大于20 mm×30 mm。

② 条面或顶面上裂纹宽度大于1 mm，其长度超过70 mm。

③ 压陷、焦化、粘底在条面或顶面上的凹陷或凸出超过2 mm，区域尺寸同时大于20 mm×30 mm。

(6) 抗风化性能

抗风化性能见表6－15。

表6－15 抗风化性能

<table>
<tr><th rowspan="3">分　类</th><th colspan="4">饱和系数</th></tr>
<tr><th colspan="2">严重风化区</th><th colspan="2">非严重风化区</th></tr>
<tr><th>平均值</th><th>单块最大值</th><th>平均值</th><th>单块最大值</th></tr>
<tr><td>黏土砖和砌块</td><td rowspan="2">0.85</td><td rowspan="2">0.87</td><td rowspan="2">0.88</td><td rowspan="2">0.90</td></tr>
<tr><td>粉煤灰和砌块</td></tr>
<tr><td>页岩砖和砌块</td><td rowspan="2">0.74</td><td rowspan="2">0.77</td><td rowspan="2">0.78</td><td rowspan="2">0.80</td></tr>
<tr><td>煤矸石砖和砌块</td></tr>
</table>

(7) 泛霜与石灰爆裂

优等品砖：无泛霜；不允许出现最大破坏尺寸大于2 mm的爆裂区域；

一等品：不允许出现中等泛霜；最大破坏尺寸大于2 mm且不大于10 mm的爆裂区域，每组砖样不得多于 15 处；不允许出现最大破坏尺寸大于 10 mm 的爆裂区域。

合格品：不允许出现严重泛霜；最大破坏尺寸大于 2 mm 且不大于 15 mm 的爆裂区域，每组砖样不得多于 15 处；其中大于 10 mm 的不得多于 7 处；不允许出现最大破坏尺寸大于 15 mm 的爆裂区域。

（8）产品标记

烧结空心砖和空心砌块的产品标记按产品名称、类别、规格、密度等级、强度等级、质量等级和标准编号顺序编写。

示例 1：规格尺寸 290 mm × 190 mm × 90 mm、密度等级 800、强度等级 MU7.5、优等品的页岩空心砖，其标记为：烧结空心砖 Y（290 × 190 × 90）800 MU7.5A　GB 13545。

示例 2：规格尺寸 290 mm × 290 mm × 190 mm、密度等级 1 000、强度等级 MU3.5、一等品的黏土空心砖，其标记为：烧结空心砖 N（290 × 290 × 190）1 000　MU3.5B　GB 13545。

6.1.2　蒸养（压）砖

蒸养（压）砖是以含钙材料（石灰、电石渣等）和含硅材料（砂子、粉煤灰、煤矸石、灰渣、炉渣等）与水拌和，经压制成型，在自然条件下或人工热合成条件下（常压或高压蒸汽养护）反应生成以水化硅酸钙、水化铝酸钙为主要胶结料的硅酸盐建筑制品，故也称为硅酸盐砖。主要品种有灰砂砖、粉煤灰砖、炉渣砖等。

1. 灰砂砖

蒸压灰砂砖是用磨细生石灰和天然砂，经混合搅拌、陈化（使生石灰充分熟化）、轮碾、加压成型、蒸压养护（175 ~ 203 ℃，0.8 ~ 1.6 MPa 的饱和蒸汽）而成。灰砂砖的组织均匀密实、尺寸准确、外形光洁、平整、色泽大方多为浅灰色，如图 6 − 5 所示。

图 6 − 5　灰砂砖

视频：普通非烧结砖

蒸压灰砂砖的规格尺寸与烧结普通砖相同，颜色有彩色（Co）和本色（N）两类。根据《蒸压灰砂砖》（GB 11945—1999）的规定，灰砂砖按其抗压强度和抗折强度分为 MU25、MU20、MU15 及 MU10 四个级别，根据尺寸偏差和外观质量、强度及抗冻性分为优等品（A）、一等品（B）和合格品（C）三个质量等级。

各等级的强度指标和抗冻性应符合表 6 − 16 的规定，尺寸偏差和外观质量应符合表6 − 17 的要求。

表 6－16　蒸压灰砂砖的强度指标和抗冻性指标

强度等级	抗压强度/MPa		抗折强度/MPa		抗冻性指标	
	平均值，≥	单块值，≥	平均值，≥	单块值，≥	冻后抗压强度/MPa 平均值，≥	单块砖的干质量损失(%)，≤
MU25	25.0	20.0	5.0	4.0	20.0	2.0
MU20	20.0	16.0	4.0	3.2	16.0	2.0
MU15	15.0	12.0	3.3	2.6	12.0	2.0
MU10	10.0	8.0	2.5	2.0	8.0	2.0

表 6－17　蒸压灰砂砖的尺寸偏差和外观质量

项　目			指标		
			优等品	一等品	合格品
尺寸允许偏差/mm	长度	L	±2	±2	±3
	宽度	B	±2		
	高度	H	±1		
缺棱掉角	个数（≤）/个		1	1	2
	最大尺寸（≤）/mm		10	15	20
	最小尺寸（≤）/mm		5	10	10
对应高度差（≤）/mm			1	2	3
裂纹	条数（≤）/条		1	1	2
	大面上宽度方向及其延伸到条面的长度（≤）/mm		20	50	70
	大面上长度方向及其延伸到顶面上的长度或条、顶面水平裂纹的长度（≤）/mm		30	70	—

蒸压灰砂砖产品标记采用产品名称（LSB）、颜色、强度等级、产品等级、标准编号的顺序进行。

示例：强度等级为MU20，优等品的彩色灰砂砖：LBS　Co　20A　GB 11945

蒸压灰砂砖主要用于工业与民用建筑中，MU25，MU20，MUI5 的灰砂砖可用于基础及其他建筑；MU10 的灰砂砖仅可用于防潮层以上的建筑。由于灰砂砖在长期高温作用下会发生破坏，故灰砂砖不得用于长期受 200 ℃以上或受急冷急热和有酸性介质侵蚀的建筑部位，如不能砌筑炉衬或烟囱等。

2. 粉煤灰砖

蒸压（养）粉煤灰砖是以粉煤灰、石灰和水泥为主要原料，掺入适量的石膏、外加剂、颜料和集料等，经坯料制备、成型、高压或常压蒸汽养护而制成的实心粉煤灰砖（见图 6－6）。按湿热养护条件不同，分别称作蒸压粉煤灰砖、蒸养粉煤灰砖及自养粉煤灰砖。

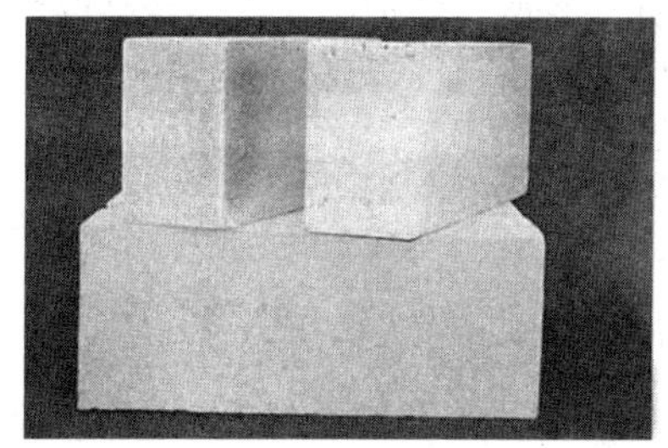

图6－6　粉煤灰砖

粉煤灰砖的规格尺寸与烧结普通砖相同，颜色有彩色（Co）和本色（N）两类。根据《粉煤灰砖》（JC 239—2001）规定，按抗压强度和抗折强度划分为MU30、MU25、MU20、MU15、MU10五个强度等级。根据尺寸偏差、外观质量、强度等级和干燥收缩值分为优等品（A）、一等品（B）、合格品（C）。优等品和一等品的干燥收缩值不大于0.65 mm/m。合格品应不大于0.75 mm/m。

粉煤灰砖产品标记按产品名称（FB）、颜色、强度等级、质量等级、标准编号顺序编写。

示例：强度等级为20级，优等品的彩色粉煤灰砖标记为：FB Co 20 A JC 239—2001。

粉煤灰砖可用于工业与民用建筑的墙体和基础，但用于基础或易受冻融和干湿交替作用的建筑部位时，必须使用强度不低于MU15的砖。不得用于长期受热（200 ℃以上）、受急冷急热和有酸性介质侵蚀的建筑部位。为避免或减少收缩裂缝的产生，用粉煤灰砖砌筑的建筑物，应适当增设圈梁及伸缩缝。

3. 炉渣砖

炉渣砖（旧称煤渣砖）是以煤燃烧后的残渣为主要原料，掺入适量（水泥、电石渣）石灰，石膏、经混合、压制成型、蒸养或蒸压而成的实心炉渣砖。

根据《炉渣砖》（JC/T 525—2007）的规定，炉渣砖的公称尺寸为240 mm×115 mm×53 mm，其他规格尺寸由供需双方协商确定。按其抗压强度和抗折强度分为MU25、MU20、MU15三个强度级别，各级别的强度指标应满足表6－18的规定。

表6－18　炉渣砖的强度指标

强度等级	抗压强度平均值f≥	变异系数δ≤0.21	变异系数δ>0.21
		强度标准值f_k≥	单块最小抗压强度值f_{min}≥
MU25	25.0	19.0	22.0
MU20	20.0	14.0	16.0
MU15	15.0	10.0	12.0

炉渣砖产品标记按产品名称（LZ）、强度等级以及标准编号顺序进行编写。

示例：强度等级为MU20的炉渣砖标记为：LZ　MU20　JC/T 525—2007。

炉渣砖主要用于一般建筑物的墙体和基础部位，但不得用于受高温、受急冷急热交替作用和有酸性介质侵蚀的建筑部位。

6.1.3　免烧砖

免烧砖是利用粉煤灰、煤渣、煤矸石、尾矿渣、化工渣或者天然砂、海涂泥等（以上原料的一种或数种）作为主要原料，经过混合、搅拌、成型、养护制成，不经高温煅烧而制造的一种新型墙体材料。该产品符合我国“保护农田、节约能源、因地制宜、就地取材”的发展建材总方针，符合国务院曾转发的《严格限制毁田烧砖积极推动墙体改革的意见》。

免烧砖强度高、耐久性好、尺寸标准、外形完整、色泽均一，具有古朴自然的外观，可做清水墙也可以做任何外装饰。

免烧砖的特性是其他任何墙体砖没有的，用合理的科学配方，按一定的比例加入凝固剂及微量化学添加剂，使粒度、湿度、混合程度用合理的设备工艺强化处理，达到最佳可塑状态，后经高压压制成型，使砖体迅速硬化，时间越长，效果越好，砖的实用性好，砌墙时不用浸泡，外观整齐。由于该种材料强度高、耐久性好、尺寸标准、外形完整、色泽均一，具有古朴自然的外观，可做清水墙也可以做任何外装饰，因此，是一种取代黏土砖的极有发展前景的更新换代产品。

6.2 建筑砌块

建筑砌块是一种体积比砖大、比大板小的新型墙体材料，其外形多为直角六面体，也有各种异形的。砌块主规格尺寸中的长度、宽度和高度，至少有一项应大于356 mm、240 mm、115 mm，但高度不大于长度或宽度的6倍，长度不超过高度的3倍。砌块不仅尺寸大，制作工艺简单，施工效率高，可改善墙体的热工性能，而且其生产所采用的原材料可以是炉渣、粉煤灰、煤矸石等，从而充分利用地方材料和工业废料，因此砌块应用广泛，是目前常用的墙体材料。

砌块按规格的尺寸可分为大型砌块（主规格高度大于980 mm）、中型砌块（主规格高度为380 ~ 980 mm）和小型砌块（主规格高度为115 ~ 380 mm）；按其在结构中的作用可分为承重砌块和非承重砌块；按有无孔洞及孔洞率大小可分为实心砌块、空心砌块；按材质的不同可分为硅酸盐混凝土砌块、普通混凝土砌块、轻骨料混凝土砌块。

6.2.1 普通混凝土小型空心砌块

普通混凝土小型砌块是以水泥为胶结材料，砂、碎石或卵石为骨料，必要时加入外加剂，按一定比例配合、加水搅拌，振动加压成型，养护而成的小型砌块。混凝土小型空心砌块分为承重砌块和非承重砌块两类。

根据《普通混凝土小型空心砌块》（GB 8239—2004）的规定：砌块的主规格尺寸为390 mm × 190 mm × 190 mm，辅助规格尺寸可由供需双方协商，砌块的最小外壁厚度应不小于30 mm，最小肋厚应不小于25 mm；空心率应不小于25%；主砌块各部位的名称如图6－7所示。

砌块按尺寸偏差和外观质量分为优等品（A）、一等品（B）和合格品（C）三个质量等级，其具体要求见表6－19。砌块的主要技术要求包括外观质量、强度等级、相对含水率、抗渗性及抗冻性。按其抗压强度分为MU3.5、MU5.0、MU7.5、MU10.0、MU15.0、MU20.0六个强度等级，具体要求见表6－20。按产品名称（代号NHB）、强度等级、外观质量等级和标准编号的顺序进行标记。

标记示例：强度等级为MU7.5，外观质量为优等品（A）的砌块，其标记为：NHB MU7.5A GB 8239。

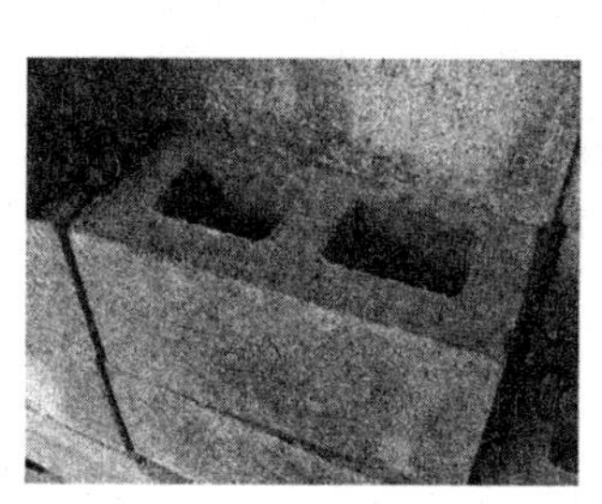

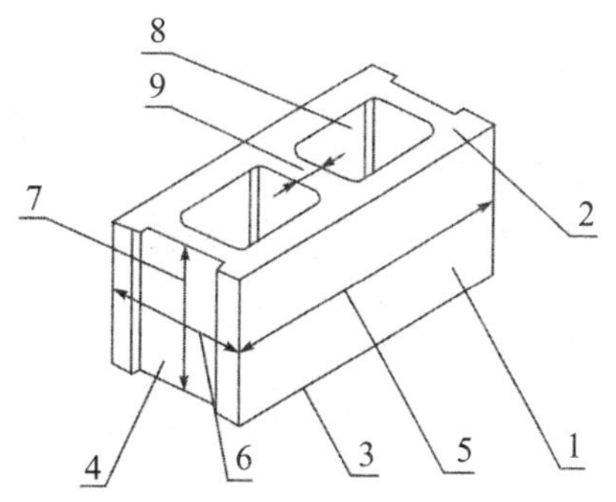

图 6-7　小型空心砌块各部位的名称

1—条面；2—坐浆面（肋厚较小的面）；3—铺浆面（肋厚较大的面）；
4—顶面；5—长度；6—宽度；7—高度；8—壁；9—肋

表 6-19　普通混凝土小型砌块的尺寸偏差、外观质量

项　　目			优等品（A）	一等品（B）	合格品（C）
尺寸允许偏差/mm		长度	±2	±3	±3
		宽度	±2	±3	±3
		高度	±2	±3	±3，-4
外观质量		弯曲/mm	≤2	≤2	≤2
	缺棱掉角	个数	≤0	≤2	≤2
		三个方向投影尺寸最小值/mm	≤0	≤20	≤30
	裂纹延伸的投影尺寸累计/mm		≤0	≤20	≤30

表 6-20　普通混凝土小型空心砌块的强度等级

强度等级		MU3.5	MU5.0	MU7.5	MU10	MU15	MU20
砌块抗压强度/MPa	平均值	≥3.5	≥5.0	≥7.5	≥10.0	≥15.0	≥20.0
	单块最小值	≥2.8	≥4.0	≥6.0	≥8.0	≥12.0	≥16.0

其产品质量检验规则如下。

(1) 检验分类

1) 出厂检验　检验项目为尺寸偏差、外观质量、强度等级、相对含水率，用于清水墙的砌块尚应检验抗渗性。

2) 型式检验　检验项目为技术要求中的全部项目。有下列情况之一者，必须进行型式检验：

① 新产品的试制定型鉴定；

② 正常生产后，原材料、配比及生产工艺改变时；

③ 正常生产经过半年时；

④ 产品停产三个月以上恢复生产时；

⑤ 出厂检验结果与上次型式检验有较大差异时；

⑥ 国家质量监督机构提出进行型式检验要求时。

(2) 组批规则

砌块按外观质量等级和强度等级分批验收。它以同一种原材料配制成的相同外观质量等级、强度等级和同一工艺生产的10 000 块砌块为一批，每月生产的块数不足10 000 块者亦按一批。

(3) 抽样规则

每批随机抽取32 块做尺寸偏差和外观质量检验。

从尺寸偏差和外观质量检验合格的砌块中抽取如下数量进行其他项目检验。① 强度等级5 块；② 相对含水率3 块；③ 抗渗性3 块；④ 抗冻性10 块；⑤ 空心率3 块。

(4) 判定规则

若受检砌块的尺寸偏差和外观质量均符合相应指标，则判该砌块符合相应等级。

若受检的32 块砌块中，尺寸偏差和外观质量的不合格数不超过7 块，则判该批砌块符合相应等级。

当所有项目的检验结果均符合本标准中各项技术要求的等级时，则判该批砌块为相应等级。

混凝土小型空心砌块使用灵活，砌筑方便。多用于非承重墙和隔墙，这种砌块在砌筑时一般不宜浇水，但在气候特别干燥炎热时，可在砌筑前稍喷水湿润。砌块堆放运输及砌筑时应有防雨措施。砌块装卸时，严禁碰撞、扔摔，应轻码轻放，不许翻斗倾斜。砌筑时尽量采用主规格砌块，并应先清除砌块表面污物和砌块孔洞的底部毛边。

6.2.2 粉煤灰硅酸盐中型砌块

粉煤灰硅酸盐砌块（代号FB）简称粉煤灰砌块。粉煤灰砌块是以粉煤灰、石灰、石膏和骨料等为原料，加水搅拌、振动成型、蒸汽养护而成的实心砌块，如图6－8 所示。

图6－8 粉煤灰砌块

视频：砌块类产品

根据《粉煤灰砌块》(JC 238—1996) 规定，粉煤灰砌块的主要规格尺寸有880 mm×380 mm×240 mm 和880 mm×430 mm×240 mm 两种。砌块端面应加灌浆槽，坐浆面宜设抗剪槽，砌块各部位名称如图6－9 所示。砌块的强度等级按立方体抗压强度分为10 级和13 级。砌块按其外观质量、尺寸偏差和干缩性能分为一等品 (B) 和合格品 (C)。砌块的立方体抗压强度、碳化后强度、抗冻性能和密度及干缩值应符合表6－21 的规定。

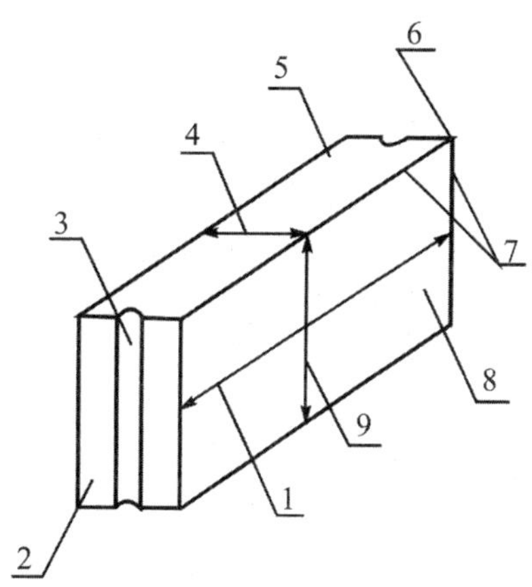

图 6－9 粉煤灰砌块各部位名称

1—长度；2—端面；3—灌浆槽；4—宽度；5—坐浆面（或铺浆面）；6—角；7—棱；8—侧面；9—高度

表 6－21　粉煤灰砌块各项技术要求

项　目	10 级	13 级
抗压强度/MPa	3 块试件平均值不小于 10.0 MPa，单块最小值不小于 8.0 MPa	3 块试件平均值不小于 13.0 MPa，单块最小值不小于 10.5 MPa
人工碳化后强度/MPa	不小于 6.0 MPa	不小于 7.5 MPa
抗冻性	冻融循环结束后，外观无明显疏松、剥落或裂缝，强度损失不大于 20%	
密度/（kg/m^3）	不超过设计密度的 10%	
干缩值/（mm/m）	一等品≤0.75，合格品≤0.90	

粉煤灰砌块按其产品名称、规格、强度等级、产品等级和标准编号顺序进行标记。

示例：砌块的规格尺寸为 880 mm × 380 mm × 240 mm，强度等级为 10 级，产品等级为一等品（B）时，标记为：FB880 × 380 × 240-10 B-JC 238。

粉煤灰砌块的干缩值比水泥混凝土大，弹性模量低于同强度的水泥混凝土制品。可用于耐久性要求不高的一般工业和民用建筑的围护结构和基础，但不适用于有酸性介质侵蚀、长期受高温影响和经受较大振动影响的建筑物。

6.2.3　蒸压加气混凝土砌块

蒸压加气混凝土砌块（简称加气混凝土砌块），代号 ACB，是以钙质材料和硅质材料（如粉煤灰、石英砂、粒化高炉矿渣）为基本原料，经过磨细，并以铝粉为发气剂，按一定比例配合，再经过料浆浇筑、发气成型、坯体切割和蒸压养护等工艺制成的一种轻质、多孔的建筑材料。

图 6－10　蒸压加气混凝土砌块

如以粉煤灰、石灰、和水泥等为基本原料制成的砌块，称为蒸压粉煤灰加气混凝土砌块；以磨细砂、矿渣粉和水泥等为基本原料制成的砌块，称为蒸压矿渣砂加气混凝土砌块（见图6－10）。

1．规格尺寸

《蒸压加气混凝土砌块》（GB 11968—2006）规定，砌块的规格尺寸见表6－22。

表6－22　蒸压加气混凝土砌块的规格尺寸

长度/mm	宽度/mm	高度/mm
600	100　120　125　150　180　200　240　250　300	200　240　250　300

2．主要技术要求

（1）砌块的强度级别

砌块按抗压强度分为A1.0、A2.0、A2.5、A3.5、A5.0、A7.5、A10.0七个强度级别，各级别的立方体抗压强度值见表6－23。

表6－23　蒸压加气混凝土砌块的抗压强度

强度等级		A1.0	A2.0	A2.5	A3.5	A5.0	A7.5	A10.0
立方体抗压强度/MPa	平均值≥	1.0	2.0	2.5	3.5	5.0	7.5	10.0
	单块最小值≥	0.8	1.6	2.0	2.8	4.0	6.0	8.0

（2）体积密度等级

砌块按体积密度分为B03、B04、B05、B06、B07、B08六个体积密度级别，见表6－24。

表6－24　蒸压加气混凝土砌块的干体积密度

B03		B04	B05	B06	B07	B08	
体积密度/(kg/m^3)	优等品（A）≤	300	400	500	600	700	800
	合格品（B）≤	330	430	530	630	730	830

（3）砌块的质量等级

砌块按尺寸偏差、外观质量、干密度、抗压强度和抗冻性分为优等品（A）和合格品（B）两个质量等级，其具体指标见表6－25。

表6－25　蒸压加气混凝土砌块的强度级别

体积密度等级		B03	B04	B05	B06	B07	B08
强度级别	优等品（A）	A1.0	A2.0	A3.5	A5.0	A7.5	A10.0
	合格品（B）			A2.5	A3.5	A5.0	A7.5

标记示例：强度等级为A3.5、干密度级别为B05、优等品、规格尺寸为600mm×200mm×250mm的蒸压加气混凝土砌块，其标记为：ACB　A3，5　B05　600×200×250A　GB 11968。

蒸压加气混凝土砌块质量轻，表观密度约为黏土砖的1/3，具有保温、隔热、隔声性能好，抗震性强、耐火性好、易于加工、施工方便等特点，是应用较多的轻质墙体材料之一。适用于低层建筑的承重墙、多层建筑的间隔墙和高层框架结构的填充墙，也可用于一般工业建筑的围护墙，作为保温隔热材料也可用于复合墙板和屋面结构中。加气混凝土不得用于建筑物基础和处于浸水、高温和有化学侵蚀环境（如强酸、强碱和高浓度二氧化碳）中，也不能用于称重制品表面温度高于80℃的建筑部位。蒸压加气混凝土砌块（砌筑见图6－11）是应用广泛的墙体材料。

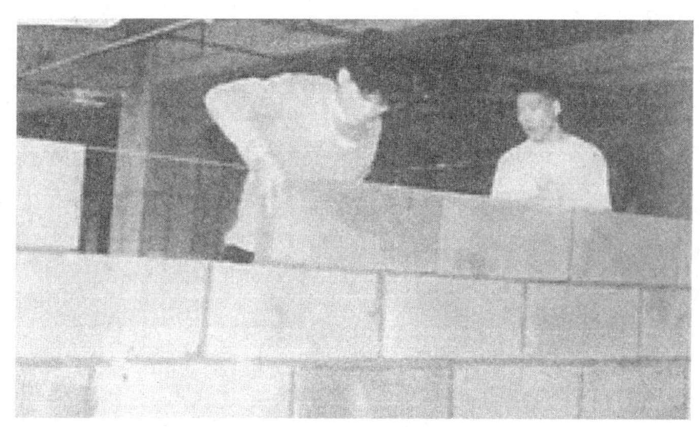

图 6－11　蒸压加气混凝土砌块砌筑

6.2.4　轻骨料混凝土小型空心砌块

轻骨料混凝土小型空心砌块（代号 LB），是由水泥、砂（轻砂或普通砂）、轻粗骨料、水等经搅拌、装模、振动成型而得（见图 6－12）。轻粗骨料有陶粒、煤渣、煤矸石、浮石等。

图 6－12　轻骨料混凝土小型空心砌块

根据《轻骨料混凝土小型空心砌块》（GB/T 15229—2011）的规定，轻骨料混凝土小型空心砌块按砌块孔的排数分为：单排孔（1）、双排孔（2）、三排孔（3）和四排孔（4）四类。按其密度可分为 700、800、900、1 000、1 100、1 200、1 300、1 400 八个密度等级；按其强度可分为 MU2.5、MU3.5、MU5.0、MU7.5、MU10.0 五个强度等级。

轻骨料混凝土小型空心砌块可用于工业及民用的建筑称重和非承重墙体，特别适合高层建筑的填充墙和内隔墙。

6.3　墙用板材

我国目前可用于墙体的轻质板材品种较多，各种板材都有其特点。从板的形式分，有薄板、条板、轻型复合板等类型。每种板中又有很多品种，如薄板类有石膏板、纤维水泥板、蒸压硅酸钙板、水泥刨花板、水泥木屑板、建筑用纸面草板；条板类有石膏空心条板、加气混凝土空心条板、玻璃纤维增强水泥空心条板、预应力混凝土空心墙板、硅镁加气空心轻质墙板等；轻质复合板类有钢丝网架水泥夹芯板及其他夹芯板等。下面仅介绍几种有代表性的板材。

6.3.1　轻质面板

常见品种有纸面石膏板、纤维增强硅酸钙板、水泥木屑板、水泥刨花板等。

1. 纸面石膏板

纸面石膏板是以建筑石膏为主要原料，掺入适量添加剂与纤维作板芯，以特制的板纸为护面，经加工制成的板材，如图 6－13 所示。按其用途分为普通纸面石膏板、耐水纸面石膏板和耐火纸面石膏板、防潮石膏板四种。

纸面石膏板韧性好，不燃，尺寸稳定，表面平整，可以锯割，便于施工，主要用于吊顶、隔墙、内墙贴面、天花板、吸声板等。

图 6－13　纸面石膏板

（1）普通纸面石膏板

象牙白色板芯，灰色纸面，是最为经济与常见的品种。适用于无特殊要求的使用场所，使用场所连续相对湿度不超过65%。因为价格的原因，很多人喜欢使用9.5 mm厚的普通纸面石膏板来做吊顶或间墙，但是由于9.5 mm普通纸面石膏板比较薄、强度不高，在潮湿条件下容易发生变形，因此建议选用12 mm以上的石膏板。同时，使用较厚的板材也是预防接缝开裂的一个有效手段。

（2）耐水纸面石膏板

其板芯和护面纸均经过了防水处理，根据国标的要求，耐水纸面石膏板的纸面和板芯都必须达到一定的防水要求（表面吸水量不大于160 g，吸水率不超过10%）。耐水纸面石膏板适用于连续相对湿度不超过95%的使用场所，如卫生间、浴室等。

（3）耐火纸面石膏板

其板芯内增加了耐火材料和大量玻璃纤维，如果切开石膏板，可以从断面处看见很多玻璃纤维。质量好的耐火纸面石膏板会选用耐火性能好的无碱玻纤，一般的产品都选用中碱或高碱玻纤。

（4）防潮石膏板

具有较高的表面防潮性能，表面吸水率小于160 g/m^2，防潮石膏板用于环境潮度较大的房间吊顶、隔墙和贴面墙。

纸面石膏板表面平整、尺寸稳定，具有自重轻、保温隔热、隔声、防火、抗震、可调节室内湿度、加工性好、施工简便等优点，但用纸量较大、成本较高。

2. 纤维增强低碱度水泥建筑平板

纤维增强低碱度水泥建筑平板是以温石棉、抗碱玻璃纤维等为增强材料，以低碱水泥为胶结材料，加水混合成浆，经制坯、压制、蒸养而成的薄型平板。按石棉掺入量分为掺石棉纤维增强低碱度水泥建筑平板（代号为TK）与无石棉纤维增强低碱度水泥建筑平板（代号为NTK）。

该产品按标准《纤维增强低碱度水泥建筑平板》（JC/T 626—2008）执行。适用于以温石棉、短切中碱玻璃纤维或以抗碱玻璃纤维为增强材料，以I型低碱度硫铝酸盐水泥为胶结材料制成的建筑平板。

质量等级：按尺寸偏差和物理力学性能分为优等品（A）、一等品（B）和合格品（C）三个等级。

平板质量轻、强度高，防潮、防火，不易变形，可加工性好，适用于各类建筑物室内的非承重内隔墙和吊顶平板等。

3. 水泥木屑板（水泥刨花板）

水泥刨花板是一种以硅酸盐水泥为胶结材料，以木质刨花（或棉秆、麻秆、豆秆、稻草等植物纤维）为加强筋材料，加入水和化学助剂，经混合搅拌、气流铺装、叠压成型、蒸养护和人工干燥等工序而制成的人造板材（见图6－14）。长度1 800～3 600 mm、宽度600～1 200 mm、厚度8～40 mm。

水泥刨花板具有良好的物理力学性能、防水防火性能和加工性能，是一种综合性能优良的新型墙体材料和装饰装修材料，可广泛用作各种建筑物的天棚吊顶板，非承重内隔墙板，地面板，屋面板，外墙板以及岗亭、售货亭、活动房等临时设施的围护材料，还是制造高级防静电地板的最佳基材。

图6－14　水泥刨花板饰面

视频：墙用板材

水泥刨花板选用时应考虑的主要技术指标：密度、平面抗拉强度、抗冲击强度、抗冻性、浸水24 h抗折强度、燃烧性能、线性膨胀收缩率。

水泥刨花板内隔墙还应考虑墙体的隔声性能和耐火性能。

6.3.2　轻质条板

面密度不大于规定数值，长宽比不小于2.5，采用轻质材料或轻型构造制作，用于非承重内隔墙的预制条板。轻质条板按断面构造分为空心条板、实心条板和复合夹芯条板三种类型，按板的构造类型，可分为普通板、门窗框板、异形板，按材料可分为轻集料混凝土条板、玻纤增强水泥条板、玻纤增强石膏条板、硅镁加气水泥条板、粉煤灰泡沫水泥条板、植物纤维复合条板、聚苯颗粒水泥夹芯复合条板。轻质条板产品分类和代号见表6－26。

表6－26　轻质条板产品分类及代号

分类方法	名称	代号
按断面构造分类	空心条板	K
	实心条板	S
	复合夹芯条板	F
按构造类型分类	普通板	PB
	门窗框板	MCB
	异形板	YB

轻质条板标记按改型序号（依次用大写汉语拼音字母A、B表示）、板尺寸、分类代号（PB、MCB、YB）、产品代号（K、S、F）。

标记示例：板长为2 540 mm，宽度600 mm，厚度90 mm的空心条板门窗框板，标记为：

KMCB 254×60×9　JG/T 169—2005。

6.3.3 绝热芯板

1. 钢丝网架水泥夹芯板

钢丝网架水泥夹芯板是以钢丝制成不同的三维空间结构以承受荷载，以发泡聚苯乙烯或半硬质岩棉板或玻纤板为保温芯材而制成的一类轻型复合板材。以芯材不同分为聚苯乙烯泡沫、岩棉、矿渣棉、膨胀珍珠岩等，面层都以水泥砂浆抹面。此类板材包含了泰柏系列、3D 板系列、GY 板、舒乐舍板等。板的名称不同，但板的基本结构相似。板的综合性能与钢丝直径、网格尺寸及焊接强度、横穿钢丝的焊点数量和焊接强度、夹芯板的材质、密度和厚度以及水泥砂浆的厚度等均有密切关系。

2. 金属面绝热夹芯板

金属面绝热夹芯板是由双金属面和黏结于两金属面之间的绝热芯材组成的自支撑的复合板材。以芯材不同分为聚苯乙烯泡沫塑料、硬质聚氨酯泡沫塑料、岩棉或矿渣棉、玻璃棉等。

6.3.4 复合墙板

以单一材料制成的板材，常因材料本身的局限性而使其应用受到限制。如质量较轻、隔热、隔声效果较好的石膏板，加气混凝土板、稻草板等，因其耐水性差或强度较低，通常只能用于非承重的内隔墙。而水泥混凝土类板材虽有足够的强度和耐久性，但其自重大，隔声保温性能差。为克服上述缺点，常用不同材料组合成多功能的复合墙体以满足需要。

常用的复合墙板主要由承受（或传递）外力的结构层（多为普通混凝土或金属板）和保温层（矿棉、泡沫塑料、加气混凝土等）及面层（各类具有可装饰性的轻质薄板）组成，如图 6－15 所示。

其优点是承重材料和轻质保温材料的功能都得到合理利用，实现物尽其用，开拓材料来源。

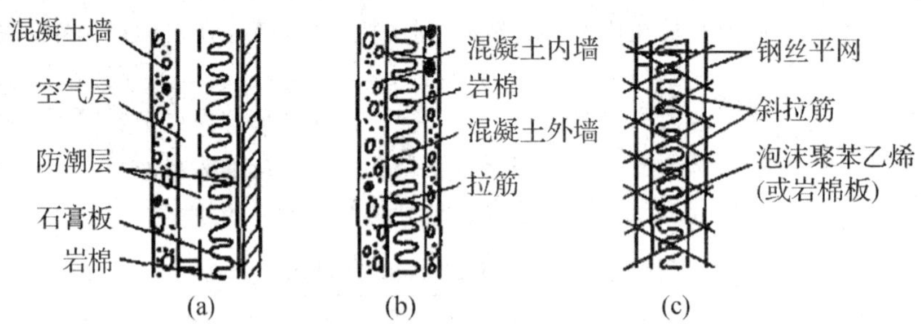

图 6－15　复合墙板构造

（a）拼装复合墙　（b）岩棉—混凝土预制复合墙板　（c）泰柏板（或 GY 板）

6.3.5 复合墙体

复合墙体的保温隔热有三种形式：第一种是将保温隔热材料放在内、外面层材料的中间的夹芯式的复合墙体；第二种是将保温隔热材料设置在两侧；第三种是将保温隔热材料设置在板的一侧，这样可以有效防止墙体内部结露。

由面板材料、保温材料和龙骨材料组成的复合墙体具有以下特点：

① 充分地发挥了各类材料的优点；

② 墙体是通过现场组装来实现的；

③ 施工方便、快速；

④ 对于将来改变建筑的室内隔墙的布局有利；

⑤ 为设计人员根据建筑的使用功能和风格，较为灵活地运用复合墙体材料提供了可能。

复合墙体一般由保温隔热材料和面层材料组成。墙体保温隔热材料种类繁多，基本上可归纳为无机和有机两大类。面层材料分非金属和金属两大类。

常用复合墙体主要有以下几种形式。

（1）夹芯复合板

① 钢筋混凝土类夹芯复合板。钢筋混凝土类夹芯复合板使用岩棉代替聚苯乙烯泡沫塑料作保温隔热材料。钢筋混凝土类夹芯复合板总厚为250 mm；其中内侧作为承重的混凝土结构层为150 mm厚，岩棉保温层为50 mm厚，外侧的混凝土保护层为50 mm厚。钢筋混凝土类夹芯复合板可达到490 mm厚砖墙的保温效果，具有节省建筑采暖能耗的作用。

② 钢丝网水泥类夹芯复合板。钢丝网水泥类夹芯复合板，是一类半预制与现场复合相结合的墙体材料，这类复合板可用于各种自承重墙体，在低层建筑中也可用作承重墙体。

③ 聚氨酯夹芯复合板。聚氨酯夹芯复合板通常以彩色镀锌钢板为外表面用材，经过数道辊轧，使其成为压型板，然后与液体聚氨酯发泡复合而成。

（2）薄平板材

复合墙体用薄平板材的主要特点是轻质、高强、耐火和良好的可加工性能。包括石膏板、纤维增强水泥板、纤维增强硅酸钙板（硅钙板）、纤维增强硬石膏压力板。

（3）墙体用龙骨

复合墙体主要由面板材料敷装、固定在组装成的龙骨骨架上。因此，墙体龙骨材料的材质、质量以及组装后的龙骨骨架的强度、刚度是关系到墙体质量的关键因素。目前使用最普通的有两种：墙体轻钢龙骨和墙体石膏龙骨。

（4）外墙及屋面的护、饰面板

① 玻璃纤维增强水泥外墙板（CRC外墙板）。玻璃纤维增强水泥外墙板是一种以水泥砂浆为基材，以玻璃纤维（或玻璃纤维网格布）为增强材料制成的外墙护面板。

② 金属饰面板。

6.3.6　墙体保温

墙体保温材料是近年来发展的新型墙体材料，可大量节约墙体材料，提高墙体保温性能，节约资源，减少环境污染。

为推广应用新型墙体材料，保护土地资源和生态环境，节约能源，促进循环经济发展，2000年，国家建设部对国内170个城市发出最后通牒，我国许多地方根据当地实际制定条例。在“九五”期间，新型墙体保温材料进入快速发展阶段，当前已呈规模化发展；2001年，国家又进一步加大了淘汰传统材料、推广新型墙体保温材料的力度，推广范围向小城市、城镇延伸，向农村延伸，向工业建筑延伸。

就国家政策所讲的新型墙体材料来讲，有空心砌块、加气砌块、石膏空心砌块、加气粉煤灰砖、多孔黏土砖、GRC墙板、增强纤维水泥板、夹芯板、粉煤灰加气墙板以及复合保温墙板，可以说种类繁多。但是就市场份额来说块和板只有大小之分，谁也吃不掉谁；就产品性能来讲是各有千秋；但复合墙体在国外发达国家所占比例居高。

目前墙体节能保温材料包括有机类（如苯板、聚苯板、挤塑板、聚苯乙烯泡沫板、硬质泡沫聚氨酯、聚碳酸酯及酚醛等）、无机类（如珍珠岩水泥板、泡沫水泥板、复合硅酸盐、银通YT无机保温系统、岩棉、传统保温砂浆等）和复合材料类（如金属夹芯板、芯材为聚苯、玻化微珠、聚苯颗粒等）。

板材类的还可分为外墙板、内隔墙板、室内间隔取代纸面石膏板、屋面板等，长度：$L \leqslant 4\ 500$ mm，宽度 B 为 300 mm～1 000 mm，厚度为 60 mm～120 mm 不等。

外墙保温材料还要考虑防火要求有机类保温材料基本上都属于B级阻燃，〔2011〕65号文件要求建筑保温材料防火等级为A级，但是大部分地方还是在用：酚醛，防火等级A级，高温下碳化，起不到保温效果了；岩棉，A级，以前主要用在管道保温，“3·15”以后，好多地方用在了外墙保温，岩棉吸水就膨胀，用于墙体的话，势必要脱落，不建议用于墙体保温；传统无机保温，防火A级，施工过程中要添加水泥、胶粉，贴面砖需要挂网，广泛应用中。水泥的龟裂，胶粉的老化脱落，这些问题依然存在。

目前市面上的保温材料，普遍存在着开裂脱落的隐患，所以施工过程中，必须要抗裂砂浆网格布来弥补这方面的缺陷，以达到作用于墙体保温的效果。苯板体系、酚醛、岩棉、传统无机保温砂浆，都属于此类，原材料作用于墙体之后，需要抗裂砂浆、网格布、黏结砂浆此类工序，才能在外面作涂料饰面和面砖饰面。

6.4 屋面材料

6.4.1 屋面瓦材

房子的屋面系统大致可以分成坡屋面和平屋面两个系统。坡屋面系统的历史可以追溯到远古，我国自有史记载以来至清末，房屋建筑几乎都是坡屋面的。国外也大致如此，不过更具特色和多样性，如有各种尖屋顶、圆球屋顶等。平屋面系统实际是从古代城堡结构演化而来，伴随着现代混凝土构件的发展，在许多高层建筑上获得了广泛的采用。坡形屋面基本都使用了屋面瓦。

瓦作为最古老的建筑材料之一，千百年来被广泛使用。瓦是最主要的屋面材料，它不仅起到了遮风挡雨和室内采光的作用，而且有着重要的装饰效果，随着现代新材料的不断涌现，瓦的其他功能也不断出现。

1. 烧结类瓦材

（1）黏土瓦

黏土瓦是以黏土为主要原料，经成型、干燥、焙烧而成，按颜色分为红瓦和青瓦；按形状分为平瓦和脊瓦；按生产工艺分为压制瓦和挤出瓦。压制瓦经过模压成型后焙烧而成的平瓦、脊瓦，称为压制平瓦、压制脊瓦；挤出瓦经过挤出成型后焙烧而成的平瓦、脊瓦，称为挤出平瓦、挤出脊瓦。

平瓦有三个型号，尺寸规格分为 400 mm×240 mm、380 mm×225 mm、360 mm×220 mm。平瓦按尺寸偏差、外观质量和物理力学性能分为优等品、一等品及合格品三个等级。对平瓦的质量要求是：瓦面光滑平整，不翘曲、不变形、不裂缝。单块平瓦的最小抗折荷载不得小于680 N，15块平瓦吸水后的质量不得超过55 kg，经过15次冻融循环后应无分层、开裂和剥落等现象，抗渗性必须满足要求。平瓦只能用于较大坡度的屋面，其优点是取材容易、耐久性好、价格低廉；缺点是自重大、质脆、易破裂。

脊瓦是与平瓦配套使用，专门用于覆盖屋脊处，截面呈120°，脊瓦的长度一般为400 mm，宽度一般为250 mm。有八字形和半圆弧形两种，按其外观质量可分为一等品和合格品两个等级。对脊瓦的质量要求是：不翘曲、不变形、不缺棱掉角、不裂缝、没有砂眼。单块脊瓦的最小抗折荷载不得小于680 N，抗冻性要求同平瓦。

黏土瓦主要用于民用建筑和农村建筑坡形屋面防水，如图6－16（a）。但由于使用材料大量毁坏土地，且耗能较大，生产和施工的生产率均不高，因此已出现了许多替代产品。

（2）琉璃瓦

琉璃瓦是由陶土或瓷土制坯，经干燥、上釉后焙烧而成。这种瓦表面光滑、质地坚密、色彩美丽，常用的有黄、绿、黑、蓝、青、紫、翡翠等颜色，其造型多样，主要有板瓦、滴水、勾头等，有时还制成飞禽、走兽、龙飞凤舞等形象作为檐头和屋脊的装饰，是一种富有中国传统民族特色的高级屋面防水与装饰材料。

视频：屋面材料

琉璃瓦耐久性好，但成本高，一般只在古建筑修复、纪念性建筑及园林建筑中的厅、台、楼、阁上使用，如图6－16（b）。

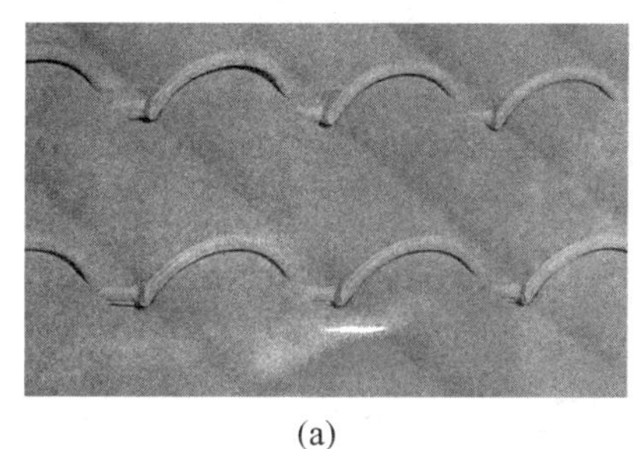

(a)

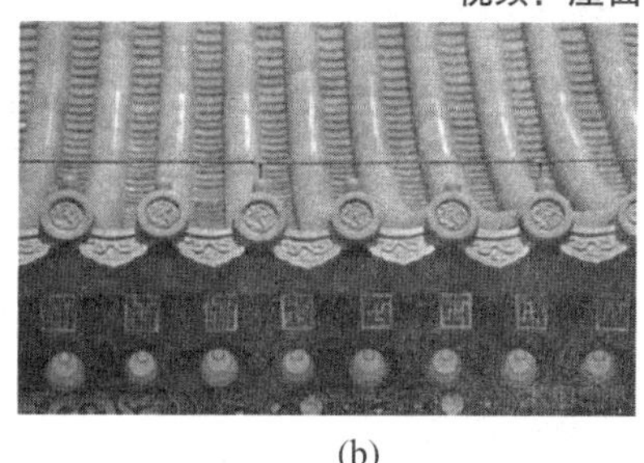

(b)

图6－16　烧结类瓦材

（a）黏土瓦屋面　（b）琉璃瓦屋面

2. 水泥类屋面瓦材

（1）混凝土瓦

混凝土瓦是采用普通混凝土拌和物经过压制成型、养护而成的，如图6－17（a）。其标准尺寸有400 mm×240 mm、385 mm×235 mm两种。根据国家标准规定，单片瓦的抗折荷载不得低于600 N，其抗渗性、抗冻性等应符合规定要求。该瓦成本地、耐久性好，但自重大，在配料中加入耐碱颜料，可制成彩色瓦，其应用范围同黏土瓦。

（2）纤维增强水泥瓦

纤维增强水泥瓦是以增强纤维和水泥为主要原料，经配料、打浆、成型、养护而成。主要有石棉水泥瓦，分大波、中波、小波三种类型，如图6－17（b）。该瓦具有防水、防潮、防腐、绝缘等性能。石棉瓦主要用于工业建筑，如厂房、库房、堆货棚、凉棚等，因石棉纤维瓦可能带有致癌物，所以已开始使用其他增强材料如耐碱玻璃纤维、有机纤维代替石棉。

（3）钢丝网水泥大波瓦

钢丝网水泥大波瓦是用普通硅酸盐水泥、砂子，按一定配合比加水搅拌后浇模，中间加一层低碳冷拔钢丝网加工而成的。

钢丝网水泥大波瓦的规格有两种，分别为：1 700 mm×830 mm×14 mm，波高80 mm，每张瓦约重50 kg；1 700 mm×830 mm×12 mm，波高68 m，每张瓦重39～49 kg。脊瓦每块重15～16 kg。要求瓦的初裂荷载爆块2 200 N。在100 mm的静水压力下，24 h后瓦背后无严重渗水现象。钢丝网水泥大波瓦适用于工厂散热车间、仓库或临时性的屋面及维护结构等处。

（a）

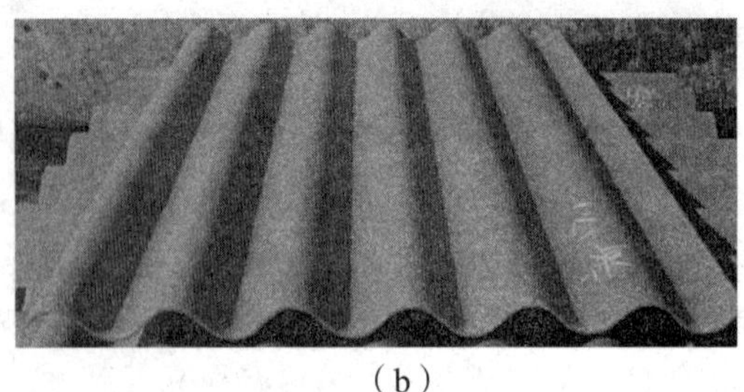
（b）

图 6－17　水泥类屋面瓦材

（a）彩色混凝土瓦　（b）石棉水泥瓦

3．高分子类复合材料

（1）纤维增强塑料波形瓦

纤维增强塑料波形瓦也成为玻璃钢波形瓦，是采用不饱和聚酯和玻璃纤维为原料经人工糊制而成。其长度为 1 800～3 000 mm，宽度为 700～800 mm，厚度为 0.5～1.5 mm。

纤维增强塑料波形瓦具有轻质、强度高、耐冲击、耐高温、耐腐蚀、透光率高、制作简单的特点。适用于各种建筑的遮阳、车站站台、售货亭、凉棚等屋面。

（2）聚氯乙烯波形瓦

聚氯乙烯波形瓦也称塑料瓦楞板，是以聚氯乙烯树脂为主要原料，加入其他配合剂，经塑化、挤压或压延、压波而制成的一种新型建筑瓦材。

聚氯乙烯波形瓦的规格尺寸为 2 100 mm ×（1 100～1 300）mm ×（1.5～2）mm。具有轻质、高强、防水、耐化学腐蚀、透光率高、色彩鲜艳等特点，适用于凉棚、果棚、遮阳板和简易建筑的屋面等处。

（3）玻璃纤维沥青瓦

玻璃纤维沥青瓦是以玻璃纤维薄毡为胎料，以改性沥青涂敷而成的片状屋面瓦才。也可以在其表面撒以各种彩色的矿物粒料，形成彩色沥青瓦。

玻璃纤维沥青瓦的特点是质量轻，互相黏结的能力强，抗风化能力好，施工方便。适用于一般民用建筑的坡形屋面。

6.4.2　屋面用轻型板材

在传统建筑中，钢筋混凝土屋面板用于大跨度屋盖结构中，自重大，且不保温，需另设防水层。彩色涂层钢板、超细玻璃纤维、自熄性泡沫塑料的出现，使轻型保温的大跨度屋盖结构得以迅速发展。

1．EPS 轻型板

EPS 轻型板是以 0.5～0.75 mm 厚的彩色涂层钢板为表面材，自熄聚苯乙烯为芯材，用热固化胶在连续成型机内加热加压复合而成的超轻型建筑板材。

EPS 轻型板的质量为混凝土屋面的 1/30～1/20，保温隔热性好，施工方便，是集承重、保温、防水、装饰于一体的新型维护结构材料，可生产成平面或曲面型板材，适合多种屋面形式。适用于大跨度屋面结构，如体育馆、展览馆、冷库等。

2．硬质聚氨酯夹心板

硬质聚氨酯夹心板是由镀锌彩色压型钢板（面层）和硬质聚氨酯泡沫（芯材）复合而成

的。压型钢板厚度为0.5 mm、0.75 mm、1.0 mm。彩色涂层有聚酯型、改性聚酯型、氟氯乙烯塑料型，这些涂层均具有极强的耐气候性。

这种复合板材具有质量轻、强度高、保温、隔声效果好、色彩丰富、施工简便等特点，是承重、保温、防水三合一的屋面板材。适用于大型工业厂房、仓库、公共设施等大跨度建筑和高层建筑打分屋面结构。

本任务小结

1. 砌墙砖

砌墙砖分为烧结砖和蒸压（养）砖两大类。其中烧结砖包括烧结普通砖（黏土砖、粉煤灰砖、页岩砖、煤矸石砖）、烧结多孔砖和烧结空心砖。为了避免毁田取土，保护环境，黏土砖在中国主要大中城市及部分地方已禁止使用。重视使用多孔砖和空心砖，充分利用工业废料生产其他普通砖、非烧结砖，对于维持生态平衡，保护环境具有重要意义。

砌墙砖按抗压强度划分为若干强度等级，按尺寸允许偏差、外观质量、泛霜、石灰爆裂、干缩等分为优等品、一等品和合格品三个质量等级。

2. 砌块

砌块主要有粉煤灰砌块、蒸压加气混凝土砌块、混凝土小型空心砌块、轻骨料混凝土小型空心砌块。各类型砌块按抗压强度划分为若干强度等级，按尺寸偏差、外观质量分为优等品、一等品和合格品三个质量等级。

3. 墙用板材

墙用板材是一种复合材料，常用的品种有水泥类墙用板材、石膏类墙用板材、植物纤维类墙用板材、复合墙板等。复合墙板和砌块是国家大力推广使用的墙体材料。

4. 屋面材料

屋面材料主要有烧结类瓦材、水泥类屋面瓦材、高分子类复合材料、屋面用轻型板材。烧结类瓦才主要是利用其装饰的作用。屋面用轻型板材自重轻、保温效果好，是主要的应用材料。

应用案例与发展动态

动态6

任务七

建筑砂浆的选择与应用

任务简介： 本任务主要介绍了建筑工程中常用的砌筑砂浆、抹面砂浆和逐步推广的预拌砂浆。

知识目标： (1) 掌握建筑砂浆的定义和分类、主要技术性质。
(2) 了解砂浆的配合比设计、砂浆的发展趋势。
(3) 了解预拌砂浆的基本生产工艺。

技能目标： (1) 能够结合工程实际合理选择砂浆类型。
(2) 具有现场检测砂浆基本性能的能力。

建筑砂浆是由胶结料、细骨料、掺加料和水，有时加入外加剂按适当比例配制，经凝结硬化而成的建筑工程材料，实为无粗骨料的混凝土。在建筑工程中起黏结、衬垫和传递应力、装饰等作用。在建筑工程中是一项用量大、用途广泛的建筑材料。在砌体结构中，砂浆可以把砖、石块、砌块胶结成砌体。墙面、地面及钢筋混凝土梁、柱等结构表面需要用砂浆抹面，起到保护结构和装饰作用。镶贴大理石、水磨石、陶瓷面砖、马赛克以及制作钢丝网水泥制品等都要使用砂浆。

根据用途，建筑砂浆分为砌筑砂浆、抹面砂浆。根据胶结材料不同，可分为水泥砂浆、水泥混合砂浆、石灰砂浆、石膏砂浆及聚合物砂浆等。

按生产方式，建筑砂浆分为预拌砂浆（按照客户需求，工厂商品化生产的砂浆）和现场配制砂浆（所有的原材料均运至施工现场，采用简易的方法拌制而成的砂浆）两种。按供货形式，预拌砂浆分为湿拌砂浆（有时称湿砂浆）和干混砂浆。预拌砂浆是按设定的配合比在工厂集中生产，然后通过专用搅拌车运送到建筑工地直接使用，其生产工艺过程类似于商品混凝土。湿拌砂浆一般适用于品种少、使用量大而集中的工程。干混砂浆是由经烘干筛分处理的细集料与无机胶结料、矿物掺合料、保水增稠材料和添加剂按一定比例混合而成的一种颗粒状或粉状混合物，它可由专用罐车运输至工地加水拌和使用，也可采用包装形式运到工地拆包加水拌和使用。干混砂浆具有品种多、用途广、使用方便灵活的特点，在国外特别是欧洲等发达国家得到广泛应用。

7.1 砌筑砂浆

将砖、石、砌块等块材经砌筑成为砌体，起黏结、衬垫和传力作用的砂浆。

7.1.1 砌筑砂浆的组成材料

1. 胶凝材料

砌筑砂浆常用的胶凝材料有水泥、石灰、石膏等，砂浆中的水泥和石灰膏、电石膏等材料的用量可按表 7－1 选用。

表 7－1　砌筑砂浆的材料用量　　(kg/m^3)

砂浆种类	材料用量
水泥砂浆	≥200
水泥混合砂浆	≥350
预拌砂浆	≥200

注：1. 水泥砂浆中的材料用量是指水泥用量；

2. 水泥混合砂浆中的材料用量是指水泥和石灰膏、电石膏的材料总量；

3. 预拌砂浆中的材料用量是指胶凝材料用量，包括水泥和替代水泥的粉煤灰等活性矿物掺合料。

水泥宜采用通用硅酸盐水泥或砌筑水泥，且应符合现行国家标准《通用硅酸盐水泥》（GB 175）和《砌筑水泥》（GB/T 3183）的规定。水泥强度等级应根据砂浆品种及强度等级的要求进行选择。M15 及以下强度等级的砌筑砂浆宜选用 32. 5 级的通用硅酸盐水泥或砌筑水泥，M15 以上强度等级的砌筑砂浆宜选用 42. 5 级通用硅酸盐水泥。

为合理利用资源、节约材料，在配制砂浆时要尽量选用低强度等级水泥和砌筑水泥。对于一些特殊用途的砂浆，如修补裂缝、预制构件嵌缝、结构加固等可采用膨胀水泥。装饰砂浆采用白色与彩色水泥等。

2. 细骨料

砌筑砂浆用细骨料主要为建筑用砂，砂宜选用中砂，并应符合现行行业标准《普通混凝土用砂、石质量及检验方法标准》（JGJ 52）的规定，且应全部通过 4. 75 mm 的筛孔。既能满足和易性要求，又能节约水泥，因此建议优先选用。由于砂浆铺设层较薄，应对砂的最大粒径加以限制，应小于灰缝的 1/4 ~ 1/5，对砖砌体应小于 2. 36 mm，对石砌体应小于 5 mm。

其他性质的要求同混凝土用砂。对用于面层的抹面砂浆时应采用轻砂，如膨胀珍珠岩砂、火山渣等。配制装饰砂浆或混凝土时应采用白色或彩色砂（粒径可放宽到 7 ~ 8 mm）、或石屑、玻璃或陶瓷碎粒等。

由于一些地区人工砂、山砂及特细砂资源较多，为合理地利用这些资源以及避免从外地调运而增加工程成本，因此经试验能满足《砌筑砂浆配合比设计规程》（JGJ 98—2010）技术指标后，可参照使用。

3. 掺加料

掺加料是为改善砂浆和易性而加入的无机材料。例如，石灰膏、电石膏（电石消解后，经过滤后的产物）、粉煤灰等。

① 生石灰熟化成石灰膏时，应用孔径不大于 3 mm × 3 mm 的网过滤，熟化时间不得少于 7 d；磨细生石灰粉的熟化时间不得少于 2 d。沉淀池中贮存的石灰膏，应采取防止干燥、冻结和污染的措施。严禁使用脱水硬化的石灰膏。

② 采用黏土或亚黏土制备黏土膏时，宜用搅拌机加水搅拌，通过孔径不大于 3 mm × 3 mm 的网过筛。用比色法鉴定黏土中的有机物含量时应浅于标准色。

③ 制作电石膏的电石渣应用孔径不大于 3 mm × 3 mm 的网过滤，检验时应加热至 70 ℃ 并保持 20 min，没有乙炔气味后，方可使用。

④ 消石灰粉不得直接用于砌筑砂浆中。

⑤ 石灰膏、电石膏试配时的稠度，应为 120 ± 5 mm。

表 7－2　石灰膏不同稠度的换算系数

稠度/mm	120	110	100	90	80	70	60	50	40	30
换算系数	1.00	0.99	0.97	0.95	0.93	0.92	0.90	0.88	0.87	0.86

⑥ 粉煤灰、粒化高炉矿渣粉、硅灰、天然沸石粉应分别符合国家现行标准《用于水泥和混凝土中的粉煤灰》（GB/T 1596）、《用于水泥和混凝土中的粒化高炉矿渣粉》（GB/T 18046）、《高强高性能混凝土用矿物外加剂》（GB/T 18736）和《天然沸石粉在混凝土和砂浆中应用技术规程》（JGJ/T 112）的规定。当采用其他品种矿物掺合料时，应有充足的技术依据，并应在使用前进行试验验证。

⑦ 砌筑砂浆所用原材料不应对人体、生物与环境造成有害的影响，并应符合现行国家标准《建筑材料放射性核素限量》（GB 6566）的规定。

4. 水

配制砂浆用水应符合现行行业标准《混凝土用水标准》（JGJ 63）的规定。质量要求与混凝土用水相同。

5. 外加剂

外加剂是在拌制砂浆过程中掺入，用以改善砂浆性能的物质。外加剂应符合国家现行有关标准的规定，引气型外加剂还应有完整的型式检验报告。

6. 保水增稠材料

改善砂浆可操作性及保水性能的非石灰类材料。采用保水增稠材料时，应在使用前进行试验验证，并应有完整的形式检验报告。砂浆中可掺入保水增稠材料、外加剂等，掺量应经试配后确定。

在水泥砂浆中，可使用减水剂或防水剂、膨胀剂、微沫剂等。微沫剂在其他砂浆中也可以使用，其作用主要是改善砂浆的和易性和替代部分石灰。

7.1.2　砌筑砂浆的技术性质

1. 砂浆的工作性

新拌砂浆应具有良好的和易性。和易性良好的砂浆容易在粗糙的砖石基面上铺抹成均匀的薄层，而且能够和底面紧密黏结，既便于施工操作，提高生产效率，又能保证工程质量。砂浆的和易性包括流动性和保水性两个方面。

（1）流动性（稠度）

砂浆的流动性是指在自重力或外力作用下的流动的性质。流动性大的砂浆便于泵送或铺抹。流动性过大、过小都对施工和施工质量有不利影响。砂浆的流动性用沉入度（mm）来表示。可用砂浆稠度仪测定其稠度值（即沉入度）。砂浆的流动性与胶凝材料的品种和用量、用水量、砂的粗细、粒形和级配、搅拌时间等有关。砌筑砂浆应用如图 7－1 所示。

视频：砌筑砂浆

图 7－1 砌筑砂浆应用

砌筑砂浆的稠度应按表 7－3 的规定选用。

表 7－3 砌筑砂浆的施工稠度

砌 体 种 类	砂浆稠度/mm
烧结普通砖砌体、粉煤灰砖砌体	70～90
烧结多孔砖砌体、烧结空心砖砌体、轻骨料混凝土小型空心砌块砌体、蒸压加气混凝土砌块砌体	60～80
混凝土砖砌体、普通混凝土小型空心砌块砌体、灰砂砖砌体	50～70
石砌体	30～50

（2）保水性

砂浆的保水性是指砂浆保持水分及保持整体均匀一致的能力。保水性好则可以保证砂浆在运输、放置、使用（铺抹、浇灌等）过程中不发生较大的分层、离析和泌水，从而保证砂浆的铺抹和浇灌质量。砂浆的保水性用保水率表示。砌筑砂浆保水率应符合表 7－4 的规定。

表 7－4 砌筑砂浆的保水率

砂浆种类	保水率（%）
水泥砂浆	≥80
水泥混合砂浆	≥84
预拌砂浆	≥88

2. 砂浆的表观密度

砌筑砂浆拌和物的表观密度宜符合表 7－5 的规定。

表 7-5　砂浆的表观密度　（kg/m^3）

砂浆种类	表观密度
水泥砂浆	≥1 900
水泥混合砂浆	≥1 800
预拌砂浆	≥1 800

3. 砂浆的强度及强度等级

在工程上以抗压强度作为砂浆的强度指标。砂浆的强度等级是以边长为 70.7 mm 的立方体，在标准养护条件（水泥混合砂浆为 20 ± 3 ℃，相对湿度为 60% ~80%；水泥砂浆和微沫砂浆为 20 ± 3 ℃，相对湿度为 90% 以上）下，用标准试验方法测得 28 天龄期的抗压强度的平均值。砌筑砂浆的强度等级共分 M5、M7.5、M10、M15、M20、M25、M30 共七个等级。水泥混合砂浆的强度等级可分为 M5、M7.5、M10、M15。砌筑砂浆强度等级为 M10 及 M10 以下宜采用水泥混合砂浆。

4. 变形性能

砂浆在承受荷载、温度变化或湿度变化时，均会产生变形，如果变形过大或不均匀，都会引起沉陷或裂缝，降低砌体质量。掺太多轻骨料或掺加料配制的砂浆，其收缩变形比普通砂浆大。应采取措施防止砂浆开裂。

5. 砂浆的黏结力

砖石砌体是靠砂浆把块状的砖石材料黏结成为坚固的整体。因此，为保证砌体的强度、耐久性及抗震性等，要求砂浆与基层材料之间应有足够的黏结力。一般情况下，砂浆的抗压强度越高，它与基层的黏结力也越大。此外，砖石表面状态、清洁程度、湿润状况以及施工养护条件等都直接影响砂浆的黏结力。粗糙的、洁净的、湿润的表面与良好的养护的砂浆，其黏结力好。

6. 砂浆的抗冻性

在受冻融影响较多的建筑部位，要求砂浆具有一定的抗冻性。对有冻融次数要求的砌筑砂浆，经冻融试验后，质量损失率不得大于 5%，抗压强度损失率不得大于 25%。

有抗冻性要求的砌体工程，砌筑砂浆应进行冻融试验。砌筑砂浆的抗冻性应符合表7-6的规定，且当设计对抗冻性有明确要求时，尚应符合设计规定。

表 7-6　砌筑砂浆的抗冻性

使用条件抗冻	指标质量损失率（%）
夏热冬暖地区	F15
夏热冬冷地区	F25
寒冷地区	F35
严寒地区	F50
质量损失率（%）	≤5
强度损失率（%）	≤25

7.1.3　砌筑砂浆的配合比设计

砌筑砂浆要根据工程类别及砌体部位的设计要求，选择其强度等级，再按砂浆强度等级来确定其配合比。

确定砂浆配合比，一般情况可查阅有关手册或资料来选择。重要工程用砂浆或无参考资料时，可根据《砌筑砂浆配合比设计规程》（JGJ 98—2010），按下列步骤计算。

（1）水泥混合砂浆配合比计算

Ⅰ. 确定砂浆的试配强度（$f_{m,0}$）

砂浆的试配强度应按下式计算：

$$f_{m,0} = kf_2 \tag{7-1}$$

式中：$f_{m,0}$——砂浆的试配强度，MPa，精确至0.1 MPa；

f_2——砂浆强度等级值，MPa，精确至0.1 MPa；

k——系数，按表7-5取值。

砌筑砂浆现场强度标准差的确定应符合下列规定。

① 当有统计资料时，应按下式计算：

$$\sigma = \sqrt{\frac{\sum_{i=1}^{n} f_{m,i}^2 - n\mu_{fm}^2}{n-1}} \tag{7-2}$$

式中：$f_{m,i}$——统计周期内同一品种砂浆第 i 组试件的强度，MPa；

μ_{fm}——统计周期内同一品种砂浆 n 组试件强度的平均值，MPa；

n——统计周期内同一品种砂浆试件的总组数，$n \geqslant 25$。

2）当不具有近其统计资料时，砂浆现场强度标准差 σ 及 k 值可按表7-7取用。

表7-7　砂浆强度标准差 σ 及 k 值

强度等级 施工水平	强度标准差 σ/MPa							k
	M5.0	M7.5	M10	M15	M20	M25	M30	
优　　良	1.00	1.50	2.00	3.00	4.00	5.00	6.00	1.15
一　　般	1.25	1.88	2.50	3.75	5.00	6.25	7.50	1.20
较　　差	1.50	2.55	3.00	4.50	6.00	7.50	9.00	1.25

Ⅱ. 水泥用量计算

水泥用量的计算应符合下列规定。

1）每立方米砂浆中的水泥用量，应按下式计算：

$$Q_c = \frac{1000\ (f_{m,0} - \beta)}{\alpha \cdot f_{ce}} \tag{7-3}$$

式中：Q_c——每立方米砂浆的水泥用量，kg，精确至1 kg/m^3；

$f_{m,0}$——砂浆的试配强度，MPa，精确至0.1 MPa；

f_{ce}——水泥的实测强度，MPa，精确至0.1 MPa；

α，β——砂浆的特征系数，其中 $\alpha = 3.03$，$\beta = -15.09$。

注：① 各地区可用本地区试验资料确定α、β值，统计用的试验组数不得少于30组。

② 在无法取得水泥的实测强度值时，可按下式计算f_{ce}：

$$f_{ce} = \gamma_c \cdot f_{ce,k} \tag{7-4}$$

式中：$f_{ce,k}$——水泥强度等级值，MPa；

γ_c——水泥强度等级值的富余系数，该值应按实际统计资料确定，无统计资料时γ_c可取1.0。

Ⅲ. 石灰膏用量计算

水泥混合砂浆的石灰膏用量，应按下式计算：

$$Q_D = Q_A - Q_C \tag{7-5}$$

式中：Q_D——每立方米砂浆的石灰膏用量（kg），应精确至1kg/m^3；石灰膏使用时的稠度宜为120 ±5 mm；

Q_C——每立方米砂浆的水泥用量，kg，精确至1 kg/m^3；

Q_A——每立方米砂浆中水泥和石灰膏总量，应精确至1 kg，可为350 kg。

Ⅳ. 砂用量计算

每立方米砂浆中的砂子用量，应按干燥状态（含水率小于0.5%）的堆积密度值作为计算值（kg/m^3）。

Ⅴ. 用水量计算

每立方米砂浆中的用水量，根据砂浆稠度等要求可选用210～310 kg/m^3。注意以下四点。

① 混合砂浆中的用水量，不包括石灰膏中的水；

② 当采用细砂或粗砂时，用水量分别取上限或下限；

③ 稠度小于70 mm时，用水量可小于下限；

④ 施工现场气候炎热或干燥季节，可酌量增加用水量。

(2) 水泥砂浆配合比选用

水泥砂浆配合比选用如表7－8所示。

表7－8　水泥砂浆材料用量

强度等级	每立方米砂浆水泥用量/（kg/m^3）	每立方米砂子用量/（kg/m^3）	每立方米砂浆用水量/（kg/m^3）
M5	200～230	砂子堆积密度值	270～330
M7.5	220～260		
M10	260～290		
M15	290～330		
M20	340～400		
M25	360～410		
M30	430～480		

注：1. M15及M15以下强度等级水泥砂浆，水泥强度等级为32.5级；M15以上强度等级水泥砂浆，水泥强度等级为42.5级；

2. 当采用细砂或粗砂时，用水量分别取上限或下限；

3. 稠度小于70 mm时，用水量可小于下限；

4. 施工现场气候炎热或干燥季节，可酌量增加用水量；
5. 试配强度应按式（7－1）计算。

（3）水泥粉煤灰砂浆材料用量

每立方米水泥粉煤灰砂浆材料用量可按表7－9选用。

表7－9　每立方米水泥粉煤灰砂浆材料用量　（kg/m3）

强度等级	水泥和粉煤灰总量	粉煤灰	砂	用水量
M5	210～240	粉煤灰掺量可占胶凝材料总量的15%～25%	砂的堆积密度值	270～330
M7.5	240～270			
M10	270～300			
M15	300～330			

注：1. 表中水泥强度等级为32.5级；
2. 当采用细砂或粗砂时，用水量分别取上限或下限；
3. 稠度小于70 mm时，用水量可小于下限；
4. 施工现场气候炎热或干燥季节，可酌量增加用水量；
5. 试配强度应按式（7－1）计算。

（4）配合比试配、调整与确定

① 砌筑砂浆试配时应考虑工程实际要求，砂浆试配时应采用机械搅拌。搅拌时间应自开始加水算起，对水泥砂浆和水泥混合砂浆，不得少于120 s；对预拌砂浆和掺有粉煤灰、外加剂、保水增稠材料等的砂浆，搅拌时间不得少于180 s。

② 按计算或查表所得配合比进行试拌时，应按现行行业标准《建筑砂浆基本性能试验方法标准》（JGJ/T 70）测定砌筑砂浆拌和物的稠度和保水率。当稠度和保水率不能满足要求时，应调整材料用量，直到符合要求为止。然后确定为试配时的砂浆基准配合比。

③ 试配时至少应采用三个不同的配合比，其中一个配合比应为按本规程得出的基准配合比，其余两个配合比的水泥用量应按基准配合比分别增加及减少10%。在保证稠度、保水率合格的条件下，可将用水量、石灰膏、保水增稠材料或粉煤灰等活性掺合料用量作相应调整。

④ 砂浆试配时稠度应满足施工要求，并应按现行行业标准《建筑砂浆基本性能试验方法标准》（JGJ/T 70）分别测定不同配合比砂浆的表观密度及强度；并应选定符合试配强度及和易性要求、水泥用量最低的配合比作为砂浆的试配配合比。

⑤ 砂浆中可掺入保水增稠材料、外加剂等，掺量应经试配后确定。

⑥ 砂浆试配配合比尚应按下列步骤进行校正。

a. 应根据（JGJ/T 98—2010）中的第5.3.4条，确定的砂浆配合比材料用量，按下式计算砂浆的理论表观密度值：

$$\rho_t = Q_c + Q_D + Q_s + Q_w \tag{7-6}$$

式中：ρ_t——砂浆的理论表观密度值，kg/m^3，应精确至10 kg/m^3。

b. 应按下式计算砂浆配合比校正系数δ：

$$\delta = \rho_c / \rho_t \tag{7-7}$$

式中：ρ_c——砂浆的实测表观密度值，kg/m^3，应精确至10 kg/m^3。

c. 当砂浆的实测表观密度值与理论表观密度值之差的绝对值不超过理论值的2%时，可将按《砌筑砂浆配合比设计规程》（JGJ/T 98—2010）第5.3.4条得出的试配配合比确定为砂浆设计配合比；当超过2%时，应将试配配合比中每项材料用量均乘以校正系数（δ）后，确定为砂浆设计配合比。

d. 预拌砂浆生产前应进行试配、调整与确定，并应符合现行国家标准《预拌砂浆》（GB/T 25181—2010）的规定。

7.2 抹面砂浆

抹面砂浆（也称抹灰砂浆）是指涂抹在建筑物或建筑构件表面的砂浆。对抹面砂浆的基本要求是具有良好的和易性、较高的黏结强度。处于潮湿环境或易受外力作用时（如地面、墙裙等），还应具有较高的强度等。

对抹面砂浆，要求具有良好的和易性，容易抹成均匀平整的薄层，便于施工；有较好的黏结力，能与基层黏结牢固，长期使用不会开表明或脱落。

抹面砂浆的组成材料与砌筑砂浆基本相同。但为了防止砂浆层开裂，有时需要加入一些纤维材料（如纸筋、麻刀等），有时为了使其具有某些功能而需加入特殊骨料或掺合料。

根据抹面砂浆功能不同，可分为普通抹面砂浆、装饰砂浆和具有某些特殊功能的抹面砂浆（防水、耐热、绝热、吸声等）。

7.2.1 普通抹面砂浆

普通抹面砂浆为建筑工程中用量最大的抹面砂浆。常用的有石灰砂浆、水泥砂浆、混合砂浆等。其功能主要是对建筑物和墙体起保护作用。

普通抹面砂浆是建筑工程中普遍使用的砂浆。它可以保护建筑物不受风、雨、雪、大气等有害介质的侵蚀，提高建筑物的耐久性，同时使表面平整美观。

抹面砂浆通常分为两层或三层进行施工，各层抹灰要求不同，所以各层选用的砂浆也有区别。底层抹灰的作用，是使砂浆与底面能牢固地黏结，因此要求砂浆具有良好的和易性和黏结力，基层面也要求粗糙，以提高与砂浆的黏结力。中层抹灰主要是为了抹平，有时可省去。面层抹灰要求平整光洁，达到规定的饰面要求。底层及中层多用水泥混合砂浆。面层多用水泥混合砂浆或掺麻刀、纸筋的石灰砂浆。在潮湿的房间或地下建筑及容易碰撞的部位，应采用水泥砂浆。

普通抹面砂浆的配合比及应用范围可参见表7－10。

表7－10 常用抹面砂浆配合比及应用范围

材　料	配合比（体积比）	应用范围
石灰:砂	（1:2）～（1:4）	用于砖石墙面（檐口、勒脚、女儿墙及潮湿房间的墙除外）
石灰:黏土:砂	（1:1:4）～（1:1:8）	干燥环境墙表面
石灰:石膏:砂	（1:0.4:2）～（1:1:3）	用于不潮湿房间的墙及天花板
石灰:石膏:砂	（1:2:2）～（1:2:4）	用于不潮湿房间的线脚及其他装饰工程
石灰:水泥:砂	（1:0.5:4.5）～（1:1:5）	用于檐口、勒脚、女儿墙以及比较潮湿的部位

续表

材　料	配合比（体积比）	应 用 范 围
水泥:砂	（1:3）～（1:2.5）	用于浴室、潮湿车间等墙裙、勒脚或地面基层
水泥:砂	（1:2）～（1:1.5）	用于地面、天棚或墙面面层
水泥:砂	（1:0.5）～（1:1）	用于混凝土地面随时压光
石灰:石膏:砂:锯末	1:1:3:5	用于吸音粉刷
水泥:白石子	（1:2）～（1:1）	用于水磨石（打底用1:2.5水泥砂浆）
水泥:白石子	1：1.5	用于斩假石［打底用（1:2）～（1:2.5）水泥砂浆］
白灰：麻刀	100:2.5（质量比）	用于板条天棚底层
石灰膏:麻刀	100:1.3（质量比）	用于板条天棚面层（或100 kg石灰膏加3.8 kg纸筋）
纸筋:白灰浆	灰膏0.1 m^3，纸筋0.36 kg	较高级墙板、天棚

7.2.2　装饰砂浆

直接施工于建筑物内外表面，以提高建筑物装饰艺术性为主要目的的抹面砂浆，称为装饰砂浆。这是常用的装饰手段之一。

获得装饰效果的主要方法是：①采用白水泥、彩色水泥或浅色的其他硅酸盐水泥，以及石膏、石灰等胶凝材料，采用彩色砂、石（如大理石、花岗石等色石渣及玻璃、陶瓷等碎粒等）为细骨料，以达到改变色彩的目的；②采取不同施工手法（如喷涂、滚涂、拉毛以及水刷、干粘、水磨、剁斧、拉条等）使抹面砂浆表面层获得设计的线条、图案、花纹等和不同的质感。

常见到的有地面、窗台、墙裙等处用的水磨石，外墙用的水刷石、剁斧石（斩假石）、干石、假面砖等属石渣类饰面砂浆。装饰抹面类砂浆多采用底层和中层与普通抹面砂浆相同，而只改变面层的处理方法，装饰效果好、施工方便、经济适用，得到广泛应用。

建筑工程中常用的几种工艺做法如下。

（1）拉毛

在水泥砂浆或水泥混合砂浆抹灰中层上，抹上水泥混合砂浆、纸筋石灰或水泥石灰等，并利用拉毛工具将砂浆拉出波纹和斑点的毛头，做成装饰面层。一般适用以有声学要求的礼堂、剧场等室内墙面，也常用于外墙面、阳台栏板或围墙等外饰面。

（2）拉条

拉条抹灰是采用专用模具把面层做出竖向线条的装饰做法。拉条抹灰有细条形、粗条形、半圆形、波形、梯形、方形等多种形式，是一种较新的抹灰做法。一般细条形抹灰可以采用同一种砂浆配比，多次加浆抹灰拉模而成；粗条形抹灰则采用底、面层两种不同配合比的砂浆，多次加浆抹灰拉模而成。砂浆不得过干，也不得过稀以能拉动可塑为宜。它具有美观大方、不易积灰、成本低等优点，并有良好音响效果。

（3）喷涂

喷涂多用于外墙面，它是用挤压式砂浆泵或喷斗，将聚合物水泥砂浆喷涂在墙面基层或底灰上，形成饰面层，最后在表面再喷一层甲基硅醇钠或甲基硅树脂疏水剂，以提高饰面层的耐久性和减少墙面污染。

（4）弹涂

弹涂是在墙体表面刷一道聚合物水泥浆后，用弹涂器分几遍将不同色彩的聚合物水泥砂浆弹在以涂刷的基层上，形成3～5 mm的扁圆形花点，再喷一层甲基硅树脂。适用于建筑物内外墙面，也可用于顶棚饰面。

（5）假面砖

假面砖是采用掺氧化铁系颜料的水泥砂浆，通过手工操作达到模拟面砖装饰效果的饰面做法。适合于房屋建筑外墙抹灰饰面。

（6）假大理石

假大理石是用掺适当颜料的石膏色浆和素石膏浆按比1:10比例配合，用手工操作，做成具有大理石表面特征的装饰抹灰。这种装饰工艺对操作技术要求较高，但如果做得好，无论在颜色、花纹和光洁度等方面，都接近天然大理石。

（7）水刷石

水刷石是用水泥和细小的石碴（约5 mm）按比例配合并拌制成水泥石碴浆，在墙面上抹灰，在其水泥浆初凝时，用硬毛刷蘸水刷洗，或用喷水冲刷表面，使石碴半露而不脱落，达到装饰目的。多用于建筑物的外墙。

水刷石具有石料饰面的质感，自然朴实。结合不同的分格、分色、凹凸线条等艺术处理，可使饰面获得明快庄重、淡雅秀丽的艺术效果。水刷石的不足之处是操作技术要求较高，费工费料，湿作业量大，劳动强度大，逐渐被干粘石取代。

（8）拉假石

拉假石是用刻锯条或5～6 mm厚的铁皮加工成锯齿形，钉在木板上构成抓耙，用抓耙挠刮去除表层水泥浆皮露出石碴，并形成条纹效果。这种工艺实质上是斩假石工艺的演变，与斩假石相比，其施工速度快，劳动强度低，装饰效果类似斩假石，可大面积使用。

（9）水磨石

水磨石是用普通水泥、白色水泥或彩色水泥拌和各种色彩的大理石碴做面层，硬化后用机械磨平抛光表面。水磨石多用于地面装饰，可事先设计图案和色彩，抛光后更具艺术效果。除可用作地面之外，还可预制做成楼梯踏步、窗台板、柱面、踢脚板和地面板等多种建筑构件。水磨石一般用于室内。

（10）干粘石

干粘石是将彩色石粒直接粘在砂浆层上。这种做法与水刷石相比，既节约水泥、石粒等原材料，又能减少湿作业和提高工效。

(11) 斩假石

斩假石又称剁斧石，是在水泥砂浆基层上涂抹水泥石粒浆，待硬化后，用剁斧、齿斧及各种凿子等工具剁出有规律的石纹，使其形成天然花岗石粗犷的效果，主要用于室外柱面、勒脚、栏杆、踏步等处的装饰。饰面砂浆如图 7－2 所示。

图 7－2　饰面砂浆

视频：饰面及特种砂浆

7.2.3　特种砂浆

1. 防水砂浆

防水砂浆是一种制作防水层用的抗渗性高的砂浆。砂浆防水层又称刚性防水层，适用于不受振动和具有一定刚度的混凝土或砖石砌体工程中，如水塔、水池、地下工程等的防水。

防水砂浆可用普通水泥砂浆制作，也可以在水泥砂浆中掺入防水剂制得。水泥砂浆宜选用强度等级为 42.5 以上的普通硅酸盐水泥和级配良好的中砂。砂浆配合比中，水泥与砂的质量比不宜大于 1∶2.5，水灰比宜控制在 0.5～0.6，稠度不应大于 80 mm。

在水泥砂浆中掺入防水剂，可促使砂浆结构密实，堵塞毛细孔，提高砂浆的抗渗能力，这是目前最常用的方法。常用的防水剂有氯化物金属盐类防水剂、金属皂类防水剂和水玻璃防水剂。

防水砂浆应分 4～5 层分层涂抹在基面上，每层涂抹厚度约 5 mm，总厚度 20～30 mm。每层在初凝前压实一遍，最后一遍要压光，并精心养护，以减少砂浆层内部连通的毛细孔通道，提高密实度和抗渗性。防水砂浆还可以用膨胀水泥或无收缩水泥来配制。防水砂浆广泛用于地下建筑和蓄水池等。

2. 绝热砂浆

绝热砂浆又称保温砂浆。采用水泥、石灰、石膏等胶凝材料与膨胀珍珠岩、膨胀蛭石或陶粒砂等轻质多孔骨料，按一定比例配制的砂浆，称为绝热砂浆。绝热砂浆具有轻质和良好的绝热性能，其导热系数为 0.07～0.1 W/（m·K）。绝热砂浆可用于屋面、墙壁或供热管道的绝热保护。

3. 吸声砂浆

一般绝热砂浆因由轻质多孔骨料制成，所以都具有吸声性能。同时，还可以用水泥、石膏、砂、锯末（体积比为 1∶1∶3∶5）配制吸声砂浆，或在石灰、石膏砂浆中掺入玻璃纤维、矿物棉等松软纤维材料。吸声砂浆用于室内墙壁和吊顶的吸声处理。

7.3 预拌砂浆

预拌砂浆是由专业生产厂生产的湿拌砂浆或干拌砂浆的统称。

7.3.1 预拌砌筑砂浆应满足的规定

① 在确定湿拌砂浆稠度时应考虑砂浆在运输和储存过程中的稠度损失；

② 湿拌砂浆应根据凝结时间要求确定外加剂掺量；

③ 干混砂浆应明确拌制时的加水量范围；

④ 预拌砂浆的搅拌、运输、储存等应符合现行行业标准《预拌砂浆》（GB/T 25181—2010）的规定；

⑤ 预拌砂浆性能应符合现行行业标准《预拌砂浆》（GB/T 25181—2010）的规定。

7.3.2 预拌砂浆性能

预拌砂浆的性能如表 7-11 所示。

表 7-11 预拌砂浆性能

项　目	干混砌筑砂浆	湿拌砌筑砂浆
强度等级	M5、M7.5、M10、M15、M20、M25、M30	M5、M7.5、M10、M15、M20、M25、M30
稠度/mm	—	50、70、90
凝结时间/h	3～8	≥8、≥12、≥24
保水率（%）	≥88	≥88

7.3.3 湿拌砂浆与干混砂浆的异同

1. 相同点

均由专业生产厂生产供应；有专业技术人员进行砂浆配合比设计、配方研制以及砂浆质量控制，从根本上保证了砂浆的质量。

1. 不同点

① 砂浆状态及存放时间不同。湿拌砂浆是将包括水在内的全部组分搅拌而成的湿拌拌和物，可在施工现场直接使用，但需在砂浆凝结之前使用完毕，最长存放时间不超过 24 h；干混砂浆是将干燥物料混合均匀的干混混合物，以散装或袋装形式供应，该砂浆需在施工现场加水或配套液体搅拌均匀后使用。干混砂浆储存期较长，通常为 3 个月或 6 个月。

② 生产设备不同。目前湿拌砂浆大多由混凝土搅拌站生产，而干混砂浆则由专门的混合设备生产。

③ 品种不同。由于湿拌砂浆采用湿拌的形式生产，不适合生产黏度较高的砂浆，因此砂浆品种较少，目前只有砌筑、抹灰、地面等砂浆品种；而干混砂浆生产出来的是干状物料，不受生产方式限制，因此砂浆品种繁多，但原材料的品种要比湿拌砂浆多很多，且复杂得多。

④ 砂浆的处理方式不同。湿拌砂浆用砂不需烘干，而干混砂浆用砂需经烘干处理。

⑤ 运输设备不同。湿拌砂浆要采用搅拌运输车运送，以保证砂浆在运输过程中不产生分层、离析；散装干混砂浆采用罐车运送，袋装干混砂浆采用汽车运送。

7.3.4　预拌砂浆的试配应满足规定

① 预拌砂浆生产前应进行试配，试配强度应按本规程式（7－1）计算确定，试配时稠度取 70 mm～80 mm；

② 预拌砂浆中可掺入保水增稠材料、外加剂等，掺量应经试配后确定。

7.3.5　干混砂浆

1. 干混砂浆的简介

干混砂浆又称干粉砂浆、干拌砂浆、干砂浆。是将水泥、砂、矿物掺合料和功能性添加剂按一定比例，在专业生产厂于干燥状态下均匀拌制，形成的一种混合物，然后以干粉包装或散装的形式运至工地，按规定比例加水拌和后即可直接使用的砂浆材料。干混砂浆的生产与应用，是建筑业和建材业的一次新技术革命，是未来材料发展的一个主要方向。干混砂浆如图 7－3 所示。

图 7－3　干混砂浆图

视频：干混砂浆

2. 干混砂浆的特性

相对于我国在施工现场配制砂浆的传统工艺，干混砂浆具有以下特点：

（1）品质稳定

目前施工现场配制的砂浆，质量不稳定，强度达不到要求，甚至质量低劣，导致开裂、渗漏、空鼓、脱落等一系列问题，已成为建筑质量通病。而干混砂浆采用工业化生产，可以对原材料和配合比进行严格控制，确保砂浆质量的稳定、可靠。尤其是大量使用的干混砂浆，可通过大体积容器运输到工地的形式来代替以袋装形式输送。干混砂浆的自动机械式混料和喷涂保证了产品的输送及涂敷的一致性，消除了加水不足或过量，或者砂浆组成成分不均匀等的可能性，此优点对于我国工人较为缺少经验及素质不一的实际情况格外重要。

（2）工效提高

大规模的商品化生产，节约现场拌料的时间，性能亦同时得到提高。干混砂浆如同商品混凝土，不仅提高了生产效率，施工效率也得到了很大的提高。用筒仓或者容器运输干粉砂浆，采用自动混料、泵送和机械喷涂系统，进一步提高了生产效率。以墙体抹灰为例，传统的施工效率为100%，采用干混砂浆效率为250%，干混砂浆+机械装置为400%，再结合料仓+输送泵则为500%。

(3) 质量优异

干混砂浆解决了传统工艺配制砂浆配比难以把握导致影响质量的问题，计量十分准确，质量可靠。因为不同用途砂浆对材料的抗收缩、抗龟裂、保温、防潮等特性的要求不同，且施工要求的和易性、保水性、凝固时间也不同。配合相应的功能性砂浆，达到更完美的质量要求。完善建筑节点、部位的专用产品的质量要求。

(4) 品种齐全

干混砂浆包括的产品范围很广，根据建筑施工的不同要求，开发了许多产品和规格。单就产品来分，就有适应各类建筑需求的砌筑砂浆、抹面砂浆、地坪砂浆、修补砂浆、瓷砖黏结砂浆、自流平砂浆、内外墙腻子、防水砂浆、堵漏砂浆等等。

(5) 施工性能良好

产品各种性能的提高，使施工更为便捷，劳动强度大为降低。如提高和易性，使产品易涂刮，提高保水性，可免去基材预湿和后期淋水养护等工序，保证砂浆对基材的附着力；提高抗流挂性，使砂浆在施工中不下垂、不流挂；提高流动性，使砂浆在施工中能自动找平地面，降低劳动强度等。

(6) 使用方便

就像食用方便面一样，随取随用，加水15%左右，搅拌5~6分钟即可，余下的干粉作备用，有3个月的保质期，但试验中放置了6个月，强度也没有明显变化。便于运输和存放，随时随地可以定量供货，用多少，混合多少，无损失浪费，既节约了原材料，又方便了施工管理；施工现场避免堆积大量的各种原材料，减少对周围环境的影响，尤其在大中城市的建筑翻新改造工程中，可以解决因交通拥挤、现场狭窄造成的许多问题。

(7) 降低成本

大规模集中生产干粉料，不仅原材料损耗低浪费少（材料消耗降低50%~70%），而且部分产品可利用如粉煤灰等工业废料变废为宝，成为一定意义上的“绿色建材”。干混砂浆的定量包装便于运输与存放，施工单位可根据需要定量采购，既节约了原材料，又方便了施工管理。尤其在大中城市，交通拥挤、现场狭窄，干粉砂浆可以解决许多问题。同时，由于商品化的生产规模，使得固定成本的摊销大幅度降低，在保证质量的前提下实现了最低的成本。

3. 干混砂浆的现状

目前，在欧、美、日等发达国家和地区干混砂浆技术得到广泛应用，已基本取代了传统技术。欧洲最大干粉砂浆生产企业—德国maxlt公司在欧洲的年销量达500多万吨，年产10万吨以上的工厂有200余家。又如法国、意大利、澳大利亚、新西兰、美国、日本等发达国家，干混砂浆已经成为建筑业不可缺少的材料。我国干混砂浆技术正在逐步推广，国内陆续建成几条示范生产线。上海已率先推广建筑砂浆商品化，并颁布执行了《预拌砂浆生产和应用技术规程》和《干粉砂浆生产和应用技术规程》。北京也有多家企业研究和生产干粉砂浆，天津舒布洛克水泥砌块有限公司的干粉砂浆销售情况看好，南京大学开发的粉煤灰砂浆技术已通过有关部门组织的鉴定，研究生产和使用干粉砂浆是大势所趋。《混凝土小型空心砌块砌筑砂浆》（JC 860—2000）标准、《砌筑砂浆配合比设计规程》（JGJ 98—2000）修订标准和《蒸压加气温凝土用砌筑砂浆与抹面砂浆》标准颁布实施，所有这些说明我国干粉砂浆的生产使用与管理已逐步规范化，促进了产业技术进步。

干混砂浆在欧洲应用很普遍。德国、奥地利、芬兰等国家早已采用干混砂浆作为砂浆的主要材料。在德国，平均每50万人口就有一个干混砂浆的生产厂。在东南亚的发展也很快。新加坡从1984年建设了第一个干混砂浆生产厂，迄今产量超过30 t/h 的厂已有5家。马来西亚在1987年也投产了一条干混砂浆生产线生产抹面砂浆。在韩国、日本、泰国、中国台湾等许多亚洲国家和地区，都有大规模专业干混砂浆砂浆生产厂。在香港，一条50 t/h 的干混砂浆生产厂也已投产，目前主要是生产抹面砂浆。

我国在最近几年，随着对商品混凝土的研究和推广带动了商品砂浆的研究和使用。在防水砂浆、保温砂浆、修补砂浆方面，我国进行了许多研究开发。生产厂的年产量从几百吨到上千吨不等。其中发展较快的有干混瓷砖黏结剂，个别厂的产量已达数万吨。从政策方面来看，推广的工作已经启动。1999年9月，国家建材局在《新型建材及制品发展导向目录》中新型墙体材料中的第15项就列出了“聚合物干混砂浆”这种产品。2000年2月，上海市建筑业管理办公室发布了《关于上海市建设工程推行试用商品砂浆的通知》，“从2000年7月1日起，在该市内环线范围内的新开工建设工程推行使用商品砂浆”，并发布了《预拌砂浆生产与运用技术规程》和《干粉砂浆生产和与运用技术规程》两个规范性的文件作为依据。北京市政府也在干混砂浆商品化方面进行了大量的推广工作。不难预见，在我国形成新的干混砂浆市场势在必行。

干混砂浆的出现填补了建筑材料的一项空白，完成了对建筑工业的一项重大革新。许多房地产开发商和建材生产企业对该项目表示出很大的兴趣。从国内京、沪、粤等地的推广使用状况来看，各级政府都非常重视，再加上近年来建筑工程质量问题屡屡出现，使得干混砂浆的政策面环境很好。同时，干混砂浆在现阶段产量依然很小，以兰州地区为例，1999年的总建筑量就达到170万平方米，对砂浆的使用量简单做一估算，抹面砂浆和砌筑砂浆总使用量在85万吨以上。假如我们建一条年产5万吨的干混砂浆生产线，全部产量仅为市场需求量的6%，因此市场需求不成问题。

4. 干混砂浆的原料

干混砂浆按胶结料可分为水泥砂浆和混合砂浆，生产干混砂浆应尽量利用当地矿产资源和工业废渣，其组成主要有胶结剂、填料、分散性有机聚合物和化学添加剂。黏结剂主要有普通水泥和特种水泥、天然石膏、无水石膏、人造石膏、石灰等；填料品种有石英砂、石灰石、白云石、高岭土、珍珠岩、硅石粉、炉渣、粉煤灰、纤维、陶粒、发泡蛭石、膨胀珍珠岩、浮石等。砌块砌筑干粉砂浆通常选用的原材料包括水泥、消石灰粉、砂、专用外加剂和添加剂。

(1) 无机胶结材料

无机胶结材料本身具有水硬活性，是对砂浆强度和施工性能有贡献的材料。干混砂浆常用的胶结料有：硅酸盐水泥、普通硅酸盐水泥、高铝水泥、天然石膏、石灰以及由这些材料的混合体。硅酸盐水泥或白色硅酸盐水泥都是主要的胶结料。地坪砂浆中通常还需要用一些特殊的水泥。胶结料的用量占干混料产品质量的20%～40%。水泥是最主要的无机胶结材料，也是干粉砂浆的重要组成部分。它直接影响砂浆的流变性、硬化性质、强度、干缩率等。

(2) 填料

干混砂浆的主要填料有：黄砂、石英砂、石灰石、白云石、膨胀珍珠岩等。这些填料经过破碎、烘干，再筛分成粗、中、细三类，颗粒尺寸为：粗填料 100 mm 以上、中填料 100 ~ 4 mm、细填料在 4 ~ 0.4 mm。生产质量满足要求的干混砂浆，关键在于原料粒度的掌握以及投料配比的准确，而这是在于干混砂浆自动生产中实现的。填料级配和细度模数会影响砂浆的性能包括浆体的塑性性能及其硬化体的力学性能等。填料颗粒的形状和结构也能影响工作性。颗粒越接近球状，砂浆越容易操作。

(3) 矿物掺合料

干混砂浆的矿物掺合料主要是工业副产品、工业废料及部分天然矿石等，如矿渣、粉煤灰、火山灰、细硅石粉等，这些掺合料可溶于水，只有很高的活性和水硬性。最常用的矿物掺和料是工业副产品或工业废料，如粉煤灰。通常粉煤灰颗粒非常细，呈细小的球形，故粉煤灰可以改善砂浆的工作性而不会过分增加需水量，补偿砂浆中因缺乏细粉料而产生的离析和泌水。通常粉煤灰的价格低于水泥，用粉煤灰部分替代水泥既可降低砂浆成本，又可改善砂浆性能，故在砂浆生产中广泛使用。

(4) 保水增稠材料

干混砂浆常用砂浆稠化粉作为保水增稠材料，它通过对水分子的物理吸附作用，达到使砂浆增稠、保水的目的，具有安全、无毒、无放射性和腐蚀等特性。

干混砂浆中采用的保水增稠材料要求是水溶性的，一般为有机聚合物粉末，它在水中形成乳胶液，对各类物质具有很好的胶黏性，但它的胶黏机理与无机胶凝材料（如水泥）的黏结机理有根本的区别。加入有机聚合物，使砂浆具有以下优点：

① 增稠作用，使砂浆与基材有良好的黏结性；

② 保水作用，使砂浆不松散离析，砂浆中的水分不会很快渗入到基体中或蒸发；

③ 使砂浆具有良好的抗裂、抗冻性能，避免收缩裂缝；

④ 具有引气效应，给予砂浆可压缩性，比较容易操作；

⑤ 有利于砂浆的薄层作业，易于快速施工。

这主要是由于在砂浆颗粒表面形成聚合物膜，聚合物膜抗拉强度比普通砂浆抗拉强度要大 10 倍以上，所以加入聚合物使砂浆的抗拉强度得到改善。采用保水增稠材料能给予干粉砂浆适宜的稠度和流变性，能够避免砂浆在硬化以前产生沉淀和水分蒸发，也能改善砂浆最终产物的性能。

(5) 添加剂

添加剂是干混砂浆的关键环节，添加剂的种类和数量以及外加剂之间的适应性关系到干混砂浆的质量和性能。为了增加干混砂浆的和易性和黏结力，提高砂浆的抗裂性，降低渗透性，使砂浆不宜泌水分离，从而提高干混砂浆的施工性能，降低生产成本。

化学添加剂从功能上可分为以下几种：减水剂、调凝剂、引气剂、增塑剂等。减水剂掺入拌和物中以后，能够在保持砂浆工作性相同的情况下，显著地降低砂浆的用水，从而使硬化体各方面性能（强度、抗渗性、耐久性等）得到改善。为了提高干混砂浆的使用性能，生产时常掺加复合添加剂。国外经验表明，采用不同功能化学添加剂，可以产生不同用途的干混砂浆。选择适宜的化学添加剂，不但可提高干混砂浆的使用性能和施工性能，而且还可以降低成本。

5. 干混砂浆的生产工艺

干混砂浆的生产工艺过程包括原配料准备、石英砂干燥、筛分以及石灰石可能需要的粉碎、研磨。水泥和填充料进原料筒仓一般采用气动方式，添加剂可通过提升机人工投到小原料仓或罐中。目前的生产形式大多都是垂直的“塔”状。在新型的干混砂浆生产厂里，采用了独特的粉料流动技术加料，改变了原有的水平加料设备，具有容量大、精度高、灵活性好的特点。

干混砂浆是将水泥、砂、石膏、添加剂等在干燥状态下按一定比例混合包装的砂浆，材料的混合和计量是生产工艺中的关键环节，一个典型的干粉砂浆生产工艺流程如图 7－4 所示。

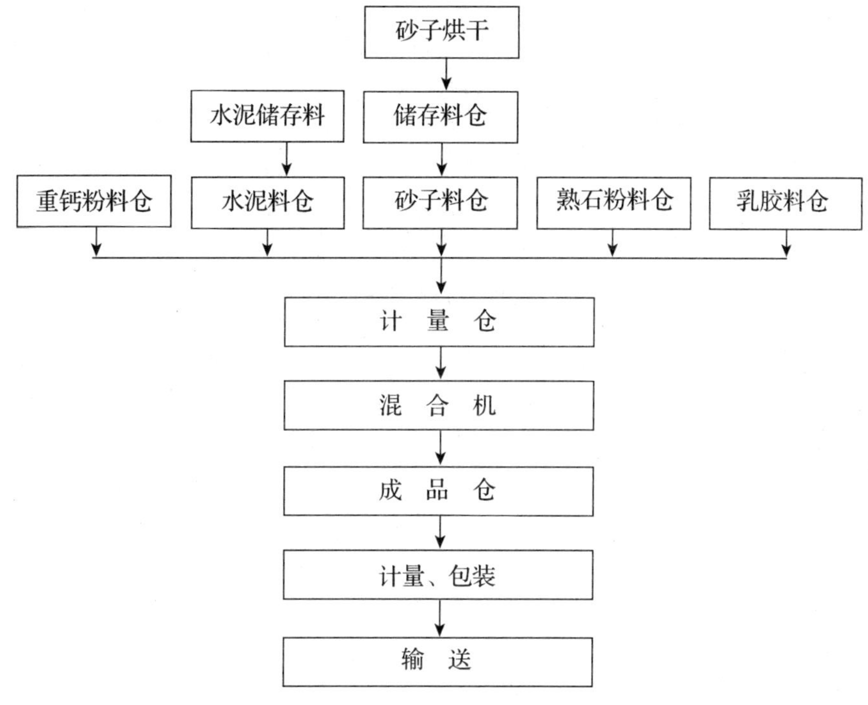

图 7－4　生产工艺流程方框图

6. 干混砂浆性能

日前上海市颁发的干粉砂浆生产与应用技术规程以及广州市和北京市的相关规程，是对于砂浆的强度、稠度、分层度和抗渗等级等技术要求，这从一定程度上反映了砂浆的性能，但考虑到在此体系下后续产品的使用，例如涂料体系、保温体系，以及某些场合的防水及修补体系产品的应用，一些相关的质量要求是至关重要的。而正是体系化的产品概念，也促使我们在对包括砌筑、抹灰以及地坪等普通类砂浆的生产的使用方面应给予足够的重视。

以砌筑砂浆为例，作为砌筑砂浆，以下参数是必须被给定的。

① 砌筑砂浆的种类：这里主要是指普通砂浆、薄层砌筑砂浆或者轻质砂浆等。

② 可施工时间（开放时间）：由生产商给定，仅检测是否达到或超过此数值，低于给定的数值为不合格。

③ 氯离子含量：不得超过干状态质量比的 0.1%。

④ 气含量：由生产厂家给定。

⑤ 简单配合比（用于说明砂浆的抗压强度值或抗压强度等级）。

⑥ 砂浆的抗压强度数值或抗压强度等级。

⑦ 黏结强度：普通或轻质砂浆应 >0.15 N/mm^2。

⑧ 薄层黏结砂浆应 >0.3 N/mm^2。

⑨ 吸水率：由厂家给定；

⑩ 水蒸气渗透系数：根据 EN 1745 确定。

⑪ 干密度：轻质砂浆干密度不大于 1 300 kg/m^3。

⑫ 导热系数：根据 EN1745 确定。

⑬ 耐候性：根据冻融试验测定。

⑭ 最大骨料粒径：由厂家给定，薄层砌筑胶最大粒径不大于 2 mm。

⑮ 可调整时间：由厂家给定并根不同气候条件测定。

⑯ 阻燃等级：根据阻燃测试给定阻燃等级。

简单提及以上参数的目的在于，在我们筹划产品体系的前提下，有必要时，相应的生产工艺最优化，并可以据此前提作出前瞻性的规划，以避免不必要的投资和重复投资。表7 -12 是通常所标明的干混砂浆的原材料清单，表 7 - 13 为干混砂浆配料方案。

表 7 - 12　干混砂浆生产用部分原材料品种清单

胶凝材料	骨料	添加剂
水泥类 普通硅酸盐水泥 普通硅酸盐矿渣水泥 TS 水泥 石灰类 消石灰粉（80 目以上） 高消化石灰粉（80 目以上） 石膏类 β—半水石膏（80 目以上） 无水石膏（硬石膏）（80 目以上）	普通粒径组（0 ~ 8mm） 石英砂、河砂，石灰石破碎砂 白云石砂 装饰粒径组（1 ~ 8mm） 石灰质圆石，大理石 侏罗纪石灰石 云母 轻质骨料组 珍珠岩，蛭石、矿渣 玻璃泡沫珠，陶粒，浮石等	甲基纤维素 再分散胶粉 防水剂粉 微末剂粉 无机盐料粉 速凝剂粉 缓凝剂粉 增稠剂粉 聚合物 消泡剂粉 保水剂粉等

表 7 - 13　干混砂浆配料方案

原料名称	配方一	配方二	配方三
42.5 普硅水泥/kg	15	8	8
细砂（0 ~ 0.3 mm）/kg	0	12	27
粗砂（0 ~ 5 mm）/kg	75	70	55
石粉（矿粉/粉煤灰/石灰石粉）/kg	10	10	10
添加剂 MM - 123/kg	0.25	0.12	0.13
加水量（约）(%)	16	15.5	16.5
砂浆等级	DM10	DM10	DM10

干混砂浆的生产与使用与预拌混凝土一样，是建筑业的一大进步。只是因为：①干混砂浆工厂化生产，配比可以严格控制，计量准确，可以达到预期的设计性能，满足使用要求。②可

以根据使用要求，按设计配比，生产满足不同用途的干混砂浆。③与传统砂浆相比，不用现场配制、拌和，减轻了工人的劳动强度，提高了劳动生产率，加快了施工速度。④干混砂浆在工地加水拌和即可使用，省掉了现场拌和工序，减少了工地的扬尘量，有利于改善与保护环境。因此，近几年来干混砂浆与预拌混凝土一样，在我国获得迅速的发展，在加速建筑施工现代化、保证工程建设质量，保护城乡环境方面发挥了积极作用。

表 7-14　砌筑砂浆与抹面砂浆性能指标

项　　目	砌 筑 砂 浆	抹 面 砂 浆
干密度/（kg/m³）	≤1 800	水泥砂浆≤1 800 石膏砂浆≤1 500
分层度/mm	≤20	水泥砂浆≤20
凝结时间/h	贯入阻力达到 0.5MPa 时 3～5h	水泥砂浆：贯入阻力达到 0.5 MPa 时 3～5 h 石膏砂浆：初凝≥1　终凝≤8
导热系数/（W/m·K）	≤1.1	石膏砂浆：≤1.0
抗折强度/MPa	—	石膏砂浆：≥2.0
抗压强度/MPa	2.5　5.0	水泥砂浆：25　5.0 石膏砂浆：≥4.0
黏结强度/MPa	≥2.0	水泥砂浆：≥0.15 石膏砂浆：≥0.30
抗冻性 25 次（%）	质量损失≤5 强度损失≤20	水泥砂浆：质量损失≤5% 强度损失≤20%
收缩性能	收缩值≤1.1 mm/m	水泥砂浆：收缩值≤1.1 mm/m 石膏砂浆：收缩值≤0.06%

注：有抗冻性能和保温性能要求的地区，砂浆性能应符合抗冻性和导热性能的规定。

7.3.6　湿拌砂浆

水泥、细骨料、矿物掺合料、外加剂、添加剂和水，按一定比例，在搅拌站经计量、拌制后，运至使用地点，并在规定时间内使用的拌和物。

1. 湿拌砂浆分类

按用途分为湿拌砂浆、湿拌抹灰砂浆、湿拌地面砂浆和湿拌防水砂浆，并采用表 7-15 的代号。

表 7-15　湿拌砂浆代号

品种	湿拌砌筑砂浆	湿拌抹灰砂浆	湿拌地面砂浆	湿拌防水砂浆
代号	WM	WP	WS	WW

2. 按强度等级、抗渗等级、稠度和凝结时间的分类

按强度等级、抗渗等级、稠度和凝结时间的分类应符合表 7-16 的规定。

表 7-16　湿拌砂浆分类

项目	湿拌砌筑砂浆	湿拌抹灰砂浆	湿拌地面砂浆	湿拌防水砂浆
强度等级	M5、M7、M10、M15、M20、M25、M30	M5、M10、M15、M20	M15、M20、M25	M10、M15、M20
抗渗等级	—	—	—	P6、P8、P10
稠度/mm	50、70、90	70、90、110	50	50、70、90
凝结时间/h	≥8、≥12、≥24	≥8、≥12、≥24	≥4、≥8	≥8、≥12、≥24

3. 湿拌砂浆原料

湿拌砂浆所用原材料不应对人体、生物及环境造成有害的影响，并应符合国家有关安全和环保相关标准的规定。

（1）水泥

① 宜采用通用硅酸盐水泥，且应符合 GB 175 的规定。采用其他水泥时，应符合相应标准的规定。

② 宜采用散装水泥。

③ 水泥出厂时应具有质量证明文件。对进厂水泥应按国家现行标准的规定按批进行复验，复验合格后方可使用。

（2）骨料

① 细骨料应符合 GB/T 14684 的规定，且不应含有粒径大于 4.75 mm 的颗粒。天然砂的含泥量应小于 5.0%，泥块含量应小于 2.0%。细骨料最大粒径应符合相应砂浆品种的要求。

② 轻骨料应符合相关标准的规定。

③骨料进厂时应具有质量证明文件。对进厂骨料应按国家现行相关标准的规定按批进行复验，复验合格后方可使用。

（3）矿物掺合料

① 粉煤灰、粒化高炉矿渣粉、天然沸石粉、硅灰应分别符合 GB/T 1596、GB/T 18046、JGJ/T 112、GB/T 18736 的规定。采用其他品种矿物掺合料时，应经过试验验证。

② 矿物掺合料的掺料应符合相关标准的规定，并应通过试验确定。

③ 矿物掺合料进厂时应具有质量证明文件。对进厂矿物掺合料应按国家现行相关标准的规定按批进行复验，复验合格后方可使用。

（4）外加剂

① 外加剂应符合 GB 8076、JC 474 以及国家现行标准的规定。

② 外加剂进厂时应具有质量证明文件。对进厂外加剂应按国家现行相关标准的规定按批进行复验，复验合格后方可使用。

（5）添加剂

① 保水增稠材料、可再分散乳胶粉、颜料、纤维等应符合相关标准的规定或经过试验

验证。

② 保水增稠材料用于砌筑砂浆时应符合 JG/T 164 的规定。

③ 添加剂进厂时应具有质量证明文件。对进厂添加剂应按国家现行相关标准的规定按批进行复验，复验合格后方可使用。

（6）填料

重质碳酸钙、轻质碳酸钙、石英粉、滑石粉等应符合相关标注的规定或经过试验验证。

（7）拌和水

拌制砂浆用水应符合 JGJ 63 的规定。

4. 湿拌砌筑砂浆的砌体力学性能

湿拌砌筑砂浆的砌体力学性能应符合 GB 50003 的规定，湿拌砌筑砂浆拌和物的表观密度不应小于 1 800 kg/m^3。

5. 湿拌砂浆性能

湿拌砂浆性能应符合表 7－17 的规定。

表 7－17　湿拌砂浆性能指标

项目		湿拌砌筑砂浆	湿拌抹灰砂浆	湿拌地面砂浆	湿拌防水砂浆
保水率（%）		≥88	≥88	≥88	≥88
14d 拉伸黏结强度/MPa		—	M5:≥0.15 >M5:≥0.20	—	≥0.20
28d 收缩率（%）		—	≤0.20	—	≤0.15
抗冻性	强度损失率（%）	≤25			
	质量损失率（%）	≤5			

注：有抗冻性要求时，应进行抗冻性试验

6. 湿拌砂浆稠度

实测值与合同规定的稠度值之差应符合表 7－18 的规定。

表 7－18　湿拌砂浆稠度允许偏差

规定稠度	允许偏差
50、70、90	±10
110	－10～＋5

本任务小结

（1）砌筑砂浆的组成材料主要有胶凝材料、砂、掺加料、水、外加剂等；技术性质包括和易性（流动性、保水性）、砂浆的强度及强度等级、变形性能、黏结力、抗冻性等；配合比设计公式及步骤、注意事项等。

(2) 抹面砂浆中，普通抹面砂浆、装饰砂浆、特种砂浆的常用种类、工艺和主要组成材料。

(3) 简单介绍了干混砂浆的来历、定义和特点，干混砂浆的原料、生产工艺，干混砂浆性能指标和参数要求。

应用案例与发展动态

动态 7

模块四

建筑功能材料

模块内容简介：

本模块所介绍的功能材料是担负建筑物使用过程中一定建筑功能的材料，包括石材、玻璃、陶瓷、有机高分子、防水、隔热吸声、木材及装饰材料。

模块学习目标：

学生在学完本模块后，应该掌握八类材料的主要功能、应用环境、使用注意事项。学习过程中，应该充分利用网络、报刊、媒体了解各种功能材料的新品种和新用途。

任务八
建筑石材的选择与应用

任务简介： 掌握砌筑用石材的分类、特点、性能和装饰石材的分类

知识目标： （1）掌握砌筑用石材和装饰用石材的分类及特点。
（2）熟悉建筑石材的放射性污染及控制。
（3）了解天然岩石的形成与分类。
（4）掌握建筑石材物理性质、力学性质、耐久性的要求。

技能目标： （1）能对石材进行简单的识别。
（2）能正确、合理地选用各类石材。

建筑用石材分天然石材和人造石材两类。天然岩石经过机械加工或不经过加工而制得的材料统称为天然石材。人造石材主要是指人们采用一定的材料、工艺技术，仿照天然石材的花纹和纹理，人为制作的合成石材。

天然石材是古老的建筑材料，来源广泛，使用历史悠久。国内外许多著名建筑如意大利的比萨斜塔、埃及的金字塔、我国的赵州桥等都是由天然石材建造而成的。由于天然石材具有很高的抗压强度，良好的耐久性和耐磨性，经过加工后花纹美观、色泽艳丽、富有装饰性等优点，虽然作为结构材料已在很大程度上被钢筋混凝土、钢材所取代，但在现代建筑中，特别是在建筑装饰中仍然得到了广泛的应用。

8.1 石材的基本知识

石材是装饰工程中常用的高级装饰材料之一，分为天然石材、人造石材、超薄天然石材型复合板。

从天然岩石中开采得到的毛石，经过加工后成为料石、板材和颗粒状等材料，统称为天然石材。天然石材在建筑装饰中应用最广泛，主要有花岗石、大理石砂岩及石灰石。

8.1.1 天然岩石的形成与分类

岩石由造岩矿物组成，不同的造岩矿物在不同的地质条件下，形成不同性能的岩石。各种造岩矿物在不同的地质条件下，形成不同类型的岩石，通常可分为三大类，即火成岩、沉积岩和变质岩，它们具有不同的构造和性质。天然石材如图 8－1 所示。

图8-1　天然石材

视频：天然石材的基本知识

1. 火成岩

火成岩又称岩浆岩，它是因地壳变动，熔融的岩浆由地壳内部上升后冷却而成。火成岩是组成地壳的主要岩石，占地壳总质量的89%。火成岩根据岩浆冷却条件的不同，又分为深成岩、喷出岩和火山岩三种。

1）深成岩　深成岩是岩浆在地壳深处，在很大的覆盖压力下缓慢冷却而成的岩石，如花岗岩、正长岩、辉长岩、闪长岩、橄榄岩等。其特征是：构造致密，容重大，抗压强度高，吸水率小，抗冻性好，耐磨性和耐久性好。

2）喷出岩　喷出岩是熔融的岩浆喷出地表后，在压力降低、迅速冷却的条件下形成的岩石，如建筑上使用的玄武岩、安山岩等。当喷出岩形成较厚的岩层时，其结构致密特性近似深成岩；若形成的岩层较薄时，则形成的岩石常呈多孔结构，近似火山岩。

3）火山岩　火山岩又称火山碎屑岩。火山岩是火山爆发时，岩浆被喷到空中，经急速冷却后落下而形成的碎屑岩石，如火山灰、浮石等。火山岩都是轻质多孔结构的材料，其中火山灰被大量用作水泥的混合材，而乳石可用作轻质骨料，以配制轻骨料混凝土用作墙体材料。

2. 沉积岩

沉积岩又称水成岩。沉积岩是原来的母岩风化后，经过风吹搬迁、流水冲移而沉积和再造岩等作用，在离地表不太深处形成的岩石。沉积岩为层状结构，其各层的成分、结构、颜色、层厚等均不相同，与火成岩相比，其特性是：结构致密性较差，容重较小，孔隙率及吸水率均较大，强度较低，耐久性也较差。

1）机械沉积岩　风化后的岩石碎屑在流水、风、冰川等作用下，经搬迁、沉积、固结（多为自然胶结物固结）而成，如常用的砂岩、砾岩、火山凝灰岩、黏土岩等。此外，还有砂、卵石等（未经固结）。

2）化学沉积岩　由岩石风化后溶于水而形成的溶液、胶体经搬迁沉淀而成，如常用的石膏、菱镁矿、某些石灰岩等。

3）生物沉积岩　由海水或淡水中的生物残骸沉积而成，如常用的石灰岩、白垩、硅藻土等。

沉积岩虽仅占地壳总质量的5%，但在地球上分布极广，约占地壳表面积的75%，加之藏于地表不太深处，故易于开采。沉积岩用途广泛，其中最重要的是石灰岩。石灰岩是烧制石灰和水泥的主要原料，更是配制普通混凝土的重要组成材料。石灰岩也是修筑堤坝和铺筑道路的原材料。

3. 变质岩

变质岩是由原生的火成岩或沉积岩，经过地壳内部高温、高压等变化作用后而形成的岩石，其中沉积岩变质后，性能变好，结构变得致密，坚实耐久，如石灰岩（沉积岩）变质为大理石；而火成岩经变质后，性质反而变差，如花岗岩（深成岩）变质成的片麻岩，易产生分层剥落，使耐久性变差。

8.1.2 天然石材的性质

岩石质地坚硬，强度、耐水性、耐久性、耐磨性高，使用寿命可达数十年至数百年以上，但因其密度高，故开采和加工也相应困难。岩石中大小、形状和颜色各异的晶粒及其不同的排列使得许多岩石具有较好的装饰性，特别是具有斑状构造和砾状构造的岩石，在磨光后纹理美观夺目，具有很好的装饰性。

天然石材的技术性质，可分为物理性质、力学性质和工艺性质。

1. 物理性质

（1）表观密度

天然石材根据表观密度大小可分为：轻质石材，表观密度≤1 800 kg/m^3；重质石材，表观密度＞1 800 kg/m^3。

表观密度的大小常间接反映石材的致密程度与孔隙多少。在通常情况下，同种石材的表观密度越大，则抗压强度越高，吸水率越小，耐久性越好，导热性越好。

（2）吸水性

吸水率低于1.5%的岩石称为低吸水性岩石，介于1.5%～3.0%的称为中吸水性岩石，高于3.0%的称高吸水性岩石。

岩浆深成岩以及许多变质岩的孔隙率都很小，故而吸水率也很小，例如花岗岩的吸水率通常小于0.5%。沉积岩由于形成条件、密实程度与胶结情况有所不同，因而孔隙率与孔隙特征的变动很大，这导致石材吸水率的波动也很大，如致密的石灰岩吸水率可小于1%，而多孔的贝壳石灰岩吸水率可高达15%。

石材的吸水性对其强度与耐水性有很大影响。石材吸水后，会降低颗粒之间的黏结力，从而使强度降低。有些岩石还容易被水溶蚀，因此，吸水性强与易溶的岩石，其耐水性较差。

（3）耐水性

石材的耐水性以软化系数表示。岩石中含有较多的黏土或易溶物质时，其软化系数较小，耐水性较差。根据软化系数大小，可将石材分为高、中、低三个等级。软化系数＞0.90为高耐水性，软化系数在0.75～0.90之间的为中耐水性，软化系数在0.60～0.75之间为低耐水性，软化系数＜0.60者，则不允许用于重要建筑物中。

（4）抗冻性

石材的抗冻性是指其抵抗冻融破坏的能力。其值以石材在水饱和状态下按规范要求所能经受的冻融循环次数表示。能经受的冻融循环次数越多，则抗冻性越好。石材抗冻性与吸水性有密切的关系，吸水率大的石材其抗冻性也差。根据经验，吸水率＜0.5%的石材被认为是抗冻的。

(5) 耐热性

石材的耐热性与其化学成分及矿物组成有关。石材经高温后，由于热胀冷缩、体积变化而产生内应力或因组成矿物发生分解和变异等导致结构破坏。如含有石膏的石材，在 100 ℃以上时就开始破坏；含有碳酸镁的石材，温度高于 725 ℃会发生破坏；含有碳酸钙的石材，温度达 827 ℃时开始破坏。由石英与其他矿物所组成的结晶石材，如花岗岩等，当温度达到 700 ℃以上时，由于石英受热发生膨胀，强度迅速下降。

2. 力学性质

天然石材的力学性质主要包括抗压强度、冲击韧性、硬度及耐磨性等。

(1) 抗压强度

石材的抗压强度以三个边长为 70 mm 的立方体试块的抗压破坏强度的平均值表示。根据抗压强度值的大小，石材共分九个强度等级：MU100、MU80、MU60、MU50、MU40、MU30、MU20、MU15、和 MU10。抗压试件也可采用表 8－1 所列各种边长尺寸的立方体，但应对其实验结果乘以相应的换算系数。

表 8－1　石材强度等级的换算系数

立方体边/mm	200	150	100	70	50
换算系数	1.43	1.28	1.14	1	0.86

(2) 冲击韧性

石材的冲击韧性取决于岩石的矿物组成与构造。石英岩、硅质砂岩脆性较大。含暗色矿物较多的辉长岩、辉绿岩等具有较高的韧性。通常晶体结构的岩石较非晶体结构的岩石具有较高的韧性。

(3) 硬度

硬度取决于石材的矿物组成的硬度与构造。凡由致密、坚硬矿物组成的石材，其硬度就高。岩石的硬度以莫氏硬度表示。

(4) 耐磨性

耐磨性是指石材在使用条件下耐受摩擦、边缘剪切以及冲击等复杂作用的能力。石材的耐磨性包括耐磨损与耐磨耗两方面。凡是用于可能遭受磨损作用的场所，例如台阶、人行道、地面、楼梯踏步等和可能遭受磨耗作用的场所，例如道路路面的碎石等，应采用具有高耐磨性的石材。

3. 工艺性质

石材的工艺性质主要指其开采和加工过程的难易程度及可能性，包括加工性、磨光性与抗钻性等。

(1) 加工性

石材的加工性主要是指岩石开采、锯解、切割、凿琢、磨光和抛光等加工工艺的难易程度。凡强度、硬度、韧性较高的石材，不易加工；质脆而粗糙，有颗粒交错结构，含有层状或片状构造，以及业已风化的岩石，都难以满足加工要求。

(2) 磨光性

磨光性指石材能否磨成平整光滑表面的性质。致密、均匀、细粒的岩石，一般都有良好的磨光性，可以磨成光滑亮洁的表面。疏松多孔、有鳞片状构造的岩石，磨光性不好。

(3) 抗钻性

抗钻性指石材钻孔难易程度的性质。影响抗钻性的因素很复杂，一般石材的强度越高、硬度越大，越不易钻孔。

由于用途和使用条件的不同，对石材的性质及其所要求的指标均有所不同。工程中用于基础、桥梁、隧道以及石砌工程的石材，一般规定其抗压强度、抗冻性与耐水性必须达到一定指标。

建筑工程中常用天然石材的性能及用途可参见表 8-2。

表 8-2 建筑中常用天然石材的性能及用途

名称	主要质量指标			主要用途
	项目		指标	
花岗岩	表观密度/ (kg/m³)		2 500 ~ 2 700	基础、桥墩、堤坝、拱石、阶石、路面、海港结构、基座、勒脚、窗台、装饰石材等
	强度/MPa	抗压	120 ~ 250	
		抗折	8.5 ~ 15.0	
		抗剪	13 ~ 19	
	吸水率 (%)		<1	
	膨胀系数/ (10^{-6}/℃)		5.6 ~ 7.34	
	平均韧性/cm		8	
	平均质量磨耗率 (%)		11	
	耐用年限/年		75 ~ 200	
石灰岩	表观密度/ (kg/m³)		2 500 ~ 2 700	墙身、桥墩、基础、阶石、路面、石灰及粉刷材料的原料等
	强度/MPa	抗压	120 ~ 250	
		抗折	8.5 ~ 15.0	
		抗剪	13 ~ 19	
	吸水率 (%)		2 ~ 6	
	膨胀系数/ (10^{-6}/℃)		6.75 ~ 6.77	
	平均韧性/cm		7	
	平均质量磨耗率 (%)		8	
	耐用年限/年		20 ~ 40	
砂岩	表观密度/ (kg/m³)		2 500 ~ 2 700	基础、墙身、衬面、阶石、人行道、纪念碑及其他装饰石材等
	强度/MPa	抗压	120 ~ 250	
		抗折	8.5 ~ 15.0	
		抗剪	13 ~ 19	

续表

<table>
<tr><th rowspan="2">名　称</th><th colspan="3">主要质量指标</th><th rowspan="2">主要用途</th></tr>
<tr><th colspan="2">项　目</th><th>指　标</th></tr>
<tr><td rowspan="5"></td><td colspan="2">吸水率（%）</td><td><10</td><td rowspan="5"></td></tr>
<tr><td colspan="2">膨胀系数/（10^{-6}/℃）</td><td>9.02～11.2</td></tr>
<tr><td colspan="2">平均韧性/cm</td><td>10</td></tr>
<tr><td colspan="2">平均质量磨耗率（%）</td><td>12</td></tr>
<tr><td colspan="2">耐用年限/年</td><td>20～200</td></tr>
<tr><td rowspan="9">大理岩</td><td colspan="2">表观密度/（kg/m^3）</td><td>2 500～2 700</td><td rowspan="9">装饰材料、踏步、地面、墙面、柱面、柜台、栏杆、电气绝缘板等</td></tr>
<tr><td rowspan="3">强度/MPa</td><td>抗压</td><td>120～250</td></tr>
<tr><td>抗折</td><td>8.5～15.0</td></tr>
<tr><td>抗剪</td><td>13～19</td></tr>
<tr><td colspan="2">吸水率（%）</td><td><1</td></tr>
<tr><td colspan="2">膨胀系数/（10^{-6}/℃）</td><td>6.5～11.2</td></tr>
<tr><td colspan="2">平均韧性/cm</td><td>10</td></tr>
<tr><td colspan="2">平均质量磨耗率（%）</td><td>12</td></tr>
<tr><td colspan="2">耐用年限/年</td><td>30～100</td></tr>
</table>

8.2 工程砌筑用石材

8.2.1 工程砌筑用石材的要求

天然石材品种多，性能差别大，在建筑设计和施工时应根据建筑物等级、建筑结构、环境和使用条件、地方资源等因素选用适当的石材，使其主要技术性能符合使用及工程要求，以达到适用、安全、经济和美观。

1. 适用性

按使用要求分别衡量各种石材在建筑中的适用性。对于承重构件，如基础、勒脚、墙、柱等主要考虑抗压强度能否满足设计要求；对于围护结构构件要考虑是否具有良好的绝热性能；对于处在特殊环境，如高温、高湿、水中、严寒、侵蚀等条件下的构件，还要分别考虑石材的耐火性、耐水性、抗冻性以及耐化学侵蚀性等。

2. 经济性

天然石材表观密度大，运输不便，应利用地方资源，尽可能做到就地取材。难于开采和加工的石料，必然使成本提高，选材时应充分考虑。

8.2.2 常用砌筑石材

砌筑用石材按加工后的外形规则程度，可分为毛石和料石。

1. 毛石

毛石，又称片石或块石，是指以开采所得，未经加工的形状不规则的石块。依其平整程度又分为乱毛石和平毛石两种。

（1）乱毛石

乱毛石形状不规则，一般要求石块中部厚度不小于150 mm，长度为300～400 mm，重20～30 kg，强度不宜小于10 MPa，见图8－2。乱毛石常用于砌筑基础、勒脚、堤坝、挡土墙等。

图8－2　乱毛石

视频：工程砌筑用石材

（2）平毛石

平毛石是乱毛石略经加工而成的，形状较乱毛石整齐，基本上有六个面，但表面粗糙，中部厚度不小于200 mm，见图8－3。平毛石常用于砌筑基础、勒脚、桥墩、涵洞等。

图8－3　平毛石

2. 料石

料石系由人工或机械开采出的较规则的六面体石块，略加雕琢而成。按其加工后的外形规则程度不同又可分为毛料石、粗料石、半细料石和细料石四种。按形状可分为条石、方石及拱石。

（1）毛料石

外形大致方正，一般不经加工或稍加修整，高度不应大于 200 mm，叠砌面凹入深度不应大于 25 mm。

（2）粗料石

外形较方正，其截面的宽度、高度不应小于 200 mm，且不应小于长度的 1/4，叠砌面凹入深度不应大于 20 mm。粗料石主要应用于建筑物的基础、勒脚、墙体部位。

（3）半细料石

形体方正，规格尺寸同粗料石，但叠砌面凹入深度不应大于 15 mm。半细料石主要用作镶面的材料。

（4）细料石

细加工，外形规整，尺寸规格同半细料石，但叠砌面凹入深度不应大于 10 mm。细料石主要用作镶面的材料。

8.3　装饰用石材

8.3.1　饰面石材的加工

用致密岩石凿平或锯解而成的厚度不大的石材称为板材。饰面板用的板材一般采用花岗石和大理石制成。

花岗石板材按形状分类有普型板、圆弧板和异型板。常用规格为厚 10 ~ 20 mm，宽 150 ~ 600 mm，长 300 ~ 1 000 mm。饰面板材要求耐久、耐磨、色彩花纹美观，表面应无裂缝、翘曲、凹陷、色斑、污点等，并根据板材尺寸偏差、平面度、角度、外观质量、镜面光泽度分为优等品、一等品、合格品三个等级。

花岗石板材按表面加工程度不同又分为粗面板材、细面板材、亚光板材和镜面板材。粗面板材表面平整粗糙，具有规则加工条纹，如机刨板、剁斧板、锤击板、烧毛板等。细面板材表面平整光滑。这两种板材主要用于建筑物外墙面、柱面、台阶、勒脚等部位。亚光板材是用磨料将平板进行粗磨、细磨加工而成，其饰面的光度和色彩都低于抛光面，此表面较光滑，多孔。这种纹理饰面通常用于公共场所。镜面板材是经研磨抛光而具有镜面光泽的板材，主要用于室内外墙面、柱面、地面。大理石板材一般均加工成镜面板材，供室内饰面用。大理石饰面板主要有正方形和矩形两种，常用规格为厚 10 ~ 20 mm，宽 150 ~ 900 mm，长 300 ~ 1 200 mm，与花岗石板材相同，有关标准对大理石板材的尺寸偏差、平面度、角度、外观质量等均提出了明确要求。

8.3.2　饰面天然大理石

天然大理石是石灰岩和白云岩经过地壳内高温高压作用形成的变质岩，通常是层状结构，有明显的结晶和纹理，属于中硬石材，主要由方解石和白云石组成。

1. 天然大理石的主要化学成分

大理石的主要化学成分为氧化钙，其次为氧化镁，还有其他化学成分。大理石的颜色与成分有关，白色含碳酸钙和碳酸镁，紫色含锰，绿色含钴化物，黄色含铬化物，红褐色、紫红、棕黄色含锰及氧化铁水化物。许多大理石都由多种化学成分混杂而成，所以，大理石的颜色变化多样，纹理错综复杂，深浅粗细不一，光泽度也差异很大。另外，通常还将凝灰岩、砂岩、页岩和板岩也归在大理石类。天然大理石见图 8－4。

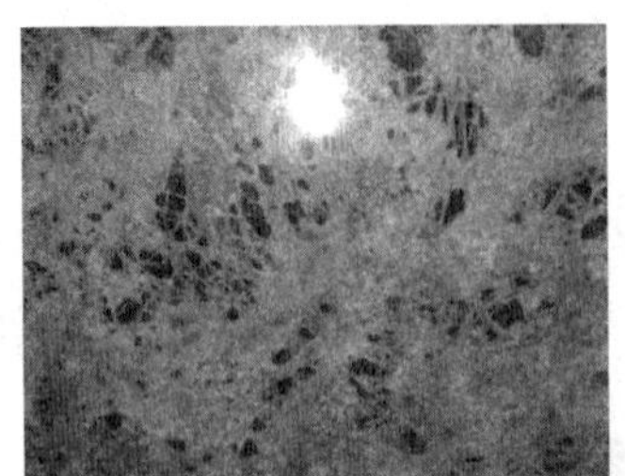

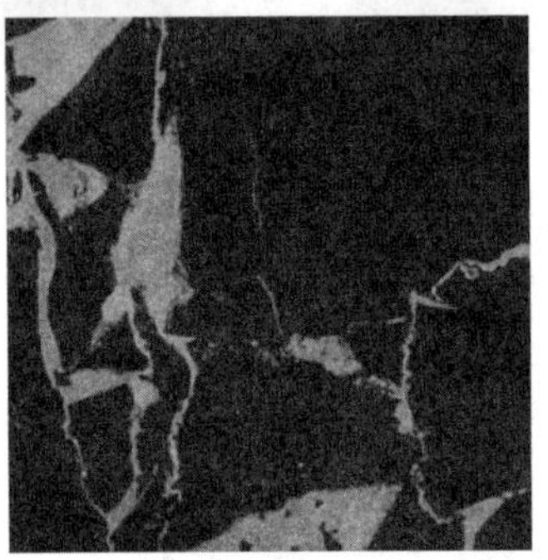

图 8－4　天然大理石

视频：装饰用石材

2. 天然大理石的特点

天然大理石具有品种繁多、花纹多样、色泽鲜艳、石质细腻、抗压性强、吸水率小、耐腐蚀、耐磨、耐久性好、不变形、便于清洁等特点。浅色大理石板的装饰效果庄重而清雅，深色大理石板的装饰效果华丽而高贵。

天然大理石比花岗岩硬度低，如在地面上使用，磨光面易损坏，其耐用年限一般在 30～80 年间。天然大理石抗风化能力、耐腐蚀性差。由于空气中常含有二氧化硫，遇水时生成亚硫酸，以后变成硫酸，与大理石中的碳酸钙反应，生成易溶于水的硫酸钙，使表面失去光泽，变得粗糙多孔而降低建筑物的装饰效果。所以不宜用于建筑物室外装饰和其他露天部位的装饰。公共卫生间等经常使用水冲刷和酸性洗涤材料处，也不宜用大理石作为地面材料。

3. 天然大理石的分类和用途

大理石原指产于云南省大理的白色带有黑色花纹的石灰岩，剖面可以形成一幅天然的水墨山水画，古代常选取具有成型花纹的大理石用来制作画屏或镶嵌画，后来大理石这个名称逐渐发展成一切有各种颜色花纹、作为建筑装饰材料的石灰岩的通称（白色大理石一般称为汉白玉，但西方制作雕像的白色大理石也称为大理石）。大理石的分类、命名原则不一，有的以产地和颜色命名，如丹东绿、铁岭红等；有的以花纹和颜色命名，如雪花白、艾叶青；有的以花纹形象命名，如秋景、海浪；有的是传统名称，如汉白玉、晶墨玉等。因此，因产地不同常有同类异名或异岩同名现象出现。大理石的品种繁多，石质细腻，光泽柔润，绚丽多彩，在我国主要有云灰、白色和彩色三类。

1）云灰大理石　以其多呈云灰色或云灰色的底面上泛起一些天然的云彩状花纹而得名。

2）白色大理石　因其晶莹纯净，洁白如玉，熠熠生辉，故又称为巷山白玉、汉白玉和白玉，是大理石的名贵品种，是重要建筑物的高级装修材料。

3）彩色大理石　产于云灰大理石之间，是大理石中的精品，表面经过研磨、抛光，便呈现色彩斑斓、千姿百态的天然图画。

天然大理石板主要用于宾馆、饭店、银行、纪念馆、博物馆、办公大楼等高级建筑物的室内饰面，如墙面、柱面、地面、造型面、酒吧台侧立面与台面、服务台立面与台面等。还常用于各种营业柜台和家具台面。住宅建筑的门厅、窗台板、卫生间洗漱台板、楼梯踏步也可采用。

另外，大理石磨光板有美丽多姿的花纹，如似青云飞渡的云彩花纹，似天然图画的彩色图案纹理，这类大理石板常用来镶嵌或刻出各种图案的装饰品。

4．*天然大理石的品种*

天然大理石按表面加工光洁度分为：镜面板材，表面镜向光泽值应不低于 70 光泽单位；亚光板材，表面亚光平整、细腻，使光线产生漫反射现象的板材；粗面板，饰面粗糙规则有序、端面锯切整齐的板材。

按色系分为：白灰色系列，爵士白、雪花白、大花白、雅士白、白水晶、风雪、芝麻白、羊脂玉、冰花玉、汉晶白、白沙米黄、汉白玉；黄色系列，金花米黄、金线米黄、银线米黄、莎安娜米黄、西班牙米黄、金碧辉煌、新米黄、虎皮黄、松香黄、木纹米黄、黄奶油、贵州米黄、黄花王；红粉色系列，橙皮红、西施红、珊瑚红、挪威红、武定红、陕西红、桃红、岭红、秋枫、红花玉；褐色系列，紫罗红、啡网纹；青蓝黑色系列，大花绿、蛇纹石、黑白根、杭灰、墨玉、珊瑚绿、莱阳绿、黑壁莱阳黑；木质纹理系列，木纹石、丽石砂岩、红木纹。

8.3.3　饰面天然花岗岩

天然花岗石是火成岩，由长石、石英和少量云母组成，构造密实，呈整体均粒状结构。花纹特征是晶粒细小，并分布着繁星般的云母黑点和闪闪发光的石英结晶。我国花岗石资源丰富，经探明，储量约达 1 000 亿 m^3，品种 150 多个。目前，花岗石的产地主要有北京西山，山东泰山、崂山，江苏金山、焦山，安徽黄山，大别山，陕西华山，秦岭，湖南衡山，浙江莫干山，广东云浮、丰顺县、连县、新兴县、南雄县，广西岭溪县、河南太行山，四川峨眉山、横断山以及云南、贵州山区。传统产品中如济南青、泉州黑等早已饮誉海外，近年又开发出山东樱花红、广西岭溪红、山西贵妃红等高档品种。天然花岗石见图 8－5。

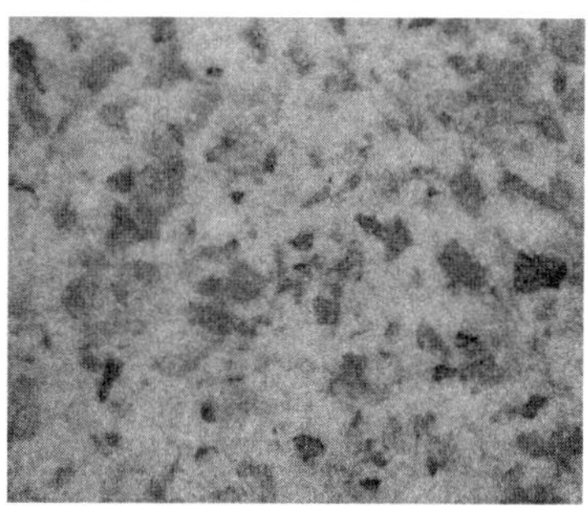

图 8－5　天然花岗岩

1. 天然花岗岩的主要化学成分

花岗岩的主要化学成分见表8-1。

表8-1 花岗岩的主要化学成分

化学成分	SiO_2	Al_2O_3	CaO	MgO	Fe_2O_3
含量%	67~75	12~17	1~2	1~2	0.5~1.5

2. 天然花岗岩的特点

天然花岗岩具有结构致密、质地坚硬、耐酸碱、耐腐蚀、耐高温、耐摩擦、吸水率小、抗压强度高、耐日照、抗冻融性好（可经受100~200次以上的冻融循环）、耐久性好（一般的耐用年限为75~200年）的特点。同时，天然花岗岩色彩丰富，晶格花纹均匀细致，经磨光处理后，光亮如镜，具有华丽高贵的装饰效果。

天然花岗岩主要有以下缺点。一是自重大，用于房屋建筑会增加建筑物的重量。二是硬度大给开采和加工造成困难。三是质脆，耐火性差，当花岗石受热超过800℃时，由于花岗岩中所含石英的晶态转变，造成体积膨胀，导致石材爆裂，失去强度。但可利用此特性用火焰将花岗石表面烧成毛面（火烧板）。四是某些花岗石含有微量放射性元素，对人体有害，这类花岗石应避免用于室内。

3. 天然花岗岩的品种

天然花岗岩根据用途和加工方法、加工程序的差异可分为剁斧板材、机刨板材、亚光板材、烧毛板材、磨光板材、蘑菇石等六类；根据颜色可分为红橙色系列、暗色系列、灰白色系列、蓝绿色系列、褐黄色系列等五个系列。

(1) 按加工方法分

1）磨光板材　经过细磨加工和抛光，表面光亮，结晶裸露，表面具有鲜明的色彩和美丽的花纹。多用于室内外墙面、地面、立柱、纪念碑、基碑等处。

2）亚光板材　经机械加工，表面平整细腻，能使光线产生漫射现象，有色泽和花纹。常用于室内墙柱面。

3）烧毛板材　经机械加工成型后，用火焰烧蚀形成不规则粗糙表面，表面呈灰白色，岩体内暴露晶体仍闪烁发光，具有独特装饰效果，多用于外墙面。

4）机刨板材　是近几年兴起的新工艺，用机械对石材表面加工使其有相互平行的刨纹，替代剁斧石。常用于室外台阶、广场。

5）剁斧板材　经人工剁斧加工石材表面有规律的条状斧纹。用于室外台阶、纪念碑座。

6）蘑菇石　将块材四边基本凿平齐，中部石材自然突出一定高度，使材料更具有自然和厚实感。常用于重要建筑外墙基座。

(2) 按颜色分

1）红橙色系列　中国红、印度红、石榴红、樱花红、泰山红、粉红麻、幻彩红。

2）暗色系列　丰镇黑、巴西黑、黑白根、金点黑、黑中王、济南青、蒙古黑（中国黑）。

3）灰白色系列　美利坚白麻、意大利白麻、太阳白、山东白麻、文登白、崂山灰。

4）蓝绿色系列　新疆蓝宝、蓝珍珠、幻彩绿、绿蝴蝶、墨玉冰花、豆绿、燕山绿、翡翠绿、孔雀绿。

5）褐黄色系列 英国棕、啡钻、金麻石、世贸金麻、虎皮黄、会理黄。

8.3.4 人造石材

人造石材是以天然大理石、花岗石碎料或方解石、白云石、石英砂、玻璃粉等无机矿物骨料，拌和树脂、聚酯等聚合物或水泥等黏结剂，以及适宜的稳定剂、颜色等，经过真空强力拌和震动、混合、浇注、加压成型、打磨抛光以及切割等工序制成的板材。通过颜料、填料和加工工艺的变化，可以仿制成天然大理石、天然花岗石等表面装饰效果，故称为人造大理石、人造花岗石。人造石材具有重量轻、强度高、色泽均匀、结构紧密、耐磨、耐腐蚀、耐寒等特点。

人造石材是一种不断发展的室内外装饰材料，可用于地面、墙面、柱面、踢脚板、阳台等装饰，也可用于楼梯面板、窗台板、服务台台面、庭院石凳等装饰。适用于宾馆、饭店、旅馆、商店、会客厅、会议室、休息室的墙面门套或柱面装饰，也可用作工厂、学校、医院的工作台面及各种卫生洁具，还可加工制成浮雕、工艺品、美术装潢品和陈列品等。

1. 人造石材的分类及特点

人造石材按照生产所用材料不同一般分为四类。

（1）水泥型人造石材

水泥型人造石材以水泥为胶黏剂，砂为细骨料，大理石、花岗岩、工业废渣等为粗骨料。以铝酸盐水泥的制品最佳。其特点是表面光泽度高，花纹耐久；具有抗风化能力，耐火性、防潮性都优于一般人造大理石，价格低，耐腐蚀性能较差。

（2）树脂型人造石材

树脂型人造石材以不饱和聚酯树脂及其配套材料为胶黏剂，石英砂、大理石、方解石粉为骨料。其特点是光泽好，颜色浅，可调成不同的鲜明颜色；制作方法国际上比较通行，宜用于室内，价格相对较高。

（3）复合型人造石材

复合型人造石材以无机材料和有机高分子材料为胶黏剂，性能稳定的无机材料为底层，聚酯树脂和大理石为面层。其特点是具有大理石的优点，既有良好的物化性能，成本也较低。

（4）烧结型人造石材

烧结型人造石材以黏土约占40%的高岭土为胶黏剂，以斜长石、石英、辉石、方解石等为骨料。其特点是生产方法与陶瓷工艺相似，高温焙烧能耗大，价格高，产品破损率高。

2. 人造石材产品

（1）聚酯型人造大理石

聚酯型人造大理石是以不饱和聚酯为黏结剂，与石英砂、大理石、方解石粉等搅拌混合，浇铸成型，在固化剂作用下产生固化作用，经脱模、烘干、抛光等工序而制成的。我国多用此法生产人造大理石。

聚酯型人造大理石俗称色丽石、富丽石或结晶石等，目前它已实现用先进工艺机械化方式进行生产，产品性能优良，在国内已较多运用于高档宾馆、餐厅、高级住宅的墙面和台面装饰。

聚酯型人造大理石具有装饰性好，强度高，耐磨性好，耐腐蚀性、耐污染性好，可加工性好，耐热、耐候性差等特点。聚酯型人造大理石见图 8－6。

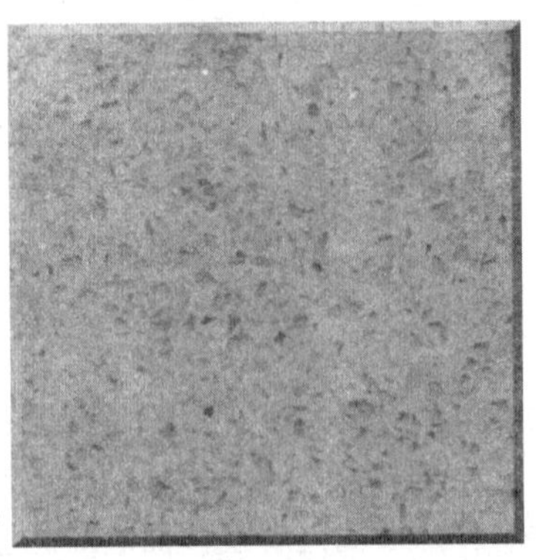

图 8－6　聚酯型人造大理石

由于生产时所加颜料不同，采用的天然石料的种类、粒度和纯度不同，以及制作的工艺方法不同，因此，聚酯型人造大理石的花纹、图案、颜色和质感也就不同，通常制成仿天然大理石和天然玛瑙石的花纹和质感，故分别被称为人造大理石和人造玛瑙。另外，还可以制成具有类似玉石色泽的透明状人造石材，称为人造玉石。人造玉石可惟妙惟肖地仿造出紫晶、彩翠、芙蓉石、山田玉等名贵玉石产品，甚至可以达到以假乱真的程度。聚酯型人造大理石通常用以制作饰面人造大理石板材和人造玉石板材以及卫生洁具，如浴缸、带梳妆台的单盆或双盆洗脸盆、立柱式脸盆、坐便器等。另外，还可做成人造大理石壁画等工艺品。

(2) 聚酯型人造花岗石

聚酯型人造花岗石与人造大理石有不少相似之处。但人造花岗石胶（树脂）固（填料）比更高，为 1:(6.3~8.0)，集料用天然较硬石质碎粒和深色颗粒。固化后经抛光，内部的石粒外露，通过不同色粒和颜料的搭配可生产出不同色泽的人造花岗石，其外观极像天然花岗石，并避免了天然花岗石抛光后表面存在的轻微凹陷（因所含云母矿物强度低，不耐磨所致）。由于集料、粉料掺量较多，故硬度较高，其他性能与聚酯型人造大理石相近。它主要用于高级装饰工程中。聚酯型人造花岗石见图 8－7。

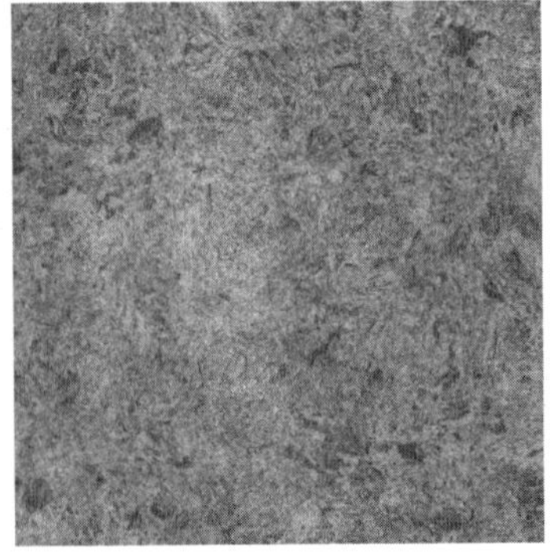

图 8－7　聚酯型人造花岗石

(3) 人造全无机花岗石大理石装饰板

人造全无机花岗石大理石装饰板是以高标号水泥、优质石英砂为主要原料，配以高级无机化工颜料，经化学反应塑化后制成的一种新型装饰板材。这种板材强度大、光泽度高、不变形、不龟裂、不粉化、耐酸碱、耐水火、色泽艳丽、易于水泥及黏结剂粘贴、施工方便，化学性能稳定，主要技术指标接近天然石材产品，花纹及装饰效果可与天然石材媲美，特别适用于墙裙、柱面、地板、窗台、踢脚、家具、台面等的装修。

(4) 玻璃花岗石装饰板

这种装饰板是一种具有花岗石外观和性质的新型装饰材料，抗风化，光泽度、色泽度、抗折强度、黏结强度、表面硬度方面均优于天然花岗石、天然大理石，耐老化、抗变形、抗冲击、抗冻性和热稳定性方面可与传统石材媲美，并可设计各种色调。可广泛用于高档宾馆等建筑的内外墙面、台阶、廊柱、室内地面和其他固定设施的装饰。

(5) 玻璃大理石装饰板

这种装饰板是玻璃基材仿大理石花纹装饰材料，花纹色彩可人工控制，酷似天然大理石，硬度、平整度、光洁度均高于天然大理石，具有寿命长、不怕风吹、雨淋、日晒以及耐酸碱、容易加工、便于施工等特点。应用于高档建筑的内外墙、地面装饰。

(6) 仿花岗岩水磨石砖

仿花岗岩水磨石砖是使用颗粒较小的碎石，加入各种颜色的色彩，采用压制、粗磨、打蜡、磨光等生产工艺制成。其砖面的颜色、纹路和天然花岗岩十分相近，光泽度较高，装饰效果好。用于宾馆、饭店、办公楼、住宅等的内外墙和地面装饰。

8.3.5 建筑石材的放射性污染及控制

建筑用石材会有一定辐射，过量的辐射会对人体有害。我国制定的《天然石材产品放射性防护分类标准》(JC 518—1993) 和《建筑材料放射性核素限量》(GB 6566—2010)，对石材的安全使用意义重大。

石材辐射即石材放射性，是表征天然石材中具有天然放射性核素，选择其中最重要的放射性镭 226、钍 232、钾 40 等 3 个核素的比活度（物质中的某种核素放射性与该物质的质量之比值）来评价石材放射性。

1. 天然石材放射性分类及使用范围

建筑工程使用的天然石材中的放射性镭 226、钍 232、钾 40 比活度要满足要求。用 C_{Ra}、C_{Th}、C_K 分别表示天然石材中镭 226、钍 232、钾 40 的放射比活度，单位为 $Bq \cdot kg^{-1}$。

C_{Ra}^e为镭当量浓度，用其表示石材的放射性比活度，公式为：

$$C_{Ra}^e = C_{Ra} + 1.35C_{Th} + 0.088C_K$$

天然石材产品根据放射性水平划分为三类。

(1) A 类产品

石质建筑材料中放射性比活度同时满足以下两式的为 A 类产品，其使用范围不受限制。

$$C_{Ra}^e \leqslant 350\ Bq \cdot kg^{-1} \tag{8-1}$$

$$C_{Ra} \leqslant 200\ Bq \cdot kg^{-1} \tag{8-2}$$

(2) B 类产品

非 A 类的石质建筑材料，而其放射性比活度同时满足以下两式的为 B 类产品。B 类产品不可用于居室内饰面，可用于其他一切建筑物的内、外饰面。

$$C_{Ra}^{e} \leqslant 700\ Bq \cdot kg^{-1} \tag{8-3}$$

$$C_{Ra} \leqslant 250\ Bq \cdot kg^{-1} \tag{8-4}$$

(3) C 类产品

非 A、B 类的石质建筑材料，其放射性比活度满足下式的为 C 类产品。C 类产品可用于一切建筑物的外饰面。

$$C_{Ra}^{e} \leqslant 1\ 000\ Bq \cdot kg^{-1} \tag{8-5}$$

放射性比活度大于 C 类控制值的天然石材，可用于海堤、桥墩和碑石等。

不高于当地天然放射性水平的石质建筑材料，可在当地使用，不受上述标准的限制。

2. 产品检测

① 天然石材块料的 γ 照射量率低于或等于 5.2×10^{-3} μc/(kg · h)(20 μR/n) 时，不必进行天然放射性核素比活度检测。

② 天然石材块料的 γ 照射量率高于 5.2×10^{-3} μc/(kg · h)(20 μR/n) 时，必须取样进行镭 226、钍 232、钾 40 放射性比活度的分析测定。

③ γ 照射量率的检测方法有两种：一是被测天然石材产品的堆场应平整，面积大于 16 m^2，厚度大于 0.5 m，探测器放在堆场中心点，距表面 0.5 m；二是 γ 照射量率测量仪的探测下限应低于 2.6×10^{-4} μc/kg · h，对于能量在 100 ~ 2 000 keV 范围内的 γ 射线，能量响应的复化不大于 ±20%。

④镭 226、钍 232、钾 40 放射性的比活度的检测方法可用 γ 能谱法或放射化学的方法测定镭 226、钍 232、钾 40 的放射性比活度。

当铀、镭、钍的放射性比活度大于 37 $Bq \cdot kg^{-1}$ 或钾的放射性比活度大于 300 $Bq \cdot kg^{-1}$ 时，用能谱法分析误差应小于 ±20%；铀、镭、钍的放射性比活度大于 37 Bq · kg 或钾的放射性比活度大于 300 $Bq \cdot kg^{-1}$ 时，用放射化学法分析误差应小于 ±30%。

本任务小结

(1) 建筑装饰工程的石材基本分为天然石材和人造石材两大类。

(2) 天然石材是指从天然岩体中开采出来并经加工成为块状或板状材料的总称，建筑装饰用的饰面石材主要有大理石和花岗石两大类。

(3) 人造石材是一种合成装饰材料，包括人造大理石、人造花岗岩等。按所用胶黏剂不同，可分为有机类人造石和无机类人造石；按生产工艺不同，可分为聚酯型、硅酸盐型、复合型以及烧结型人造石。

(4) 砌筑用石材按加工后的外形规则程度，可分为毛石和料石。

(5) 饰面板用的板材一般为花岗石和大理石。

(6) 天然大理石具有品种繁多、花纹多样、色泽鲜艳、石质细腻、抗压性强、吸水率小、耐腐蚀、耐磨、耐久性好、有良好的抗压性、不变形、便于清洁等特点。

(7) 天然花岗岩具有结构致密、质地坚硬、耐酸碱、耐腐蚀、耐高温、耐摩擦、吸水率小、抗压强度高、耐日照、抗冻融性好（可经受 100 ~ 200 次以上的冻融循环）、耐久性好（一般的耐用年限为 75～200 年）的特点。

（8）天然石材中含有放射性物质镭、钍、钾，国标将天然石材按放射性物质的比活度分为 A 级、B 级、C 级。

A 级：比活度低，不会对人健康造成危害，可用于一切场合。

B 级：比活度较高，用于宽敞高大且通风良好的空间。

C 级：比活度很高，只能用于室外。

（9）人造石材是以天然大理石、花岗石碎料或方解石、白云石、石英砂、玻璃粉等无机矿物骨料，拌和树脂、聚酯等聚合物或水泥等黏结剂，以及适宜的稳定剂、颜色等，经过真空强力拌和震动、混合、浇注、加压成型、打磨抛光以及切割等工序制成的板材。人造石材具有重量轻、强度高、色泽均匀、结构紧密、耐磨、耐腐蚀、耐寒等特点。

应用案例与发展动态

动态 8

任务九

建筑玻璃的选择与应用

任务简介： 玻璃在现代建筑工程中大量应用，建筑玻璃品种繁多，功能已由过去单纯的采光、围护向提高建筑艺术、调节热量、控制噪声、控制光线、防火防盗、节约能源等多功能方向发展。

知识目标： (1) 了解玻璃的组成、基本性质。
(2) 熟悉建筑玻璃的种类。
(3) 掌握各种平板玻璃、安全玻璃、节能玻璃的性能特点。

能力目标： (1) 熟悉常用建筑玻璃主要功能；
(2) 具有合理选用建筑玻璃的能力。

引　　例： 3 000 多年前，一艘欧洲腓尼基人的商船，满载着晶体矿物“天然苏打”，航行在地中海沿岸的贝鲁斯河上。由于海水落潮，商船搁浅了，于是船员们纷纷来到沙滩。有的船员还抬来大锅，搬来木柴，并用几块“天然苏打”作为大锅的支架，在沙滩上做起饭来。船员们吃完饭，潮水开始上涨了。他们正准备收拾一下、登船继续航行时，突然有人高喊：“大家快来看啊，锅下面的沙地上有一些晶莹明亮、闪闪发光的东西！”船员们把这些闪烁光芒的东西带到船上仔细研究起来。他们发现，这些亮晶晶的东西上粘有一些石英砂和熔化的“天然苏打”。原来，这些闪光的东西是船员做饭时用来做锅的支架的天然苏打在火焰的作用下，与沙滩上的石英砂发生化学反应而产生的晶体，这就是最早的玻璃。后来腓尼基人把石英砂与“天然苏打”和在一起，用一种特制的炉子熔化，制成玻璃球，这使腓尼基人发了一笔大财。

9.1　玻璃的基本知识

玻璃是一种古老而又新兴的建筑光学材料。早期，玻璃在建筑上主要用于封闭、采光和装饰，应用的品种主要为普通平板玻璃和各种装饰玻璃。随着建筑业和玻璃制造业的发展，功能性建筑玻璃的应用日趋广泛，其功能也延伸到节能和环保等领域。应用到节能领域的主要有中空玻璃、镀膜玻璃及贴膜玻璃等；应用于环境保护领域的主要有具备隔绝噪声功能的中空玻璃、夹层玻璃、能隔紫外线的防紫外线夹层玻璃等；同时现代玻璃向高强度、高安全性方向发展，如钢化玻璃、防火玻璃等。

建筑玻璃泛指平板玻璃及由平板玻璃制成的深加工玻璃，也包括玻璃砖、玻璃马赛克和槽型玻璃等玻璃类建筑材料。

9.1.1　玻璃的组成

玻璃是以石英砂、纯碱、长石和石灰石等为主要原料，在1 500～1 650 ℃高温下熔融、成型，并经快速冷却而制得的非结晶体的均质材料。为了改善玻璃的某些性能和满足特种技术要求，常在玻璃生产中加入某些辅助原料，如助熔剂、脱色剂、着色剂，或经特殊工艺处理得到具有特殊性能的玻璃。

玻璃的化学成分甚为复杂，其主要成分为SiO_2（含量72%左右）、Na_2O（含量15%左右）、CaO（含量9%左右）。此外还有少量的Al_2O_3、MgO及其他化学成分，它们对玻璃的性质起着十分重要的作用。改变玻璃的化学成分、相对含量和制备工艺，可获得不同性能的玻璃制品。

9.1.2　玻璃的基本性质

1. 玻璃的密度

玻璃的密度与其化学组成有关，玻璃内部几乎无孔隙，密度为2.5～2.6 g/cm^3，属于致密材料。另外玻璃的密度随温度的升高而降低。

2. 玻璃的光学性质

（1）透光性与透明性

玻璃通常是透明的，透光是它的传统基本属性之一。玻璃的透光性可使室内的光线柔和、恬静、温暖，现代建筑正在越来越多地运用玻璃这一特性。玻璃的透光性往往被误认为是透明性，实际上玻璃的透光性与透明性是两个概念，透光不一定透明。而生产只透光而不透明的玻璃必须采用特殊的生产工艺，如压延法、磨砂法等。

（2）反射性

建筑上大量应用玻璃的反射性始于热反射镀膜玻璃。热反射镀膜玻璃可有效降低玻璃的热传导能力，提高建筑节能效果。热反射玻璃有各种颜色，如茶色、银白色、银灰色、绿色、蓝色、金色、黄色等，其反射率为10%～50%，比普通玻璃高。热反射玻璃是半透明玻璃。目前热反射玻璃大量用于建筑，特别是幕墙，使得一幢幢大厦色彩斑斓，较高的反射率将对面的街景反射到建筑上，景中有景。但反射率过高，不但破坏建筑的美与和谐，还会造成光污染，因此，不可盲目地追求高反射率。

3. 玻璃的热工性质

玻璃的热工性质主要包括导热性、热膨胀性和热稳定性。

玻璃的导热性很小（常温时大体上与陶瓷制品相当，而远远低于各种金属材料）导热系数仅为铜的1/400，但随着温度的升高（尤其在700 ℃以上时）将增大。玻璃的导热系数还受玻璃的化学组成、颜色及密度的影响。

玻璃的热膨胀性比较明显。热膨胀系数的大小取决于组成玻璃的化学成分及其纯度，玻璃的纯度越高热膨胀系数越小，不同成分的玻璃热膨胀性差别很大。

因为玻璃的导热性差，当玻璃温度急变时，热量不能及时传到整块玻璃上，内部会产生温度应力，当温度应力超过玻璃极限强度时，就会造成碎裂。玻璃经受剧烈的温度变化而不破坏的性能称为玻璃的热稳定性。玻璃的热稳定性主要受热膨胀系数影响。玻璃热膨胀系数越小，热稳定性越高。此外，玻璃越厚、体积越大，热稳定性越差；玻璃的表面出现擦痕或裂纹以及各种缺陷都能使热稳定性变差。

4. 玻璃的力学性质

玻璃的理论强度极限为1 200 MPa，但由于玻璃中的各种缺陷造成了应力集中或薄弱环节，且尺寸越大，缺陷对材料强度的影响越显著，所以玻璃的实际抗压强度为700 ~ 1 200 MPa。抗拉强度为40 ~ 80 MPa。一般玻璃的弹性模量为60 000 ~ 75 000 MPa，是典型的脆性材料，在冲击力作用下易发生破碎。玻璃的硬度一般在莫氏硬度4 ~ 7之间，随生产加工方法和化学成分而不同。

5. 玻璃的化学性质

玻璃抵抗气体、水、酸、碱、盐或各种化学试剂侵蚀的能力称为玻璃的化学稳定性，一般的建筑玻璃具有较高的化学稳定性。对多数酸（但氢氟酸除外）、碱、盐及化学试剂与气体等都具有较强的抵抗能力，但长期受到侵蚀性介质的腐蚀，化学稳定差，也能导致变质和破坏。

9.2 平板玻璃

平板玻璃是建筑工程中应用量比较大的建筑材料之一。平板玻璃通常指未经其他加工的平板状玻璃制品，也称为白片玻璃或净片玻璃，是建筑玻璃中产量最大、使用最多的一个品种，主要用于建筑门窗，起到采光、围护、保温、隔热、隔声等作用，也是进一步加工其他深加工玻璃的原片。根据国家标准《平板玻璃》（GB 11614—2009）的规定，玻璃按其厚度可分2、3、5、6、8、10、12、15、19、22、25 mm共11种规格，用于一般建筑、厂房、仓库等。按照国家标准，平板玻璃根据其外观质量进行分等定级，普通平板玻璃分为优等品、一等品和合格品三个等级。

平板玻璃包括窗用平板玻璃、磨砂玻璃、彩色玻璃、彩绘玻璃等。平板玻璃如图9 - 1所示。

图9 - 1　平板玻璃

视频：平板玻璃

9.2.1 窗用平板玻璃

窗用平板玻璃指的是一般平板玻璃，大量用于建筑采光，玻璃厚度一般为3 ~ 5 mm。窗用平板玻璃相对其他建筑材料来说，自重较轻，能获得良好的采光效果。

按窗框材料不同，窗可分为木窗、金属窗和其他材料窗。窗大多安装在外墙上，形式的选择和对玻璃的要求均要从建筑整体效果考虑。

9.2.2 磨砂玻璃

磨砂玻璃又称毛玻璃，它是对普通平板玻璃表面（单面或双面）用机械喷砂手工研磨或氟酸溶蚀等方法处理而成的一种平板玻璃深加工制品。磨砂玻璃被加工成无数细小的方向各异的面，光线因此成为更均匀的散射光线，透过磨砂玻璃几乎不能看清另一面的物体，手触及磨砂面能感到平整但粗糙。因为它具有均匀、粗糙、透光、不透视的性能，所以能使室内光线柔和、不刺眼。主要用于卫生间、会议室的门窗及教学用黑板。安装时，如磨砂玻璃毛面是单面，毛面须朝室内一侧，避免淋湿或沾水后透明。

9.2.3 彩色玻璃

彩色玻璃有透明、半透明和不透明三种。

透明的彩色玻璃是在玻璃原料中加入一定量的金属氧化物（如氧化铜、氧化钛、氧化钴、氧化铁和氧化锰等）而使玻璃具有各种色彩。彩色玻璃常见的颜色有乳白色、茶色、海蓝色、宝石蓝色和翡翠绿等。表 9－1 是彩色玻璃常用氧化物着色剂。

表 9－1 彩色玻璃常用氧化物着色剂

颜色	黑色	深蓝色	浅蓝色	绿色	红色	乳白色	桃红色	黄色
氧化物	过量的锰、铁或铬	钴	氧化铜	氧化铬或氧化铁	硒或镉	氟化钙或氟化钠	二氧化锰	硫化镉

半透明彩色玻璃可通过在透明彩色玻璃的表面进行喷砂处理后制成，这种玻璃具有透光不透视的性能。

透明、半透明彩色玻璃也称有色玻璃，其装饰性好，常用于建筑物内外墙、门窗、隔断及对光线有特殊要求的部位。

不透明彩色玻璃又称彩釉玻璃，它用 4 ~ 6 mm 厚的平板玻璃按照要求的尺寸切割成型，然后经过清洗、喷釉、烘烤、退火而成。

彩色玻璃可以做成各种图案进行拼接，并且具有耐腐蚀、抗冲刷、易清洗等特点。

9.2.4 彩绘玻璃

彩绘玻璃又称彩色艺术玻璃，是经过现代数码科技输出在胶片或 PP 纸上的彩色图案、画的艺术品和平板玻璃经过工业黏胶黏合而成的。彩绘玻璃有透明、半透和不透三种。

彩绘玻璃是目前家居装修中较多运用的一种装饰玻璃。彩绘玻璃图案丰富亮丽，居室中彩绘玻璃的恰当运用，能较自如地创造出一种赏心悦目的和谐氛围，增添浪漫迷人的现代情调。彩绘玻璃主要用于居家移门（推拉门）等。

9.3 安全玻璃

玻璃具有采光、围护和装饰的作用，但是时代变迁对玻璃的安全性提出了更高的要求，为提高玻璃的安全性，安全玻璃应运而生。安全玻璃指玻璃受到破坏时尽管碎裂，但不容易掉下，即使破碎后掉下碎块也无尖角，不易伤人。安全玻璃的主要品种有钢化玻璃、夹层玻璃、夹丝玻璃等。

2003 年，中华人民共和国国家发展和改革委员会和建设部联合发布的《建筑安全玻璃管理规定》要求，建筑物需要以玻璃作为建筑材料的，下列部位必须使用安全玻璃：

①7 层及 7 层以上建筑物外开窗；
②面积大于 1.5 m^2 的窗玻璃或玻璃底边离最终装修面小于 500 mm 的落地窗；
③幕墙（全玻幕除外）；
④倾斜装配窗、各类天棚（含天窗、采光顶）、吊顶；
⑤观光电梯及其外围护；
⑥室内隔断、浴室围护和屏风；
⑦楼梯、阳台、平台走廊的栏板和中庭内栏板；
⑧用于承受行人行走的地面板；
⑨水族馆和游泳池的观察窗、观察孔；
⑩公共建筑物的出入口、门厅等部位；
⑪易遭受撞击、冲击而造成人体伤害的其他部位。

9.3.1 钢化玻璃

钢化玻璃又称强化玻璃，是平板玻璃的二次加工产品。

钢化玻璃是用物理或化学的方法，在玻璃表面上形成一个压应力层，玻璃本身具有较高的抗压强度，不会造成破坏。当玻璃受到外力作用时，这个压应力层可将部分拉应力抵销，避免玻璃的碎裂。虽然钢化玻璃内部处于较大的拉应力状态，但玻璃的内部无缺陷存在，不会造成破坏，从而达到提高玻璃强度的目的。钢化玻璃应力如图 9－2 所示。

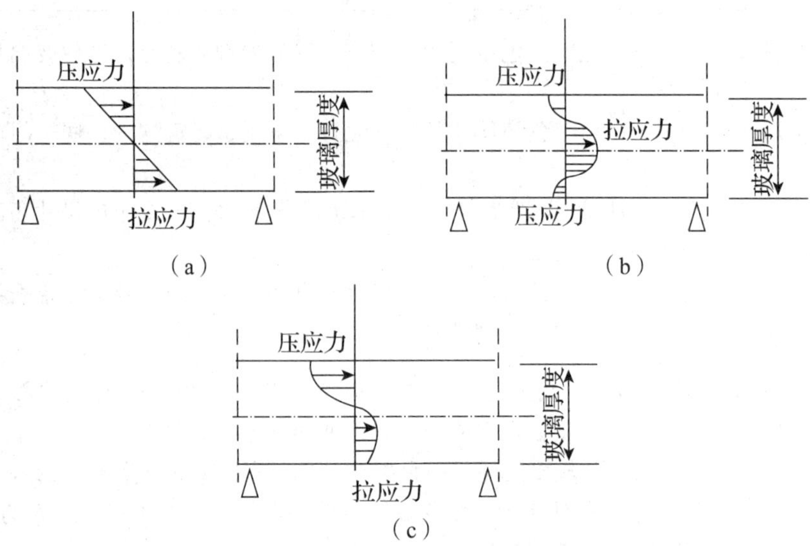

图 9－2 钢化玻璃应力比较

(a) 普通玻璃受弯作用截面应力分布 (b) 钢化玻璃截面预应力分布 (c) 钢化玻璃截面受弯应力分布

1. 物理钢化玻璃

物理钢化玻璃又称为淬火钢化玻璃。将普通平板玻璃在加热炉中加热到接近玻璃的软化温度（约 650 ℃）并保持一段时间，通过自身的形变消除内部应力，然后将玻璃移出加热炉，再用多头喷嘴将高压冷空气吹向玻璃的两面，使其迅速且均匀地冷却至室温，即可制得钢化玻璃。这种玻璃处于内部受拉、外部受压的应力状态，一旦局部发生破损，便会发生应力释放，玻璃破碎成无数小块，这些小的碎片没有尖锐棱角，不易伤人。物理钢化玻璃的重要生产工艺过程包括加热和淬冷。

由于物理钢化玻璃中有很大的相互平衡着的应力分布，所以一般不能再进行切割、磨削，边角不能碰击挤压，需按现成的尺寸规格选用或提出具体设计图纸进加工定制。

2. 化学钢化玻璃

化学钢化玻璃通过改变玻璃表面的化学组成来提高玻璃的强度，一般是应用离子交换法进行钢化。其方法是将含有碱金属离子的硅酸盐玻璃浸入到熔融状态的锂（Li^+）盐中，使玻璃表层的 Na^+ 或 K^+ 离子与 Li^+ 离子发生交换，表面形成 Li^+ 离子交换层，由于 Li^+ 的膨胀系数小于 Na^+、K^+ 离子，从而在冷却过程中造成外层收缩较小而内层收缩较大，当冷却到常温后，玻璃便同样处于内层受拉、外层受压的状态，其效果类似于物理钢化玻璃。

但化学钢化玻璃的压应力层很薄，表面磨伤后强度会降低。化学钢化玻璃的钢化效果较弱，碎后有带尖角的大碎片，可以进行任意切割。

钢化玻璃在建筑、汽车、飞机、船舶及其他领域应用得很广泛。平面钢化玻璃常用于建筑物的门窗、隔断、幕墙、地面及橱窗、家具等，曲面钢化玻璃常用于汽车、火车、船舶、飞机、展柜等。全钢化玻璃广泛用于高层建筑幕墙、室内玻璃隔断、电梯扶手、栏杆等要求安全的地方。半钢化玻璃广泛用于玻璃幕墙、天棚、暖房、温室、隔墙等。用于大面积的玻璃幕墙的玻璃在钢化上要予以控制，选择半钢化玻璃，即其应力不能过大，以避免受风荷载引起振动而自爆。

9.3.2　夹层玻璃

夹层玻璃也称夹胶玻璃，即在两片或多片平板玻璃之间嵌夹透明塑料薄片（多为聚乙烯醇缩丁醛，即 PVB 胶片），经加热、加压、黏合而成的平面或弯曲的复合玻璃制品。夹层玻璃的层数有 2、3、5、7 层，最多可达 9 层，对于两层的夹层玻璃，原片厚度一般常用 2 mm + 2 mm、3 mm + 3 mm、3 mm + 5 mm 等。因夹层玻璃中间夹有 PVB 胶片，玻璃即使碎裂，碎片也会被粘在胶片上，破碎的玻璃表面仍保持整洁光滑。这就有效防止了碎片扎伤和穿透坠落事件的发生，确保了人身安全。

在欧美，大部分建筑玻璃都采用夹层玻璃，这不仅是为了避免伤害事故，还因为夹层玻璃有极好的抗震能力。中间膜能抵御锤子、劈柴刀等凶器的连续攻击，还能在相当长时间内抵御子弹穿透，其安全防范程度极高。

现代居室隔声效果是否良好，已成为人们衡量住房质量的重要因素之一。使用了 PVB 中间膜的夹层玻璃能阻隔声波，维持安静、舒适的办公环境。其特有的过滤紫外线功能，既保护了人们的皮肤健康，又可使家中的贵重家具、陈列品等摆脱褪色的困扰。它还可减弱太阳光的透射，降低制冷能耗。

夹层玻璃的诸多优点，用在家居装饰方面也会有意想不到的好效果。例如，许多家庭的门，包括厨房的门，都是用磨砂玻璃做材料。煮饭时厨房的油烟容易积在上面，如果用夹层玻璃取而代之，就不会有这个烦恼。同样，家中大面积的玻璃间隔，对天生好动的小孩来说是个安全隐患，若用上夹层玻璃，家长就可以放心了。

夹层玻璃安全破裂，在重球撞击下可能碎裂，但整块玻璃仍保持一体性，碎块和锋利的小碎片仍与中间膜粘在一起。钢化玻璃需要较大撞击力才碎，一旦破碎，整块玻璃爆裂成无数细微颗粒，框架中仅存少许碎玻璃。普通玻璃一撞就碎，呈典型的破碎状况，产生许多长条形的锐口碎片。

夹层玻璃有以下性能。

(1) 安全特性

夹层玻璃能抵挡外力撞击的穿透，减少破碎或玻璃掉落的危险，即使玻璃碎了，碎片仍会与 PVB 胶片粘在一起，可避免因玻璃掉落造成人身体伤害或财产损失。

(2) 保安防范特性

夹层玻璃对人身和财产具有保护作用。标准的“二夹一”玻璃能抵挡一般冲击物的穿透，用 PVB 胶片特制的夹层玻璃能抵挡住枪弹、炸弹和暴力的冲击。

(3) 隔音特性

PVB 胶片具有对声波的阻挡作用，夹层玻璃在建筑上使用能有效地控制声音的传播，起到良好的隔音效果。

(4) 控制阳光和防紫外线特性

夹层玻璃能有效地减弱太阳光的透射，防止眩光，避免色彩失真，使建筑物获得良好的美学效果。夹层玻璃还有阻挡紫外线的功能，可保护家具、陈列品或商品免受紫外线辐射而发生褪色。

由于夹层玻璃具有很高的抗冲击强度和使用安全性，因而适用于建筑物的门、窗、天花板、地板和隔墙，如工业厂房的天窗和商店的橱窗，幼儿园、学校、体育馆、私人住宅、医院、银行、珠宝店、邮局等保存贵重物品及玻璃易破碎建筑的门、窗等，同时也广泛应用于汽车、飞机、船舶等挡风玻璃。

9.3.3 夹丝玻璃

夹丝玻璃是将预先编织好的钢丝网压入已加热软化的红热玻璃之中而制成的。夹丝玻璃所用的金属丝网和金属丝线分为普通钢丝和特殊钢丝两种，普通钢丝直径为 0.4 mm 以上，特殊钢丝直径为 0.3 mm 以上。夹丝玻璃应采用经过处理的点焊金属丝网。根据国家行业标准规定，夹丝玻璃厚度分为 6、7、10 mm，规格尺寸一般不小于 600 mm × 400 mm，不大于 2 000 mm × 1 200 mm。

我国生产的夹丝玻璃可分为夹丝压花玻璃和夹丝磨光玻璃两类，颜色可制成无色透明和彩色。

夹丝玻璃的特点是安全性和防火性好。钢丝网的骨架作用不仅提高了夹丝玻璃的强度，而且当受到冲击或温度骤变而破坏时，玻璃碎片也不会飞散，避免了碎片对人的伤害。在出现火情火焰蔓延时，夹丝玻璃受热炸裂，由于金属丝网的作用，玻璃仍能保持固定，隔绝火焰，故夹丝玻璃又称为防火玻璃。夹丝玻璃适用于对防火、防暴（坠落）、防震及采光隐秘和装饰等多需求的各类公共及个人场所，如公共建筑的走廊、防火门、楼梯、工业厂房天窗及各种采光屋顶等。安全玻璃的应用如图 9－3 所示。

图 9－3　安全玻璃的应用

视频：安全玻璃

9.4　节能玻璃

传统玻璃在建筑中主要起到采光作用，随着人们对大面积采光需求的增加，建筑物门窗尺寸的加大，人们对玻璃的保温隔热同样有了更高的要求。人们研制出对光和热具有特殊吸收、透射和反射能力的节能玻璃，同时它还具有令人赏心悦目的外观色彩。建筑上常用的节能装饰玻璃有吸热玻璃、热反射玻璃和中空玻璃。节能玻璃如图 9－4 所示。

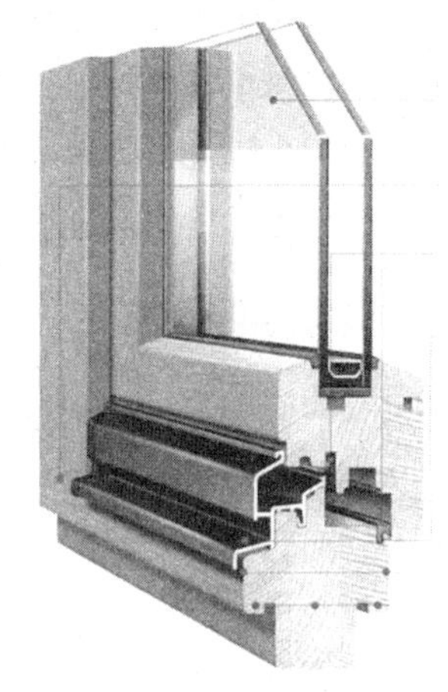

图 9－4　节能玻璃

视频：节能玻璃

9.4.1　吸热玻璃

吸热玻璃是一种可以控制阳光，既能吸收大量红外线辐射能，又能保持良好透光率的平板玻璃。吸热玻璃的生产方法有两种：一是在普通钠钙硅酸盐玻璃的原料中加入一定量有吸热性能的着色剂，另一种是在平板玻璃表面喷镀一层或多层金属或金属氧化物薄膜。

吸热玻璃有灰色、茶色、蓝色、绿色、古铜色、青铜色、粉红色和金黄色等。我国目前主要生产前三种颜色的吸热玻璃。厚度有 2、3、5、6 mm 四种。吸热玻璃还可以进一步加工制成磨光、钢化、夹层或中空玻璃等。

吸热玻璃与普通平板玻璃相比具有以下主要特点。

1）吸收太阳辐射热　与普通的平板玻璃相比，吸热玻璃具有吸收可见光和红外线的作用。无论是哪一种色调的玻璃，当其厚度为 6 mm 时，均可吸收 40% 左右的辐射热（见表 9－2）。吸热玻璃的颜色和厚度不同，对太阳辐射热的吸收程度也不同。在太阳直射的情况下，进入室内的太阳辐射热减少了，从而可以减轻空调设备的负荷。在重视建筑物色调的设计中，也多采用这种玻璃。

表 9－2　普通平板玻璃与吸热玻璃的太阳能透过热值及透热率

测试样品	透过热值/（W/m^2）	透热率（%）
空气（暴露空气）	879.2	100
普通平板玻璃（3 mm 厚）	725.7	82.55
普通平板玻璃（6 mm 厚）	662.9	75.53
蓝色吸热玻璃（3 mm 厚）	551.3	62.7
蓝色吸热玻璃（6 mm 厚）	432.6	49.21

2）吸收可见太阳光　吸热玻璃可以减弱太阳光的强度，起到反眩作用。

3）吸收一定的紫外线　吸热玻璃可以减少紫外线的透射，减轻其对人体的伤害，也可以防止紫外线对室内家具、日用电器、商品、档案资料与书籍等褪色和变质的影响。

4）透明度较高　吸热玻璃具有一定的透明度，透过它仍能清楚地观察室外的景物。

由于上述特点，吸热玻璃已广泛用于建筑物的门窗、外墙以及用作车、船挡风玻璃等，起到隔热、防眩、采光及装饰等作用。

吸热玻璃吸热后温度迅速升高，形成热辐射源，比普通平板玻璃更容易炸裂，而且玻璃越厚吸热效果越好，越容易炸裂。在选用时，要避免建筑物阴影投射在玻璃上，防止夏天的雨水直接冲淋；在安装时，应该使用高隔热材料作为支持材料，减少玻璃与边框之间的温度差；在使用时，最好不要安装窗帘，不要在玻璃表面上粘贴东西，避免空调冷气直接喷吹到玻璃表面上。这样可以降低吸热玻璃炸裂的可能。

9.4.2　热反射玻璃

具有反射太阳能作用的镀膜玻璃都可被称为热反射玻璃。通常在玻璃表面镀覆金属或者金属氧化物薄膜，以达到大量反射太阳红外热能的目的。热反射玻璃具有良好的遮光性能和隔热性能，可用于各种高层建筑。它不仅可节约室内空调能源，而且具有良好的建筑装饰效果。

1. 热反射玻璃的性能

热反射玻璃具有以下特性。

1）对太阳辐射能的反射能力较强　普通平板玻璃的太阳能辐射反射率为7%～10%，而热反射玻璃高达25%～40%，可节省室内空调的能源消耗。例如，6 mm厚浮法玻璃的总反射热仅16%，同样条件下，吸热玻璃的总反射热为40%，而热反射玻璃则可高达61%。

2）遮阳系数小　能有效阻止热辐射，有一定的隔热保温效果。玻璃的遮阳系数愈小，通过玻璃射入室内的太阳能越少，冷房效果越好。8 mm厚透明浮法玻璃的遮阳系数为0.99，8 mm厚茶色吸热玻璃为0.77，8 mm厚热反射玻璃为0.60～0.75，热反射双层中空玻璃可达到0.24～0.49。不同品种玻璃的遮阳系数见表9－3。

表9－3　不同品种玻璃的遮阳系数

品　种	厚度/mm	遮阳系数
透明浮法玻璃	8	0.99
茶色吸热玻璃	8	0.77
热反射玻璃	8	0.60～0.75
热反射双层中空玻璃	—	0.24～0.49
双面青铜色热反射玻璃	8	0.58

3）单向透视性　它是指热反射玻璃在迎光的一面具有镜子的特性，而在背光的一面则具有普通玻璃的透明效果。白天，人们从室内透过热反射玻璃幕墙可以看到外面车水马龙的热闹街景，但室外却看不见室内的景物，可起到屏幕的遮挡作用。晚间的情况正好相反，由于室内光线的照明作用，室内看不见玻璃幕墙外的事物，给人以不受外界干扰的舒适感。但对不宜公开的场所应用窗帘等加以遮蔽。

4）可见光透过率低　6 mm厚热反射玻璃的可见光透过率比相同厚度的浮法玻璃减少75%以上，比吸热玻璃也减少60%；6 mm厚热反射玻璃对可见光的透光率比同厚度的透明浮法玻璃减少 75% 以上，比茶色吸热玻璃减少 60% 。

2. 热反射玻璃的应用

热反射玻璃用于避免由于太阳辐射而增热或设置空调的建筑物。热反射玻璃因有良好的隔热性能，所以日晒时室内温度保持稳定，光线柔和，节省空调费用；改变建筑内的色调、避免眩光，改善室内环境，镀金属膜的热反射玻璃还具有单向透视的功能，即白天能在室内看到室外的景物，而在室外却看不到室内的景象。

热反射玻璃多用来制成中空玻璃或夹层玻璃窗，以增强隔热性能。到目前为止，热反射玻璃已发展到多种系列。从颜色看，有灰色、蓝灰色、茶色、金色、赤铜色、褐色等；从结构看，有单板、中空、夹层热反射玻璃；从强度看，有一般热反射玻璃、半钢化热反射玻璃、钢化热反射玻璃等，其厚度为 3、5、6、8、10、12、15 mm。

从先进工业国家的建筑外装修发展趋势来看，花岗岩贴面、铝合金窗和热反射玻璃构成新型建筑的主要外貌形式。我国近年来热反射玻璃在宾馆、饭店、商业场所得到较多的使用，随着节能问题的日益突出，热反射玻璃在南方民用住宅中亦将得到广泛应用。但是由于大量使用热反射玻璃而造成的“光污染”问题也应引起关注。

应该强调的是，热反射玻璃最主要的功能是节能，其次才是影像装饰功能，但是在实际使用中，由于建筑设计师对玻璃性能的误解，常常颠倒了这两个功能的主次顺序，出现了在需要阳光照射的寒带地区整个建筑使用热反射玻璃幕墙的失误。

使用热反射玻璃还应注意以下几点：一是安装施工中要防止损伤膜层，电焊火花不得落到薄膜表面；二是要防止玻璃变形，以免引起影像的“畸变”；三是注意消除玻璃反光可能造成的不良后果。

9.4.3　中空玻璃

中空玻璃是指将两片或多片玻璃以有效支撑均匀隔开，并将周边黏结密封，使玻璃层间形成有干燥气体空间的制品。

两片平板玻璃用间隔框架隔开，中间形成空腔，四周用密封性好的胶黏剂将玻璃与铝合金框架、橡皮条或玻璃条黏结密封，充入干燥空气，并填入一定量的分子筛作为干燥剂，就构成了双层中空玻璃。由三片或四片以上的平板玻璃构成的具有两个或两个以上空腔的中空玻璃是多层中空玻璃。一般是双层结构。构造如图 9－5 所示。

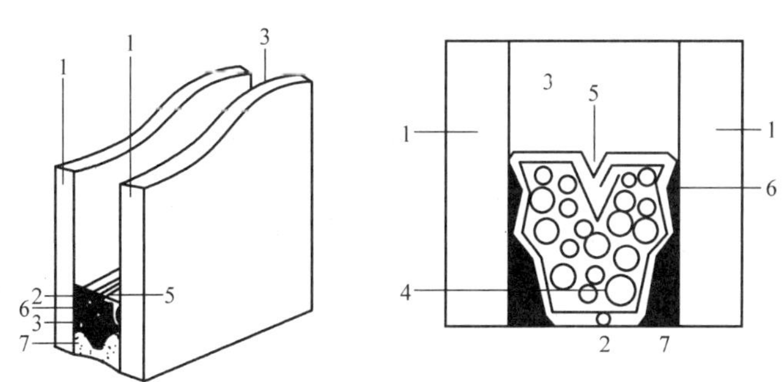

图 9－5　中空玻璃的构造

1—玻璃片；2—空心铝隔框；3—干燥空气；4—干燥剂；5—缝隙；6，7—胶黏剂

1. 中空玻璃的品种

根据不同用途的要求，中空玻璃是可采用各种不同规格的高质量玻璃原片，如各种厚度和大小尺寸的钢化、夹层、夹丝、压花、彩色、涂层镀膜、无反射玻璃等。中空玻璃的种类按颜色分为无色、绿色、黄色、金色、蓝色、灰色、茶色等；按玻璃层数分为两层、三层和多层等。制成的产品主要用于隔热、防寒、防热、保温、隔音、防盗报警等。一种产品还可以具备多种功能。

2. 中空玻璃的主要性能

1）优良的隔热性能　材料的隔热性可用传热系数 K [单位 W/（m^2 · ℃）] 表示。K 值越小，表示其隔热性越好；K 值越大，表示其隔热性越差。当温度为20℃时，空气的传热系数为0.026，玻璃的传热系数为0.668，铝框的传热系数为0.636。玻璃的传热系数约是空气的27倍，只要中空玻璃的充气间是密封的，中空玻璃就有最佳的隔热效果。

中空玻璃与其他材料的传热系数如表9－4所示。

表9－4　中空玻璃与其他材料的传热系数

材料名称	厚度/mm	传热系数/[W/(m^2 · ℃)]	材料名称	厚度/mm	传热系数/[W/(m^2 · ℃)]
单片平板玻璃	3 mm	6.84	三层中空玻璃	3＋A6＋3＋A6＋3	2.43
单片平板玻璃	5 mm	6.72	三层中空玻璃	3＋A12＋3＋A12＋3	2.11
单片平板玻璃	6 mm	6.69	混凝土墙	100	3.26
双层中空玻璃	3＋A6＋3	3.59	砖墙	270	2.09
双层中空玻璃	3＋A12＋3	3.22	木板	20	2.67
双层中空玻璃	5＋A12＋5	3.17			

2）隔音性能　采用中空玻璃可以大大减轻室外的噪声透过窗户进入室内，使室内工作条件免受室外噪声的干扰。尤其是临街建筑物，遭受交通噪声干扰更为严重，采用中空玻璃可大大减轻噪声的干扰。中空玻璃还可以作为一种隔音材料应用于地铁车辆及其他需要隔噪声的场所。双层或多层中空玻璃具有良好的隔音性能，如表9－5所示。

表9－5　中空玻璃的隔音性能

材料名称	厚度/mm	平均隔音能力/dB	材料名称	厚度/mm	平均隔音能力/dB
双层中空玻璃	4＋12＋4	28	双层中空玻璃	5＋6＋5	25
双层中空玻璃	12＋12＋12	32	三层中空玻璃	4＋12＋4＋12＋4	30～31

3）防结露性能　窗户用普通单层平板玻璃时，在冬季采暖房间的室内侧玻璃表面有冷凝水，这就是结露现象。玻璃窗上结露，不仅遮挡视线，也使窗框、窗帘、墙壁被污损，纺织印染车间还会因此造成废品、次品率增加。如果使用中空玻璃，因其热阻增加，所以可以降低结

露的温度。例如，采用5 mm单层普通玻璃，当室外风速为5 m/s，室内温度为20 ℃，相对湿度为60%时，5 mm普通玻璃在室外温度为8 ℃时开始结露；而16 mm（5+6+5）双层中空玻璃在同样条件下，在室外 −2 ℃时才开始结露；27 mm（5+6+5+6+5）三层中空玻璃在室外为 −11℃时才开始结露。

4）质量轻　由表9−4可以看出，18 mm（3+12+3）双层中空玻璃的隔热效果和100 mm厚的混凝土墙相当，而100 mm混凝土墙单质量是250 kg/m²，18 mm双层中空玻璃单质量是15.5 kg/m²，其单质量比为16:1。而240 mm厚玻璃的隔音效果和33 mm（3+12+3+12+3）三层中空玻璃相当，其单质量比是464:23.3=20:1。因此，在隔热效果相同的条件下，用中空玻璃代替部分砖墙或混凝土墙，不仅可以增加采光面积，增加室内的舒适感，而且由于建筑物的自重减轻，还可简化建筑结构。

5）节省窗框　双层窗户需要两套窗框，而使用中空玻璃只需一套窗框及少量的边框材料。采用中空玻璃可节省40%左右的窗框材料，而且能减少施工安装工作量，方便平时的擦洗。

本任务小结

本任务主要介绍了玻璃的基本知识，平板玻璃、安全玻璃、节能玻璃的品种、性能和应用。希望学生熟悉常见品种的性能及其在工程中的应用。学生通过学习在掌握品种、性能的基础上，结合建筑工程实际，对各种平板玻璃、安全玻璃、节能玻璃等应用场合做出正确选择。

应用案例与发展动态

动态9

任务十
建筑卫生陶瓷的选择与应用

任务简介： 本任务主要介绍目前工程中常用建筑、卫生陶瓷的种类、性能及选择应用。

知识目标： (1) 了解陶瓷的概念、分类以及釉的特性和分类。
(2) 掌握常用建筑陶瓷的种类、性能。
(3) 掌握常用卫生陶瓷的种类、性能。

技能目标： (1) 能够结合工程状况合理选择建筑陶瓷。
(2) 能够结合工程状况合理选择卫生陶瓷。

10.1 陶瓷的基本知识

陶瓷是我国古代劳动人民发明的。燧人氏、神农氏发明陶瓷，中国成为陶瓷的发源地，创造了灿烂辉煌的陶瓷文化。陶瓷是一种在人类生产和生活中不可或缺的材料。传统的陶瓷是指所有以黏土等无机非金属矿物为原材料的人工工业产品。它包括由黏土或黏土的混合物经混炼、成型、煅烧而制成的各种制品（如日用陶瓷、建筑卫生陶瓷、电瓷等）。但是，随着科学技术的发展，近百年来又出现了许多新的陶瓷品种（如电子陶瓷、结构陶瓷、涂层和薄膜用陶瓷、纳米陶瓷、陶瓷复合材料等），它们不再使用或很少使用黏土、长石、石英等传统陶瓷原料，而是使用其他特殊原料。

在建筑装饰工程中，陶瓷是最古老的装饰材料之一。

建筑卫生陶瓷是指主要用于建筑装饰面、建筑构件和卫生设施的陶瓷制品。它包括了各种陶瓷墙地砖、琉璃制品、饰面瓦、陶管和卫生间用的各种陶瓷器具及配件。建筑卫生陶瓷具有釉面光滑、颜色均匀、质地坚硬、防水、防火、耐磨、耐腐蚀，耐久性好、易于清洗、造价较低等许多优良特性，在建筑装饰中得到了广泛应用。

10.1.1 陶瓷的概念和分类

1. 陶瓷的概念

陶瓷是用铝硅酸盐矿物或某些氧化物等为主要原料，按照人的意图通过特定的化学工艺在高温下以一定温度和环境制成的具有一定形式的工艺岩石。陶瓷绝大多数不吸水，按其用途有的表面施有光润的釉或特定的釉，若干瓷质还具有不同程度的半透明度。陶瓷通常是一种或多种晶体与无定形胶结物及气孔或与熟料包裹体等微观结构组成。

2. 陶瓷的分类

陶瓷工业是硅酸盐工业的主要分支之一。陶瓷制品的品种繁多，它们的化学成分、矿物组成、物理性质以及制造方法常常相互接近，无明显的界限，而在应用上确有很大的区别，目前尚无统一规定。陶瓷学者根据不同的着眼点提出了不同的分类方法。为了便于掌握各种制品的特征，本书介绍最常采用的两种分类法。

（1）按陶瓷的概念和用途来分类

陶瓷制品可以分为两大类，即普通陶瓷（传统陶瓷）和特种陶瓷（新型陶瓷）。

普通陶瓷是人们日常生活中最常见的陶瓷制品，根据其用途不同又可分为日用陶瓷（包括盆、罐、茶具、餐具和艺术陈设陶瓷等）、建筑卫生陶瓷、化工陶瓷、化学陶瓷、电瓷及其他工业用陶瓷。这类陶瓷制品所用原料基本相同，生产工艺技术亦相近，是典型的传统陶瓷生产工艺。现代建筑装饰工程中应用的建筑卫生陶瓷，主要包括陶瓷墙地砖、卫生陶瓷、园林陶瓷、琉璃陶瓷制品等，其中以陶瓷墙地砖的用量最大。

特种陶瓷是各种现代工业和尖端科学技术所需的陶瓷制品，通常具有较高的附加值，其所用的原料和所需的生产工艺技术与普通陶瓷有较大的不同。根据其性能用途不同，特种陶瓷又可分为结构陶瓷和功能陶瓷两大类。结构陶瓷主要利用其机械和热性能，包括高强度、高硬度、高韧性、高刚性、耐磨性、耐热、耐热冲击、隔热、导热、低热膨胀等性能。功能陶瓷则主要利用其电性能、磁性能、半导体性能、光性能、生物—化学性能及核材料应用性能等。

上述的分类方法只考虑到陶瓷品种的发展和应用不同，并没有考虑到陶瓷之间的其他不同。

（2）按坯体的物理性质和特征分类

根据陶瓷制品坯体的结构、所标志的坯体致密度的不同，把所有陶瓷制品分为陶器、瓷器和炻器。

陶器是一种坯体结构较疏松、致密度较差的陶瓷制品，通常有一定的气孔率，吸水率较大（9%～12%，甚至高达18%～22%），断面粗糙无光，不透明，敲之声音粗哑，强度较低。陶器又分为粗陶、精陶两种，砖瓦、陶管属粗陶，釉面砖属精陶。

瓷器的坯体致密，孔隙率低，基本上不吸水，有一定的半透明性，断面细致呈石状或贝壳状。强度较大，耐酸、耐碱、耐热性能好，敲之有金属声，色白。瓷器分为硬瓷、软瓷、粗瓷、细瓷等种类，高档墙地砖、日用瓷、艺术用品和电瓷多属于硬瓷。

炻器介于陶器和瓷器之间，也称为半瓷。吸水率一般为3%～5%（也可达1%以下）。炻器亦分为粗、细两种，外墙砖、地转多为粗炻器，卫生洁具多为细炻器。

陶瓷制品分类见表10－1。

表10－1　陶瓷制品分类表

名称			原料	特性		主要制品
				颜色	吸水率（%）	
陶器	粗陶		砂质黏土	带色	8～27	日用缸器、砖、瓦
	精陶	石灰质	陶土	白色	18～22	日用器皿、彩陶
		长石质		白色	9～12	日用器皿、建筑卫生器皿、装饰釉面砖
炻器	粗炻器		陶土、瓷土	带色	4～8	缸器、建筑外墙砖、锦砖、地砖
	细炻器			白或带色	0～1.0	日用器皿、化学和电气工业用品

续表

名称		原料	特性		主要制品
			颜色	吸水率（%）	
瓷器	长石质瓷 绢云母质瓷 滑石瓷 骨灰瓷	瓷土	白色 白色 白色 白色	0~0.5 0~0.5 0~0.5 0~0.5	日用餐茶具、陈设瓷、高低压电瓷 日用餐茶具、美术用品 日用餐茶具、美术用品 日用餐茶具、美术用品
特种瓷	高铝质瓷 镁质瓷 锆质瓷 钛质瓷 磁性瓷 金属陶瓷 其他	瓷土 金属氧化物	耐高频、高强度、耐高温 耐高频、高强度、低介电损失 高强度、高介电损失 高电容率、铁电性、压电性 高电阻率、高磁致收缩系数 高强度、高熔点、高抗氧化		硅线石、刚玉瓷等 滑石瓷 锆英石瓷 钛酸钡瓷 钛浍氧瓷、镍锌磁性瓷等 铁、钴、镍金属瓷 氧化物、碳化物、硅化物瓷等

10.1.2 陶瓷生产工艺简介

不同的陶瓷制品，生产工艺会略有不同。在这里介绍一下普通陶瓷的生产工艺过程。

1. 原料及其制备

根据制品的要求，要选择合理的天然矿物原料及化工原料，对于普通陶瓷来说，原材料主要包括可塑性的黏土类原料，以长石为代表的熔剂类原料和以石英为代表的瘠性原料；还有一些化工原料，作为坯料的辅助原料和釉料、色料的原料。根据工艺要求，对矿物原料要加工至一定的粒度，化工原料的粒度也要达到工艺要求。

2. 坯料的制备

陶瓷原料经过配料和加工后，得到的多组分混合物称为坯料。坯料应符合以下条件：

①坯料组成与配方吻合，计量准确，且加工过程中不混入杂质；

②各种组分（如原料、水分及塑化剂）应混合均匀，颗粒达到要求的细度及级配，以减少各加工过程及干燥过程中的废品及缺陷损失。

陶瓷坯料按成型方法不同分为可塑料、干压料和注塑料。根据坯料可塑性能产生的特点及加水后的变化，常用水分含量作为特征。一般可塑料含水18%~25%，干压料中水分为8%~15%的称为半干压料，3%~7%的称为干压料，注浆料中含水为28~35%。

为获得适合成型需要的坯料，应确定合适的加工过程，选用配套的设备，进行严格的质量检查。

3. 坯料组成及其用量计算

陶瓷制品的性能要求不同，各地原料组成和工艺性能存在差别，因而不同产品的坯料组成也不相同。当生产陶瓷制品的原料选定后，确定各种原料在坯料中使用的数量是一项关键的工作，因为它直接关系到产品的质量以及工艺技术方案的制定。配料计算的结果可作为进行不同规模配方实验的依据，通常在实验的基础上再决定产品的配方。

4. 成型

成型是陶瓷生产中一道重要的工序，该工序就是将原料车间按要求制备好的坯料通过各种不同的成型方法制成具有一定形状大小的坯体。成型工序对坯体提出含水率、可塑性、细度、流动性等成型性能的要求。为此，成型必须满足如下几个条件：

①成型坯体的形状、尺寸一定要符合图纸及产品样品的要求，生坯尺寸是根据收缩率经过放尺综合计算后的尺寸；

②成型坯体要具有一定的机械强度，以适应后续各工序的操作；

③坯体结构要求均匀、致密、以避免干燥、收缩不一致，使产品发生变形。

5. 釉料制备及施釉

釉是指覆盖在陶瓷坯体表面上的玻璃态薄层，由碱金属、碱土金属或其他金属的硅酸盐及硼酸盐所构成，其厚度很薄，只有 0.1 ~ 0.3 mm。釉的作用首先是改善陶瓷制品的表面性能，使制品表面光滑，对液体和气体具有不透过性，不易沾污。其次可以提高制品的机械强度、电学性能、化学稳定性和热稳定性。釉还对坯体起装饰作用，可以遮盖坯体的不良颜色和粗糙表面。

6. 坯体干燥

成型后的各种坯体一般都含有一定量的水分，尤其是可塑成型和注浆成型后的坯体还呈可塑状态，水分较高，在运输和再加工过程中很容易变形或因强度不高而破坏。排除坯体中水分的工艺过程称为干燥。干燥可以使坯体的吸水率增加，以便进行施釉操作。干燥好的坯体在烧成初期可以进行较快的升温而不致开裂。这样，可以减少燃料消耗，缩短烧成周期。坯体在干燥过程中，随着水分的排除要发生收缩，产生一定的收缩应力，如果收缩过程处理不当，会导致坯体出现变形和开裂，所以在干燥过程中要选择合适的干燥制度和干燥设备。

7. 烧成

烧成是对陶瓷生坯进行高温焙烧，使之发生质变成为陶瓷产品的过程，是陶瓷生产中的一道关键工序。在烧成过程中，坯体将产生一系列物理化学变化，形成一定的矿物组成和显微结构，并获得所要求的性能。

在烧成的各个阶段，坯体中各种物理化学变化的程度如何，直接决定着烧成后制品的各项理化性能。因此，为了保证产品的烧成质量，就必须准确地掌握坯体在烧成过程中的物理化学反应规律及特点，选择热工性能良好的窑炉，事先制定出合理的烧成制度，然后按烧成制度严格操作控制。

此外，可以对陶瓷进行装饰加工处理。装饰是指在陶瓷坯体上进行艺术加工的工序，它使陶瓷既实用又具有艺术感，从而改善了制品的外观质量和提高产品等级。不仅如此，还能扩大坯用原料的来源。因此，装饰是陶瓷产品生产中一道必不可少的工序。装饰可在施釉前对坯体的表面进行加工，也可以对釉面或在釉面上下联合进行。一般有雕塑、彩釉、釉上彩、釉下彩及釉中彩、贵金属装饰等。

10.1.3　釉的特性和种类

1. 釉的基本知识

(1) 釉的定义和作用

釉是指覆盖在陶瓷坯体表面上的一层连续的薄薄的玻璃态物质。釉的作用首先在于改善陶瓷制品的表面性能，如降低表面气孔率，使表面光滑，对液体和气体具有不透过性，不易沾污。其次可以提高制品的机械强度、电光性能、化学稳定性和热稳定性。釉还对坯体起装饰作用，可以遮盖坯体的不良颜色和粗糙表面。许多釉如色釉、无光釉、砂金釉、析晶釉等具有独特的装饰效果。

（2）釉的原料及分类

不同的陶瓷釉，其组成也各不相同。釉料由多种原料配制而成，不同种类的原料在釉中的作用各不相同。总的来说，制釉原料分天然矿物原料和化工原料及辅助原料。天然矿物原料基本与坯体所使用的原料相同，只是釉料要求其化学成分更纯，杂质含量更少，主要有长石、高岭土、滑石、石灰、含锂矿物、含硼矿物等。化工原料主要有硼砂、硝酸钠、铅丹、碳酸钙、氟硅酸钠等。辅助原料中作为乳浊剂的有工业氧化钛、氧化锡、氧化锑、氧化锆等，作为着色剂的有钴、铜、锰、铁、镍等元素的化合物，作为悬浮剂的有瓷土、膨润土、硅酸钠等。

2. 釉的特性

釉是与坯体联系在一起的，它的性质往往受坯体的影响，同时由于陶瓷坯体受烧成工艺的限制，釉的熔融不能充分进行，因此，成熟的釉料具有与玻璃近似的某些物理化学性质：各向同性；由固态到液态或相反的变化是一种渐变的过程，没有明显的熔点；具有光泽，硬度较大；能抵抗酸和碱的侵蚀（氢氟酸和热碱除外）；质地致密，对液体和气体均呈不渗透性质。釉的成分复杂，釉的分子式还不能确定。它的分子里面没有一定的组成集团，具有玻璃的特性。但又与玻璃不同，在烧成过程中只黏附在陶瓷制品的表面，而不会流动。

为了满足陶瓷制品对釉的要求，釉必须具备以下性能：

①釉料能在坯体烧结温度下成熟，一般要求釉的成熟温度略低于坯体烧成温度；

②釉料要求与坯体牢固地结合，其热膨胀系数稍小于坯体的热膨胀系数（某些特殊的装饰釉除外），那么冷却后制品的釉层将会达到一个压应力（且不致开裂），从而提高制品的机械强度；

③釉料经高温熔化后，应具有适当的黏度和表面张力，确保冷却后制品釉层表面形成平滑、光亮的釉面，无针孔等缺陷；

④釉层质地应坚硬、耐磕碰、不易磨损。

3. 釉的种类

陶瓷制品品种多，烧成工艺也不相同，因而釉的种类和它的组成都极为复杂，为了研究和配制的方便，必须对釉进行分类。

① 按制品类型来，釉分为陶器釉和瓷器釉。

② 按烧成温度，900～1 120 ℃的称为低温釉或低火度釉，1150～1 300 ℃的称为中温釉或中火度釉，1 320～1 530 ℃的称为高温釉或高火度釉。

③ 按釉面表面特征，釉分为透明釉、乳浊釉、结晶釉、无光釉、光泽釉、碎纹釉、电光釉、流动釉、花釉等。

④ 按釉料制备方法，釉分为生料釉、熔块釉、挥发釉。

⑤ 按显微结构和釉性状，釉分为透明釉（无定形玻璃体）、晶质釉（乳浊釉、析晶釉、无光釉）、熔析釉（乳浊釉、铁红釉）等。

10.2 建筑陶瓷

陶瓷墙地砖品种有釉面内墙砖（釉面砖）、彩色釉面墙地砖（彩釉砖）、瓷质砖（通体砖、仿花岗岩砖、玻化砖及施釉瓷质砖）、施釉锦砖（施釉马赛克）及锦砖（马赛克）、劈离砖（劈裂砖）、麻石砖（广场砖）、角砖等。常用的建筑陶瓷有釉面砖、墙地砖、陶瓷锦砖、琉璃制品等。

陶瓷墙地砖是指由黏土和其他无机原料生产的薄板，用于覆盖墙面和地面。通常在室温下通过挤压或其他成型方法成型，然后干燥，再在满足性能需要的一定温度下烧成。建筑陶瓷如图 10－1 所示。

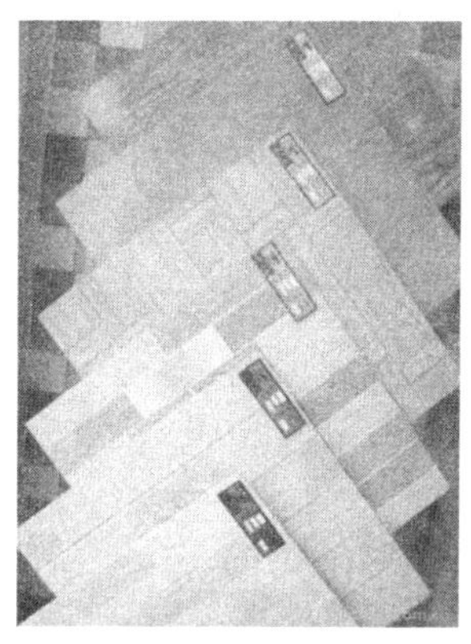

图 10－1　建筑陶瓷

视频：建筑陶瓷

10.2.1　釉面砖

釉面砖又称内墙贴面砖、瓷砖、瓷片或釉面陶土砖，是一种传统的卫生间、浴室墙面砖，是以黏土或高岭土为主要原料，加入一定助溶剂，经过研磨、烘干、铸模、施釉、烧结成型的精陶制品。这种瓷砖是由坯体和表面的釉面两个部分构成的。

釉面砖的正面有釉，背面呈凸凹方格纹，由于釉料和生产工艺不同，一般分为白色釉面砖、彩色釉面砖、印花釉面砖等多种。由陶土烧制而成的釉面砖吸水率较高，强度低，背面多为红色；由瓷土烧制而成的釉面砖吸水率较低，强度较高，背面多为灰白色。

按对光反射方式的不同，釉面砖可以分为亮光釉面砖和哑光釉面砖。亮光釉面砖的釉面光洁干净，光的反射性良好，比较适合于铺贴在厨房的墙面；哑光釉面砖的表面光洁度略低，给人的感觉比较柔、舒适。

釉面砖是由坯体和釉面两个部分构成的，所以在鉴别的时候可以观察瓷砖的侧边或断面以及表面和坯体的颜色是否一致，不一致的就是釉面砖。

（1）釉面砖的规格

墙面砖规格一般长为 200～330 mm，宽度为 200～450 mm，厚度为 5～6 mm。地面砖长、宽一般为 300～800 mm，厚度为 6～10 mm。

（2）釉面砖的特点

釉面砖具有许多优良性能，它不仅强度较高、防潮、耐污、耐腐蚀、易清洗、变形小，具有一定的抗急冷急热性能，而且表面光亮细腻、色彩和图案丰富、风格典雅，具有很好的装饰性。它主要用作厨房、浴室、厕所、盥洗室、实验室、医院、游泳池等场所中室内墙面和台面的饰面材料。用于厨房的墙面装饰，不但清洗方便，还可兼有防火功能。

由于釉面砖的吸水率为 10%～20%，属于多孔精陶制品，施工时多采用水泥砂浆铺贴，所以长期在潮湿的环境中，陶质坯体会吸收大量的水分产生膨胀现象，产生内应力。由于釉层结构致密，吸湿膨胀系数小，所以当坯体因湿膨胀对釉层的拉应力超过釉层的抗拉强度时，釉层会发生开裂。当釉面砖受到一定温差的冻融循环时更甚，故釉面砖不宜用于室外装饰。在地下走廊、运输巷道、建筑墙柱脚等特殊部位和空间，最好选用吸水率低于5%的釉面砖。

（3）釉面砖的应用

釉面砖主要应用于厨房、浴室、卫生间、实验室、精密仪器车间及医院等室内墙面、台面部位。

（4）应用注意事项

釉面砖一般不宜用于室外，否则釉层就会产生裂纹甚至脱落，铺贴前须用水浸泡。少数釉面砖具有一定的放射性。

随着现代建筑业的发展，各国釉面砖产量逐年增加，花色品种、规格不断翻新，功能逐渐增加。德国现生产出一种新内墙装饰用的面砖，即吸音面砖。它能吸收500～2000 Hz的声音，吸音率达95%，被用于慕尼黑奥林匹克场馆设施中，解决了噪声问题，得到了很高的评价。

10.2.2 墙地砖

墙地砖包括建筑物外墙装饰贴面用砖和室内、外地面装饰铺贴用砖，这类砖目前可以墙、地两用，故称为墙地砖。陶瓷墙地砖属于粗炻器类陶瓷制品，有施釉和不施釉两种。墙地砖背面为了与基层墙地面能很好黏结，常具有一定的吸水率，并有凹凸沟槽。

（1）通体砖

通体砖是表面不施釉的陶瓷砖，它是将岩石碎屑经过高压压制而成的，表面抛光后坚硬度可与石材相比，吸水率更低，耐磨性更好，而且正反两面的材质和色泽一致，只不过正面有压印的花色纹理。通体砖是一种耐磨砖，虽然现在还有渗花通体砖等品种，但花色均不及釉面砖。

目前的建筑装饰设计越来越倾向于素色设计，所以通体砖也成为一种时尚，被广泛使用于厅堂、过道、室外走道等装修项目的地面，而多数的防滑砖都属于通体砖。新型彩色通体砖也用于建筑外墙表面装修。

①通体砖规格：用于地面铺设的通体砖常见边长规格为300～800 mm，厚度一般为6～12 mm。用于墙面铺设的通体砖常见规格有60 mm×120 mm、100 mm×200 mm、100 mm×100 mm等多种，厚度一般为4～8 mm。

②通体砖应用：厅堂、过道、室外地面、建筑墙面。

③应用注意事项：用水泥砂浆或聚合物砂浆黏结，安装前须浸水，浸水阴干后，含水率一般小于5%。

（2）彩胎砖

彩胎砖是一种本色无釉的瓷质墙、地饰面砖的新品种。彩胎砖表面有平面型和浮雕型两种，又分无光与磨光、抛光型。彩胎砖吸水率小于1%，抗折强度大多较大，耐磨性好。

彩胎砖是采用仿天然岩石的彩色颗粒土原料配料，压制成多彩坯体后，经一次烧成的陶瓷制品。彩胎砖表面呈多彩细花纹，富有天然花岗岩的纹点，有红、绿、蓝、黄、灰、棕等多种基色，多为浅色调，纹点细腻，色调柔和莹润，质朴高雅，耐磨性好。

①彩胎砖规格：最小尺寸95 mm×95 mm，最大尺寸可达600 mm×900 mm，厚度为5～

10 mm。

②彩胎砖的应用：适用于人流大的商场、剧院、宾馆、酒楼等公共场所地面的铺贴，也可用于住宅厅堂的墙地面装修，均可获得甚佳的美化效果。

③应用注意事项：彩胎砖表面无釉，在使用中要防止酸、碱的浓溶液对它造成腐蚀。

（3）麻面砖

麻面砖又称广场砖，是采用仿天然岩石色彩的配料压制成表面凹凸不平的麻面坯体后，经一次烧成的炻质面砖。

①性能：麻面砖吸水率小于1%，抗折强度较大，防滑耐磨。其表面类似人工修凿的天然岩石面，纹理自然，粗犷质朴，有白、黄、红、灰、黑等多种色调。

②规格：方形砖常见边长规格为 100 mm、150 mm、200 mm、250 mm 等，墙面砖厚 5 ~ 8 mm，地面砖厚 10 ~ 12 mm。

③应用：麻面砖外形有多种类型，其中薄型砖适用于建筑物外墙装饰，厚型砖适用于广场、停车场、码头、人行道等地面铺设。除此之外，还有梯形和三角形，可以用来拼贴成各种图案，从而增强艺术感。

（4）仿古砖

仿古砖是近些年来瓷砖中兴起的一个新品种，是仿造以往的样式做旧，以古典的独特韵味体现岁月的沧桑和历史的厚重。仿古砖通过样式、颜色、图案，营造出怀旧的氛围。

① 仿古砖的外形特征：外形特征主要以图案、色调为重点。

仿古砖的图案以仿木、仿石材、仿皮革为主，也有仿植物花草、仿几何图案、仿织物、仿墙纸、仿金属等。色调则以黄色、咖啡色、暗红色、土色、灰黑色等为主。

② 仿古砖的规格：方形砖常见边长为 300 mm、600 mm、800 mm 等，高档仿古砖中央或边角镶嵌小片 100 mm × 100 mm 花砖，厚度为 6 ~ 10 mm。

③ 仿古砖的成分：黏土、高岭土、釉。

④ 仿古砖的应用：仿古砖常用于室内外的墙地面铺设。仿古砖的应用范围广并有墙地一体化的发展趋势，创新设计和创新技术赋予仿古砖更大的市场价值和生命力。铺贴时根据实际情况可采用干铺法，且做好水平定位，确保砖面平整，砖块之间的缝隙根据设计要求填补专用勾缝剂。

墙地砖可以用于室内外作为装饰材料。由于它的吸水率较低，吸水后不发生湿胀，可以经受得住室外大气温、湿度变化的影响以及日晒雨林，坯体与釉层之间不会因为湿胀应力超过釉层本身的抗拉强度而导致釉层发生裂纹或剥落，不会影响建筑物的饰面效果。

10.2.3　陶瓷锦砖

陶瓷锦砖又称马赛克（俗称纸皮砖）。它是以优质瓷土为原料，按技术要求对瓷土颗粒进行级配，以半干法成型，在泥料中引入着色剂，经过 1 250 ℃高温烧制成的产品。陶瓷锦砖按表面性质分为有无釉和施釉两种，目前大多数产品为无釉的。

陶瓷锦砖单块边长不大于 40 mm，具有多种色彩和不同形状，可拼成多种颜色的图案，似花繁锦，故称锦砖。

（1）陶瓷锦砖的性能

陶瓷锦砖不仅具有质地坚硬、色泽美观、图案多样的优点，而且抗腐蚀、耐火、耐磨、耐冲击、耐污染、自重较轻、吸水率小、防滑、抗压强度高、不易被踩碎、易清洗、永不褪色且价格低廉等优点。

(2) 陶瓷锦砖的规格

单片砖常见边长为20 mm、25 mm、30 mm，厚度在4~4.3 mm之间，单片砖按设计图案反贴在牛皮纸上组成一联，每联为305.5 mm×305.5 mm，每40联为一箱，每箱3.7 m^2。

(3) 陶瓷锦砖的应用

陶瓷锦砖是一种良好的墙地面装饰材料，不仅可用于工业与民用建筑的清洁车间、门厅、走廊、卫生间、餐厅、厨房、浴室、化验室、居室等内墙和地面，而且也可用于高级建筑物的外墙饰面装饰。它对建筑物立面有较好的装饰效果，并可增强建筑物的耐久性。

10.2.4 劈离砖

(1) 劈离砖的工艺流程

劈离砖较厚，采用可塑性成型中的挤压法成型。这种成型方法是将配好的原料制成具有一定可塑泥团，经过多次捏练，可塑泥团被挤压机的螺旋式活塞挤压向前，经过机嘴出来达到要求的形状，长度是根据需要来切割的。劈离砖离开机嘴是二片或四片连在一起的，烧成后在检选时将它们轻轻一敲劈离开。这种可塑性成型设备投资少，维修方便，可以实现连续化生产。但由于泥团含水量较高，坯体不够致密，制品尺寸不如干压法精确。

(2) 劈离砖的物理性能

1) 吸水率　不大于6%。

2) 耐急冷急热性能　实验不出现炸裂或裂纹。

3) 抗冻性能　经过20次冻融循环不出现裂纹或釉面剥落。

4) 弯曲强度　平均值不小于20 MPa，单个值不小于18 Mpa。

5) 耐磨性　无釉砖体积磨损不超过400 mm^3；有釉砖体积磨损由供需双方商定。

6) 耐化学腐蚀性　耐酸性：无釉砖侵蚀后其质量损失不得超过4%，有釉砖釉面耐酸等级不得低于B级。耐碱性：无釉砖侵蚀后其质量损失不得超过10%，有釉砖釉面耐碱等级不得低于B级。

(3) 劈离砖的特点与应用

劈离砖坯体密实、抗压强度高、吸水率小、耐酸碱、防滑防腐、表面硬度大、性能稳定，其砖背面呈楔形凹槽，铺贴时与砂浆层胶结坚固。劈离砖色彩丰富，有红、黄、青、白、褐五大色系，表面质感变幻多样，粗质浑厚、细质清秀。表面装饰分彩釉和无釉，施釉的光泽晶莹、富丽堂皇；无釉的古朴大方，肌理表现力强、无眩光反射。

劈离砖主要用于建筑内外墙装饰，也适于作为车站、机场、餐厅、楼堂馆所等室内地面的铺贴材料。厚型砖也适于作为甬道、花园、广场等露天地面的铺地用砖；形态古朴、典雅，质感柔润、自然。

10.2.5 陶瓷墙地砖的新品种

近年来，随着陶瓷墙地砖技术的发展，坯体装饰技术有了独特的进展，出现了新的品种。

(1) 功能墙地砖

1) 多孔性陶瓷坯体　通过使用高温能分解大量气体的原料和加入适量的化学发泡剂，制成体积密度只有0.6~1.0g/cm^3，甚至更低的多孔性陶瓷坯体。这种比水还轻的陶瓷材料有多种，主要有保温节能砖、吸音砖、轻质屋瓦、渗水路面砖等。

2）抗静电砖　在人们日常工作活动中会产生静电。在安放精密仪器的机房与在存放易燃、易爆物品的仓库内，静电是非常有害的，为此，设计制造了抗静电砖。抗静电砖通常是在釉或坯中加入具有半导体性能的金属氧化物，使砖具有半导体性能，避免静电积累，以达到抗静电的目的。

（2）仿石砖系列

通过压机模具的独特设计，形成凹凸不平的坯体表面，再施一层装饰釉（色釉、耐磨釉、无光釉或干式釉等），烧成后形成天然石材的美观自然的装饰效果，给人一种恬静、柔和的美感，更不乏耐磨、防滑（用于地砖）等功能。

（3）玻化砖系列

玻化砖的装饰目前主要有固体掺彩斑点装饰和液体渗彩印花装饰两大类。

1）固体掺彩斑点装饰　在基料（白坯料）中加入一定比例的色料使其着色，经喷雾干燥造粒，制成彩色粉料。而后将其与喷雾干燥制得的白色粉料按一定比例混合均匀后，经压制、干燥、施透明釉（或不施釉）烧成，最终可制得各种彩色斑点分布于其中的玻化砖。它具有花岗岩的外观质感和传统陶瓷马赛克的色点装饰外观，以及极好的耐磨、抗折、抗冻和防污等特性。近几年来，对不施透明釉的玻化砖，一般均进行表面抛光处理，使其表面光洁异常，装饰效果更佳，但此种装饰色彩和图案较为单调。

2）液体渗彩印花装饰（简称渗花装饰）　近年来，渗花装饰玻化砖迅猛发展，它是为解决掺彩斑点装饰玻化砖图案过于单调的问题而研究开发的。尽管目前渗彩液的颜色不多，有待继续开发，但其图案的变化却非常丰富，一般采用丝网印刷技术，烧后再进行抛光处理，其表面光滑晶莹，亮如镜面，色泽花纹丰富多彩。渗花装饰玻化砖集天然花岗岩的耐磨、耐腐蚀、高强度、不吸脏以及天然大理石的丰富装饰效果于一体，可广泛用于各种建筑的墙地装饰，其附加值明显高于斑点装饰，因而发展前景广阔。

此外，近几年，国外为增加坯体装饰效果，又研究开发了一种新型的坯用干粒装饰技术，即预先通过一定工艺制备出彩色的、一定颗粒尺寸的坯用大颗粒，再按与斑点装饰类似的工艺过程，压制、烧成初具独特装饰效果的制品，其彩色斑点较一般方法的大许多，且有多种形状，经抛光处理，装饰效果美观、自然，独具韵味。

10.2.6　建筑琉璃制品及陶瓷饰面瓦

1. 建筑琉璃制品及陶瓷饰面瓦的特点

我国用于建筑屋面与墙面局部装饰的高级陶瓷制品现有三大类，即中式传统建筑琉璃制品、西式陶瓷瓦以及新型陶瓷饰面瓦。它们的品种、表面装饰特点、装饰风格特色和使用特点如表10－2所示。

表10－2　中西式建筑琉璃制品及陶瓷饰面瓦

分类	中式琉璃制品	西式陶瓷饰面瓦	新型陶瓷饰面瓦
品种	板瓦、筒瓦、脊件及饰件等	西班牙瓦、德国瓦、法国瓦、日本瓦等	商曲瓦、鳞瓦、棱瓦及波形瓦等
表面装饰特点	高光泽琉璃釉或其他有光、无光色釉	高光泽琉璃釉或其他有光、无光色釉，也可以是无釉的装饰色胎	

续表

分类	中式琉璃制品	西式陶瓷饰面瓦	新型陶瓷饰面瓦
装饰风格	保留中国传统琉璃制品特色	西欧风格或中西结合特色	造型轻巧、线条多变，具有东南亚情调
使用特点	配件造型复杂且品种繁多，砌筑要求高，瓦件搭接严密，防雨水与装饰效果均佳	板瓦与筒瓦连成一整体，配件较少，瓦件搭接严密，防雨水与装饰效果好	造型简易，配件简单，瓦件搭接不严密，需铺贴在混凝土屋面上，起装饰作用

2. 建筑琉璃制品及陶瓷饰面瓦的技术性能要求

建筑琉璃制品品种繁多、配件多，但其中的瓦类造型简单、用量大，可以采用全自动化或半机械化方式生产。

(1) 饰面瓦的技术性能要求

1）尺寸和表面质量　波形瓦的尺寸及允许偏差见表 10－3 所示。饰面瓦不能有影响使用性能的变形、裂纹、坯裂、烧成不均和明显色差。

2）物理性能　弯曲破坏荷重为 1 500 N，背瓦为 600 N。吸水率小于 12%，熏瓦小于 15%，无釉瓦小于 12%。10 次冻融循环不出现裂纹、剥离。

(2) 建筑琉璃制品的技术性能要求

1）尺寸偏差　尺寸偏差如表 10－4 所示。

2）外观质量　外观质量分为优等品、一级品、合格品，如表 10－5 所示。同一件产品的允许外观缺陷项目，优等品不得超过三项，一级品不得超过五项。

表 10－3　波形瓦的尺寸及允许偏差

根据形状尺寸的分类		尺寸/mm								参考	
		长度 A	宽度 B	有效尺寸		峰宽 D	开度 E	允许偏差	凹部深度 C	$3.3m^2$ 瓦片数（近似数）	$1m^2$ 瓦片数（近似数）
波形瓦	49	315	315	245	275					49	15
	53A	305	305	235	265					53	16
	53B	295	315	225	275					53	16
	56	295	295	225	255					57	17
	60	290	290	220	250	—	—	±4	35以上	60	18
	64	280	275	210	240					65	20
S式波形瓦	49	310	310	260	260					49	15

表 10－4　琉璃制品瓦类尺寸偏差

<table>
<tr><th rowspan="2">外形尺寸范围</th><th rowspan="2">类别</th><th rowspan="2">产品名称</th><th colspan="4">允许偏差/mm</th></tr>
<tr><th>长 a</th><th>宽 b</th><th>厚 c</th><th>弧度 d</th></tr>
<tr><td rowspan="4">$a \geq 350$</td><td rowspan="12">瓦类</td><td>板瓦</td><td rowspan="4">±10</td><td>±7</td><td rowspan="12">＋2
－1</td><td rowspan="14">±3</td></tr>
<tr><td>筒瓦</td><td>±5</td></tr>
<tr><td>滴水瓦</td><td>±7</td></tr>
<tr><td>沟头</td><td>±5</td></tr>
<tr><td rowspan="4">$250 < a < 350$</td><td>板瓦</td><td rowspan="4">±8</td><td>±6</td></tr>
<tr><td>筒瓦</td><td>±4</td></tr>
<tr><td>滴水瓦</td><td>±6</td></tr>
<tr><td>沟头</td><td>±4</td></tr>
<tr><td rowspan="4">$a \leq 250$</td><td>板瓦</td><td rowspan="4">±6</td><td>±5</td></tr>
<tr><td>筒瓦</td><td>±3</td></tr>
<tr><td>滴水瓦</td><td>±5</td></tr>
<tr><td>沟头</td><td>±3</td></tr>
<tr><td>单块最大尺寸＞400</td><td colspan="2" rowspan="2">脊、物、博古[①]</td><td>±15</td><td>±8</td><td>±12</td></tr>
<tr><td>单块最大尺寸≤400</td><td>±11</td><td>±6</td><td>±8</td></tr>
</table>

注：① c 分别代表瓦类的厚度和脊、物、博古的高度。

表 10－5　瓦类外观质量[①]

<table>
<tr><th rowspan="2">缺陷项目</th><th rowspan="2">单位</th><th colspan="2">优等品</th><th colspan="2">一级品</th><th colspan="2">合格品</th></tr>
<tr><th>显见面</th><th>非显见面</th><th>显见面</th><th>非显见面</th><th>显见面</th><th>非显见面</th></tr>
<tr><td>磕碰</td><td rowspan="3">mm^2</td><td rowspan="3">总面积 100
最大 60</td><td rowspan="2">最大 200
2 处</td><td rowspan="3">总面积 200
最大 80 的
1 处</td><td rowspan="2">最大 300
2 处</td><td rowspan="3">总面积 225
最大 120</td><td rowspan="2">最大 450
2 处</td></tr>
<tr><td>粘疤</td></tr>
<tr><td>缺釉</td><td>不计</td><td>不计</td><td>不计</td></tr>
<tr><td>裂纹</td><td rowspan="5">mm</td><td>总长度 15，深度不大于三分之一厚度</td><td>总长度 40，深度不允许贯穿开裂</td><td>总长度 20，深度不大于三分之一厚度</td><td>总长度 50，深度不允许贯穿开裂</td><td>总长度 30，深度不大于三分之一厚度</td><td>总长度 75，深度不允许贯穿开裂</td></tr>
<tr><td>釉泡</td><td rowspan="3">$2 < \Phi \leq 3$
2 处</td><td rowspan="3">不计</td><td rowspan="3">$2 < \Phi \leq 4$
3 处</td><td rowspan="3">不计</td><td rowspan="3">$2 < \Phi \leq 5$
3 处</td><td rowspan="3">不计</td></tr>
<tr><td>落脏</td></tr>
<tr><td>杂质</td></tr>
<tr><td>变形</td><td colspan="2">$a \geq 350$，6
$250 < a < 350$，5
$a \leq 250$，4</td><td colspan="2">≥350，8
$250 < a < 350$，7
$a \leq 250$，6</td><td colspan="2">≥350，10
$250 < a < 350$，9
$a \leq 250$，8</td></tr>
<tr><td>色差</td><td>无单位</td><td colspan="4">不明显</td><td colspan="2">稍有色差</td></tr>
</table>

注：表中“不计”指缺陷对使用效果无影响。

3）物理性能　优等品、一级品、合格品的物理性能参见表10－6。

表10－6　琉璃制品物理性能

项目＼级别	优等品	一级品	合格品
吸水率	≤12	≤12	≤12
抗冻性能	冻融循环15次	冻融循环15次	冻融循环10次
	无开裂、剥落、掉角、掉棱、起鼓现象。因特殊要求，冷冻最低温度和循环次数可由供需双方商定		
弯曲破坏荷重/N	≥1 177		
耐急冷急热性能	3次循环无开裂、剥落、掉角、掉棱、起鼓现象		
光泽度/度	平均值≥50 根据需要，光泽度可由供需双方商定		

3. 建筑琉璃制品及陶瓷饰面瓦的应用

琉璃制品的特点是质细致密、表面光滑、不易沾污、坚实耐久、色彩绚丽、造型古朴，富有我国传统的民族特色。

琉璃制品主要有琉璃瓦、琉璃砖、琉璃兽以及琉璃花窗、栏杆等各种装饰制件，还有陈设用的建筑工艺品，如琉璃桌、绣墩、鱼缸、花盆、花瓶等。其中琉璃瓦是我国用于古建筑的一种高级屋面材料，采用琉璃瓦屋盖的建筑，格外体现东方民族文化，显得富丽堂皇、光彩夺目、雄伟壮观。琉璃瓦品种繁多，造型各异，主要有板瓦（底瓦）、筒瓦（盖瓦）、滴水、勾头等，另外还制有飞禽走兽、双龙戏珠等形象用作檐头和屋脊的装饰物。琉璃瓦色彩艳丽多样，常用的有金黄、翠绿、宝蓝等色。

琉璃瓦因价格较贵且自重大，故主要用于具有民族色彩的宫殿式房屋以及少数纪念性建筑物上，还常用于建造园林中的亭、台、楼、阁，以增加园林的景色。

10.3　卫生陶瓷

卫生陶瓷是指卫生间、厨房和实验室等场所用的带釉陶瓷制品，也称卫生洁具。按制品材质有熟料陶（吸水率小于18%）、精陶（吸水率小于12%）、半瓷（吸水率小于5%）和瓷（吸水率小于0.5%）四种，其中以瓷制材料的性能为最好。熟料陶用于制造立式小便器、浴盆等大型器具，其余三种用于制造中小型器具。各国的卫生陶瓷根据其使用环境条件，选用不同的材质制造。卫生陶瓷如图10－2所示。

视频：卫生陶瓷

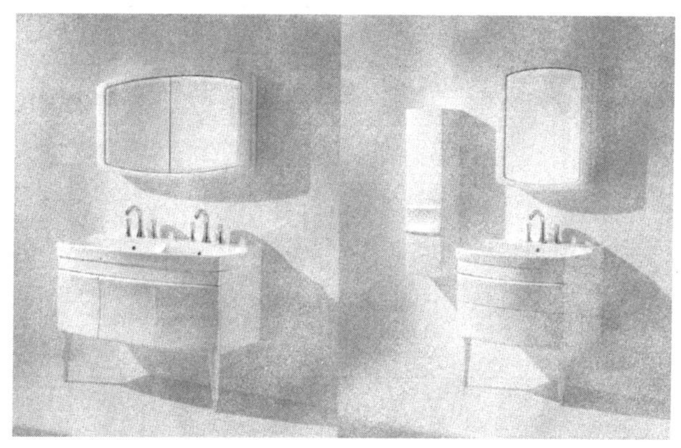

图 10－2　卫生陶瓷

10.3.1　卫生陶瓷的生产工艺流程

卫生陶瓷制品的形状复杂、不规则，多呈曲线，它不像砖那样靠压制或挤制成型，只能靠注浆法成型。这种成型方法是把原料制成含有一定量水分且有良好流动性的浆料，靠模型把水分吸走，让浆料吸附在模型内壁，随着时间的延长，模壁上的泥层逐渐加厚，厚到需要的尺寸时，将多余的浆料倒出，待泥层强度提高即可脱模，形成与模型内壁形状一样的器具（单面注浆），也可将两个模型套起来使用，外模决定制品的外形状，内模决定制品的内形状（双面注浆）。卫生陶瓷制品往往不能单靠一次注浆就能完全定型，有时还需要把几个部件粘连起来。所以要靠手工操作，工序复杂，占地面积大。

生产工艺流程如图 10－3 所示。

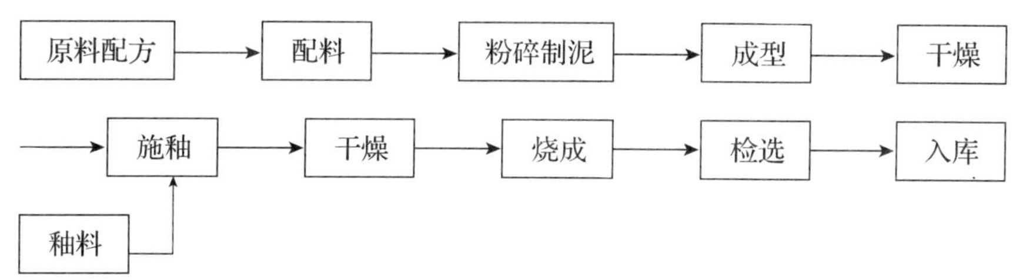

图 10－3　卫生陶瓷生产工艺流程

10.3.2　卫生陶瓷的技术性能要求

1. 尺寸偏差

尺寸偏差如表 10－7 所示。

表 10－7　卫生陶瓷尺寸偏差　（mm）

项目		允许偏差
外形尺寸	规格尺寸	±（规格尺寸 ×3%）
孔眼距产品中心线偏移	>100	±（规格尺寸 ×3%）
	≤100	3

续表

项目		允许偏差
排污口距离的安装尺寸	>300	±（规格尺寸×3%）
	≤300	±9
孔眼尺寸	$\Phi \leq 15$ $15 < \Phi \leq 30$ $30 < \Phi \leq 80$ $\Phi > 80$	+2 ±2 ±3 ±5
孔眼圆度	$40 \leq \Phi \leq 70$ $70 < \Phi \leq 100$ $\Phi > 100$	2 4 5
皂盒、手纸盒等小件制品		-3
孔眼安装面（孔眼半径加10）平面度		2

2. 外观质量

外观质量优等品、合格品，如表10-8、10-9所示。一件产品存在的外观缺陷每个面不超过两项。一件产品或一套产品之间目测应无明显的色差。对高档卫生间中白色、浅色和深色产品的色差有必要用仪器检测时不超过三项。

表10-8 卫生陶瓷优等品缺陷允许范围

缺陷名称[1]	洗面器		洗涤槽		净身器、便器类		水箱及盖
	洗净面、上表面	下表面（含立柱）	洗净面	可见面	洗净面	可见面	可见面
裂纹/mm	不允许	5	不允许	5	不允许	5	不允许
棕眼、斑点/个	5	各10(4)[2]	5	各10（4）	10	各15（4）	各10（4）
橘釉、烟熏/mm^2	不允许						
落脏/mm^2	不允许	6	不允许	6	不允许	4	5
缺釉/mm^2	不允许	10		10		10	10
磕碰/mm^2	不允许	10		10		不允许	不允许
坑包/个	不允许	1	不允许	1	不允许	2	2
花斑/个	2	5	2	5	2	5	2
波纹	不明显						

注：①隐蔽面不影响使用的缺陷不考核；

②括号内的数值表示一个标准面允许的该缺陷数。

表 10－9　卫生陶瓷合格品缺陷允许范围

缺陷名称①	洗面器		洗涤槽		净身器、便器类		水箱及盖
	洗净面、上表面	下表面（含立柱）	洗净面	可见面	洗净面	可见面	可见面
裂纹/mm	5	20	5	10	5	10	10
棕眼、斑点/个	10（4）②	20	10（4）	20	10（4）	20（4）	20（4）
橘釉、烟熏/mm²	不允许						
落脏/mm²	4	20	6	6	6	6	6
缺釉/mm²	30	150	100	150	100	150	150
磕碰/mm²	不允许	50	不允许	20	不允许	20	20
坑包/个	2	4	2	2	2	2	2
大花斑/个	1	2	1	2	1	2	1
花斑/个	4	7	4	7	4	7	7

注：①隐蔽面不影响使用的缺陷不考核；

②括号内的数值表示一个标准面允许的该缺陷数。

10.3.3　卫生陶瓷的应用

卫生陶瓷主要用于住宅和公共建筑的卫生设备，如便器、浴缸、水箱、洗脸盆以及盥洗室内的一些零件，如衣钩、肥皂盒等。

10.4　建筑卫生陶瓷的发展方向

建筑卫生陶瓷工业是一个传统产业。建筑卫生陶瓷作为一种实用产品和装饰材料，人们不仅注重其使用功能，而且同样注重其精神功能。在使用功能上要求其外在及内在质量好、稳定、一致，使用寿命长，易于施工，使用触觉好，噪声低，冲洗功能好，节水等；在精神功能上要求其美、精、新、特，装饰效果好，协调、配套性好，富有时代感、艺术性，适应不同民族及地区的社会意识、文化生活和审美需要。

建筑卫生陶瓷制品总的发展方向是高档化、功能化、艺术化和配套化。

本任务小结

（1）本任务介绍了陶瓷的含义、分类及生产工艺过程等概况；

（2）本任务介绍了建筑、卫生陶瓷的种类、性能特点；

（3）本任务介绍了建筑、卫生陶瓷的应用。

动态 10

应用案例与发展动态

任务十一
有机高分子材料的选择与应用

任务简介： 本任务主要介绍合成高分子化合物的定义、结构、性质，建筑塑料、建筑胶黏剂、建筑涂料的组成、分类、性质及常用品种等。

知识目标： (1) 了解合成高分子化合物的性质，建筑塑料的组成，建筑胶黏剂的组成及胶接的优越性，有机建筑涂料的组成及常用类型等。

(2) 掌握有机高分子材料的定义、分类及结构，建筑塑料、建筑胶黏剂、建筑涂料的组成、性能及常用的建筑塑料、建筑胶黏剂和建筑涂料等。

技能目标： 能够结合工程实际并依据其性能合理选择建筑塑料、胶黏剂、建筑涂料。

11.1 有机高分子材料的基本知识

有机高分子材料是指以天然或人工合成的高分子化合物为基础所组成的材料。有机高分子材料有许多优良性能，如密度小，比强度高，弹性大，电绝缘性能、耐腐蚀性能和装饰性能好等。有机高分子材料分为天然高分子材料和合成高分子材料两大类。木材、天然橡胶、棉织品、沥青等都是天然高分子材料，塑料、橡胶、化学纤维及涂料、胶黏剂等都是合成高分子材料。本任务主要介绍合成高分子材料。

11.1.1 合成高分子化合物的定义及反应类型

1. 定义

合成高分子化合物又称高分子聚合物（简称高聚物），是组成单元相互多次重复连接而构成的物质。

合成高分子化合物分子量虽然很大，但化学组成比较简单，由许多低分子化合物聚合而成。例如，低分子化合物乙烯（$CH_2=CH_2$）相互聚合成聚乙烯（$-[CH_2-CH_2]n-$）。

2. 反应类型

经过不同方式聚合而成的合成高分子化合物性质有较大的差异，一般根据其聚合方式不同将合成反应分为加聚反应和缩聚反应。

(1) 加聚反应

加聚反应是由许多相同或不同的低分子化合物，在加热或催化剂的作用下，相互结合成高聚物而不析出低分子副产物的反应。其生成物称为加聚物（也称为加聚树脂）。由一种单体加聚而得的称为均聚物，以“聚”加单体名称命名；由两种以上单体加聚而得的称为共聚物，以单体名称加“共聚物”命名。如聚乙烯、聚丙烯、聚氯乙烯、聚苯乙烯等。

（2）缩聚反应

缩聚反应是由许多相同或不同的低分子化合物，在加热或催化剂的作用下，相互结合成高聚物并析出水、氨、醇等低分子副产物的反应。其生成物称为缩聚物（也称缩聚树脂），一般以原料名后附以“树脂”二字命名，如苯酚和甲醛两种单体经缩聚反应得到酚醛树脂。

$(n+1)\ C_6H_5OH + n\ CH_2O \longrightarrow H\ [C_6H_3CH_2OH]\ n\ C_6H_4OH + n\ H_2O$

11.1.2　合成高分子化合物的分类

合成高分子化合物的分类方法很多，常见的有以下几种。

1. 按分子链的几何形状分

合成高分子化合物按其链节在空间排列的几何形状，可分为线型结构、支链型结构和体型结构（或称网状型结构）三种。

2. 按合成方法分

按合成高分子化合物的制备方法，可分为加聚树脂和缩聚树脂两类。

3. 按受热时的性质分

合成高分子化合物按其在受热作用下所表现出来的性质不同，可分为热塑性树脂和热固性树脂两种。

（1）热塑性树脂

热塑性树脂一般为线型或支链型结构，在加热时分子活动能力增加，可以软化到具有一定流动性或可塑性，在压力作用下可加工成各种形状的制品。冷却后分子重新“冻结”，成为一定形状的制品。这一过程可以反复进行。这类聚合物的密度、熔点都较低，耐热性较低，刚度较小，抗冲击韧性较好。

（2）热固性树脂

热固性树脂在成型前分子量较低，且为线型或支链型结构，具有可溶性和可熔性，在成型时因受热或在催化剂、固化剂作用下，分子发生交联成为体型结构而固化。这一过程是不可逆的，并成为不溶且不熔的物质，因而固化后的热固性树脂不能重新再加工。这类聚合物的密度、熔点都较高，耐热性较高，刚度较大，质地硬而脆。

11.1.3　合成高分子化合物的结构和性质

1. 合成高分子化合物的结构

（1）线型结构

合成高分子化合物的几何形状为线状大分子，有时带有支链，且线状大分子间以分子间力结合在一起。结合力比较弱，在高温下，链与链之间可以发生相对滑动和转动，所以这类聚合物均为热塑性树脂。一般来说，具有此类结构的聚合物，强度较低，弹性模量较小，变形能力较强，耐热性、耐腐蚀性较差，且可溶可熔。

（2）体型结构

线型分子间以化学键交联而形成的具有三维结构的高聚物，称为体型结构。由于化学键结合强，且交联形成一个“巨大分子”，故一般来说此类聚合物的强度较高，弹性模量较大，变形较小，较脆硬，并且大多没有塑性，耐热性较好，耐腐蚀性较高，且不溶不熔。

2. 合成高分子化合物的结晶

合成高分子化合物的结晶为部分结晶，结晶部分所占的百分比称为结晶度。结晶度影响着合成高分子化合物的很多性能，结晶度越高，则合成高分子化合物的密度、弹性模量、强度、硬度、耐热性、折光系数等越高，而冲击韧性、黏附力、断裂伸长率，溶解度等越小。结晶态的合成高分子化合物一般为不透明或半透明的，而非结晶态的合成高分子化合物一般为透明的。

3. 合成高分子化合物的变形与温度

非晶态线型合成高分子化合物的变形能力与温度的关系如图 11－1 所示。

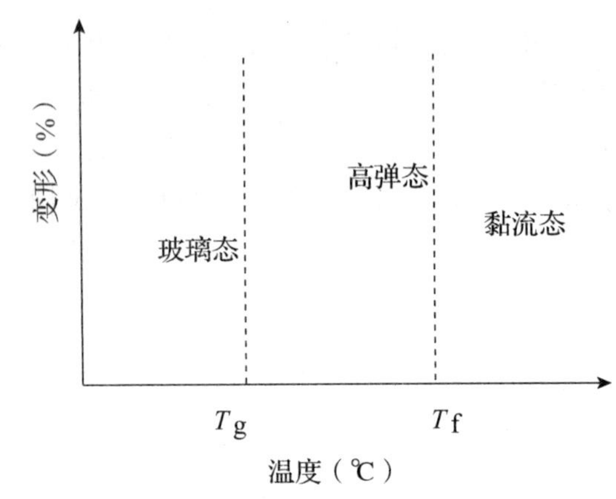

图 11－1 非晶态线型合成高分子化合物的变形能力与温度的关系

当温度低于玻璃化温度 T_g 时，由于分子链段及大分子链均不能自由运动而成为硬脆的玻璃体。当温度高于 T_g 时，由于分子链段可以发生运动（大分子链仍不可运动），使合成树脂产生变形，即进入高弹态。当温度高于黏流温度 T_f 时，由于分子链段及大分子链均发生运动，使合成树脂产生塑性变形，即进入黏流态。热塑性树脂及热固性树脂在成型时均处于黏流态。

玻璃化温度 T_g 低于室温的称为橡胶，高于室温的称为塑料。玻璃化温度 T_g 是塑料的最高使用温度，但却是橡胶的最低使用温度。

体型高分子化合物一般仅有玻璃态，当交联或固化程度较低时也会出现一定的高弹态。

4. 合成高分子化合物的主要性质

（1）物理力学性质

合成树脂的密度小，一般为 0.8～2.2 g/cm^3，只有钢材的 1/8～1/4，混凝土的 1/3，铝的 1/2。它的比强度高，多大于钢材和混凝土制品，是极好的轻质高强材料，但力学性质受温度变化的影响很大；它的导热性很小，是一种很好的轻质保温隔热材料；它的电绝缘性好，是极好的绝缘材料。由于它的减震、消声性好，一般可制成隔热、隔声和抗震材料。

（2）化学及物理化学性质

1）老化　在光、热、大气作用下，高分子化合物的组成和结构发生变化，致使其性质变化，如失去弹性，出现裂纹，变硬、脆或软，发黏失去原有的使用功能，这种现象称为老化。

2）耐腐蚀性　一般的高分子化合物对侵蚀性化学物质及蒸气的作用具有较高的稳定性。但有些聚合物在有机溶液中会溶解或溶胀，使几何形状和尺寸改变，性能恶化，使用时应注意。

3）可燃性及毒性　高分子化合物一般属于可燃的材料，但可燃性受其组成和结构的影响有很大差别。如聚苯乙烯遇明火会很快燃烧起来，而聚氯乙烯则有自熄性，离开火焰会自动熄灭。一般液态的高分子化合物几乎都有不同程度的毒性，而固化后的高分子化合物多半是无毒的。

11.2　建筑塑料

塑料是以天然或合成高分子化合物为基体材料，加入适量的填料和添加剂，在高温、高压下塑化成型，且在常温、常压下保持制品形状不变的材料。常用的合成高分子化合物是各种合成树脂。建筑上常用的塑料按照受热时的变化特点，分为热塑性塑料和热固性塑料两种。

11.2.1　塑料的组成

1. 合成树脂

合成树脂为塑料的主要成分，在塑料中的含量约为30% ~60%。合成树脂在塑料中起胶黏剂的作用，它不仅能自身胶结，还能将塑料中的其他组分牢固地胶结在一起成为一个整体，使其具有加工成型的性能。塑料的主要性质取决于所用的合成树脂的性质。

2. 填料

填料又称填充剂，是绝大多数塑料不可缺少的原料，通常占塑料组成材料的40% ~70%。其作用是提高塑料的强度、硬度、韧性、耐热性、耐老化性、抗冲击性等，同时也可以降低塑料的成本。常使用粉状或纤维状填料，有滑石粉、硅藻土、石灰石粉、云母、木粉、各类玻璃纤维材料、纸屑等。

3. 增塑剂

掺入增塑剂的目的是为了提高塑料加工时的可塑性、流动性以及塑料制品在使用时的弹性和柔软性，改善塑料的低温脆性等，但会降低塑料的强度与耐热性。对增塑剂的要求是要与树脂的混溶性好，无色、无毒、挥发性小。增塑剂通常为一些不易挥发的高沸点的液体有机化合物，或为低熔点的固体。常用的增塑剂有邻苯二甲酸二甲酯、邻苯二甲酸二丁酯、邻苯二甲酸二辛酯、磷酸三苯酯等。

4. 固化剂

固化剂又称硬化剂，主要用于热固性树脂中，其作用是使线型高聚物交联成体型高聚物，从而制得坚硬的塑料制品。如环氧树脂常用的胺类（乙二胺、二乙烯三胺等），某些酚醛树脂常用的六亚甲基四胺（乌洛托品），酸酐类及高分子类。

5. 着色剂

着色剂又称色料，其作用是使塑料制品具有鲜艳的色彩和光泽。按其在着色介质中或水中的溶解性分为染料和颜料两大类。

1）染料　染料是溶解在溶液中，靠离子或化学反应作用产生着色的化学物质。按产源分为天然和人工合成两类，都是有机物，可溶于被着色树脂或水中。其着色力强，透明性好，色泽鲜艳，但耐碱、耐热性、光稳定性差。主要用于透明的塑料制品。

2）颜料　颜料是基本易溶的微细粉末状物质，通过自身高分散于被染介质中吸收一部分光谱并反射特定的光谱而显色。塑料中所用的颜料，除具有优良的着色作用外，还可作为稳定剂和填充料来提高塑料的性能，起到一剂多能的作用。在塑料制品中，常用的是无机颜料。

6. 其他助剂

为了改善和调节塑料的某些性能，以适应使用和加工的特殊要求，可在塑料中掺加各种不同的助剂。例如，稳定剂可提高塑料在热、氧、光等作用下的稳定性，阻燃剂可提高塑料的耐燃性和自熄性，润滑剂能改善塑料在加工成型时的流动性和脱模性等。此外，还有抗静电剂、发泡剂、防霉剂、偶联剂等。

由于各种助剂的化学组成、物质结构的不同，对塑料的作用机理及作用效果各异，因而由同种型号树脂制成的塑料，其性能会因加入助剂的不同而不同。建筑塑料如图 11－2 所示。

图 11－2　建筑塑料

视频：塑料的组成

11.2.2　塑料的主要性质

塑料是具有质轻、绝缘、耐腐、耐磨、绝热、隔声等优良性能的材料。在建筑上可作为装饰材料、绝热材料、吸声材料、防火材料、墙体材料、管道及卫生洁具等。它与传统材料相比，具有以下性能。

（1）质量轻、比强度高

塑料的密度在 0.9～2.2g/cm^{3}之间，约为铝的 1/2，钢材的 1/5，混凝土的 1/3，而其比强度却远远超过混凝土，接近或超过钢材，是一种优良的轻质高强材料。

（2）加工性能好

可采用各种方法将塑料制成不同形状的产品，如塑料薄膜、薄板、管材、门窗型材等，并可采用机械化大规模生产，生产效率高。

（3）绝热性好

塑料制品的热导率小，其导热能力为金属的 1/600～1/500，混凝土的 1/40，砖的1/20，是理想的绝热材料。

（4）装饰性好

塑料制品可完全透明，也可以着色，而且色彩绚丽持久，图案清晰；可通过照相制版印刷，模仿天然材料的纹理，达到以假乱真的效果；还可通过电镀、热压、烫金制成各种图案和花型，使其表面具有立体感和金属的质感。

（5）具有多功能性

塑料的品种多，功能不同，且可通过改变配方和生产工艺，在相当大的范围内制成具有各种特殊性能的工程材料，如防水性、隔热性、隔声性、耐化学腐蚀性等，有些性能是传统材料难以具有的。

（6）经济性

塑料建材无论是从生产时所消耗的能量或是在使用过程中的效果来看都有节能效果。因此，广泛使用塑料建材有明显的经济效益和社会效益。

但塑料自身也存在以下缺点。

（1）耐热性差、易燃

塑料的耐热性差，受到较高温度的作用时会产生热变形，甚至产生分解。建筑中常用的热塑性塑料的热变形温度为 80 ~ 120 ℃，热固性塑料的热变形温度为 150 ℃左右。因此，在使用中要注意塑料的限制温度。

塑料一般可燃，且燃烧时会产生大量的烟雾甚至有毒气体。所以在生产过程中一般掺入一定量的阻燃剂，以提高塑料的耐燃性。但在重要的建筑物场所或易产生火灾的部位，不宜采用塑料装饰制品。

（2）易老化

塑料在热、空气、阳光及环境介质中的酸、碱、盐等作用下，分子结构会产生递变，增塑剂等组分会挥发，使塑料性能变差，甚至产生硬脆、破坏等。塑料的耐老化性可通过添加外加剂的方法得到很大的提高，如某些塑料制品的使用年限可达 50 年左右甚至更长。

（3）热膨胀性大

塑料的热膨胀系数较大，因此在温差变化较大的场所使用时，尤其是与其他材料结合时，应当考虑变形因素，以保证制品的正常使用。

（4）刚度小

塑料与钢铁等金属材料相比，强度和弹性模量较小，即刚度差，且在荷载长期作用下会产生蠕变，这给塑料的使用带来一定的局限，尤其是用作承重结构时应慎用。

总之，塑料及其制品的优点大于缺点，且塑料的缺点可以通过采取措施加以改进。随着塑料资源的不断发展，建筑塑料的发展前景是非常广阔的。

11.2.3　常用建筑塑料及其制品

1. 常用建筑塑料

建筑上常用的热塑性塑料有聚乙烯（PE）、聚氯乙烯（PVC）、聚苯乙烯（PS）、聚丙烯（PP）、聚甲基丙烯酸甲酯（有机玻璃）（PMMA）、聚偏二氯乙烯（PVDC）、聚醋酸乙烯（PVAC）、丙烯腈—丁二烯—苯乙烯共聚物（ABS）、聚碳酸酯（PC）等。建筑上常用的热固性塑料有酚醛树脂（PF）、环氧树脂（EP）、不饱和聚酯树脂（UP）、聚氨酯（PUP）、有机硅树脂（SI）、脲醛树脂（UF）、聚酰胺（即尼龙，PA）、三聚氰胺甲醛树脂（MF）、聚酯（PBT）等。常用建筑塑料的性能及主要用途见表 11 - 1。

表 11 - 1　常用建筑塑料的性能与用途

名　称	性　能	用　途
聚乙烯	柔软性好，耐低温性好，耐化学腐蚀和介电性能优良，成型工艺好，但刚性差，耐热性差（使用温度 < 50 ℃），耐老化差	主要用于防水材料、给排水管和绝缘材料等

续表

名　称	特　性	用　途
聚氯乙烯	耐化学腐蚀性和电绝缘性优良，力学性能较好，具有难燃性，但耐热性较差，升高温度时易发生降解	有软质、硬质、轻质发泡制品。广泛用于建筑各部位，是应用最多的一种塑料
聚苯乙烯	树脂透明，有一定机械强度，电绝缘性好，耐辐射，成型工艺好，但脆性大，耐冲击和耐热性差	主要以泡沫塑料形式作为隔热材料，也用来制造灯具、平顶板等
聚丙烯	耐腐蚀性能优良，力学性能和刚性超过聚乙烯，耐疲劳和耐应力开裂性好，但收缩较大，低温脆性大	用于生产管材、卫生洁具、模板等
ABS塑料	具有韧、硬、刚相均衡的优良力学特性，电绝缘性与耐化学腐蚀性好，尺寸稳定性好，表面光泽性好，易涂装和着色，但耐热性不太好，耐候性较差	用于生产建筑五金和各种管材、模板、异型板等
酚醛树脂	电绝缘性能和力学性能良好，耐水性、耐酸性和耐腐蚀性能优良。酚醛塑料坚固耐用，尺寸稳定，不易变形	生产各种层压板、玻璃钢制品、涂料和胶黏剂等
环氧树脂	黏结性和力学性能优良，耐化学药品性（尤其是耐碱性）良好，电绝缘性能好，固化收缩率低，可在室温、接触压力下固化成型	主要用于生产玻璃钢、胶黏剂和涂料等产品
不饱和聚酯树脂	可在低压下固化成型，用玻璃纤维增强后具有优良的力学性能，具有良好的耐化学腐蚀性和电绝缘性能，但固化收缩率较大	主要适用于玻璃钢、涂料和聚酯装饰板等
聚氨酯	强度高，耐化学腐蚀性优良，耐热、耐油、耐溶剂性好，黏结性和弹性优良	主要以泡沫塑料形式作为隔热材料及优质涂料、胶黏剂、防水涂料和弹性嵌缝材料等
脲醛树脂	电绝缘性好，耐弱酸、碱，无色、无味、无毒，着色力好，不易燃烧，耐热性差，耐水性差，不利于复杂造型	胶合板和纤维板、泡沫塑料、绝缘材料、装饰品等
有机硅塑料	耐高温、耐腐蚀、电绝缘性好，耐水、耐光、耐热，固化后的强度不高	防水材料、胶黏剂、电工器材、涂料等

2. 常用建筑塑料制品

常用的建筑塑料制品主要有塑料型材和塑料管材，如图 11－3 所示。

图 11-3　常用建筑塑料

视频：常用建筑塑料

(1) 塑料型材

1) 塑料地板　塑料地板是以高分子合成树脂为主要材料，加入其他辅助材料，经一定的制作工艺制成的地面材料。塑料地板具有许多优良性能：种类花色繁多，具有良好的装饰性能；功能多变，适用面广；质轻、耐磨、脚感舒适；施工、维修、保养方便。塑料地板按其外形可分为块材地板和卷材地板，按其组成和结构特点可分为单色地板、透底花纹地板、印花压花地板，按其材质的软硬程度可分为硬质地板、半硬质地板和软质地板，按所采用的树脂类型可分为聚氯乙烯地板、聚丙烯地板和聚乙烯-醋酸乙烯地板等。

2) 塑料壁纸　塑料壁纸是以一定材料为基材，以聚氯乙烯塑料为面层，经压延或涂塑及印刷、轧花、发泡等工艺而制成的一种装饰材料。因所用树脂均为聚氯乙烯，所以也称聚氯乙烯壁纸。其特点包括具有一定的伸缩性和耐裂强度，装饰效果好，性能优越，粘贴方便，使用寿命长，易维修保养等。塑料壁纸一般分为三类，即普通壁纸、发泡壁纸和特种壁纸。

3) 塑钢门窗　塑钢门窗是以聚氯乙烯（PVC）树脂为主要原料，加上一定比例的稳定剂、改性剂、填充剂、紫外线吸收剂等助剂，经挤出加工成型材，然后通过切割、焊接的方式制成门窗框、扇，配装上橡胶密封条、五金配件等附件而成。为增加型材的刚性，在型材空腔内添加钢衬，所以称之为塑钢门窗。塑钢门窗具有外形美观、尺寸稳定、抗老化、不褪色、耐腐蚀、耐冲击、气密和水密性能优良、使用寿命长等优点。

作为门窗材料，除木材、钢、铝、塑料之后的第五代产品——高分子复合材料门窗得到了一定的应用。其特点是绿色环保、节能显著、降声抗噪、轻质高强耐腐蚀、耐候性好、尺寸稳定、寿命长、绝缘性好。

4) 塑料装饰板材　塑料装饰板材是指以树脂为浸渍材料或以树脂为基材，采用一定的生产工艺制成的具有装饰功能的普通或异型断面的板材。塑料装饰板材以其重量轻、装饰性强、生产工艺简单、施工简便、易于保养、适于与其他材料复合等特点在装饰工程中得到愈来愈广泛的应用。

塑料装饰板材按原材料的不同可分为塑料金属复合板、硬质 PVC 板、三聚氰胺层压板、玻璃钢板、塑铝板、聚碳酸酯采光板、有机玻璃装饰板等类型。按结构和断面型式可分为平板、波形板、实体异型断面板、中空异型断面板、格子板、夹芯板等类型。

5）玻璃钢　玻璃钢（简称 GRP）是用玻璃纤维及其织物为增强材料，以热固性不饱和聚酯树脂（UP）或环氧树脂（EP）等为胶黏材料制成的一种复合材料。它的质量轻，强度接近钢材，因此人们常把它称为玻璃钢。常见的玻璃钢建材制品有玻璃钢波型瓦、玻璃钢采光罩、玻璃钢卫生洁具、玻璃钢门窗等。

（2）塑料管材

用塑料制造的管材及接头管件已广泛应用于室内排水、自来水、化工及电线穿线管等管路工程中。常用的塑料有硬质聚氯乙烯（UPVC）、聚乙烯（PE）、聚丙烯（PP）以及 ABS 塑料（丙烯腈－丁二烯－苯乙烯的共聚物）等。塑料排水管的主要优点是耐腐蚀，流体摩擦阻力小；由于流过的杂物难以附着管壁，故排污效率高。塑料管的重量轻，仅为铸铁管重量的 1/12 ~1/6，可节约劳动力，其价格与施工费用均比铸铁管低。缺点是塑料的线膨胀系数比铸铁大 5 倍左右，所以在较长的塑料管路上需要设置柔性接头。

制造塑料管材多采用挤出成型法，管件多采用注射成型法。塑料管的连接方法除胶黏法之外，还有热熔接法、螺纹连接法、法兰盘连接法以及带有橡胶密封圈的承插式连接法。当聚氯乙烯管内通过有压力的液体时，液温不得超过 38 °C。若为无压力管路（如室内排水管），连续通过的液体温度不得超过 66 °C，间歇通过的液体温度不得超过 82 °C。当聚氯乙烯塑料用于上水管路时，不允许使用有毒性的稳定剂等原料。

1）硬质聚氯乙烯（UPVC）塑料管　UPVC 管是使用最普遍的一种塑料管，约占全部塑料管的 80%。UPVC 管的特点是有较高的硬度和刚度，许多应力在 10MPa 以上，价格比其他塑料管低，故在各种管材的产量中居第一位。UPVC 管分为Ⅰ型、Ⅱ型和Ⅲ型产品。Ⅰ型管是高强度聚氯乙烯管，具有较好的物理和化学性能，其热变形温度为 70 ℃，最大缺点是低温下较脆，冲击强度低。Ⅱ型管又称耐冲击聚氯乙烯管，其抗冲击性能比Ⅰ型高，热变形温度比Ⅰ型低，为 60 ℃。Ⅲ型管为氯化聚氯乙烯管，具有较高的耐热和耐化学性能，热变形温度为 100 ℃，故称为高温聚氯乙烯管，使用温度可达 100 ℃，可作为沸水管道用材。硬质聚氯乙烯塑料管的使用范围很广，可用作给水、排水、灌溉、供气、排气等管道，住宅生活用管道，工矿业工艺管道以及电线、电缆套管等。

2）聚乙烯（PE）塑料管　聚乙烯塑料管的特点是密度小，强度与重量比值高，脆化温度低（－80 ℃），优良的低温性能和韧性使其能抵抗车辆和机械振动、冰冻和解冻及操作压力突然变化的破坏。聚乙烯塑料管性能稳定，在低温下亦能经受搬运和使用中的冲击，不受输送介质中液态烃的化学腐蚀，管壁光滑，介质流动阻力小。

高密度聚乙烯（HDPE）管的耐热性能和力学性能均高于中密度和低密度聚乙烯管，是一种难透气、透湿、渗透性最低的管材；中密度（MDPE）管既有高密度管的刚性和强度，又有低密度管良好的柔性和抗蠕变性，比高密度管有更高的热熔连接性能，对管道安装十分有利，其综合性能高于高密度管；低密度聚乙烯（LDPE）管的特点是化学稳定性和高频绝缘性能十分优良，柔软性、伸长率、耐冲击和透明性比高、中密度管好，但管材许用应力仅为高密度管的一半。聚乙烯管材中，中密度和高密度管材最适宜作为城市燃气和天然气管道，特别是中密度聚乙烯管材更受欢迎。低密度聚乙烯管宜作为饮用水管、电缆导管、农业喷洒管道、泵站管道，特别是用于需要移动的管道。

3）聚丙烯（PP）塑料管　聚丙烯塑料管与其他塑料管相比，具有较高的表面硬度和表面光洁度，流体阻力小，使用温度范围为 100 ℃以下，许用应力为 5MPa，弹性模量为 130MPa。聚丙烯管多用作化学废料排放管、化验室废水管、盐水处理管道等。

4）无规共聚聚丙烯（PPR）塑料管　PPR 由丙烯和少量其他单体共聚形成，PPR 管具有优良的韧性和抗温度变形性能，能耐 95 ℃以上的沸水，低温脆化温度可降至 -15 ℃，是制作热水管的优良材料，现已在建筑工程中广泛应用。

5）其他塑料管　①ABS 塑料管。ABS 塑料管使用温度为 90 ℃以下，许用应力在 7.6MPa 以上。由于 ABS 管具有比硬聚氯乙烯管、聚乙烯管更高的冲击韧性和热稳定性，因此可用作工作温度较高的管道。在国外，ABS 管常用作卫生洁具下水管、输气管、污水管、地下电气导管、高腐蚀工业管道等。②聚丁烯（PB）塑料管。聚丁烯管柔性与中密度聚乙烯管相似，强度特性介于聚乙烯和聚丙烯之间，具有独特的抗蠕变（冷变形）性能。其许用应力为 8MPa，弹性模量为 50MPa，使用温度范围为 95℃以下。聚丁烯管在化学性质上不活泼，能抗细菌、藻类或霉菌，因此，可用作地下埋设管道。聚丁烯管主要用做给水管、热水管、楼板采暖供热管、冷水管及燃气管道。③玻璃钢（GRP）管。玻璃钢具有强度高、重量轻、耐腐蚀、不结垢、阻力小、耗能低、运输方便、拆装简便、检修容易等优点。玻璃钢管主要用作石油化工管道和大口径给排水管。常用建筑塑料制品如图 11 -4 所示。

图 11 -4　常用建筑塑料制品

视频：常用建筑塑料制品

11.3　建筑胶黏剂

胶黏剂是指具有良好的黏结性能，能在两个物体表面间形成薄膜并把它们牢固地黏结在一起的材料。与焊接、铆接、螺纹连接等连接方式相比，胶接具有很多突出的优越性，如黏接为面际连接，应力分布均匀，耐疲劳性好；不受胶接物的形状、材质等限制；胶接后具有良好的密封性能；几乎不增加黏结物的重量；胶接方法简单等。因此，胶黏剂桌在建筑工程中的应用起来越广泛，成为工程上不可缺少的重要配套材料。

11.3.1　胶黏剂的组成与分类

1. 胶黏剂的组成

胶黏剂的主要组成有黏结物质、固化剂、增韧剂、填料、稀释剂、改性剂等。

（1）黏结物质

黏结物质也称黏料，它是胶黏剂中的基本组分，起黏结作用，其性质决定了胶黏剂的性能、用途和使用条件。一般多用各种树脂、橡胶类及天然高分子化合物作为黏结物质。

（2）固化剂

固化剂是促使黏结物质通过化学反应加快固化的组分，可以增加胶层的内聚强度。有的胶黏剂中的树脂（如环氧树脂）若不加固化剂，本身不能变成坚硬的固体。固化剂也是胶黏剂的主要成分，其性质和用量对胶黏剂的性能起着重要的作用。

（3）增韧剂

增韧剂用于提高胶黏剂硬化后黏结层的韧性，是提高其抗冲击强度的组分。常用的有邻苯二甲酸二丁酯和邻苯二甲酸二辛酯等。

（4）填料

填料一般在胶黏剂中不发生化学反应，它能使胶黏剂的稠度增加，降低热膨胀系数，减少收缩性，提高胶黏剂的抗冲击韧性和机械强度。填料常用的品种有滑石粉、石棉粉、铝粉等。

（5）稀释剂

稀释剂又称溶剂，主要是起降低胶黏剂黏度的作用，以便于操作，提高胶黏剂的湿润性和流动性。稀释剂常用的有机溶剂有丙酮、苯、甲苯等。

（6）改性剂

改性剂是为了改善胶黏剂的某一方面性能，以满足特殊要求而加入的一些组分。例如，为增加胶结强度，可加入偶联剂，还可分别加入防老化剂、防霉剂、防腐剂、阻燃剂、稳定剂等。建筑胶黏剂如图 11－5 所示。

图 11－5　建筑胶黏剂

视频：建筑胶黏剂

2. 胶黏剂的分类

胶黏剂的品种繁多，组成各异，分类方法也各不相同，一般可按黏结物质的性质、胶黏剂的强度特性及固化条件来划分。

（1）按黏结物质的性质分类

1）有机类　包括天然类（葡萄糖衍生物、氨基酸衍生物、天然树脂、沥青）和合成类（树脂型、橡胶型、混合型）。

2）无机类　包括硅酸盐类、磷酸盐类、硼酸盐、硫黄胶、硅溶胶等。

胶黏剂按黏结物质的性质分类见表 11－2。

表 11－2　胶黏剂按黏结物质的性质分类

<table>
<tr><td rowspan="9">胶黏剂</td><td rowspan="8">有机类</td><td rowspan="4">合成类</td><td rowspan="2">树脂型</td><td>热固性：酚醛树脂、环氧树脂、不饱和聚酯、聚氨酯、脲醛树脂等</td></tr>
<tr><td>热塑性：聚醋酸乙烯酯、聚氯乙烯—醋酸乙烯酯、聚丙烯酸酯、聚苯乙烯、聚酰按、醇酸树脂、纤维素、饱和聚酯等</td></tr>
<tr><td>橡胶型</td><td>再生橡胶、丁苯橡胶、丁基橡胶、氯丁橡胶、聚硫橡胶等</td></tr>
<tr><td>混合型</td><td>酚醛—聚乙烯醇缩醛、酚醛—氯丁橡胶、环氧—酚醛、环氧—聚硫橡胶等</td></tr>
<tr><td rowspan="4">天然类</td><td>葡萄糖衍生物</td><td>淀粉、可溶性淀粉、糊精、阿拉伯树胶、海藻酸钠等</td></tr>
<tr><td>氨基酸衍生物</td><td>植物蛋白、酷元、血蛋白、骨胶、鱼胶等</td></tr>
<tr><td>天然树脂</td><td>木质素、单宁、松香、虫胶、生漆等</td></tr>
<tr><td>沥青</td><td>沥青胶</td></tr>
<tr><td>无机类</td><td colspan="3">硅酸盐类、磷酸盐类、硼酸盐、硫黄胶、硅溶胶</td></tr>
</table>

(2) 按强度特性分类

1) 结构胶黏剂　结构胶黏剂的胶结强度较高（至少与被胶结物本身的材料强度相当），同时对耐油、耐热和耐水性等都有较高的要求。

2) 非结构胶黏剂　非结构胶黏剂要求有一定的强度，但不承受较大的力，只起定位作用。

3) 次结构胶黏剂　次结构胶黏剂又称准结构胶黏剂，其物理力学性能介于结构与非结构胶黏剂之间。

(3) 按固化条件分类

按固化条件的不同，胶黏剂可分为溶剂型、反应型和热熔型三种。

1) 溶剂型胶黏剂　其中的溶剂从黏合端面挥发或者被吸收，形成黏合膜而发挥黏合力。这类胶黏剂常用的有聚苯乙烯、丁苯橡胶等。

2) 反应型胶黏剂　其固化是由不可逆的化学变化而引起的。按配方及固化条件，其可分为单组分、双组分甚至三组分的室温固化型、加热固化型等多种形式。这类胶黏剂有环氧树脂、酚醛、聚氨酯、硅橡胶等。

3) 热熔型胶黏剂　以热塑性的高聚物为主要成分，是不含水或溶剂的固体聚合物，通过加热熔融黏合，随后冷却、固化，发挥黏合力。这类胶黏剂常用的有醋酸乙烯、丁基橡胶、松香、虫胶、石蜡等。

11.3.2　常用建筑胶黏剂

热塑性树脂胶黏剂为非结构用胶，主要有聚醋酸乙烯酯类胶黏剂、聚乙烯醇缩甲醛类胶黏剂和聚乙烯醇胶黏剂等。

热固性树脂胶黏剂为结构用胶，主要有环氧树脂类胶黏剂、酚醛树脂类胶黏剂和聚氨酯类胶黏剂等。

合成橡胶胶黏剂主要有氯丁橡胶胶黏剂、丁腈橡胶胶黏剂等。

建筑上常用胶黏剂的性能及用途见表 11－3。

表 11-3　建筑上常用胶黏剂的性能及用途

种类		性能	主要用途
热塑性合成树脂胶黏剂	聚乙烯醇缩甲醛类胶黏剂	黏结强度较高，耐水性、耐油性、耐磨性及抗老化性较好	粘贴壁纸、墙布、瓷砖等，可用于涂料的主要成膜物质，或用于拌制水泥砂浆以增强砂浆层的黏结力
	聚醋酸乙烯酯类胶黏剂	常温固化快，黏结强度高，黏结层的韧性和耐久性好，不易老化，无毒、无味、不易燃爆，价格低，但耐水性差	广泛用于粘贴壁纸、玻璃、陶瓷、塑料、纤维织物、石材、混凝土、石膏等各种非金属材料，也可作为水泥增强剂
	聚乙烯醇胶黏剂（胶水）	水溶性胶黏剂，无毒，使用方便，黏结强度不高	可用于胶合板、壁纸、纸张等的胶接
热固性合成树脂胶黏剂	环氧树脂类胶黏剂	黏结强度高，收缩率小，耐腐蚀，电绝缘性好，耐水、耐油	黏接金属制品、玻璃、陶瓷、木材、塑料、皮革、水泥制品、纤维制品等
	酚醛树脂类胶黏剂	黏结强度高，耐疲劳，耐热，耐老化	用于黏接金属、陶瓷、玻璃、塑料和其他非金属材料制品
	聚氨酯类胶黏剂	黏附性好，耐疲劳，耐油、耐水、耐酸，韧性好，耐低温性能优异，可室温固化，但耐热性差	适于胶接塑料、木材、皮革等，特别适用于防水、耐酸、耐碱等工程中
合成橡胶胶黏剂	丁腈橡胶胶黏剂	弹性及耐候性良好，耐疲劳、耐油、耐溶剂性好，耐热，有良好的混溶性，但黏着性差，成膜缓慢	适用于耐油部件中橡胶与橡胶、橡胶与金属、织物等的胶接。尤其适用于黏接软质聚氯乙烯材料
	氯丁橡胶胶黏剂	黏附力、内聚强度高，耐燃、耐油、耐溶剂性好。储存稳定性差	用于结构黏接或不同材料的黏接，如橡胶、木材、陶瓷、石棉等不同材料的黏接
	聚硫橡胶胶黏剂	具有很好的弹性、黏附性。耐油、耐候性好，对气体和蒸气不渗透，防老化性好	用作密封胶及用于路面、地坪、混凝土的修补、表面密封和防滑。用于海港、码头及水下建筑的密封
合成橡胶胶黏剂	硅橡胶胶黏剂	良好的耐紫外线、耐老化性，耐热、耐腐蚀性，年附性好，防水防震	用于金属、陶瓷、混凝土、部分塑料的黏接。尤其适用于门窗玻璃的安装以及隧道、地铁等地下建筑中瓷砖、岩石接缝间的密封

选择胶黏剂的基本原则有以下几方面。

①了解黏结材料的品种和特性。根据被黏材料的物理性质和化学性质选择合适的胶黏剂。

②了解黏结材料的使用要求和应用环境。即黏结部位的受力情况、使用温度、耐介质及耐老化性、耐酸碱性等。

③了解黏接工艺性。即根据黏结结构的类型采用适宜的黏接工艺。

④了解胶黏剂组分的毒性。

⑤了解胶黏剂的价格和来源难易。在满足使用性能要求的条件下，尽可能选用价廉、来源容易、通用性强的胶黏剂。

为了提高胶黏剂在工程中的黏结强度，满足工程需要，使用胶黏剂黏接时应注意以下几个方面。

①黏接界面要清洗干净。彻底清除被黏接物表面上的水分、油污、锈蚀和漆皮等附着物。

②胶层要匀薄。大多数胶黏剂的胶接强度随胶层厚度增加而降低。胶层薄，胶面上的黏附力起主要作用，而黏附力往往大于内聚力，同时胶层产生裂纹和缺陷的概率变小，胶接强度就高。但胶层过薄，易产生缺胶，更影响胶接强度。

③晾置时间要充分。对含有稀释剂的胶黏剂，胶接前一定要晾置，使稀释剂充分挥发，否则在胶层内会产生气孔和疏松现象，影响胶接强度。

④固化要完全。胶黏剂中的固化一般需要一定压力、温度和时间。加一定的压力有利于胶液的流动和湿润，保证胶层的均匀和致密，使气泡从胶层中挤出。温度是固化的主要条件，适当提高固化温度有利于分子间的渗透和扩散，有助于气泡的逸出和增加胶液的流动性，温度越高固化越快。但温度过高会使胶黏剂发生分解，影响黏结强度。

11.4　建筑涂料

建筑涂料简称涂料，是指涂覆于物体表面，能与基体材料牢固黏结并形成连续完整而坚韧的保护膜，具有防护、装饰及其他特殊功能的物质。建筑涂料能以其丰富的色彩和质感装饰美化建筑物，并能以其某些特殊功能改善建筑物的使用条件，延长建筑物的使用寿命。同时，建筑涂料具有涂饰作业方法简单，施工效率高，自重小，便于维护更新，造价低等优点。因此，建筑涂料已成为应用十分广泛的装饰材料。

11.4.1　建筑涂料的功能和分类

1. 建筑涂料的功能

建筑涂料对建筑物的功能体现在以下几方面。

(1) 装饰功能

建筑涂料的涂层具有不同的色彩和光泽，它可以带有各种填料，可通过不同的涂饰方法形成各种纹理、图案和不同程度的质感，以满足各种类型建筑物的不同装饰艺术要求，起到美化环境及装饰建筑物的作用。

(2) 保护功能

建筑物在使用中，结构材料会受到环境介质（空气、水分、阳光、腐蚀性介质等）的破坏。建筑涂料涂覆于建筑物表面形成涂膜后，使结构材料与环境中的介质隔开，可减缓各种破坏作用，延长建筑物的使用功能；同时涂膜有一定的硬度、强度、耐磨、耐候、耐蚀等性质，可以提高建筑物的耐久性。

(3) 其他特殊功能

建筑涂料除了具有装饰、保护功能外，一些涂料还具有各自的特殊功能，进一步适应各种特殊使用的需要，如防火、防水、吸声隔声、隔热保温、防辐射等。

2. 建筑涂料的分类

建筑涂料的种类繁多，其分类方法常依据习惯划分。

①按主要成膜物质的化学成分，分为有机涂料、无机涂料、有机—无机复合涂料。

②按建筑涂料的使用部位，分为外墙涂料、内墙涂料、顶棚涂料、地面涂料和屋面防水涂料等。

③按使用分散介质和主要成膜物质的溶解状况，分为溶剂型涂料、水溶型涂料和乳液型涂料等。

11.4.2 建筑涂料的组成材料

各种不同的物质经混合、溶解、分散而组成涂料。按涂料中各种材料在涂料的生产、施工和使用中所起作用的不同，可将这些组成材料分为主要成膜物质、次要成膜物质、溶剂和助剂等。

(1) 主要成膜物质

主要成膜物质的作用是将涂料中其他组分黏结在一起，并能牢固附着在基层表面形成连续均匀、坚韧的保护膜。主要成膜物质具有独立成膜的能力，它决定着涂料的使用和所形成涂膜的主要性能。

建筑涂料所用主要成膜物质有树脂和油料两类。常用的树脂类成膜物质有虫胶、大漆等天然树脂，松香甘油酯、硝化纤维等人造树脂以及醇酸树脂、聚丙烯酸酯、环氧树脂、聚氨酯、聚磺化聚乙烯、聚乙烯醇聚物、聚醋酸乙烯及其共聚物等合成树脂。常用的油料有桐油、亚麻子油等植物油。

(2) 次要成膜物质

次要成膜物质是涂料中的各种颜料，是构成涂料的组成之一。但次要成膜物质本身不具备单独成膜的能力，需依靠主要成膜物质的黏结而成为涂膜的组成部分。其作用是使涂膜着色并赋予涂膜遮盖力，增加涂膜质感，改善涂膜性能，增加涂料品种，降低涂料成本等。

常用的无机颜料有铅铬黄、铁红、铬绿、钛白、炭黑等，常用的有机颜料有耐晒黄、甲苯胺红、酞菁蓝、苯胺黑、酞菁绿等。

(3) 溶剂（稀释剂）

溶剂在涂料生产过程中，是溶解、分散、乳化成膜物质的原料；在涂饰施工中，使涂料具有一定的稠度、黏性和流动性，还可以增强成膜物质向基层渗透的能力，改善黏结性能；在涂膜的形成过程中，溶剂中少部分被基层吸收，大部分逸入大气中，不保留在涂膜内。

涂料所用溶剂有两大类：一类是有机溶剂，如松香水、酒精、汽油、苯、二甲苯、丙酮等；另一类是水。

(4) 助剂

助剂是为改善涂料的性能、提高涂膜的质量而加入的辅助材料。助剂的加入量很少，种类很多，对改善涂料的性能作用显著。

涂料中常用的助剂，按其功能可分为催干剂、增塑剂、固化剂、流变剂、分散剂、增稠剂、消泡剂、防冻剂、紫外线吸收剂、抗氧化剂、防老化剂、防霉剂、阻燃剂等。

11.4.3　常用建筑涂料

1. 合成树脂乳液砂壁状建筑涂料

这种涂料是以合成树脂乳液为主要黏结料，彩色砂粒和石粉为骨料，采用喷涂方法施涂于建筑物外墙，形成粗面涂层的厚质涂料。这种涂料质感丰富，色彩鲜艳且不易褪色变色，而且耐水性、耐气候性优良。所用合成树脂乳液主要为苯乙烯－丙烯酸酯共聚乳液。这种涂料是一种性能优异的建筑外墙用中高档涂料。

2. 复层涂料

复层涂料是以水泥系、硅酸盐系和合成树脂系等黏结料和骨科为主要原料，用刷涂、辊涂或喷涂等方法，在建筑物表面上涂布 2～3 层，厚度为 1～5 mm 的凹凸成平状复层建筑涂料。根据所用原料的不同，这种涂料可用于建筑的内外墙面和顶棚的装饰，属中高档建筑装饰材料。复层涂料一般包括三层，即封底涂料（主要用以封闭基层毛细孔，提高基层与主层涂料的黏结力）、主层涂料（增强涂层的质感和强度）、罩面涂料（使涂层具有不同色调和光泽，提高涂层的耐久性和耐沾污性）。

3. 合成树脂乳液内墙涂料

这种涂料是以合成树脂乳液为黏结料，加入颜料、填料及各种助剂，经研磨而成的薄型内墙涂料。这类涂料是目前主要的内墙涂料。由于所用的合成树脂乳液不同，具体品种的涂料的性能、档次也就有差异。常用的合成树脂乳液有丙烯酸酯乳液、苯乙烯—丙烯酸酯共聚乳液、醋酸乙烯—丙乙烯酸酯乳液、氯乙烯—偏氯乙烯乳液等。

4. 合成树脂乳液外墙涂料

合成树脂乳液外墙涂料是以合成树脂乳液为黏结料，加入颜料、填料及各种助剂经研磨而成的水乳型外墙涂料。

5. 溶剂型外墙涂料

这种涂料是以合成树脂为基料，加入颜料、填料、有机溶剂等经研磨配制而成的外墙涂料。它的应用没有合成树脂乳液外墙涂料广泛，但这种涂料的涂层硬度、光泽、耐水性、耐沾污性、耐污蚀性都很好，使用年限多在十年以上，所以也是一种颇为实用的涂料。溶剂型外墙涂料不能在潮湿基层上施涂且有机溶剂易燃，有的还有毒。

6. 无机建筑涂料

无机建筑涂料是以碱金属硅酸盐或硅溶胶为主要黏结料，加入颜料、填料及助剂配制而成的在建筑物上形成薄质涂层的涂料。这种涂料性能优异，生产工艺简单，原料丰富，成本较低，主要用于外墙装饰；主要是喷涂施工，也可用刷涂或辊涂。这种涂料为中档及中低档类涂料。

7. 聚乙烯酸水玻璃内墙涂料

聚乙烯酸水玻璃内墙涂料是以聚乙烯醇树脂水溶液和水玻璃为黏结料，混合一定量的填料、颜料和助剂，经过混合研磨、分散而成的水溶性涂料。这种涂料属于较低档的内墙涂料，适用于民用建筑室内墙面装饰。建筑涂料如图 11－6 所示。

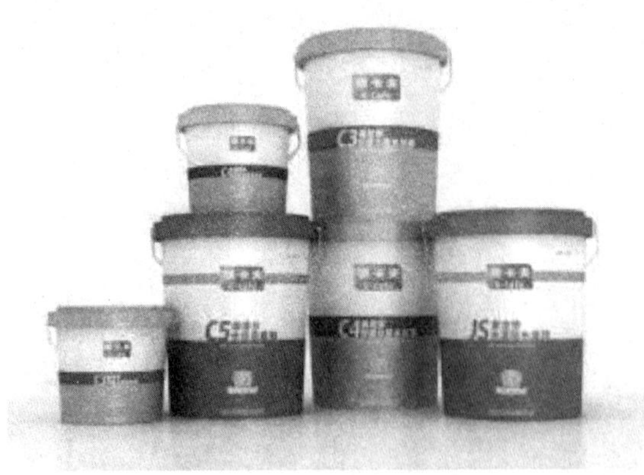

图 11－6　建筑涂料

视频：建筑涂料

本任务小结

本任务讲述了以下主要内容。

（1）高分子化合物的基本知识：合成高分子化合物的定义和分类、结构和性质。

（2）建筑塑料的组成、主要性质、常用建筑塑料。

（3）建筑胶黏剂的组成、分类，常用建筑胶黏剂及共选择原则和使用注意事项。

（4）建筑涂料的功能、分类、组成材料以及常用建筑涂料。

应用案例与发展动态

动态 11

任务十二
建筑防水材料的选择与应用

任务简介： 本任务主要介绍建筑工程防水材料的种类、性能以及选择时的注意事项。

知识目标：（1）了解建筑防水的重要性，防水材料的分类、特点；
（2）掌握常用防水卷材类型、性能；
（3）掌握常用防水涂料类型、性能；
（4）掌握常用建筑密封材料类型、性能；
（5）了解刚性防水材料类型、性能。

技能目标： 能够结合工程实际选择防水材料。

12.1 防水材料概述

建筑防水材料在建筑材料中属于功能性材料，是指在建筑物中能防止雨水、地下水和其他水分渗透作用的材料，被广泛用于建筑物的屋面、地下室、水利工程、地铁、隧道、道路和桥梁。建筑物采用防水材料的主要目的是为了防潮、防渗、防漏，尤其是为了防漏。建筑物一般均由屋面、墙面、基础构成外壳，这些部位均是建筑防水的重要部位。防水就是要防止建筑物各部位由于各种因素产生的裂缝或构件的接缝之间出现渗水。凡建筑物或构筑物为了满足防潮、防渗、防漏功能所采用的材料均称为建筑防水材料。建筑防水材料可分为刚性防水材料和柔性防水材料。建筑防水材料正朝着多元化、多功能化、环保型方向发展。

12.1.1 建筑物渗漏及其危害

防水工程是指为防止地表水（雨水）、地下水、滞水、毛细管水以及人为因素引起的水文地质改变而产生的水渗入建筑物、构筑物或防止蓄水工程向外渗漏所采取的一系列结构、构造和建筑措施。概括地讲，防水工程主要包括防止水向防水建筑内渗透、蓄水结构的水向外渗漏以及建筑物和构筑物内部相互止水三大部分。

我国建筑的渗漏现象比较严重。建筑物渗漏问题是当前最突出的质量通病，也是用户反映最为强烈的问题。当前房屋渗漏出现三个65%的现象：一是目前国内65%的新房屋一至两年内会出现不同程度的渗漏水，二是渗漏水占房地产质量投诉的65%，三是65%的建筑防水工程6~8年后需要翻新。这令整个行业蒙羞。几十年来始终困绕着百姓安居乐业，每年损失至少几十亿元人民币。

造成建筑物渗漏的主要原因有以下几点。

（1）防水工程中使用的防水材料的质量不符合设计或标准要求

建筑防水工程的质量在很大程度上取决于防水材料的性能和质量，故应用于防水工程中的防水材料必须符合国家和行业的产品质量标准，并应满足设计要求。不同的防水做法对材料也应有不同的质量要求。

（2）防水工程的防水等级设计不合理

优质的建筑防水工程要有正确、合理的防水设计。建筑防水工程设计，不仅要考虑建筑物的有效使用与安全，还要考虑改善和提高建筑防水功能。因此，防水工程设计的任务是科学地制定先进技术与经济合理相结合的防水设计方案，采取可靠的措施确保工程质量，做到不渗、不漏，并保证防水工程具有一定的使用年限。

（3）防水工程的施工质量不符合要求

防水工程最终是通过施工来实现的，而目前建筑防水施工多以手工作业为主，稍一疏忽便可能出现渗漏，国内外工程的调查结果都证明了这一点。

我国前几年从各地收回的 80 多份调查表统计显示，造成渗漏的原因，施工占 45%，材料占 22%，设计占 18%，管理占 15%。这说明施工是造成渗漏的原因。

（4）防水工程竣工验收交付使用后疏于管理

建筑物渗漏问题是建筑物较为突出的质量通病，也是用户反映最为强烈的问题。许多民用住宅住户在住宅使用之时发现屋面漏水、墙壁渗漏、粉刷层脱落现象，日复一日，房顶、内墙面因渗漏而出现墙面大片剥落，室内因长期渗漏潮湿而发霉变味，直接影响住户的身体健康，更谈不上进行室内装饰了。办公室、机房、车间等工作场所长期的渗漏会严重损坏办公设施，导致精密仪器、机床设备因锈蚀、生长霉斑而失灵，甚至引起电器短路而发生火灾。由于出现渗漏现象，人们每隔数年要花费大量的资金和劳力对建筑进行返修。渗漏不仅扰乱了人们的正常生活、工作秩序，而且直接影响整幢建筑物的使用寿命。由此可见防水效果的好坏对建筑物的质量至关重要，所以防水工程在建筑工程中占有十分重要的地位。

12.1.2 建筑防水材料的种类

近十几年来，我国建筑防水材料行业发展很快，产品的品种、种类也不断增加。根据建筑防水材料的外观和性能，我们将建筑防水材料产品大体分为防水卷材、防水涂料、刚性防水材料、瓦类防水材料、建筑密封材料和堵漏材料等六大种类。

防水材料是保证房屋建筑能够防止雨水、地下水和其他水分渗透，以保证建筑物能够正常使用的一类建筑材料，是建筑工程中不可缺少的主要建筑材料之一。防水材料质量对建筑物的正常使用寿命起着举足轻重的作用。近年来，除了传统的沥青防水材料，改性沥青油毡迅速发展，高分子防水材料使用也越来越多，且生产技术不断改进，新品种新材料层出不穷。防水层的构造由多层向单层发展，施工方法由热熔法发展到冷黏法。

防水材料按其特性又可分为柔性防水材料和刚性防水材料。常用防水材料的分类和主要应用见表 12－1。防水材料如图 12－1 所示。

表 12－1　常用防水材料分类和主要应用

类　别	品　种	主要应用
刚性防水材料	防水砂浆	屋面及地下防水工程，不宜用于有变形的部位
	防水混凝土	屋面、蓄水池、地下防水、隧道等

续表

类　别	品　种	主要应用
沥青基防水材料	石油沥青纸胎油毡	地下、屋面等防水工程
	石油沥青玻璃布油毡	地下、屋面等防水防腐工程
	沥青再生橡胶防水卷材	屋面、地下室等防水工程，特别适合寒冷地区或有较大变形的部位
	石油沥青玻璃纤维胎油毡	适用于屋面、地下以及水利工程做多叠防水
	铝箔面油毡	适用于单层或多层防水工程的面层
改性沥青基防水卷材	APP 改性沥青防水卷材	屋面、地下室等各种防水工程
	SBS 改性沥青防水卷材	屋面、地下室、水池等各种防水工程，特别适合寒冷地区
	改性沥青聚乙烯胎防水卷材	适用于工业与民用建筑的防水工程
	自粘橡胶沥青防水卷材	聚乙烯膜为表面材料的自粘卷材适用于非外露的防水工程，铝箔为表面材料的自粘卷材适用于外露的防水工程，无膜双面自粘卷材适用于辅助防水工程
	自粘聚合物改性沥青聚酯胎防水卷材	聚乙烯膜面、细砂面自粘聚酯胎卷材适用于非外露防水工程，铝箔面自粘聚酯胎卷材可用于外露防水工程，1.5mm 自粘聚酯胎卷材仅用于辅助防水
合成高分子防水卷材	三元乙丙橡胶防水卷材	屋面、地下室、水池等各种防水工程，特别适合严寒地区或有较大变形的部位
	聚氯乙烯防水卷材	屋面、地下室等各种防水工程，特别适合有较大变形的部位
	聚乙烯防水卷材	屋面、地下室等各种防水工程，特别适合严寒地区或有较大变形的部位
	氯化聚乙烯防水卷材	屋面、地下室等各种防水工程，特别适合严寒地区或有较大变形的部位
	氯化聚乙烯—橡胶共混防水卷材	屋面、地下室、水池等各种防水工程，特别适合严寒地区或有较大变形的部位
	聚乙烯丙纶防水卷材	建筑的屋面、地下工程防水，还可用于建筑室内，如厕所、厨房、浴室、水池、游泳池，也可用于建筑墙体的防潮和地铁、隧道、堤坝等工程的防水

续表

类　别	品　种	主要应用
黏结及密封材料	沥青胶	粘贴沥青油毡
	建筑防水沥青嵌缝油膏	屋面、墙面、沟、槽、小变形缝等的防水密封。重要工程不宜使用
	冷底子油	防水工程的最底层
	乳化石油沥青	代替冷底子油粘贴玻璃布、拌制沥青砂浆或沥青混凝土
	聚氯乙烯防水接缝材料	屋面、墙面、水渠等的缝隙
	丙烯酸酯密封材料	墙面、屋面、门窗等的防水接缝工程。不宜用于经常被水浸泡的工程
	聚氨酯密封材料	各类防水接缝，特别是受疲劳荷载作用或接缝处变形大的部位，如建筑物、公路、桥梁等的伸缩缝
	聚硫橡胶密封材料	各类防水接缝，特别是受疲劳荷载作用或接缝处变形大的部位，如建筑物、公路、桥梁等的伸缩缝

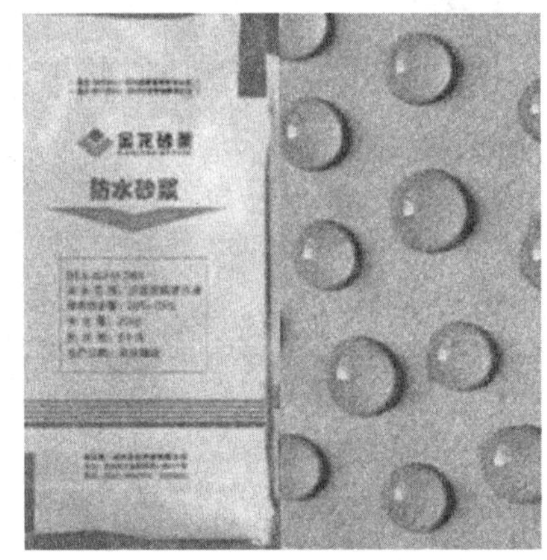

图 12－1　防水材料

视频：防水材料

12.1.3　防水材料的基本用材

防水材料的基本用材有石油沥青、煤沥青、改性沥青及合成高分子材料等。

1. 石油沥青

石油沥青是一种有机胶凝材料，在常温下呈固体、半固体或黏性液体状态。颜色为褐色或黑褐色。它是由许多高分子碳氢化合物及其非金属（如氧、硫、氮）衍生物组成的复杂混合物。由于其化学成分复杂，为便于分析研究和使用，常将其物理、化学性质相近的成分归类为若干组，成为组分。不同的组分对沥青性质的影响不同。

（1）石油沥青的组分与结构

通常将沥青分为油分、树脂和地沥青质三组分。各组分的特征及其对沥青性质的影响见表 12－2。

1）油分　油分为沥青中最轻的组分，呈淡黄至红褐色，密度为 0.7～1 g/cm^3。在 170 ℃以下较长时间加热可以挥发。它能溶于大多数有机溶剂，如丙酮、苯、三氯甲烷等，但不溶于酒精。在石油沥青中，油分含量为 40%～60%。油分使沥青具有流动性。

2）树脂　树脂为密度略大于 1 g/cm^3 的黑褐色或红褐色黏稠物质，能溶于汽油、三氯甲烷和苯等有机溶剂，但在丙酮和酒精中溶解度很低。树脂在石油沥青中含量为 15%～30%。它使石油沥青具有塑性和黏结性。

3）地沥青质　地沥青质为密度大于 1 g/cm^3 的固体物质，黑色，不溶于汽油、酒精，但能溶于二硫化碳和三氯甲烷中。地沥青质在石油沥青中含量为 10%～30%。它决定石油沥青的温度稳定性和黏性，它的含量愈多，则石油沥青的软化点愈高，脆性愈大。

表 12－2　石油沥青各组分的特征及其对沥青性质的影响

组　分	含　量	分子量	碳氢比	密度/（g/cm^3）	特　征	在沥青中的主要作用
油分	40%～60%	100～500	0.5～0.7	0.6～1.0	无色至淡黄色，黏性液体，可溶于大部分溶剂，不溶于酒精	是决定沥青流动性的组分。油分多，流动性大，而黏性小，温度感应性大
树脂	15%～30%	600～1 000	0.7～0.8	1.0～1.1	红褐至黑色的黏稠半固体，多呈中性，少量酸性。熔点低于 100 ℃	是决定沥青塑性的主要组分。树脂含量增加，沥青塑性增大，温度感应性增大
地沥青质	10%～30%	1 000～6 000	0.8～1.0	1.1～1.5	黑褐色至黑色的硬而脆的固体微粒，加热后不溶解而分解为坚硬的焦炭，使沥青带黑色	是决定沥青黏性的组分。含量高，沥青黏性大，温度感应性小，塑性降低，脆性增加

此外，石油沥青中常含有一定量的固体石蜡，它会降低沥青的黏结性、塑性、温度稳定性和耐热性。常采用氯盐（如 $FeCl_3$、$ZnCl_2$ 等）处理或溶剂脱蜡等方法处理，使多蜡石油沥青的性质得到改善，从而提高其软化点，降低针入度，满足使用要求。

当地沥青质含量较少而油分及树脂含量较多时，地沥青质胶团在胶体结构中运动较为自由，形成溶胶型结构。此时的石油沥青具有黏滞小、流动度大、塑性好但稳定性较差的特点。

当地沥青质含量较高而油分与树脂含量较少时，地沥青质胶团间的吸引力增大，且移动较困难。这种凝胶型结构的石油沥青具有弹性和黏性较高、温度敏感性较小、流动性和塑性较低的特点。

石油沥青中的各组分是不稳定的。在阳光、空气、水等外界因素作用下，各组分会不断演变，油分、树脂逐渐减少，地沥青质逐渐增多，这一演变过程称为沥青的老化。沥青老化后，其流动性、塑性变差，脆性增大，从而变硬，易发生脆裂乃至松散，使沥青失去防水、防腐效能。

(2) 石油沥青的主要技术性质

1）石油沥青的黏滞性　黏滞性是反映石油沥青在外力作用下抵抗产生相对流动（变形）的能力。液态石油沥青的黏滞性用黏度表示。半固体或固体沥青的黏性用针入度表示。黏度和针入度是沥青划分牌号的主要指标。

黏度是沥青在一定温度（25 ℃或60 ℃）条件下，经规定直径（3.5 mm或10 mm）的孔，漏下50 ml所需的秒数。黏度常以符号 C_t^d 表示。针入度是指在温度25 ℃的条件下，以质量100 g的标准针，经5 s沉入沥青中的深度（0.1 mm称1度）来表示。针入度值大，说明沥青流动性大，黏性差。针入度范围在5～200度之间。

按针入度可将石油沥青划分为三种用途，即：道路石油沥青、建筑石油沥青、普通石油沥青。

2）石油沥青的塑性　塑性是指沥青在外力作用下产生变形而不破坏，除去外力后仍能保持变形后的形状不变的性质。塑性表示沥青开裂后自愈能力及受机械应力作用后变形而不破坏的能力。沥青之所以能制造成性能良好的柔性防水材料，很大程度上取决于这种性质。

沥青的塑性用“延伸度”（亦称延度）或“延伸率”表示。按标准试验方法，制成“8”形标准试件，试件中间最狭小处断面积为1 cm²，在规定温度（一般为25 ℃）和规定速度（5 cm/min）的条件下延伸仪上进行拉伸，延伸度以试件拉细而断裂时的长度（cm）表示。沥青的延伸度越大，沥青的塑性越好。

3）石油沥青的温度敏感性　温度敏感性是指石油的黏滞性和塑性温度升降而变化的性能。温度敏感性较小的石油沥青，其黏滞性、塑性随温度的变化较小。作为屋面防水材料，受日照辐射作用可能产生流淌和软化，失去防水作用而不能满足使用要求，因此温度敏感性是沥青材料一个很重要的性质。温度敏感性常用软化点来表示，软化点是沥青材料由固体状态转变为具有一定流动性的膏体时的温度。软化点可通过“环球法”试验测定。将沥青试样装入规定尺寸的铜环中，上置规定尺寸和质量的钢球，在将铜环放置在有水或甘油的烧杯中，以5 ℃/min的速率加热至沥青软化下垂达25 mm时的温度（℃），即为沥青软化点。

不同沥青的软化点不同，在25～100 ℃。软化点高，说明沥青的耐热性能好，但软化点过高，又不易加工；软化点低的沥青，夏季易产生变形，甚至流淌。所以，在实际应用时，希望沥青具有高软化点和低脆化点（当温度在非常低的范围时，整个沥青就好像玻璃一样的脆硬，一般称作“玻璃态”，沥青由玻璃态向高弹态转变的温度即为沥青的脆化点）。为了提高沥青的耐寒性和耐热性，常常对沥青进行改性，如在沥青中掺入增塑剂、橡胶、树脂和填料等。

4）石油沥青的大气稳定性　它是指石油沥青在热、阳光、氧气和潮湿等因素的长期综合作用下抵抗老化的性能，大气稳定性可以用沥青的蒸发质量损失百分率及针入度比的变化来表示，即试样在160 ℃温度加热蒸发5 h后质量损失百分率和蒸发前后的针入度比两项指标来表示。蒸发损失率越小，针入度比越大，则表示沥青的大气稳定性越好。

以上四种性质是石油沥青材料的主要性质。此外，沥青材料受热后会产生易燃气体，与空气混合遇火即发生闪火现象。当出现闪火时的温度，叫闪点，也称闪火点。它是加热沥青时，从防火要求提出的指标。

(3) 石油沥青的技术标准

我国石油沥青产品按用途分为道路石油沥青、建筑石油沥青及普通石油沥青等。这三种石油沥青的技术标准见表12－3。石油沥青的牌号主要根据针入度、延度和软化点等质量指标划分，以针入度值表示。同一品种的石油沥青，牌号越高，则其针入度越大，脆性越小；延度越大，塑性越好；软化点越低，温度敏感性越大。

(4) 石油沥青的应用

在选用沥青材料时，应根据工程类别（房屋、道路、防腐）及当地气候条件，所处工作部位（屋面、地下）来选用不同牌号的沥青。

表12－3　石油沥青的技术标准

牌　号	道路石油沥青（SH 055—92）							建筑石油沥青（GB 494—85）		普通石油沥青（SY 1665—77）		
	200	180	140	100甲	100乙	60甲	60乙	30	10	75	65	55
针入度（25 ℃，100 g）（1/10 mm）	201～300	161～200	121～160	91～120	81～120	51～80	41～80	25～40	10～25	75	65	55
延度（25 ℃）不小于（cm）	—	100	100	90	60	70	40	3	1.5	2	1.5	1
软化点（环球法）不低于（℃）	30	35	35	42～50	42	45～50	45	70	95	60	80	100
溶解度（三氯乙烯，三氯甲烷或苯）不小于（%）	99	99	99	99	99	99	99	99.5	99.5	98	98	98
蒸发损失（160 ℃，5h）不大于（%）	1	1	1	1	1	1	1	1	1	—	—	—
蒸发前后针入度比不小于（%）	50	60	60	65	65	70	70	65	65	—	—	—
闪点（开口）不低于（℃）	180	200	230	230	230	230	230	230	230	230	230	230

道路石油沥青主要用于道路路面或车间地面等工程，一般拌制成沥青混合料（沥青混凝土或沥青砂浆）使用。道路石油沥青的牌号很多，选用时应注意不同的工程要求、施工方法和环境温度。道路石油沥青还可用作密封材料和胶黏剂以及沥青涂料等。此时，一般选用黏性较大和软化点较高的石油沥青。

建筑石油沥青针入度较小（黏性较大），软化点较高（耐热性较好），但延伸度较小（塑性较小），主要用于制造防水材料、防水涂料和沥青嵌缝膏。它们绝大多数用于地面和地下防水沟槽防水及防腐蚀或管道防腐工程。

普通石油沥青由于含有较多的蜡，故温度敏感性较大，达到液态时的温度与其软化点相差很小。与软化点大体相同的建筑石油沥青相比，其针入度较大（黏度较小），塑性较差，故在建筑工程上不宜直接使用。可以采用吹气氧化法改善其性能，即将沥青加热脱水，加入少量（1%）的氧化锌，再加热（不超过280 ℃）吹气进行处理。处理过程以沥青能达到要求的软化点和针入度为止。

（5）石油沥青的掺配使用

当单独用一种牌号的沥青不能满足工程的耐性（软化点）要求时，可以用同产源的两种或三种沥青进行掺配。两种沥青掺配量可按按下式计算：

$$\text{较软沥青掺量（\%）}=\frac{\text{较硬沥青软化点}-\text{欲配沥青软化点}}{\text{较硬沥青软化点}-\text{较软沥青软化点}}\times 100$$

$$\text{较硬沥青掺量（\%）}=100\%-\text{较软沥青掺量（\%）}$$

如用三种沥青时，可先求出两种沥青的配比，然后再与第三种沥青进行配比计算。

根据计算的掺配比例和在其邻近的比例〔±（5%～10%）〕进行试配，测定掺配后沥青的软化点，然后绘制“掺配比—软化点”曲线，即可从曲线上确定所要求的掺配比例。

2. 煤沥青

煤沥青是炼焦厂和煤气厂的副产品。煤沥青的大气稳定性与温度稳定性较石油沥青差。当与软化点相同的石油沥青比较时，煤沥青的塑性较差，因此当使用在温度变化较大（如屋面、道路面层）的环境时，没有石油沥青稳定、耐久。煤沥青中含有酚（有毒性），防腐性较好，适用于地下防水层或作为防腐材料。

由于煤沥青在技术性能上存在较多的缺点，而且成分不稳定并有毒性，对人体和环境不利，所以已很少用于建筑、道路和防水工程中。

3. 改性沥青

普通石油沥青的性能不一定能全面满足使用要求，为此，常采取措施对沥青进行改性。性能得到不同程度改善后的沥青，称为改性沥青。改性沥青可分为橡胶改性沥青、合成树脂类改性沥青、橡胶和树脂并用改性沥青、再生胶改性沥青以及矿物填充料改性沥青等。

（1）橡胶改性沥青

橡胶改性沥青是在沥青中掺入适量橡胶后使其改性的产品。沥青与橡胶的相容性较好，混溶后的改性沥青高温变形很小，低温时具有一定塑性。所用的橡胶有天然橡胶、合成橡胶和再生橡胶。使用不同品种橡胶掺入的量与方法不同，形成的改性沥青性能也不同。

1）氯丁橡胶改性沥青　沥青中掺入氯丁橡胶后，可使其低温柔性、耐化学腐蚀性、耐光性、耐臭氧性、耐气候性和耐燃烧性大大改善。氯丁橡胶改性沥青因其强度、耐磨性均大于天然橡胶而得到广泛应用。用于改性沥青的氯丁橡胶以胶乳为主，即先将氯丁橡胶溶于一定的溶剂中形成溶液，然后掺入沥青（液体状态）中混合均匀而成。

2）丁基橡胶改性沥青　丁基橡胶的组成以丁烯为主，由于丁基橡胶的分子链排列很整齐，而且不饱和程度很小，因此其抗拉强度好，耐热性和抗扭曲性均较强。用其改性的丁基橡胶沥青具有优异的耐分解性，并有较好的低温抗裂性和耐热性。

3）再生橡胶改性沥青　再生橡胶掺入沥青中以后，同样可大大提高沥青的气密性、低温柔性、耐光（热）性、耐臭氧性和耐气候性。再生橡胶改性沥青可以制成卷材、片材、密封材料、胶黏剂和涂料等。

4）SBS热塑性弹性体改性沥青　SBS是以丁二烯、苯乙烯为单体，加溶剂、引发剂、活化剂，以阴离子聚合反应生成的共聚物。SBS在常温下不需要硫化就可以具有很好的弹性，当温度升到 180 ℃时，它可以变软、熔化，易于加工，而且具有多次的可塑性。SBS 用于沥青的改性，可以明显改善沥青的高温和低温性能。SBS 改性沥青已是目前世界上应用最广的改性沥青材料之一。

(2) 合成树脂类改性沥青

用树脂对石油沥青改性，可以改进沥青的耐寒性、耐热性、黏结性和不透气性。由于石油沥青中含芳香性化合物很少，故树脂和石油沥青的相溶性较差，而且可用的树脂品种也较少。常用的树脂有古马隆树脂、聚乙烯、无规聚丙烯（APP）等。

1）古马隆树脂改性沥青　古马隆树脂为热塑性树脂，呈黏稠液体或固体状，浅黄色至黑色，易溶于氯化烃、脂类、硝基苯、酮类等有机溶剂等。

2）聚乙烯树脂改性沥青　沥青中聚乙烯树脂掺量一般为 7% ~10%。将沥青加热溶化脱水，再加入聚乙烯，并不断搅拌 30 min，温度保持在 140 ℃左右，即可得到均匀的聚乙烯树脂改性沥青。

3）环氧树脂改性沥青　这类改性沥青具有热固性材料性质。其改性后强度和黏结力大大提高，但对延伸性改变不大。环氧树脂改性沥青可应用于屋面和厕所、浴室的修补，其效果较佳。

4）APP 改性沥青　APP 为无规聚丙烯均聚物。APP 很容易与沥青混溶，并且对改性沥青软化点的提高很明显，耐老化性也很好。它具有发展潜力，如意大利 85% 以上的柔性屋面防水是用 APP 改性沥青油毡。

(3) 橡胶和树脂并用改性沥青

橡胶和树脂用于沥青改性可使沥青同时具有橡胶和树脂的特性，且树脂比橡胶便宜，两者又有较好混溶性，故效果较好。

配制时，采用的原材料品种、配比、制作工艺不同，可以得到多种性能各异的产品，主要有卷材、片材、密封材料、防水材料等。

(4) 矿物填充料改性沥青

为了提高沥青的黏结能力和耐热性，减小沥青的温度敏感性，经常加入一定数量的粉状或纤维状矿物填充料。常用的矿物粉有滑石粉、石灰粉、云母粉、硅藻土等。

12.2　防水卷材

防水卷材是一种可卷曲的片状防水材料。根据其主要防水组成材料可分为沥青防水卷材、高聚物改性沥青防水卷材和合成高分子防水卷材三大类。沥青防水卷材是传统的防水材料，但因其性能远不及改性沥青防水卷材，因此逐渐被改性沥青防水卷材所代替。

高聚物改性沥青防水卷材和合成高分子防水卷材均有良好的耐水性、温度稳定性和大气稳定性（抗老化性），并具备必要的机械强度、延伸性、柔韧性和抗断裂的能力。这两大防水卷材已得到广泛的应用。

12.2.1　沥青防水卷材

沥青防水卷材是在基胎（如原纸、纤维织物等）上浸涂沥青后，再在表面撒粉状或片状的隔离材料而制成的可卷曲的片状防水材料。

1. 石油沥青纸胎油毡

石油沥青纸胎油毡系用低软化点石油沥青浸渍原纸，然后用高软化点石油沥青涂盖油纸两面，再撒以隔离材料所制成的一种纸胎防水卷材。

（1）等级

石油沥青纸胎油毡按浸涂材料总量和物理性能分为合格品、一等品、优等品三个等级。

（2）规格

石油沥青纸胎材按所用隔离材料分为粉状面和片状面两个品种，按原纸重量（每1m^{2}重量克数）分为200号、350号、500号三个标号，按卷材幅宽分为915 mm和1 000 mm两种规格。

（3）使用范围

200号油毡适用于简易防水、非永久性建筑防水，350号和500号油毡适用于屋面、地下多叠层防水。

纸胎油毡易腐蚀，耐久性差，抗拉强度较低，且消耗大量优质纸源。目前，已大量用玻璃布及玻璃纤维毡等为胎基生产沥青卷材。

2. 石油沥青玻璃布油毡

石油沥青玻璃布油毡（玻纤布胎沥青防水卷材）系采用玻纤布为胎体，浸涂石油沥青并在其表面涂或撒布矿物隔离材料制成可卷曲的片状防水材料。

（1）等级

石油沥青玻璃布油毡按可溶物含量及其物理性能分为一等品（B）和合格品（C）两个等级。

（2）规格

石油沥青玻璃布油毡幅宽为1000mm。

（3）使用范围

石油沥青玻璃布油毡的柔度优于纸胎油毡，且耐霉菌腐蚀。石油沥青玻璃布油毡适用于地下工程作防水、防腐层，也可用于屋面防水及金属管道（热管道除外）作防腐保护层。

3. 石油沥青玻璃纤维胎油毡

石油沥青玻纤胎油毡（玻纤胎沥青防水卷材）系采用玻璃纤维薄毡为胎体，浸涂石油沥青，并在其表面涂撒矿物粉料或覆盖聚乙烯膜等隔离材料而制成的可卷曲的片状防水材料。

（1）等级

石油沥青玻纤胎油毡按可溶物含量及其物理性能分为优等品（A）、一等品（B）、合格品（C）三个等级。

（2）规格

石油沥青玻纤胎油毡按表面涂盖材料不同，可分为膜面、粉面和砂面三个品种，按每10m^{2}标称重量分为15号、25号和35号三个标号，幅宽为1000 mm一种规格。

（3）使用范围

15号石油沥青玻纤胎油毡适用于一般工业与民用建筑的多叠层防水，并可用于包扎管道（热管道除外）作防腐保护层；25号、35号石油沥青玻纤胎油毡适用于屋面、地下以及水利工程做多叠层防水，其中35号石油沥青玻纤胎油毡可用于采用热熔法施工的多层或单层防水。彩砂面石油沥青玻纤胎油毡用于防水层的面层，且可不再做表面保护层。

4. 铝箔面油毡

铝箔面油毡是用玻纤毡作为胎基，浸涂氧化沥青，在其表面用压纹铝箔贴面，底面撒以细粒矿物料或覆盖聚乙烯（PE）膜，制成的一种具有热反射和装饰功能的防水卷材。其隔汽、防渗、防水性能较好，具有一定抗拉强度。

（1）等级

按物理性能分为优等品（A）、一等品（B）、合格品（C）三个等级。

（2）规格

按标称重量分为30、40号两种标号。

（3）使用范围

30号铝箔面油毡适用于多层防水工程的面层，40号铝箔面油毡适用于单层或多层防水工程的面层。

12.2.2　高聚物改性沥青防水卷材

改性沥青与传统的沥青等相比，其使用温度区间大为扩展，做成的卷材光洁柔软，高温不流淌，低温不脆裂，且可做成4～5mm的厚度。可以单层使用，具有10～20年可靠的防水效果，因此受到使用者的欢迎。

以合成高分子聚合物改性沥青为涂盖层，纤维毡、纤维织物或塑料薄膜为胎体，粉状、粒状、片状或塑料膜为覆面材料制成可卷曲的片状防水材料，称为高聚物改性沥青防水卷材。

1. 弹性体改性沥青防水卷材（SBS卷材）

SBS改性沥青防水卷材属弹性体沥青防水卷材中有代表性的品种，系采用纤维毡为胎体，浸涂SBS改性沥青，上表面撒布矿物粒、片料或覆盖聚乙烯膜，下表面撒布细砂或覆盖聚乙烯膜所制成的卷曲的片状防水材料见图12－2。

图12－2　SBS改性沥青防水卷材

视频：防水卷材

（1）分类

SBS改性沥青防水卷材按胎基分为聚酯胎（PY）和玻纤胎（G）两类，按上表面隔离材料分为聚乙烯膜（PE）、细砂（S）与矿物粒（片）料（M）三种，按物理力学性能分为Ⅰ型和Ⅱ型。

（2）规格

SBS 改性沥青防水卷材使用玻纤胎（G）或聚酯无纺布（PY）两种胎体，使用矿物粒（M，如板岩片）、砂粒（S，河砂或彩砂）以及聚乙烯膜（PE）三种表面材料，共形成六个品种，即 G-M，G-S，G-PE，PY-M，PY-S，PY-PE。

SBS 改性沥青防水卷材幅宽为 1000 mm。聚酯胎卷材厚度为 3 mm 和 4 mm，玻纤胎卷材厚度为 2 mm、3 mm 和 4 mm。每卷面积分为 15 m^2、10 m^2 和 7.5 m^2 三种。

（3）性能指标

SBS 改性沥青防水卷材的物理性能应符合表 12－4 的规定。

表 12－4　SBS 改性沥青防水卷材主要物理性能

序号	胎　基		PY		G	
	型　号		Ⅰ	Ⅱ	Ⅰ	Ⅱ
1	不透水性	压力（MPa），≥	0.3		0.2	0.3
		保持时间（min），≥	30			
2	耐热度（℃）		90	105	90	105
			无滑动、流淌、滴落			
3	拉力（N/50mm），≥	纵向	450	800	350	500
		横向	450	800	250	300
4	最大拉力时延伸率（%），≥	纵向	30	40	—	
		横向				
5	低温柔度（℃）		－18	－25	－18	－25
			无裂纹			

不透水性是指卷材在规定的压力下和规定的时间内是否透水的性能，SBS 聚酯胎防水卷材在 0.2MPa 的压力下维持到 30 min 不透水即为不透水性合格。耐热度和低温柔度是反映沥青防水卷材能承受高温和低温的性能，在规定高温下无滑动、流淌、滴落，在规定低温下无裂纹。拉力和延伸率反映卷材的拉伸性能，拉力指规定宽度的试件所能承受的最大拉力，延伸率分为断裂延伸率和最大拉力时延伸率，由于 SBS 聚酯胎防水卷材弹性较大而断裂延伸率较小，所以选择最大拉力时延伸率对其延伸性进行评定。延伸率按下式进行计算：

$$\text{延伸率}(\%)=\frac{\text{断裂时（或最大拉力时）标距}-\text{原始标距}}{\text{原始标距}}\times 100$$

（4）使用范围

SBS 改性沥青防水卷材除适用于一般工业与民用建筑工程防水外，尤其适用于高层建筑的屋面和地下工程的防水防潮以及桥梁、停车场、游泳池、隧道、蓄水池等建筑工程的防水。

2. 塑性体改性沥青防水卷材（APP）

APP 改性沥青防水卷材，属塑性体沥青防水卷材，系采用纤维毡或纤维织物为胎体，浸涂

APP 改性沥青，上表面撒布矿物粒、片料或覆盖聚乙烯膜，下表面撒布细砂或覆盖聚乙烯膜所制成的可卷曲片状防水材料。

APP 改性沥青防水卷材的分类和规格与 SBS 改性沥青防水卷材基本一致，性能指标中 APP 改性沥青防水卷材的最大拉力时延伸率偏低，低温柔度的实验温度为 -5 ℃。

APP 改性沥青防水卷材适用于工业与民用建筑的屋面和地下防水工程以及道路、桥梁等建筑物的防水，尤其适用于较高气温环境的建筑防水。

3. 改性沥青聚乙烯胎防水卷材

改性沥青聚乙烯胎防水卷材是以改性沥青为基料，以高密度聚乙烯膜为胎体，以聚乙烯膜或铝箔为上表面覆盖材料，经滚压、水冷、成型制成的防水卷材。

(1) 分类

改性沥青聚乙烯胎防水卷材按基料分为改性氧化沥青防水卷材、丁苯橡胶改性氧化沥青防水卷材、高聚物改性沥青防水卷材三类。其中改性氧化沥青防水卷材（OE）是用增塑油和催化剂将沥青氧化改性后制成的防水卷材，丁苯橡胶改性氧化沥青防水卷材（ME）是用丁苯橡胶和塑料树脂将氧化沥青改性后制成的防水卷材，高聚物改性沥青防水卷材（PE）是用 SBS、APP 等高聚物改性沥青改性后制成的防水卷材。

改性沥青聚乙烯胎防水卷材按上表面覆盖材料分为聚乙烯膜（E）、铝箔（L）两个品种，按物理性能分为 I 型和 II 型。改性沥青聚乙烯胎防水卷材按不同基料、不同上表面覆盖材料分为五个品种，见表 12-5。

表 12-5　改性沥青聚乙烯胎防水卷材品种

上表面覆盖材料	基料		
	改性氧化沥青	丁苯橡胶改性氧化沥青	高聚物改性沥青
聚乙烯膜	OEE	MEE	PEE
铝箔	—	MEAL	PEAL

(2) 规格

改性沥青聚乙烯胎防水卷材厚度分为 3 mm、4 mm 两种规格，幅宽规格为 1 100 mm，每卷面积为 11 m^2。

(3) 性能指标

改性沥青聚乙烯胎防水卷材延伸率较大，拉力、耐热度、柔度等性能指标不如弹性体改性沥青防水卷材。

(4) 使用范围

改性沥青聚乙烯胎防水卷材适用于工业与民用建筑的防水工程。上表面覆盖聚乙烯膜的卷材适用于非外露防水工程，上表面覆盖铝箔的卷材适用于外露防水工程。

4. 自黏橡胶沥青防水卷材

自黏橡胶沥青防水卷材是以 SBS 等弹性体、沥青为基料，以聚乙烯膜、铝箔为表面材料或无膜（双面自粘）、采用防粘隔离层的防水卷材。

(1) 分类

自黏橡胶沥青防水卷材按表面材料分为聚乙烯膜（PE）、铝箔（AL）与无膜（N）三种自黏卷材，按使用功能分为外露防水工程（O）与非外露防水工程（I）两种使用状态。

（2）规格

自黏橡胶沥青防水卷材的厚度分为 1.2 mm、1.5 mm、2.0 mm，幅宽为 920 mm 和 1 100 mm，每卷面积为 20 m^2、10 m^2、5 m^2。

（3）性能特点

该类卷材为无胎基防水卷材，与自黏聚合物改性沥青聚酯胎防水卷材相比，自黏橡胶沥青防水卷材具有较高的断裂延伸率，但拉力、黏结力（剪切性能）均低于自黏聚合物改性沥青聚酯胎防水卷材。该类卷材具有一定的自愈性，能自行愈合较小的穿刺破损，所以可作为坡屋面挂瓦的专用防水卷材。

（4）使用范围

聚乙烯膜为表面材料的自粘卷材适用于非外露的防水工程，铝箔为表面材料的自粘卷材适用于外露的防水工程，无膜双面自黏卷材适用于辅助防水工程。

5. 自黏聚合物改性沥青聚酯胎防水卷材

自黏聚合物改性沥青聚酯胎防水卷是以聚合物改性沥青为基料，采用聚酯毡为胎体、粘贴面背面覆以防粘材料的增强自黏防水卷材（见图 12－3）。

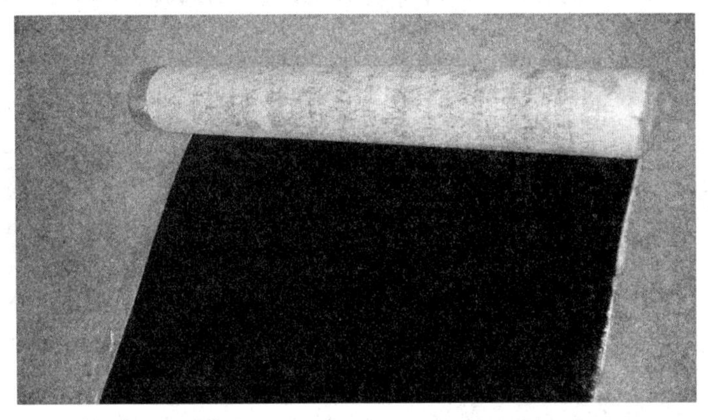

图 12－3　自黏聚合物改性沥青聚酯胎防水卷材

（1）分类

自黏聚合物改性沥青聚酯胎防水卷材按物理力学性能分为Ⅰ型和Ⅱ型（Ⅱ型的拉力和低温柔度指标比Ⅰ型高），按上表面材料分为聚乙烯膜（PE）卷材、细砂（S）卷材、铝箔（AL）卷材。

（2）规格

自黏聚合物改性沥青聚酯胎防水卷材幅宽 1 000 mm；聚乙烯膜面与细砂卷材厚度分为 1.5 mm、2 mm 和 3 mm 的，铝箔面卷材 2 mm、3 mm。每卷面积 10 m^2、15 m^2。

（3）性能特点

与 SBS 改性沥青卷材相比，自黏聚合物改性沥青聚酯胎防水卷材本身具有自黏合的功能，施工简便，容易形成全封闭的整体防水层；在材性方面，其拉力、耐热度较低，低温柔度略好。

(4) 使用范围

聚乙烯膜面、细砂面自黏聚合物改性沥青聚酯胎防水卷材适用于非外露防水工程，铝箔面自黏聚合物改性沥青聚酯胎防水卷材可用于外露防水工程，1.5 mm 自黏聚合物改性沥青聚酯胎防水卷材仅用于辅助防水。

12.2.3 合成高分子防水卷材

合成高分子防水卷材是以合成橡胶、合成树脂或两者共混为基料，加入适量的助剂和填料，经混炼压延或挤出等工序加工而成的防水卷材。其中包括以挤出法或压延法生产的均质片材及以高分子材料复合（包括带织物加强层）的复合片材和均质片材点黏合织物等材料的点黏（合）片材。

合成高分子防水卷材具有耐高、低温性能好，拉伸强度高，延伸率大，对环境变化或基层伸缩的适应性强，同时耐腐蚀、抗老化、使用寿命长、可冷施工、减少对环境的污染等特点，是一种很有发展前途的材料，在世界各国发展很快，现已成为仅次于沥青卷材的主体防水材料之一。

1. 合成高分子防水卷材的分类和性能

(1) 分类

合成高分子防水卷材按其形成方式的不同，可分为以下几类。

1）均质片　以同一种或一组高分子材料为主要材料，各部位截面材质均匀一致的防水片材。

2）复合片　以高分子合成材料为主要材料，复合织物等为保护或增强层，以改变其尺寸稳定性和力学特性，各部位截面结构一致的防水片材。

3）点粘片　均质片材与织物等保护层多点黏接在一起，黏接点在规定区域内均匀分布，利用黏接点的间距，使其具有切向排水功能的防水片材。

片材的分类见表 12-6。

表 12-6　片材的分类

分类		代号	主要原材料
均质片	硫化橡胶类	JL1	三元乙丙橡胶
		JL2	橡胶（橡塑）共混
		JL3	氯丁橡胶、氯磺化聚乙烯、氯化聚乙烯等
		JL4	再生胶
	非硫化橡胶类	JF1	三元乙丙橡胶
		JF2	橡胶（橡塑）共混
		JF3	氯化聚乙烯
	树脂类	JS1	聚氯乙烯等
		JS2	乙烯乙酸乙烯、聚乙烯等
		JS3	乙烯乙酸乙烯改性沥青共混等

续表

分类		代号	主要原材料
复合片	硫化橡胶类	FL	三元乙丙、丁基、氯丁橡胶、氯磺化聚乙烯等
		FF	氯化聚乙烯、三元乙丙、丁基、氯丁橡胶、氯磺化聚乙烯等
		FS1	聚氯乙烯等
	非硫化橡胶类	FS2	聚乙烯、乙烯乙酸乙烯等
	树脂类	DS1	聚氯乙烯等
点粘片	树脂类	DS2	乙烯乙酸乙烯、聚乙烯等
		DS3	乙烯乙酸乙烯改性沥青共混等

(2) 规格

片材的规格尺寸应符合表12－7的规定。

表12－7 片材的规格尺寸

项目	厚度/mm	宽度/mm	长度/m
橡胶类	1.0，1.2，1.5，1.8，2.0	1.0，1.1，1.2	20以上
树脂类	0.5以上	1.0，1.2，1.5，2.0	

注：橡胶类片材在每卷20 m长度中允许有一处接头，且最小块长度应不小于3 m，并应加长15 cm备作搭接；树脂类片材在每卷20 m长度内不允许有接头。

(3) 性能指标

均质片和复合片片材的主要物理性能指标应符合表12－8、表12－9的规定。

表12－8 均质片合成高分子防水卷材的主要物理性能

项目		指标									
		硫化橡胶类				非硫化橡胶类			树脂类		
		JL1	JL2	JL3	JL4	JF1	JF2	JF3	JS1	JS2	JS3
不透水性（30 min）		0.3MPa无渗漏		0.2MPa无渗漏		0.3MPa无渗漏	0.2MPa无渗漏		0.3MPa无渗漏		
扯断伸长率（%）	常温，≥	450	400	300	200	400	200	200	200	550	550
	－20 ℃	200	200	170	100	200	100	100	15	350	300
断裂拉伸强度(MPa)	常温，≥	7.5	6.0	6.0	2.2	4.0	3.0	5.0	10	16	14
	60 ℃	2.3	2.1	1.8	0.7	0.8	0.4	1.0	4	6	5
低温弯折温度（℃），≤		－40	－30	－30	－20	－30	－20	－20	－20	－35	－35

表 12－9　复合片合成高分子防水卷材的主要物理性能

项　目		指　标			
		硫化橡胶类 FL	非硫化橡胶类 FF	树脂类	
				FS1	FS2
断裂拉伸强度/（N/cm）	常温，≥	80	60	100	60
	60 ℃，≥	30	20	40	30
扯断伸长率（%）	常温≥	300	250	150	400
	－20 ℃，≥	150	50	10	10
不透水性（0.3 MPa，30min）		无渗漏	无渗漏	无渗漏	无渗漏
低温弯折温度，（℃）≤		－35	－20	－30	－20

在表 12－9 的性能指标中拉伸性能与沥青防水卷材有所不同，它是以断裂拉伸强度表示卷材所能承受的拉力，均质片和复合片的断裂拉伸强度表示方法也不相同，均质片断裂拉伸强度是卷材试样在拉伸断裂时单位受力截面的面积所承受的拉力，复合片断裂拉伸强度是卷材试样在拉伸断裂时单位受力截面的宽度所承受的拉力，分别用下式表示：

均质片断裂拉伸强度（MPa）＝断裂时拉力（N）/受力截面的面积（mm^2）

复合片断裂拉伸强度（N/cm）＝断裂时拉力（N）/受力截面的宽度（cm）

复合片防水卷材的表面有复合织物，所以试样厚度不能准确测量，无法准确计算其截面积，其断裂拉伸强度无法用 MPa 表示。

低温弯折性也是区别沥青防水卷材的一个性能，表示高分子防水卷材在规定低温下抗弯折的性能。

2. 三元乙丙橡胶（EPDM）防水卷材

三元乙丙橡胶（EPDM）防水卷材，是以乙烯、丙烯和双环戊二烯三种单体共聚合成的三元乙丙橡胶为主体，掺入适量的丁基橡胶、软化剂、补强剂、填充剂、促进剂和硫化剂等，经过配料、密炼、拉片、过滤、热炼、挤出或压延成型、硫化、检验、分卷、包装等工序加工制成的可卷曲的高弹性防水材料。由于它具有耐老化、使用寿命长、拉伸强度高、延伸率大、对基层伸缩或开裂变形适应性强以及重量轻、可单层施工等特点，因此在国外发展很快。目前在国内属高档防水材料，现已形成年产 $4\times10^6 m^2$ 的生产能力。

3. 聚氯乙烯（PVC）防水卷材

聚氯乙烯防水卷材，是以聚氯乙烯树脂（PVC）为主要原料，掺入适量的改性剂、抗氧剂、紫外线吸收剂、着色剂、填充剂等，经捏合、塑化、挤出压延、整形、冷却、检验、分卷、包装等工序加工制成的可卷曲的片状防水材料。这种卷材具有抗拉强度较高、延伸率大、耐高低温性能较好等特点，而且热熔性能好。卷材接缝时，既可采用冷黏法，也可采用热风焊接法，使其形成接缝黏结牢固、封闭严密的整体防水层。该品种属于聚氯乙烯防水卷材中的增塑型（P 型）。

聚氯乙烯防水卷材适用于屋面、地下室以及水坝、水渠等工程防水。

4. 氯化聚乙烯—橡胶共混防水卷材

氯化聚乙烯—橡胶共混防水卷材，是以氯化聚乙烯树脂和合成橡胶共混为主体，加入适量的硫化剂、促进剂、稳定剂、软化剂和填充剂等，经过素炼、混炼、过滤、压延（或挤出）成型、硫化、检验、分卷、包装等工序加工制成的高弹性防水卷材。这种防水卷材兼有塑料和橡胶的特点，它不但具有氯化聚乙烯所特有的高强度和优异的耐臭氧、耐老化性能，而且具有橡胶类材料的高弹性、高延伸性以及良好的低温柔韧性能。

5. 聚乙烯丙纶防水卷材

聚乙烯丙纶防水卷材是聚乙烯与助剂等化合热融挤出，同时在两面热覆丙纶纤维无纺布形成的卷材。其属于常见的一种复合防水卷材。

聚乙烯丙纶防水卷材具有抗渗能力、抗强度高、低温柔性好、线胀系数小、稳定性好、无毒、变形适应能力强、适应温度范围宽、使用寿命长等良好的综合技术性能。聚乙烯丙纶防水卷材突出的特点是表面粗糙均匀、易黏结，适合与多种材料的基层结合，可与水泥材料在凝固过程中直接黏合，可在基层潮湿情况下粘贴敷设，可以稳定的垂直位置附设，可以稳定的倒水平面黏结附设，并且可以在外表面进行水泥材料装修施工（如水泥砂浆抹面，粘贴瓷砖或马赛克等）；聚乙烯丙纶防水卷材施工折转半径小，易于折卷边粘贴，不折断，防水效果好，这是其他防水材料所不具备的。聚乙烯丙纶防水卷材在水泥构造中使用，具有可靠的稳定性。

聚乙烯丙纶防水卷材可以用于建筑的屋面、地下工程防水，也可用于建筑室内，如厕所、厨房、浴室、水池、游泳池，也可用于建筑墙体的防潮和地铁、隧道、堤坝等工程的防水。

12.2.4 防水卷材的施工

防水卷材采用黏结的方法铺贴于基层上。传统的石油沥青纸胎油毡是用热沥青胶进行粘贴施工，但沥青胶的熬制和施工过程，都是有毒作业，对操作者和环境都非常有害，工人劳动条件恶劣，且易发生火灾和烫伤。新型防水卷材的施工就没有这些弊病。新型防水卷材的施工方法如下。

（1）按黏结方法分类

按黏结方法的不同，新型防水卷材的施工方法分为以下几类。

1）冷黏法　冷黏法是采用胶黏剂实现卷材与基层、卷材与卷材的黏结，不需要加热，这种方法又称为卷材冷施工、冷操作、冷粘贴。

2）自黏法　自黏法即不需要加热，也不需要胶黏剂，而是利用卷材底面的自黏性胶黏剂粘贴施工。

3）热熔法　用火焰喷灯或火焰喷枪烘烤卷材底面（粘贴面）和基层表面，待卷材底面热熔后即可粘贴。如此边烘边贴，将卷材与基层、卷材与卷材相互粘紧贴实。这种施工方法要求卷材的厚度不小于4mm，以防卷材破损。

4）热风焊接法　热风焊接法是借助于热风焊机的热空气焊枪产生的高热空气将卷材的搭接边熔化后，进行黏结的施工方法。

5）冷热结合粘贴法　在施工中，防水卷材与基层的粘贴采用冷黏法施工，而卷材与卷材之间的搭接采用热熔法或热风焊接法粘贴施工。

以上的施工方法中，热施工对防水卷材有一定的破坏，所以卷材的厚度不得小于4mm，而冷施工卷材不受损坏，并且因有一层基层黏结剂而使厚度有所增加，防水能力也相应增强。具体采用何种施工方法则因防水卷材而异。合成高分子防水卷材可冷粘、热熔或热风焊，而自黏法施工则要求卷材有自黏性。冷热结合的方法适用于燃料缺乏的地区。

（2）按粘贴面积分类

按粘贴面积的不同，新型防水卷材的施工方法分为以下几类。

1）满黏法　满黏法又称全铺法。施工时，防水卷材与基层全面积粘贴，不留空隙。卷材与基层黏结紧密，成为一个防水整体，即使防水层有细微的损坏，因为没有空隙，所以仍能起到防水作用，不致渗漏。但如果基层伸缩变形或结构局部开裂变形，满粘的防水层就会受到影响。

2）空铺法　这种方法是指在防水卷材周围一定范围内粘贴，成分离状态。防水层不受基层伸缩变形和结构局部开裂变形的影响，能很好地防水。

3）条黏法　卷材与基层之间采用条状粘贴，卷材与基层之间留有和大气相通的条状空隙通道，有利于将基层的潮气排除。条状施工时，每幅卷材黏结条不能少于两条，每条宽度不应小于 150 mm。

4）点黏法　施工时，卷材与基层之间采用点状黏结，卷材与基层之间形成和大气相通的弯曲通道，可以排潮。大体来说，每平方米面积黏结点不少于 5 个，每个黏结点面积约为 100 mm^2。

从实践经验上看，防水卷材大多采用满黏法施工，卷材与基层形成一个防水整体，紧密黏结，即使有细微损坏，也不至于使周围防水层渗漏。这种施工方法适用于气候干燥、常年受大风影响的地区，如沿海多台风和北方冬天风大的地区，也适用于无重物覆盖、不上人、成外露状态的屋面防水，以及基层不易伸缩变形或整体现浇混凝土基层，同时适用于弹性和延伸性好的防水卷材。

空铺法、条黏法、点黏法是基层和防水卷材最大限度地脱开，所以基层的伸缩变形和局部结构开裂变形以及防水层因受潮或温度变化而变形对防水的影响很小，防水层不易拉断破坏，有利于排除基层潮气，比满黏法成本低，适用于有重物覆盖或能上人的屋面以及结露的潮湿表面等防水工程。

12.3　防水涂料

防水涂料是一种可以抗渗防水的柔性防水材料，是指以高分子合成材料、沥青为主要成分或主要改性成分，在常温下呈无定型流态或半流态，经涂布能在结构表面结成坚韧防水膜的物料的总称。同时防水涂料又起黏结剂作用。

12.3.1　防水涂料的性能要求与分类

防水涂料的分类还没有统一的规定。依据涂膜成型方法分为溶剂型、水乳型、复合水乳型、反应型；按照包装组分分为单组分、双组分、多组分。为了使非防水材料的专业人员在选材上易于区分，有按工程应用部位分类的分类法。目前最常用的分类法还是以材料的主要成膜物质成分进行分类及命名。

主要成膜物质分类即以高分子材料名称冠于防水材料的前面进行分类，如聚氨酯防水涂料、丙烯酸防水涂料等。这种分类方法的优点是对产品的主要成膜物质一目了然，缺点是对产品在工程使用上的差别比较含糊，不仅使一些设计、施工人员容易误解，甚至一些防水专业人员也会产生混淆。同样称为“防水涂料”，有的适用范围较为广泛，有的较为单一；有的适用于变形较大的屋面，有的仅适用于变形很小的墙面。面对众多的新型防水材料，如何正确地选择与应用尚值得研究与探讨，让防水涂料各得其所、“各司其职”，关键在于结合实际。本节对防水涂料采用工程应用及主要成膜物质双重结合分类，用户首先确定工程所需材料的使用范围，在工程应用方面按屋面、墙面、厕浴间、地下、道桥砖石结构、金属结构（包括金属护栏）分类，然后再选择相应的高分子成膜物质的产品，以有利做出正确的选择。

1. 按工程应用部位分类

(1) 屋面防水涂料

《屋面工程技术规范》（GB 50345—2012）在屋面防水等级和设防要求中规定，单一的高聚物改性沥青防水涂料及合成高分子防水涂料（注：高聚物与高分子是一个概念，这里是各按行业习惯分别称呼，以下同）作为一道防水设防，只应用于Ⅲ级及Ⅳ级屋面防水等级，即一般的建筑及非永久性建筑，对于Ⅱ级及Ⅰ级屋面防水等级的建筑物，都需要采用复合防水。即使是一道防水设防，也必须注意Ⅲ级及Ⅳ级是有区别的，也就是说，在选材及施工工法上是不同的，否则就难以理解这两类设防等级的差异。生活的改善及对自然认识的加深对屋面类型提出了更高的要求，除了坡屋面、平屋面的差异之外，还有了排汽屋面、隔热屋面、保温屋面及种植屋面等，它们对防水涂料质量、设计及施工都各有要求。

屋面防水涂料标准在国外唯有日本有明确的规定，本节仅对我国已有的防水涂料产品进行综合介绍。屋面防水涂料特点及适用范围见表 12－10。

表 12－10　屋面防水涂料特点及适用范围

<table>
<tr><th colspan="2">主要成膜物质</th><th>性能特点</th><th>适用范围</th><th>防水机理</th></tr>
<tr><td rowspan="3">聚氨脂</td><td>非外露型</td><td>双组分反应型
中等抗拉强度
中等断裂延伸率
抗老化差，以黑色为主</td><td>屋面非外露型涂膜防水，施工后需要做覆盖层</td><td rowspan="3">在屋面形成整体无接缝、有弹性的涂膜，使雨水与基层隔离，达到防水目的</td></tr>
<tr><td>外露型</td><td>双组分反应型
高抗拉强度
高断裂延伸率
抗老化性良好</td><td>屋面外露型涂膜防水，结合其他措施可作为运动场材料</td></tr>
<tr><td>单组分</td><td>单组分技术指标与双组分相同</td><td>适用家庭自己动手使用，因价格高于双组分材料，所以一般不作为工程应用</td></tr>
<tr><td colspan="2">丙烯酸酯
乙烯—醋酸乙烯（EVA）氯丁胶</td><td>水性涂料、挥发干燥型
一次施工涂膜不能太厚
色彩多</td><td>用于屋面防水卷材的面层作辅助防水，加强卷材接缝处的抗渗性并可改变卷材色彩，使屋面环境美观
它们如果用作涂膜防水材料，要达到与三毡四油相同防水效果，则厚度很大，需用涂料的总金额极高，从性价比考虑是不合适的</td><td>作卷材的辅助防水。虽然这些涂膜指标相近，但由于它们与不同防水卷材的相容性不同，所以需要在其中选择相容性良好的材料</td></tr>
</table>

续表

主要成膜物质	性能特点	适用范围	防水机理
橡胶沥青（溶剂型）	厚质、含固量高，优良的延伸率，与改性沥青防水卷材及基层的黏合力优良	防水卷材的冷胶黏剂临时建筑物的屋面防水涂料	延伸率极佳的防水膜与卷材和基层都有良好的黏结力

（2）墙面防水涂料

任何新材料的推出必定有其相应的辅助措施，有的是设计方案，有的是配套材料，有的是施工顺序或施工方法。新型建筑材料在墙面的应用过程中，设计上没有采取相应的墙面防水措施是近几年墙面渗漏大幅度增加的主要原因。因此，外墙防水涂料是新型建筑材料不可缺少的一种防水材料，外墙防水涂料要求与墙面基层有优良的附着力、抗冲击、耐老化、抗流挂。因为墙面位移较小，所以不需要防水涂料有很高的断裂延伸率，但需要有优良的回弹性保证涂层不起皱，不影响墙面美观。墙面防水涂料特点及适用范围见表 12－11。

表 12－11 墙面防水涂料特点及适用范围

主要成膜物质	性能特点	适用范围	防水机理
丙烯酸酯	水性、薄质、彩色、单组分	彩色外墙防水涂料	在建材表面形成憎水膜
乙烯—醋酸乙烯			
聚合物水泥（JS）	双组分、厚质，可现场调制，与混凝土墙面黏结力强	墙面防水涂料，对裂缝较大的基层有嵌缝作用	聚合物与水泥共同组成防水层
有机硅	白色乳液、中性、pH 值为 6～8	马赛克、面砖墙面渗漏的治理	通过 Si-O-Si 基团朝向建筑物的含硅基团，烷基基团向外，产生憎水效果，在归置建材表面形成憎水层
渗透结晶材料	无色透明的水剂，碱性强，pH 值为 12～13，必定含有催化剂	水泥基层墙面渗漏的治理，对马赛克、面砖易造成失光	堵塞水泥基层毛细孔

按建筑装饰涂料标准，对外墙装饰防水涂料又分为外装饰防水合成树脂乳液系薄质装饰涂料、防水合成树脂乳液系复合层装饰涂料、防水反应固化型合成树脂乳液系复合层装饰涂料、防水合成树脂溶液系复合层装饰涂料四类。

（3）厕浴间防水涂料

厕浴间的防水基层面积小、非外露，外界无腐蚀介质，温差变化小，从这些方面衡量，对防水涂料的要求相对讲没有特殊要求，凡可以作为屋面的防水涂料几乎都可以用于厕浴间。但是，厕浴间基层管道多，形状复杂，所以特别适合防水涂料优势的发挥。厕浴间的防水施工必须注意管道与基层之间节点以及周边的密封。

(4) 地下防水涂料

地下防水工程不仅仅是指高层建筑的地下室、隧道、地铁、游泳池，还包括地下商业街、人行过街地道、地下停车场、地下变电所及新颖的地下景观工程。

屋面防水无论是有组织排水或无组织排水，一般对防水层形成不了渗透压，即使是蓄水屋面，渗透压力也很小，而地下防水的渗透压就大得多，因此地下工程防水应比屋面防水要求更高更严格。一般讲，防水涂料不单一地用于地下防水工程，只作为复合防水体系中的一道防水。

地下工程防水应该以结构自防水为主，防水涂料或防水卷材只能作为附加防水层，是一种辅助防水，也可以起到保护混凝土主体结构的作用。由于地下工程防水具有不可替代性，一旦出现问题就难以返修，而且地下与地面的环境也不相同，使地下防水工程与屋面防水工程对材料的要求有较大不同。地下工程不受紫外线照射，常年温度变化较小，但长期处于腐蚀介质、生物细菌及地表水的包围之中，因此，防水涂料的选择要点是：①具有良好的耐水性、耐久性、耐腐蚀性及耐菌性；②无毒、难燃、低污染；③无机防水涂料应具有良好的湿干黏结性、耐磨性和抗刺穿性，有机防水涂料应具有较好的延伸性及较大的适应基层变形能力。地下防水涂料特点及适用范围见表12－12。

表12－12　地下防水涂料特点及适用范围

主要成膜物质	性能特点	适用范围	防水机理
有机硅	无毒、对地下水不产生污染	地下建筑工程的外防水	有机硅形成防水膜，隔绝地下水源与建筑物的联系
聚合物水泥（JS）（聚氨酯水泥列入本系列）	与水泥基层黏结力强，施工后不容易起鼓	地下建筑工程的外防水及内防水	聚合物与水泥共同组成防水层
聚醚型聚氨酯	较好的延伸性及较大的适应基层变形能力	游离含量低的聚氨酯可用于外防水，否则用于内防水	形成完整的有弹性的聚氨酯防水膜

(5) 道桥用防水涂料

建筑工程多样性在我国发展最快、表现最突出的是道桥的迅速发展，但很多桥梁因缺少防水或防水措施不力造成桥面渗水、钢筋锈蚀并因此导致混凝土胀裂，铺装层剥落，碱-骨料反应等严重质量问题，严重影响桥梁的使用寿命及安全。沥青路面也不像通常人们所想象的那样“沥青是防水材料，所以沥青路面是防水的”。事实上，沥青路面会因种种原因而损坏，见表12－13。

表12－13　沥青路面损坏原因分析

损坏原因		机理及内容	造成后果
化学原因	氧化反应	沥青有机物氧化改变了沥青的化学和物理特性	使沥青机体变硬，从而导致裂缝的形成
	紫外线	深层破坏沥青的有机化学长链	使沥青分子老化
	氯离子	从抗冻盐进入路面的氯离子渗入沥青道路	加快了沥青道路的氧化过程
	低质量沥青	芳香族化合物含量低	沥青黏结力差

续表

物理原因	温度变化	由膨胀及收缩引起疲劳	沥青老化
	行车问题	汽车超载运行使路面载荷增加	加速路面的破坏
	水渗透	水渗入沥青并传递	沥青和骨料间黏结强度下降
水和沥青间的作用	分离	极性反应	沥青和骨料间黏结强度下降
	毛细孔	在潮湿情况下，车辆活动压力引起空隙爆裂	路面结构破坏
	冻融循环	造成疲劳应力	沥青路面破坏和功能恶化
	膨胀	水使黏土膨胀，冲掉泥土及腐蚀骨料	使地基松动，不能为道路提供适当支持
	裂缝	裂缝出现使更多的水进入基体进行破坏	最终导致空穴和凹坑

从表12－13可知，使用路桥防水材料是非常必要的，它的使用条件也与一般建筑防水材料有所不同：对有沥青混凝土铺装层的道桥，使用时不但有温度影响，还有石子碾压，所以需要抗高温和抗硌破；在使用过程中，还需要经受车辆的荷载及行驶时各种应力的作用，有些是水泥路面或桥面，在它们上面的防水措施更要求新颖的有针对性的防水材料（包括防水涂料）来满足工程需要。防水层应与基层黏结良好，并在道桥的动态变化下具有对细微裂缝的修补能力和较高的抗剪切能力，在坡度较大的路段要满足构造要求，材料不能因流淌而造成薄厚不均。

（6）其他

1）砖石结构用防水涂料　砖石结构用防水涂料多数用于建筑物原貌的保护，因此对涂料的透明度及色泽有一定的要求。某些建筑物的砖石结构部位也要求采用防水涂料，这些部位的位移小，不需要很厚的涂层，通常都采用水性防水涂料。

2）金属结构（包括金属护栏）用防水涂料　金属结构的防护在我国往往列入化工油漆类，很少金属建筑防水涂料中提及，但随着金属材料在建筑物上的应用的普及，需要用防水涂料保护之处也越来越多，很多国家已将保护建筑物金属部位的涂料纳入防水涂料范畴，其中最为广泛的是隔热反光防水涂料。它是以沥青为基料的溶剂型涂料，施工后可以在瞬间形成表面光亮的保护层，起隔热防水作用，在我国已有多种国外品牌出现。为了使屋面处于“冷”状态，高反射屋面涂料不仅要有高的反射率和高辐射率，还必须能在尽量长的时间内保持这些性能，因此选材是关键。

2. 按材料主要成膜物质分类

（1）丙烯酸系防水涂料

目前在市场上溶剂型产品已经消失，丙烯酸系防水涂料主要是乳液型产品。它以丙烯酸酯乳液为基料，可与多种高分子乳液及无机胶凝物复合成防水涂料，其中硅丙防水涂料占有重要地位，有机硅改性对材料的多项性能有显著提高，耐污染性能改善使它作为外墙弹性防水涂料确立了优势地位。丙烯酸系防水涂料生产工艺简单，设备投资小，施工方便，可在潮湿基层施工。

丙烯酸系防水涂料施工后，通过水分挥发，高分子微粒靠近，接触变形，最后聚集而形成无接缝的防水膜，达到防水目的。该产品主要作用于外墙防水，与水泥组合成聚合物水泥防水涂料，应用比较广泛，施工工艺随各应用场合而变化。单一丙烯酸系防水涂料也有用于防水卷材上面的，以改善接缝性能，保护卷材免受大气及紫外线的侵蚀，延长卷材使用寿命以及赋予其色彩。如果将它作为独立的防水层，承担屋面或地下的全部柔性防水功能，从性价比考虑是得不偿失的。

丙烯酸系防水涂料是乳液型产品，很多资料及产品说明书仅根据这一点就宣传它属于环保产品，但实际情况并非如此，此类材料的原料丙烯酸酯在合成时使用的一些原材料毒性就不小，聚合后的丙烯酸酯仍含有部分游离单体，所以笼统地将它归入环保产品并没有科学依据。此外，我国是一个水资源缺少的国家，水性涂料与人类争夺洁净水资源，这是一个严重问题，一味强调对环境的影响而无视对人类生存需要造成的危害，也是不恰当的。

（2）聚氨酯系防水涂料

聚氨酯系防水涂料是防水涂料中最重要的一类产品，从包装上分为单组分、双组分、多组分，无论哪一种都是依赖聚氨酯预聚体在现场施工与固化剂交联成膜，达到防水目的。双组分聚氨酯防水涂料是屋面涂膜防水的典型产品。单组分聚氨酯防水涂料在工程现场吸收空气中的水汽达到固化目的（此时的水作为固化剂），此类材料虽与双组分材料有相同的技术性能指标，但储存期短、价格高，属于自己动手的修补材料，从性价比考虑很少用于工程防水。

聚氨酯防水涂料品种多，施工工法也不少，可以用于很多建筑物和构筑物，如屋面、厕浴间、过道、运动场、停车场等处。在日本，聚氨酯防水膜用于新建建筑：外露屋面防水占9.4%，用于敞廊、房檐占58.5%，浴室占8.9%，其他部位占33.0%，而用于地下防水仅占2.1%，敞廊、房檐占59.2%，浴室占21.6%，其他部位占44.5%，而用于地下仅占3.3%。但是，在我国，聚氨酯防水涂料用于地下防水占有很大比例，由于预聚体中含有游离TDI，一些生产企业在固化剂中添加了部分有毒物质，长期积累对地下水将造成污染，应当引起重视。

（3）有机硅系防水涂料

有机硅系防水涂料是一种乳液型防水涂料。它的成膜也依赖于施工后水的蒸发和渗透，颗粒密度增大而失去流动性，干燥过程继续进行，过剩水分继续失去，乳液颗粒渐渐彼此接触集聚，在交联剂、催化剂作用下，不断进行交联反应，最终形成均匀致密的橡胶状弹性膜。有机硅涂膜具有呼吸特性，允许基层内部的潮气排出，同时又能防止外部的水穿透涂层进入建筑物内部，因此，此类涂料在潮湿基层施工时就不易产生鼓泡现象（涂膜在潮湿基层施工过程中鼓泡是容易发生的现象）。硅橡胶作为主要成膜物质的产品安全无毒性，多用于地下防水工程。

（4）橡胶改性沥青防水涂料

《水性沥青基防水涂料》（JC 408—91）中有水性石棉沥青防水涂料、膨润土沥青乳液、石灰乳化沥青、氯丁胶乳沥青、水乳性再生胶沥青涂料及用化学乳化剂配制的乳化沥青。它们曾经在20世纪70年代末至80年代初风靡我国防水材料市场，但是，由于这些材料性能指标较低，再加上当时的历史条件造成一些企业急功近利，材料质量一再下降，使用范围却不断扩大，以致一些防水工程出现严重渗漏，全面影响了这些材料的声誉，大量生产企业和产品退出了防水材料市场。

由于沥青的耐久性及与各种建筑材料的黏结性好，适用于多种基层，毒性小，价格便宜，并与多种高分子材料有极好的相容性，因此，高分子改性沥青防水涂料不断被开发出来。为适应这种形势，对JC/T 408—91标准进行了修订，《水性沥青基防水涂料》（JC 408—2005）正式发布。

橡胶改性沥青防水涂料有先将橡胶及沥青分别乳化再混合的（简称胶乳沥青）和将橡胶对沥青改性后再进行乳化的（简称改性沥青乳液）两种。两者虽然都是沥青和橡胶的混合物，但它们的微观结构明显不同：在胶乳沥青涂膜中，沥青相和橡胶相是截然分开的两相，两相之间存在着界面或模糊界面；在改性沥青乳液涂膜中，微观上是橡胶大分子的部分链段被沥青的低分子组分所溶胀或溶解，另一部分链段凝聚成聚集区，由此形成网络，这种网络不具有明显的界面，而是在溶胀区内大分子链的交织。

12.3.2　常用的防水涂料

常用的防水涂料有沥青类、高聚物改性沥青类、聚氨酯类、硅橡胶类、丙烯酸乳液类等。防水涂料如图12－4所示。

图12－4　防水涂料

视频：防水涂料

1. 沥青类防水涂料

沥青类防水涂料是以沥青为基料配制而成的水乳型或溶剂型防水涂料。

(1) *石灰乳化沥青防水涂料*

石灰乳化沥青防水涂料是以石油沥青（主要用60号）为基料，以石灰膏（氢氧化钙）为分散剂，以石棉绒为填充料加工而成的一种沥青浆膏（冷沥青悬浮液），外观为黑褐色膏体。我国建筑部门用石灰乳化沥青作为膨胀珍珠岩颗粒的黏结剂制造保温预制块，或者直接在现场浇制保温层，使保温材料获得较好防水效果。

石灰乳化沥青，由于生产工艺简单，一般都在施工现场配制使用。石灰乳化沥青防水涂料原材料来源充分，生产工艺简单，成本较低，生产及施工操作安全，容易做成后涂层，涂层有较好的耐候性。

石灰乳在沥青防水涂料主要用途是与聚氯乙烯胶泥等接缝材料可用于保温或非保温无砂浆找平层屋面等工程的防水；可作为膨胀珍珠岩等保温材料的黏结剂，做成沥青膨胀珍珠岩等保温材料。

(2) *水性石棉沥青防水涂料*

水性石棉沥青防水涂料又称石棉乳化沥青防水涂料，是将熔化沥青加到石棉与水组成的悬浮液中，经强烈搅拌制得的厚质防水涂料。其外观是黑灰色稠厚膏浆，密度为1.05～1.15 g/ml，固含量大于50%，耐热度能达到90 ℃以上，具有较强的黏结力，在0.8MPa的动水压下4 h不透水。

水性石棉沥青防水涂料可形成较厚的涂膜，由于含有石棉纤维，故其贮存稳定性、耐水性、耐裂性、耐候性等较好，可在潮湿而无积水基层上涂布，无毒、无味，操作简便、安全，成本低。

水性石棉沥青防水涂料适用于民用建筑及工业厂房的钢筋混凝土屋面防水，也可用于地下室、楼层卫生间、厨房防水层等处。

2. 高聚物改性沥青防水涂料

高聚物改性沥青防水涂料是以沥青为基料，用合成橡胶、再生橡胶、SBS对沥青进行改性制成的防水涂料。高聚物改性沥青防水涂料也称橡胶类防水涂料，其成膜物质中的胶黏材料是沥青和橡胶（再生橡胶或合成橡胶等）。该类涂料有溶剂型和水乳型两类。

（1）溶剂型氯丁橡胶沥青防水涂料

溶剂型氯丁橡胶沥青防水涂料又名氯丁橡胶—沥青防水涂料，是我国新型防水材料中出现较早的一个品种。溶剂型氯丁橡胶沥青防水涂料是氯丁橡胶和石油沥青溶化于甲基（或二甲苯）而形成的一种混合胶体溶液，主要成膜物质是氯丁橡胶和石油沥青。其外观为黑色黏稠液体，低温柔韧性较好，耐候性、耐腐蚀性强，延伸性好，适应基层变形能力强。可在低温下冷施工，简单、方便，形成涂膜快且致密完整。但成本高，氯丁橡胶来源有限，而且甲苯等易燃、有毒、价格贵，目前产量很少。

溶剂型氯丁橡胶沥青防水涂料用于工业及民用建筑混凝土屋面防水层，楼层浴厕、厨房间防水，防腐蚀地坪的隔离层，水池、地下室等的抗渗防潮。

（2）水乳型氯丁橡胶沥青防水涂料

水乳型氯丁橡胶沥青防水涂料又名氯丁胶乳沥青防水涂料，是以阳离子型氯丁胶乳与阳离子型沥青乳液混合构成，氯丁橡胶及石油沥青的微粒借助于阳离子型表面活性剂的作用，稳定分散在水中而形成的一种深棕色乳状液。水乳型氯丁橡胶沥青防水涂料以水为溶剂，成本低，不燃爆，无毒，是我国防水涂料中的主要品种之一，目前产量越来越大。

水乳型氯丁橡胶沥青防水涂料可在潮湿面进行施工，主要用于工业及民用建筑混凝土屋面、厕所、厨房及室内地面防水，地下混凝土工程防潮抗渗，沼气池防漏气，旧屋面防水工程的翻修，防腐蚀地坪的防水隔离层。

3. 聚氨酯防水涂料

以异氰酸酯基（—NCO）与多元醇、多元胺及其他含活泼氢的化合物进行加成聚合（或称逐步聚合）nOCN—R—NCO + Nho—R′→—（OCN—R—NH—COOR′—O—）n，生成的产物含有氨基甲酸酯基（—NH—COO—）为氨基键，故称聚氨酯。

聚氨酯防水涂料是防水涂料中最重要的一类，无论是双组分还是单组分都属于以聚氨酯为成膜物质的反应型防水涂料，聚氨酯防水涂料固化后具有卷材的一些性能，具体见表12－14。它具有耐水解性、可延伸性、流展性、耐老化性、适当的强度和硬度。因此，它几乎满足作为防水材料的全部特性要求。双组分聚氨酯防水涂料则多数用于建筑的砖石结构、金属结构部分及聚氨酯屋面防水的修补。从性能比考虑，单组分聚氨酯防水涂料在经济发达国家基本上不在屋面防水工程中应用。

表 12－14　聚氨酯防水涂料的技术性能

序号	项　目		一等品	合格品
1	拉伸强度/MPa		>2.45	>1.65
2	断裂伸长率（%）		>450	>300
3	撕裂伸长率/（N/mm^2）		≥12	≥14
4	低温弯折性		－35 ℃无裂纹	－30 ℃无裂纹
5	不透水性（0.3MPa，30 min）		不透水	
6	固体含量（%）		≥94	
7	表干时间/h		≤4	
8	实干时间/h		≤12	
9	加热伸长率（%）	伸长	1.0	
		缩短	<4.0	<6.0
10	潮湿基面黏结强度/MPa		0.50	

聚氨酯防水涂料固化前为无定形黏稠状液态物质，在任何复杂的基层表面均易于施工，对端部收头容易处理，防水工程质量易于保证；几乎不含溶剂，体积收缩小，形成较厚的涂膜，无接缝整体性强；操作简单安全，具有橡胶弹性，延伸性好，抗拉强度和抗撕裂强度高。但是其成本高，有一定的可燃性和毒性。

聚氨酯防水涂料适用于各种屋面防水工程，地下建筑防水工程、厨房、浴室、卫生间防水工程、水池、游泳池防漏，地下管道防水、防腐蚀等。

4. 硅橡胶防水涂料

硅橡胶防水涂料是以硅橡胶乳液及其他乳液的复合物为主要基料，掺入无机填料及各种助剂配制而成的乳液型防水涂料。该涂料兼有涂膜防水和浸透型防水材料两者的优良性能，具有良好的防水性、渗透性、成膜性、弹性、黏结性和耐高低温性。

硅橡胶防水涂料可在任何复杂的表面施工，可形成抗渗性较高的连续防水膜，且具有无毒、无味、不燃的优点，在潮湿的地方可施工，操作简单，维修方便，耐候性好。但是其成本高，低于 5 ℃不宜施工。

硅橡胶防水涂料主要用于屋面防水，地下工程、输水和贮水构筑物、卫生间等的防水、防潮。

5. 丙烯酸乳液防水涂料

丙烯酸乳液防水涂料是以丙烯酸树脂乳液为主体，加入各种助剂，有些还加入某些橡胶乳液等作为改性剂配制而成的。丙烯酸乳液防水涂料的技术性能见表 12－15。

表 12－15　丙烯酸乳液防水涂料的技术性能

序号	实验项目	指　标	
		1 类	2 类
1	抗拉强度/MPa	≥1.0	≥1.5
2	断裂延伸率（%）	≥300	≥300

续表

序号	实验项目		指　标	
			1类	2类
3	低温柔度（绕直径10mm棒）		-10 ℃无裂纹	-20 ℃无裂纹
4	不透水性（0.3 MPa，0.5h）		不透水	
5	固体含量（%）		≥65	
6	干燥时间/h	表干时间	≤4	
		实干时间	≤8	
7	加热伸缩率（%）	伸长	≤1.0	
		缩短	≤1.0	

丙烯酸乳液防水涂料能在复杂的基层表面施工，在橡胶沥青类等黑色防水层上有较好的附着力；能改善室内热环境，涂料无毒、无味，不易燃，可冷施工；操作简单，施工速度快，劳动强度低，维修方便。高弹性丙烯酸乳液防水涂料具有以下特点：

① 弹性高，能抵御建筑物的轻微震动，并能覆盖热胀冷缩、开裂、下沉等原因产生的小于8mm的裂缝；

② 可在潮湿基面上直接施工，适用于墙角和管道周边渗水部位；

③ 黏结力强，涂料中的活性成分可渗入水泥基面中的毛细孔、微裂纹并产生化学反应，与底材融为一体而形成一层结晶致密的防水层；

④ 环保、无毒、无害，可直接应用于饮用水工程；

⑤ 耐酸、耐碱、耐高温，具有优异的耐老化性能和良好的耐腐蚀性；能在室外使用，有良好的耐候性。

12.4　建筑密封材料

建筑密封材料又称嵌缝材料。建筑施工中的施工缝、构件连接缝、建筑物的变形缝等，必须填充黏结性好、弹性好的材料，使这些接缝保持较高的气密性和水密性，这种材料就是建筑密封材料。

建筑密封材料应满足两个条件：首先是收缩自如，能适应接缝位移并保持有效密封的变形；其次是接缝位移过程中不产生黏结破坏和内聚破坏。在建筑防水工程中，密封材料处于长期水浸的状态时，也应满足上述两个条件。建筑密封膏如图12-5所示。

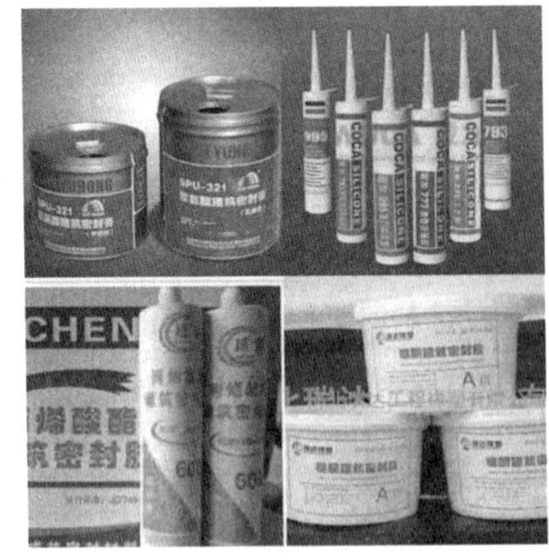

图12-5　建筑密封膏

视频：建筑密封膏

12.4.1　密封材料的分类

防水密封材料品种繁多，组成复杂，形状各异，因研究者所研究的方法、角度不同，故对其有多种分类方法；即使是从同一角度进行分类，不同学者的分类亦有一定的差异。随着密封技术的进步、各种新材料的开发以及新产品的应用，防水密封材料的分类也将进一步得到深化。

表 12－16　建筑防水密封材料的分类

<table>
<tr><th colspan="3">材料类型</th><th>品名举例</th></tr>
<tr><td colspan="3" rowspan="2">油基类密封材料</td><td>马牌油膏</td></tr>
<tr><td>桐油厚质防潮油</td></tr>
<tr><td rowspan="5">高聚物改性沥青密封材料</td><td colspan="2" rowspan="3">石油沥青类</td><td>丁基橡胶改性沥青密封膏</td></tr>
<tr><td>SBS 改性沥青弹性密封膏</td></tr>
<tr><td>再生橡胶沥青嵌缝密封膏</td></tr>
<tr><td colspan="2" rowspan="2">焦油沥青类</td><td>聚氯乙烯胶泥（PVC 胶泥）</td></tr>
<tr><td>塑料油膏</td></tr>
<tr><td rowspan="11">合成高分子密封材料</td><td colspan="2" rowspan="8">非定形密封材料</td><td>硅橡胶（聚硅氧烷）密封胶</td></tr>
<tr><td>聚氨酯密封胶</td></tr>
<tr><td>聚硫密封胶</td></tr>
<tr><td>丙烯酸酯密封胶</td></tr>
<tr><td>丁基密封胶</td></tr>
<tr><td>氯磺化聚乙烯密封胶</td></tr>
<tr><td>氯丁密封胶</td></tr>
<tr><td>丁苯密封胶</td></tr>
<tr><td rowspan="3">定形密封材料</td><td>橡胶类</td><td>橡胶止水带
遇水膨胀橡胶</td></tr>
<tr><td>树脂类</td><td>塑料止水带</td></tr>
<tr><td>金属类</td><td>不锈钢止水带、铜片止水带</td></tr>
</table>

如表 12－16 所示，合成高分子建筑防水密封材料的分类密封材料按其形态可分为定形密封材料和非定形密封材料两大类。

定形密封材料是具有一定形状和尺寸的密封材料。它是根据工程要求而制成的各种带、条、垫状的密封材料，应用于建筑领域的主要产品有止水带、建筑密封垫、遇水膨胀橡胶等。非定形密封材料即密封胶，又称密封膏、密封剂，是溶剂型、乳液型、化学反应型等黏稠状的密封材料，美国混凝土协会（ACI）称为现场成型密封膏。多数非定形密封材料是以橡胶、树脂等高分子合成材料为基料制成的，包括弹性的和非弹性的密封膏、密封腻子和液体密封垫料等产品。

12.4.2 常用密封材料

1. 建筑防水沥青嵌缝油膏

建筑防水沥青嵌缝油膏是以石油沥青为基料，加入改性材料、填充材料和稀释剂混合而成的一种冷用膏状防水材料。掺入的改性材料有硫化鱼油和废橡胶粉，填充材料有滑石粉和石棉绒，稀释剂有机油、松节油等。油膏有一定的延伸性和耐久性，弹性较差。

沥青嵌缝油膏主要用于各种混凝土屋面板、墙板等构件节点以及各种变形缝、裂缝的防水密封。使用时应注意的事项有以下几点：

① 贮存、操作远离明火，施工中如因温度过低使膏体变稠而难以操作时，可以间接加热使用；

② 使用时除配松焦油外，不得用汽油、煤油等稀释，以防止降低油膏黏度，亦不得戴粘有滑石粉和机油的湿手套操作；

③ 用后的余料应密封，在 5 ~ 25 ℃室温中存放，贮存期为 6 ~ 12 个月。

2. 聚氨酯建筑密封膏

聚氨酯建筑密封膏是以聚氨基甲酸酯聚合物为主要成分的双组分反应型的密封材料。这种密封膏能在常温下固化，并有优良的弹性延伸性及耐热、耐寒和耐久、耐疲劳的性能，与混凝土、木材、玻璃塑料和金属等多种材料都有很好的黏结效果。聚氨酯建筑密封膏按流变性能不同分为 N 型（非下垂型）和 L 型（自流平型）两种。

聚氨酯建筑密封膏主要用于建筑屋面、墙板、地板、窗框、卫生间的接缝密封，也适用于混凝土结构的伸缩缝、沉降缝和高速公路、机场跑道、桥梁等土木工程的嵌缝密封。

3. 聚氯乙烯防水接缝材料

聚氯乙烯防水接缝材料是以聚氯乙烯树脂和焦油为基料，掺入适量的填充材料和增塑剂、稳定剂等改性材料，经塑化或热熔而成的。产品呈黑色黏稠状或块状，按加工工艺不同分为热塑型（如 PVC 胶泥）和热熔型（如塑料油膏）。其技术性能应符合《聚氯乙烯防水接缝材料》JC/T 798—1997 的要求。

聚氯乙烯防水接缝材料具有良好的弹性、延伸性及抗老化性能，与水泥砂浆、水泥混凝土基面有较好的黏结效果。它适应屋面振动、伸缩、沉降引起的变形需要，可用于建筑物和构筑物各种接缝处的防水。

4. 丙烯酸酯密封膏

丙烯酸酯密封膏是以丙烯酸酯乳液为基料，掺入增塑剂、分散剂、碳酸钙等配制而成的建筑密封膏。这种密封膏弹性好，能适应一般基层伸缩变形的需要。其耐候性能优异，使用年限在 15 年以上；耐高温性能好，在 -20 ~ +140 ℃情况下，长期保持柔韧性；黏结强度高，耐水、耐酸碱，并有良好的着色性。其适用于混凝土、金属、木材、天然石料、砖、瓦、玻璃等的密封防水。其主要技术性质应符合《丙烯酸酯建筑密封膏》（JC 484—2006）的规定。

丙烯酸酯密封膏属中等性能的密封膏，它的突出特点是除具有足够的密封性能外，有更好的黏结性能。但它的柔韧性较差，不能适应接缝大幅度运动。如果制成柔软性品级又会失去优良的黏附性能，这是有待进一步解决的问题。

丙烯酸酯密封膏适用于门、窗框与墙体的接缝密封，钢、铝、木窗与玻璃间的密封；适用于刚性屋面伸缩缝、内外墙拼缝、内外墙与屋面接缝、管道与楼层面接缝、混凝土外墙板以及屋面板构件接缝、卫生间等的防水密封。

5. 硅酮建筑密封膏

硅酮建筑密封膏是由有机聚硅氧烷为主剂，加入硫化剂、促进剂、增强填充料和颜料等组成的。硅酮建筑密封膏分单组分与双组分两种，两种密封膏的组成主剂相同，而硫化剂及其固化机理不同。其主要技术性质应符合《硅酮建筑密封膏》（GB/T 14683—2003）的规定。

硅酮建筑密封膏具有耐高低温（-50 ℃ ~ +150 ℃）和耐老化等特点，能与玻璃、陶瓷、金属、水泥制品等牢固黏结。

以下是硅酮建筑密封膏的主要用途。

① 高模量硅酮建筑密封膏主要用于建筑物的结构型密封部位，如高层建筑物大型玻璃幕墙、隔热玻璃黏结密封以及建筑物门窗和框架周边密封。

② 中模量硅酮建筑密封膏除了具有极大伸缩性的接触不能使用之外，在其他场合都可以用。

③ 低模量硅酮建筑密封膏主要用于建筑物的非结构型密封部位，如预制混凝土墙板、水泥板、大理石板、花岗石的外墙接缝、混凝土与金属框架的黏结、卫生间、高速公路接缝防水密封等。

12.4.3 密封材料的使用方式

密封材料的使用方式分嵌入接缝和覆盖接缝两种。

（1）嵌入接缝

建筑接缝的深宽比设计为0.5 ~0.7，缝底放置填充材料以控制密封材料的嵌入深度，填充材料上覆盖隔离材料以防止密封材料与缝底黏结。为防止接缝位移时密封材料溢出接缝表面，密封材料的嵌入深度宜低于接缝表面1 ~2mm。

密封材料与接缝两侧的基层应牢固黏结，接缝位移时密封材料随之伸缩，从而使接缝达到水密、气密的效果。这种接缝密封适用于防水砂浆之间、防水混凝土之间以及防水砂浆、防水混凝土与金属（塑料）构（配）件之间的接缝密封。

（2）覆盖接缝

密封材料黏结于接缝两侧的基层上覆盖接缝，当接缝发生位移时，密封材料随之伸缩，从而使接缝达到水密、气密的效果。这种接缝密封适用于卷材之间、卷材在女儿墙和金属（塑料）构（配）件上收头的接缝密封。

《屋面工程技术规范》（GB 50345—2012）对密封材料下了如下定义：能承受接缝位移以达到气密、水密目的而嵌入建筑接缝中的材料。根据定义，密封材料应“嵌入”建筑接缝中。该规范的条文说明中，建议接缝深宽比例为0.5 ~0.7。可以看出，该定义主要针对密封材料的第一种使用形式。

覆盖材料的密封形式在《屋面工程技术规范》（GB 50345—2012）中有大量的设计，密封材料并没有嵌入接缝中，或者接缝的深宽比与规定的0.5 ~0.7 相差甚远，因此，把密封材料规定为“嵌入”接缝中，没有包含密封材料的全部使用形式，似有不妥，值得商榷。

12.4.4 密封材料在建筑防水工程中的应用部位

把密封材料应用到合理的工程部位，不仅可以使密封材料发挥应有的功能，而且可以避免浪费。密封材料在建筑防水工程中的应用部位见表12 - 17。

表 12-17　密封材料在建筑防水工程中的应用部位

必须设计密封材料的工程部位	不必设计密封材料的工程部位
柔性防水材料之间接缝 刚性防水材料之间接缝 柔性防水材料与刚性防水材料之间的接缝 柔性或刚性防水材料与塑料或金属构（配）件之间的接缝 塑料或金属构（配）件之间的接缝	结构层之间的接缝密封 找平层之间的接缝密封 找平层和塑料或金属管（构）件之间的接缝密封 防水层或防水构（配）件和不具备防水性能的墙体、梁柱之间的接缝密封

12.5　刚性防水材料

刚性防水技术是指以水泥、砂、石为原料并掺入少量外加剂或高分子聚合物材料，通过调整配合比，降低孔隙率，改善孔结构，或通过补偿收缩，提高混凝土的抗裂防渗能力，使混凝土构筑物达到防水要求的技术。

刚性防水技术的特点是可根据不同的工程构造采取不同的做法，施工简便，造价较低，易于维修，防水耐久性好。所以，在土木建筑中刚性防水占很大比例。但由于普通水泥有收缩开裂的缺陷，因此要求设计周密。

为克服水泥收缩开裂的缺点，20 世纪 70 年代后，国内外在膨胀水泥或普通水泥中掺入膨胀剂配制成补偿收缩混凝土（砂浆），较好地解决了刚性防水技术存在的一系列问题。刚性防水材料如图 12-60 所示。

图 12-6　刚性防水材料

视频：刚性防水材料

12.5.1　膨胀水泥

刚性防水材料的主要基材是普通水泥，从抗渗性能看，硅酸盐水泥和普通硅酸盐水泥比矿渣水泥和火山灰水泥好。所以，在国内许多防水工程都采用普通水泥作为胶结材料。然而，普通水泥的抗拉强度低，变形小，易于收缩开裂，往往破坏结构的整体防水。

在水化和硬化过程中产生体积膨胀的水泥属膨胀水泥。一般硅酸盐水泥在空气中硬化时，体积会发生收缩。收缩会使水泥石结构产生微裂缝，降低水泥石结构的密实性，影响结构的抗渗、抗冻、抗腐蚀等。膨胀水泥在硬化过程中体积不会发生收缩，还略有膨胀，可以消除由于收缩带来的不利后果。

以膨胀水泥为胶结料配制而成的防水混凝土称为膨胀水泥防水混凝土。膨胀水泥在水化过程中会生成大量的水化硫铝酸钙，使混凝土在硬化初期便产生体积膨胀，在约束条件下改善混凝土的孔结构，并使总孔隙率降低，毛细孔径减小，从而提高混凝土的密实性和抗渗性。我国目前使用较多的膨胀水泥有明矾石膨胀水泥、硅酸盐膨胀水泥和石膏矾土膨胀水泥等。这些水泥由于膨胀性较大，除用于配制防水混凝土外，还常用于补偿收缩混凝土。采用膨胀水泥作为刚性防水的基材，较好地解决了刚性防水材料的收缩开裂问题。

以下是膨胀水泥防水混凝土的性能特点。

① 由膨胀水泥配制的混凝土在水中自由膨胀率为（8～10）$\times 10^{-4}$，可在混凝土中建立 0.2～0.6 MPa 的自应力，满足补偿收缩要求，减少或防止混凝土收缩开裂。

② 膨胀水泥混凝土抗渗标号大于 S30，又称自防水混凝土。用该水泥配制自防水混凝土，省工省料，缩短工期，且耐久性好。

③ 新型膨胀水泥早期强度高，后期强度增加较大，长期强度稳定上升。

④ 膨胀水泥配制的混凝土内部建立有膨胀自应力，因此能与钢筋产生更强的握裹力。

⑤ 不含氯盐，对钢筋无锈蚀。

12.5.2　防水剂

为了填充、堵塞混凝土中的毛细孔缝，提高水泥混凝土的抗渗性，国内外科技人员研制出许多无机的或有机的防水剂，例如三氯化铁、铝粉、氯化铝、三乙醇胺、有机硅等防水剂，其目的是通过加入这些防水剂，形成某种胶体或络合物，堵塞毛细孔缝，提高水泥的抗渗能力。堵塞混凝土中毛细孔缝的其他方法有：掺入引气剂，形成不连通的微小气泡，割断毛细孔缝的通道；加入减水剂，降低水灰比，减少孔隙率。防水剂又称砂浆、混凝土防水剂，即能降低砂浆、混凝土在静水压力下的透水性的外加剂。

可以说，大多数的防水剂能提高混凝土的抗渗能力，但是工程应用效果并不理想，往往发生渗漏。这是为什么呢？除了施工不当外，主要原因是人们忽视这样的事实：一般防水剂无疑可以提高抗渗性，但是它们不能解决防水混凝土的收缩开裂问题，有的防水剂，如三氯化铁，掺入混凝土中后，收缩比白混凝土更大。我们认为，作为防水构筑物或防水抹面层，抗渗的前提是抗裂，不裂则不渗。尽管混凝土的抗渗等级高，但构筑物出现开裂，防水也就无从谈起。

12.5.3　膨胀剂

20 世纪 70 年代末，我国出现了把抗裂与防渗结合起来的新型防水外加剂——混凝土膨胀剂。膨胀剂是一种化学外加剂，加在水泥中，当水泥凝结硬化时，随之体积膨胀，起补偿收缩和张拉钢筋产生预应力以及充分填充水泥间隙的作用。我国的膨胀剂有硫铝酸钙膨胀剂、U 型膨胀剂（UEA）、复合膨胀剂和铝酸钙膨胀剂、明矾石膨胀剂等十多个品种。复合膨胀剂和脂膜石灰膨胀剂主要通过 CaO 水化形成 $Ca(OH)_2$ 产生膨胀，镁质膨胀剂是通过 MgO 水化形成 $Mg(OH)_2$ 产生膨胀，U 型膨胀剂、明矾石膨胀剂是形成钙矾石（$CA\cdot 3CaSO_4\cdot 32H_2O$）产生膨胀。从化学稳定性和防水效果来看，钙矾石系膨胀剂比石灰系、氧化镁膨胀剂更好。

我国市售的膨胀剂的膨胀水化物和掺加量见表 12－18。膨胀剂的详细介绍见前面的外加剂相关章节。

表 12-18 我国市售的膨胀剂的膨胀水化物和掺加量

商品名	膨胀水化物	掺加量（%）
U 型膨胀剂	钙矾石	10~12
复合膨胀剂	Ca（$OH)_2$·钙矾石	10~12
铝酸钙膨胀剂	钙矾石	10~12
明矾石膨胀剂	钙矾石	15~20
ZY 膨胀剂	钙矾石	7~9
HSCA 膨胀剂	Ca（$OH)_2$·钙矾石	6~8
镁质膨胀剂	Mg（$OH)_2$	3~5

12.5.4 聚合物水泥防水砂浆

聚合物水泥防水砂浆又称 JS 复合防水砂浆，是建筑防水砂浆中近年来发展起来的一大类别。该产品是丙烯酸酯乳液、乙烯—醋酸乙烯酯共聚乳液等聚合物乳液与各种添加剂组成的有机液料和水泥、石英砂及各种添加剂、无机填料组成的无机粉料通过合理配比、复合制成的一种双组分、水性建筑防水涂料。其性质属有机与无机复合型防水材料。在我国防水材料市场上，还引进了两种刚性防水剂。一种是美国“确保时”（Cpovox），中国建材院对它进行了剖析，研制出具有“确保时”的性能，又以国产原料为基础的新产品，命名为“防水宝”。防水宝是由防水宝母料与细砂、水泥混合均匀而得到的刚性材料，在基层上涂抹 3~5mm 即不渗水。另一种是水泥基层渗透结晶型防水材料，系引进加拿大技术生产的，其最大特点是可以渗透到水泥内部，并与碱性物质发生化学反应，在混凝土表层生成不溶于水的结晶体，堵塞填充毛细孔而起防水作用。防水宝和渗透结晶型防水材料已在国内投入生产。国家标准《水泥基渗透结晶型防水材料》（GB 18445—2012）适用于混凝土防水涂层。

经过多年的研究，我国已制定建材行业标准《聚合物水泥防水砂浆》（JC/T 984—2005）。聚合物水泥防水砂浆是以水泥、细骨料为主要原料，以聚合物和添加剂等为改性材料，并以适当配比混合而成的防水材料。它用于防水抹面，养护 7d 的抗渗压力不小于 1.0MPa。

12.5.5 聚合物水泥防水涂料

聚合物水泥防水涂料又称 JS 复合防水涂料，是建筑防水涂料中近年来发展起来的一大类别。该产品是丙烯酸酯乳液、乙烯—醋酸乙烯酯共聚乳液等聚合物乳液与各种添加剂组成的有机液料和水泥、石英砂及各种添加剂、无机填料组成的无机粉料通过合理配比、复合制成的一种双组分、水性建筑防水涂料。拌和成防水涂料后，水泥吸收乳液中的水分，形成水泥凝胶体，而乳胶因脱水干燥形成弹性的聚合物柔韧网络，形成结构密闭的弹性复合体。其性质属有机与无机复合型防水材料。

因此，该材料既具有水泥类无机材料的强度高、耐久性好的优点，又有橡胶类材料良好的弹性和防水性能，涂覆后可形成坚韧的防水涂膜。但是，一般 JS 防水涂料的耐水性较差。

（1）性能指标

聚合物水泥建筑防水涂料的技术性能见表 12-19。

表 12－19　聚合物水泥建筑防水涂料的技术性能

序　号	实验项目		指　标	
			Ⅰ型	Ⅱ型
1	固体含量（％）≥		65	
2	干燥时间	表干时间/h ≤	4	
		实干时间/h ≤	8	
3	抗拉强度	无处理/MPa ≥	1.2	1.8
		加热处理后保持率（％）≥	80	80
		碱处理后保持率（％）≥	70	80
		紫外线处理后保持率（％）≥	80	
4	断裂延伸率	无处理（％）≥	200	80
		加热处理后（％）≥	150	65
		碱处理（％）≥	140	65
		紫外线处理（％）≥	150	65
5	低温柔度（直径 10㎜棒）≥		－10 ℃无裂纹	—
6	不透水性（0.3 MPa，30 min）		不透水	不透水
7	潮湿基面黏结强度/MPa		0.5	1.0
8	抗渗性（背水面）/MPa		—	0.6

（2）特点

聚合物水泥防水涂料将水泥的耐水性、耐老化性、对基层的黏结力和低成本与聚合物的柔性、弹性、憎水性结合起来，使得防水涂料具有良好性能，且成本适中。

（3）主要用途

聚合物水泥防水涂料可在潮湿或干燥的砖石、砂浆、混凝土、金属、木材、各种保温层、各种防水层上直接施工，对于各种新旧建筑物及构筑物均可使用。将液料和粉料按 1：（1.5～2）的比例调成腻子状，也可用作黏结、密封材料。

本任务小结

本任务共有 5 部分内容，分别是防水材料概述、防水卷材、防水涂料、建筑密封材料、刚性防水材料。

（1）防水材料概述部分介绍了建筑物渗漏的原因及其危害、建筑防水材料的分类和主要应用、石油沥青等防水材料的基本用材以及屋面防水工程和地下防水工程对防水材料的选择。

（2）防水卷材部分主要介绍了沥青基防水卷材、改性沥青防水卷材和合成高分子防水卷材三大类防水卷材。在沥青基防水卷材中介绍了石油沥青纸胎油毡、石油沥青玻璃布油毡、石油沥青玻璃纤维胎油毡以及铝箔面油毡。改性沥青防水卷材中介绍了弹性体和塑性体改性沥青防水卷材、改性沥青聚乙烯胎防水卷材以及自黏类沥青防水卷材。合成高分子防水卷材中详细介绍了合成高分子防水卷材的分类和性能，简要介绍了三元乙丙橡胶、聚氯乙烯、氯化聚乙烯—橡胶共混、聚乙烯丙纶等几种防水卷材。另外在这一节中介绍了防水卷材施工的几种黏结方法。

(3) 防水涂料部分根据不同的分类方法介绍了几类防水涂料以及它们的技术性能要求，重点介绍了沥青类防水涂料、高聚物改性沥青防水涂料、聚氨酯防水涂料、硅橡胶防水涂料、丙烯酸乳液防水涂料、聚合物水泥防水涂料等几种常用的防水涂料的性能、特点和用途。

(4) 建筑密封材料部分介绍了密封材料的分类，重点介绍了建筑防水沥青嵌缝油膏、聚氨酯建筑密封膏、聚氯乙烯防水接缝材料、丙烯酸酯密封膏、硅酮建筑密封膏等几种常用的密封材料的性能、特点和用途。

(5) 刚性防水材料部分介绍了几种常用的刚性防水材料的性能、特点和用途。

应用案例与发展动态

动态 12

任务十三

绝热与吸声材料的选择与应用

任务简介： 本任务主要介绍各种绝热保温材料与吸声隔声材料的基本性能。

知识目标： (1) 掌握各种绝热材料的性能特点。

(2) 掌握各种吸声材料的性能特点。

技能目标： 能够根据工程特点合理选择和正确使用绝热及吸声材料。

13.1 绝热材料

绝热材料是指用于建筑围护或者热工设备、阻抗热流传递的材料或者材料复合体。绝热材料分保温材料和隔热材料，主要用于墙体及屋顶、热工设备及管道、冷藏设备及冷藏库等工程或冬季施工等。保温材料指的是控制室内热量外流的建筑材料。隔热材料指的是控制室外热量进入室内的建筑材料。

在建筑物中合理采用绝热材料，能提高建筑物的使用效能，保证正常的生产、工作和生活，能减少热损失，节约能源。目前我国建筑能耗与发达国家相比依然很高，据统计，外墙为发达国家的4~5倍，屋顶为2.5~5.5倍，外窗为1.5~2.2倍，门窗气密性为3~6倍，我国住宅建筑采暖能耗为发达国家的3倍左右。所以我国建筑节能的空间还很大，因此，在建筑中合理使用绝热材料具有重要意义。

所谓建筑节能是指建筑在规划、设计、建造和使用过程中，通过采用新型墙体材料，执行建筑节能标准，加强建筑物用能设备的运行管理，合理设计建筑围护结构的热工性能，提高采暖、制冷、照明、通风、给排水和通风系统的运行效率，以及利用可再生能源，在保证建筑物使用功能和室内热环境质量的前提下，降低建筑能源消耗，合理、有效地利用能源的活动。

通常在常温20 ℃下，导热系数小于0.233（有人认为是0.221）W/（m·K）的材料被称为绝热材料，其相应的热阻（R）值应不小于4.35（m^2·K）/W。

绝热材料的选用原则：较小的导热系数，化学稳定性好，机械强度和环境适应，吸水率小，一般为无机、不燃、难燃材料，且使用寿命、经济性合理。

13.1.1 绝热材料的基本要求和影响绝热作用的因素

1. 绝热材料的性质

绝热材料的基本结构特征是质轻、多孔（孔隙率一般为50%~95%）。绝热材料除具有质轻、疏松、多孔、导热系数小的特点外，还应具有适宜的强度、抗冻性、防火性、耐热性、耐低温性和耐腐蚀性，有时还要求有较小的吸湿性或吸水性等。优良的绝热材料应是具有很高孔隙率的且以封闭、细小孔隙为主的，并具有较小的吸湿性的有机或无机非金属材料。不同的建筑材料具有不同的保温隔热性能，主要体现在材料的导热系数上，导热系数愈小，其绝热性能愈好，保温性能便愈好。

2. 绝热材料的基本要求

建筑工程对绝热材料的基本要求一般从以下几点考虑。

① 必须具有良好的耐候性，即耐冻融、耐暴晒、抗风化、抗降解，耐老化性能高。

② 基层变形适应性强，各层材料逐层渐变，能够及时传递和释放变形应力，防护面层不开裂、不脱落。

③ 导热系数低，热稳定性能好。

④ 憎水性好、透气性强，能有效避免水蒸气迁移过程中出现墙体内部的结露现象。

⑤ 耐火等级高，在明火状态下不应产生大量有毒气体，在火灾发生时延缓火势蔓延。

⑥ 柔性、强度相适应，抗冲击能力强。

⑦ 绝热材料通常导热系数（λ）值应不大于 0.23 W/（m·K），热阻（R）值应不小于 4.35（m^2·K）/W。此外，绝热材料尚应满足表观密度不大于 600 kg/m^3、抗压强度大于 0.3 MPa、构造简单、施工容易、造价低等特性。

3. 绝热材料影响绝热作用的因素

（1）导热性

热在本质上是组成物质的分子、原子和电子等在物质内部的移动、转动和振动所产生的能量。在任何介质中，当存在着温度差时，就会产生热的传递现象，热能将由温度较高的部分传递至温度较低的部分。传热的基本方式有热传导、热对流和热辐射三种。一般来说，三种传热方式总是共存的，但因绝热性能良好的材料常是多孔的，虽然在材料的孔隙内有空气，起着辐射和对流作用，但与热传导相比，热辐射和热对流所占的比例很小，故在建筑热工计算时通常不予考虑。

导热性是指材料传导热量的能力，用导热系数 λ 表示。

$$Q=\frac{\lambda}{A}(t_1-t_2)\cdot F\cdot Z$$

即：

$$\lambda=\frac{QA}{F\cdot Z(t_1-t_2)}$$

式中：λ——材料的导热系数，W/（m·K）；

Q——材料吸收或放出的热量，J；

A——传热材料的厚度，m；

F——传热面积，m^2；

Z——传热时间，s；

t_1-t_2——传热材料两面的温度差，K。

影响材料导热系数的主要因素有材料的物质构成、微观结构、孔隙构造、温度和热流方向等。材料的导热系数越小，其绝热性能越好。

（2）热容量与比热容

热容量为材料受热时吸收热量，冷却时放出热量的性能。单位质量的材料，温度升高或降低 1 K 时吸收或放出的热量称为质量比热容，即：

$$C_m=\frac{Q}{m\ (t_2-t_1)}$$

式中：C_m——材料的质量比热容，J/（kg·K）；

Q——材料吸收或放出的热量，J；

m——材料的质量，kg；

t_2-t_1——材料受热或冷却前后的温差，K。

选用导热系数小而比热容大的建筑材料，可提高围护结构的绝热性能并保持室内温度的稳定。

(3) 影响材料导热系数的因素

影响材料保温性能的主要因素是导热系数的大小，导热系数愈小，保温性能愈好。材料的导热系数受以下因素影响。

1）材料的性质　不同的材料其导热系数是不同的。一般说来，导热系数值以金属最大，非金属次之，液体较小，而气体更小。对于同一种材料，内部结构不同，导热系数也差别很大。一般结晶结构的最大，微晶体结构的次之，玻璃体结构的最小。但对于多孔的绝热材料来说，由于孔隙率高，气体（空气）对导热系数的影响起着主要作用，而固体部分的结构无论是晶态或玻璃态对其影响都不大。

2）表观密度与孔隙特征　由于材料中固体物质的导热能力比空气要大得多，故表观密度小的材料，因其孔隙率大，导热系数就小。在孔隙率相同的条件下，孔隙尺寸越大，导热系数就越大；互相连通孔隙比封闭孔隙导热性要高。对于表观密度很小的材料，特别是纤维状材料（如超细玻璃纤维），当其表观密度低于某一极限值时，导热系数反而会增大，这是由于孔隙增大且互相连通的孔隙大大增多，而使对流作用加强。因此这类材料存在一最佳表观密度，即在这个表观密度时导热系数最小。

3）湿度　所有保温材料都具有多孔结构，容易吸湿。材料吸湿受潮后，水分占据了原被空气充满的部分气孔空间，引起其导热系数明显增高。这是由于当材料的孔隙中有了水分（包括水蒸气）后，则孔隙中蒸汽的扩散和水分子的热传导将起主要传热作用，而水的 λ 为 0.58 W/（m·K），是空气的 $\lambda=0.029$ W/（m·K）20 倍左右。如果孔隙中的水结成了冰，则冰的 $\lambda=2.33$ W/（m·K），其结果使材料的导热系数更加增大。故绝热材料在应用时必须注意防水避潮。

4）温度　材料的导热系数随温度的升高而增大，因为温度升高时，材料固体分子的热运动增强，同时材料孔隙中空气的导热和孔壁间的辐射作用也有所增加。但这种影响，当温度在 0～50 ℃范围内时并不显著，只有对处于高温或负温下的材料，才要考虑温度的影响。

5）热流方向　对于各向异性的材料，如木材等纤维质的材料，当热流平行于纤维方向时，热流受到阻力小；而热流垂直于纤维方向时，受到的阻力就大。

13.1.2　常用绝热材料对热流有较强阻抗作用的材料

1. 常用无机绝热材料

无机绝热材料主要由矿物质原料制成，不易腐朽生虫，不会燃烧，有的还能耐高温。多为纤维或松散颗粒制成的毡、板、管套等制品，或通过发泡工艺制成的多孔散粒料及制品。

(1) 多孔轻质类无机绝热材料

蛭石是一种有代表性的多孔轻质类无机绝热材料，它主要含复杂的镁、铁含水铝硅酸盐矿物，由云母类矿物经风化而成，具有层状结构。将天然蛭石经破碎、预热后快速通过煅烧带可使蛭石膨胀20～30倍。膨胀蛭石的导热系数为0.046～0.070 W/（m·K），可在1 000 ℃的高温下使用。主要用于建筑夹层，但需注意防潮。膨胀蛭石也可用水泥、水玻璃等胶结材胶结成板，用作板壁绝热，但导热系数值比松散状要大，一般为0.08～0.10 W/（m·K）。

（2）纤维状无机绝热材料

1）矿物棉　岩棉和矿渣棉统称矿物棉，由熔融的岩石经喷吹制成的纤维材料称为岩棉，由熔融矿渣经喷吹制成的纤维材料称为矿渣棉。将矿物棉与有机胶结剂结合可以制成矿棉板、毡、管壳等制品，其堆积密度为45～150 kg/m^3，导热系数为0.049～0.044 W/（m·K）。其性能特征是耐热温度高、防火性能好，最高使用温度约为600 ℃。这类材料在建筑上的应用多是制成板材应用于外墙面、屋面和管道等；矿棉也可制成粒状棉用作填充材料，其缺点是吸水性大、弹性小。

2）玻璃纤维　玻璃纤维一般分为长纤维和短纤维。短纤维相互纵横交错在一起，构成了多孔结构的玻璃棉，常用于作绝热材料。玻璃棉堆积密度45～150 kg/m^3，导热系数为0.041～0.035 W/（m·K）。玻璃纤维制品的纤维直径对其导热系数有较大影响，导热系数随纤维直径增大而增加。以玻璃纤维为主要原料的保温隔热制品主要有：沥青玻璃棉毡和酚醛玻璃棉板以及各种玻璃毡、玻璃毯等，其性能特征是质轻，铺挂或粘贴均较方便，国外将玻璃棉用于斜屋顶和顶棚等的保温隔热十分普遍。

（3）泡沫状无机绝热材料

1）泡沫玻璃　泡沫玻璃是用玻璃细粉和发泡剂（石灰石、碳化钙和焦炭）经粉磨、混合、装模、煅烧（800 ℃左右）而得到的多孔材料。泡沫玻璃导热系数小、抗压强度高、抗冻性好、耐久性好，并且对水分、水蒸气和其他气体具有不渗透性，还容易进行机械加工，可锯切、钻孔及打钉等。表观密度为150～200 kg/m^{3}的泡沫玻璃，其导热系数为0.042～0.048 W/（m·K），抗压强度达0.55～0.16 MPa。泡沫玻璃作为绝热材料在建筑上主要用于保温墙体、地板、天花板及屋顶保温，可用于寒冷地区建筑低层的建筑物。

2）多孔混凝土　多孔混凝土是指具有大量均匀分布、直径小于2 mm的封闭气孔的轻质混凝土，主要有泡沫混凝土和加气混凝土。随着表观密度减小，多孔混凝土的绝热效果而增加，但强度下降。常用无机绝热材料如图13－1所示。

图13－1　常用无机绝热材料

视频：常用无机绝热材料

2. 常用有机绝热材料

(1) 泡沫塑料

泡沫塑料是以各种树脂为基料，加入各种辅助料经加热发泡制得的轻质保温材料。泡沫塑料目前广泛用作建筑上的保温隔音材料，其表观密度很小，隔热性能好，加工使用方便。常用的泡沫塑料有聚苯乙烯泡沫塑料、脲醛泡沫塑料、聚氨酯泡沫塑料、聚氯乙烯泡沫塑料、泡沫酚醛塑料等。

(2) 硬质泡沫橡胶

硬质泡沫橡胶用化学发泡法制成。特点是导热系数小而强度大。硬质泡沫橡胶的表观密度在 0.064～0.12 g/cm^3 之间。表观密度越小，保温性能越好，但强度越低。硬质泡沫橡胶的抗碱和盐的侵蚀能力较强，但强的无机酸及有机酸对它有侵蚀作用。它不溶于醇等弱溶剂，但易被某些强有机溶剂软化溶解。硬质泡沫橡胶为热塑性材料，耐热性不好，在 65 ℃左右开始软化。硬质泡沫橡胶有良好的低温性能，低温下强度较高且较好的体积稳定性，可用于冷冻库。常用有机绝热材料如图 13－2 所示。

图 13－2　常用有机绝热材料

视频：常用有机绝热材料

13.1.3　常用绝热材料的技术性能及用途

常见绝热材料的技术性能及用途见表 13－1。

表 13－1　常用绝热材料的技术性能及用途

材料名称	体积密度/(kg·m^{-3})	强度/MPa	热导率/[W·(m·K)$^{-1}$]	最高使用温度/℃	用途
EPS 板	18～22	0.1	0.041	75	屋面保温、隔热
XPS 保温板	≥40	0.25	0.028	70	屋面保温、隔热
酚醛板	50～70	0.25	0.032	150	保温隔热
胶粉聚苯颗粒	湿≤420 干 180～250	0.2	0.060	70	外墙保温

续表

材料名称	体积密度/(kg·m^{-3})	强度/MPa	热导率/[W·(m·K)$^{-1}$]	最高使用温度/℃	用途
超细玻璃纤维沥青玻璃纤维制品	30~60 100~150	—	0.035 0.041	300~400 250~300	墙体、冷藏等
天然矿物纤维	110~130	—	0.044	≤600	填充材料
植物纤维	80~150	f_t>0.012	0.044	250~600	填充墙体、屋面、热力管道等
岩棉制品	80~160	—	0.04~0.052	≤600	
膨胀珍珠岩	300~400	—	常温 0.02~0.044 高温 0.06~0.17 0.02~0.038	≤800 (-200)	高效能保温、保冷填充材料
沥青膨胀珍珠岩制品	400~500	F_C=0.2~1.2	0.093~0.12		用于常温及负温
膨胀蛭石	80~900	—	0.046~0.070	1 000~1 100	填充材料
水玻璃膨胀珍珠岩制品	200~300	F_C=0.6~1.7	0.056~0.093	≤650	保温绝热
水泥膨胀珍珠岩制品	300~400	F_C=0.5~1.0	常温 0.05~0.081 低温 0.081~0.12	≤600	
水泥膨胀蛭石	300~500	F_C=0.2~1.0	0.076~0.105	≤650	
微孔硅酸钙制品	230	F_C=0.3	0.041~0.056	≤650	维护结构及保温管道
轻质钙塑板	100~150	F_C=0.1~0.7	0.047	650	保温绝热兼防水功能，并具有装饰效果
泡沫玻璃	150~600	F_C=0.55~15	0.058~0.128	300~400	砌筑墙体及冷藏库绝热
泡沫混凝土	300~500	F_C≥0.4	0.081~0.19	—	围护结构
加气混凝土	400~700	F_C≥0.4	0.093~0.16	—	
木丝板	300~600	F_C=0.4~0.5	0.11~0.26	—	顶棚、隔墙板、护墙板
软质纤维板	150~400	—	0.047~0.093	—	顶棚、隔墙板护墙板表面光洁
芦苇板	250~400	—	0.093~0.13	—	顶棚、隔墙板
软木板	105~437	F_C=0.15~2.5	0.044~0.07	≤130	绝热结构

续表

材料名称	体积密度/（$kg \cdot m^{-3}$）	强度/MPa	热导率/[$W \cdot (m \cdot K)^{-1}$]	最高使用温度/℃	用途
轻质聚氨酯泡沫塑料	30～40	$F_C \geqslant 0.2$	0.037～0.055	≤120（-60）	屋面、墙体保温、冷库绝热
聚氯乙烯泡沫塑料	12～72	—	0.045～0.081	≤70	

13.1.4　绝热产品在建筑上的应用

预制绝热产品在不同结构的屋面、墙体、顶棚和基础中的应用类型见表 13-2。

表 13-2　预制绝热产品在建筑物中最基本的应用类型举例

部位		应用类型
屋面	坡屋面	通风屋面，绝热层铺在椽子之间的板上，不承受荷载
		通风屋面，绝热层位于椽子与外保护层之间
		通风屋面，绝热层位于承重结构与外保护层之间
		通风屋面，绝热层在椽子的下方
	平屋面	通风屋面，绝热层在椽子或梁之间
		倒置屋面，绝热层在屋面防水层之上
		钢板屋面，绝热层在屋面防水层之下
		绝热层在屋面防水层之下，承受轻型或重型交通或来自屋顶花园的荷载（土壤或植物等）
		绝热层在屋面防水层之下，仅承受维修荷载
墙体		砖石或混凝土墙，抹灰层覆盖的外部绝热层
		木龙骨结构，木龙骨直接支撑外部绝热层和粉刷层
		木龙骨结构，绝热层与粉刷层在内侧
		砖石或混凝土墙，墙均匀支撑具有轻质保护层（如石膏板）的内侧绝热层
		砖石或混凝土墙，木龙骨局部支撑具有轻质保护层的内侧绝热层
		砖石或混凝土墙，有重质、自承重保护内面层（如室内饰面砖）的内侧绝热层
墙体		具有板状面层的木或金属龙骨结构，绝热层在龙骨之间
		空心墙体结构，绝热层在两层墙体之间，具有通风空腔
		空心墙体结构，绝热层填满空腔，外侧墙体不防渗
		具有板状面层的木或金属龙骨结构，板状面层支撑绝热层或砖石（或混凝土）墙支撑的绝热层，绝热层外有通风的外保护层
		地下墙体，具有机械保护的防水层内的外侧绝热层
		地下墙体，直接与土壤接触的外部绝热层
		地窖或检查孔，有（或没有）面层的内部绝热层

续表

部　位	应用类型
顶棚	绝热层在承重结构之上或梁之间
	绝热层铺在基层上，其上铺传布荷载的地面
	绝热层在结构层的下面
基础	混凝土，绝热层在混凝土下面直接与土壤接触
	混凝土，绝热层在混凝土板和防水层之上，其上铺传布荷载的地面
	混凝土，绝热层在混凝土板之下、防水层之上
	冰点以下温度，绝热层在土壤内或靠在土壤上

13.2　吸声、隔声材料

建筑物的声环境问题越来越受到人们的关注和重视。选用适当的材料对建筑物进行吸音和隔声处理是建筑物噪声控制工程中最常用、最基本的技术措施之一。

13.2.1　吸声材料

为了改善声波在室内传播的质量，保持良好的音响效果和减少噪声的危害，在音乐厅、影剧院、大会堂、播音室及噪声较大的工厂车间等室内的墙面、地面、顶棚等部位，应选用适当的吸声材料。

1. 材料吸声的原理及技术指标

声音起源于物体的振动，它迫使邻近的空气跟着振动而成为声波，并在空气介质中向四周传播。当声波遇到材料表面时，一部分被反射另一部分穿透材料，其余的部分则传递给材料，在材料的孔隙中引起空气分子与孔壁的摩擦和黏滞阻力，其间相当一部分声能转化为热能而被吸收掉。这些被吸收的能量（E）（包括部分穿透材料的声能在内）与传递给材料的全部声能（E_0）之比，是评定材料吸声性能好坏的主要指标，称为吸声系数（α），用公式表示为

$$\alpha = \frac{E}{E_0}$$

吸声系数与声音的频率及声音的入射方向有关。因此吸声系数用声音从各方向入射的吸收平均值表示，并应指出是对哪一频率的吸收。通常采用常用规定的六个频率：125、250、500、1 000、2 000、4 000 Hz。任何材料对声音都能吸收，只是吸收程度有很大的不同，当大部分声能进入材料（被吸收和透射）而反射能量很小时，表明材料的吸声性能良好，通常是将对上述六个频率的平均吸声系数大于0.2的材料，列为吸声材料。

2. 影响多孔性材料吸声性能的因素

1）材料的表观密度　对同一种多孔材料（例如超细玻璃纤维）而言，当其表观密度增大时（即空隙率减小时），对低频的吸声效果有所提高，而对高频的吸声效果则有所降低。

2）材料的厚度　增加多孔材料的厚度，可提高对低频的吸声效果，而对高频则没有多大的影响。

3）材料的孔隙特征　孔隙越多越细，吸声效果越好。如果孔隙粗大，则效果较差。如果材料中的孔隙大部分为单独的不连通的封闭气泡（如聚氯乙烯泡沫塑料），则空气不能进入，从吸声机理上来看，不属于多孔性吸声材料，故其吸声效果大为降低。当多孔材料表面涂刷油漆或材料吸湿时，则因材料的孔隙被水分或涂料所堵塞，其吸声效果亦将大大降低。

3. 吸声材料的选用及安装

在室内采用吸声材料可以抑制噪声，保持良好的音质（声音清晰且不失真），故在教室、礼堂和剧院等室内应当采用吸声材料。吸声材料的选用和安装必须注意以下各点。

① 要使吸声材料充分发挥作用，应将其安装在最容易接触声波和反射次数最多的表面上，而不应把它集中在天花板或某一面的墙壁上，并应比较均匀地分布在室内各表面上。

② 吸声材料一般强度比较低，应设置在护壁线以上，以免碰撞破损。

③ 多孔吸声材料往往易于吸湿，安装时应考虑到湿胀干缩的影响。

④ 选用的吸声材料应不易虫蛀、腐朽，且不易燃烧。

⑤ 应尽可能选用吸声系数较高的材料，以便节约材料用量，降低成本。

⑥ 安装吸声材料时应注意切勿使材料的表面细孔被油漆的漆膜堵塞而降低其吸声效果。

13.2.2　隔声材料

用材料或构件隔绝或阻挡声音的传播以获得安静的环境称为隔声。当声音入射至材料表面，透过材料进入另一侧的透射声能很少，表示材料的隔声能力强。入射声能与另一侧的透射声能相差的分贝数，就是材料的隔声量。

建筑上将主要起隔绝声音作用的材料称为隔声材料。隔声材料主要用于外墙、门窗、隔断等。

隔声可分为隔绝空气声（通过空气传播的声音）和隔绝固体声（通过撞击或振动传播的声音）两种。采用轻质材料或薄壁材料，辅以多孔吸声材料或采用夹层结构，如夹层玻璃就是一种很好的隔声材料。至于固体声隔绝最有效的措施是采用不连续的结构处理，即在墙壁和承重梁之间、房屋的框架和墙板之间加弹性衬垫，如毛毡、软木、橡皮等材料或在楼板上加弹性地毯。

隔声和吸声的本质区别不应混淆。隔声是指隔离噪声的传播，尽可能使入射声波反射回去，隔声材料越沉重密实，隔声性能越好；吸声是尽可能多地吸收入射声波，让声波透入材料内部而把声能消耗掉，因而一般是多孔性的疏松材料。

常用的隔声方式有隔声结构和隔声材料。隔声材料有实心砖块、钢筋混凝土墙、木板、石膏板、铁板、隔声毡、纤维板、真空玻璃、泡沫混凝土、玻璃棉、岩棉、海绵等。从严格意义上说，几乎所有的材料都具有隔声作用，其区别就是不同材料间隔声量的大小不同而已。同一种材料，由于面密度不同，其隔声量存在比较大的变化。隔声量遵循质量定律原则，就是隔声材料的单位密集面密度越大，隔声量就越大，面密度与隔声量成正比关系。隔声材料如图 13－3 所示。

图 13－3　隔声材料

视频：隔声材料

1. 泡沫混凝土

泡沫混凝土是目前比较先进的隔声技术材料，其特点是板块自身轻、隔声效果好、材料选用广泛、安装便捷、制造成本低。

2. 玻璃棉、岩棉、海绵

玻璃棉、岩棉、海绵不应用于室内隔声材料。玻璃棉和岩棉由于其原料是脆性纤维，很容易进入皮肤，从而引起皮肤过敏，若分层进入体内则会引起呼吸道过敏。海绵是易燃产品，燃烧后会产生有毒气体。

3. 聚酯纤维吸声棉

聚酯纤维吸声棉具备普通纤维吸声棉的环保性、难燃性，但又有别于普通的纤维吸声棉。它的密度是阶梯递增的，而不是均匀的。手感上是一面较柔软，一面较硬。一般安装时软面是朝向声源的。其结构能保证它同时对低频、中频、高频音的吸收，且吸声效率高。

4. 隔声结构

隔声结构，如双层构件，通常双层墙比同样质量的单层墙可增加隔音量5分贝左右。

隔音工程也是隐蔽工程，一般在饰面前施工。一旦装修工程完工就不好补救。通常，吊顶，面向公路的墙、窗，卧室和客厅的墙，卧室和卫生间的隔墙等是需要重点隔声的地方。

13.2.3 吸声材料和隔声材料的差异与结合

1. 吸声材料和隔声材料的差异

吸声和隔声的区别不应混淆。在建筑工程项目实际操作过程中，吸声处理和隔声处理所解决的问题和侧重点不同。

吸声和隔声虽然都是把声音的传播限定在一定范围内，但所用的材料却不尽相同。吸声是尽可能多地吸收入射声波，让声波透入材料内部而把声能消耗掉，一般采用多孔性的疏松材料；隔声是隔离噪声的传播，尽可能使入射声波反射回去，因而隔声材料越沉重密实，隔声性能越好，例如黏土砖、钢板、混凝土和钢筋混凝土等。

2. 吸声材料和隔声材料的结合

在具体的工程应用中，吸声材料和隔声材料常常结合在一起，并发挥了综合的降噪效果。

本任务小结

本任务主要简要介绍建筑上常用的绝热材料、吸声材料的基本知识。绝热材料一方面满足了建筑空间或热工设备的热环境，另一方面也节约了能源。

建筑节能具体指在建筑物的规划、设计、新建（改建、扩建）、改造和使用过程中，执行节能标准，采用节能型的技术、工艺、设备、材料和产品。近半个世纪以来，建筑功能材料取得了突飞猛进的发展，不仅种类全、品种多、产品档次越来越高，而且生产制备工艺也实现了规模化、机械化和自动化。施工应用技术也越来越完善。设计新颖、功能齐全、造型美观、色彩和谐的建筑功能材料不断涌现，成为建筑材料中前景广阔的后起之秀。

动态13

应用案例与发展动态

▶▶▶任务十四

建筑木材及其制品的选择与应用

任务简介： 木材作为建筑装饰材料，具有许多优良性能，如轻质高强、有较高的弹性，耐冲击和振动，易于加工，保温性好，大部分木材都具有美丽的纹理、装饰性好等，因而木材历来与水泥、钢材并列为建筑工程的三大材料。本任务主要对木材的基本知识与木材及其制品的应用作简要介绍。

知识目标： (1) 掌握树木的分类。
(2) 掌握木材的主要技术性能。
(3) 熟悉常用木材制品的种类。

技能目标： 能结合建筑（装饰）工程选择合理的木材。

14.1 木材的基本知识

建筑工程应用木材已有悠久的历史，举世称颂的古建筑之木构架、木制品等巧夺天工，为世界建筑独树一帜。岁月流逝，木质建筑历经千百年而不朽，依然显现当年的雄姿。而时至今日，木材在建筑结构、装饰上的应用仍不失其高贵、显赫地位，并以质朴、典雅的特有性能和装饰效果，在现代建筑的新潮中创造了一个个自然美的生活空间。

木材具有很多优良的性能，如轻质高强，导电、导热性低，有较好的弹性和韧性，能承受冲击和振动，易于加工等。目前，木材较少用于外部结构材料，但由于它有美观的天然纹理，装饰效果较好，所以仍被广泛用作装饰与装修材料。由于木材构造不均匀、各向异性、易吸湿变形、易腐易燃等缺点，且树木生长周期缓慢、成材不易等原因，因此在应用上受到限制，所以对木材的节约使用和综合利用是十分重要的。

14.1.1 木材的分类

由于气候条件的差异，树木的种类很多，总体从树叶的外观形状分为针叶树和阔叶树两大类。针叶树纹理直、木质较软、易加工、变形小。阔叶树质密、木质较硬、加工较难、易翘裂、纹理美观，适用于室内装修。

1）针叶树　针叶树细长如针，多为常绿树，树干通直而高大，纹理平顺，材质均匀，有的含树脂，木质较软而易于加工，故又称“软木材”。如红松、落叶松、云杉、冷杉、杉木、柏木、马尾松、落叶松等，都属此类。针叶树木强度较高，体积密度和胀缩变形较小，常含有较多的树脂，耐腐蚀性较强，是建筑工程中的主要用材。多用于承重构件和装修材料，如广泛用于门窗、地面用材及装饰用材等。

2）阔叶树　阔叶树树叶宽大，叶脉成网状，大都为落叶树，树干通直部分一般较短，大部分树种的体积密度大，材质较硬，较难加工，故又称“硬木材”。如 樟木、水曲柳、青冈、柚木、山毛榉、色木等，都属此类。也有少数质地稍软的，如桦木、椴木、山杨、青杨等，都属此类。适用于室内装修、制作家具和胶合板等。

14.1.2 木材的构造

作为一种生物材料，木材是由一个个的细胞构成的。这种生物细胞的集合体，在肉眼下，在放大镜下，在各种显微镜下，呈现出有序而又形态各异的变化。通常可以从木材宏观上和微观上来观察构造。

1. 木材的宏观构造

木材的宏观构造是用肉眼或放大镜所观察到的木材特征（见图 14－1）。木材的宏观构造往往在木材的三切面上观察，即横切面、径切面和弦切面。横切面是指与树干主轴或木纹相垂直的切面，即树干的端面或横断面；径切面是指顺着树干轴向，通过髓心与木射线平行或与年轮垂直的切面；弦切面是没有通过髓心的纵切面，顺着木材的纹理。

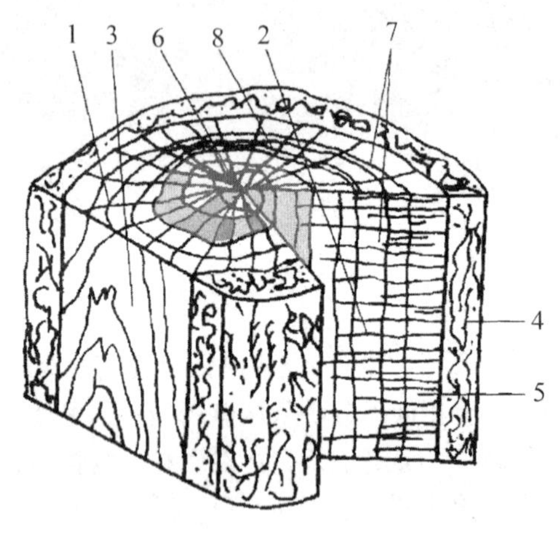

图 14－1 木材的宏观构造

1—横切面；2—径切面；3—弦切面；4—树皮；
5—木质部；6—髓心；7—髓线；8—年轮

视频：木材的构造

木材的宏观特征包括木材的木质部、年轮和早材、晚材。木质部是木材的主要部分；年轮为树木在每个生长周期所形成的木材，围绕着髓心构成的同心圆；早材指温带和寒带的树种，通常生长季节早期所形成的木材；晚材指温带和寒带的树种，通常生长季节晚期所形成的木材。髓心在树干中心。从髓心向外的辐射线，称为“髓线”。髓线与周围连接弱，木材干燥时易沿此线开裂。

2. 木材的微观构造

用显微镜所能观察到的木材组织是木材的微观构造。针叶树材的显微结构较简单而规则，它由管胞、髓线、树脂道组成，阔叶树材的显微结构较为复杂，主要由导管、木纤维及髓线组成。导管和髓线是鉴别针叶树（如图 14－2 所示）和阔叶树（如图 14－3 所示）的主要标志。

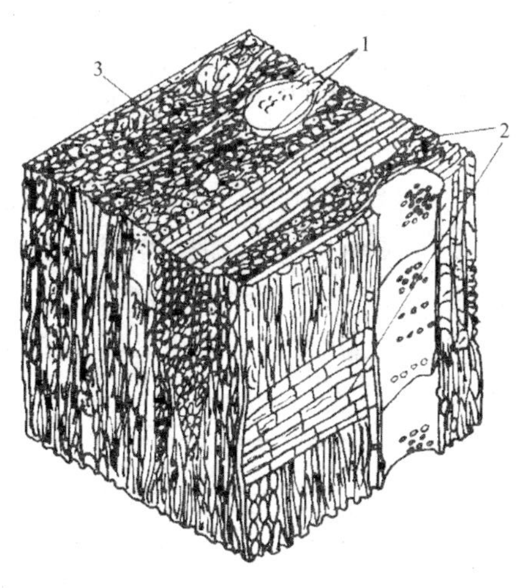

图 14－2　针叶树马尾松微观构造

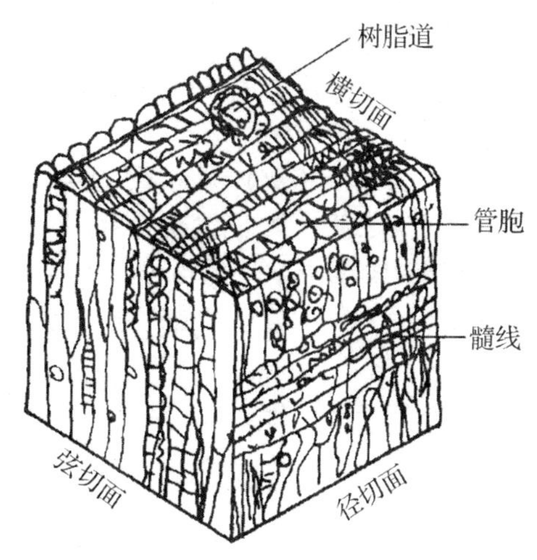

图 14－3　阔叶树柞木微观构造

14.2　木材的基本性能

14.2.1　密度和表观密度

由于木材的分子结构基本相同，因此木材的密度几乎相等，平均约为1.55 g/cm^3。木材的表观密度因树种不同而不同，表观密度平均为0.50 g/cm^3，表观密度的大小与木材种类及含水率有关，通常以含水率15%（标准含水率）时的表观密度为准。

14.2.2　导热性

木材是一种良好的绝热材料，具有较小的表观密度、较多的孔隙等优点。但木材的纹理不同，其性能各异，即各向异性，使得方向不同时，导热系数也有较大差异。

14.2.3　含水率

木材中所含水的质量与木材干燥后质量的百分比值，称为木材的含水率。木材含水率的变化会引起木材尺寸的变化。通常来说，新鲜的硬木含水率是60%，而软木是硬木的两倍以上。木材中的水存在有两种形式——吸着水和自由水。如果潮湿木材长时间处于一定温度和湿度的空气中，木材便会干燥，达到相对恒定的含水率，这时木材的含水率称为平衡含水率。平衡含水率随空气湿度的变大和温度的变低而增大，反之，则减少。

14.2.4　吸湿性

木材具有较强的吸湿性。木材的吸湿性对木材的性能，特别是木材的干缩湿胀影响很大。因此，木材在使用时其含水率应接近于平衡含水率或稍低于平衡含水率。

14.2.5　湿胀与干缩

木材由于具有很显著的湿胀干缩性，对后期木材的使用有一定的影响。湿材因干燥而缩减其尺寸的现象称之为干缩；干材因吸收水分而增加其尺寸与体积的现象称之为湿胀。干缩和湿胀现象主要在木材含水率小于纤维饱和点的情况下发生，当木材含水率在纤维饱和点以上时，其尺寸、体积是不会发生变化的。木材干缩与木材湿胀是发生在两个完全相反的方向上，二者均会引起木材尺寸与体积的变化。

14.2.6 强度

建筑上通常利用的木材强度，主要有抗压强度、抗拉强度、抗弯强度和抗剪强度。质地不均匀、各方面强度不一致是木材之重要特点，也是其缺点。木材沿树干方（顺纹）的强度较垂直树干的横向（横纹）大得多。实际上，木材常有木节、斜纹、裂缝等“疵病”，故抗拉强度将降低很多，强度值不稳定。所以一般木材多用作顺纹受压构件，如柱、桩、斜撑、屋架上弦等，疵病对顺纹抗压强度影响不是很大，强度值也较稳定。木材也用作受弯构件，如梁、板。对受弯构件之木材须严格挑选，避免疵病之影响。木材各种强度之间的关系见表 14－1。

表 14－1 木材各种强度的关系

抗压/MPa		抗拉/MPa		抗弯/MPa	抗剪/MPa	
顺纹	横纹	顺纹	横纹		顺纹	横纹
100	10～20	200～300	6～20	150～200	15～20	50～100

14.3 常用木材及制品

木材根据其加工方式不同可分为实木板、人造板两大类。木质人造板有胶合板、装饰胶合板、微薄木、纤维板、细木工板、刨花板、木丝板、木屑板。常用木材制品如图 14－4 所示。

图 14－4 常用木材制品

视频：常用木材制品

14.3.1 实木板

实木板就是采用完整的木材（原木）制成的木板材。实木板一般按照板材实质（原木材质）名称分类，没有统一的标准规格。一些特殊材质（如榉木）的实木板还是制造枪托、精密仪表的理想材料。实木板板材坚固耐用、纹路自然，大都具有天然木材特有的芳香，是制作高档家具、装修房屋的优质板材。具有较好的吸湿性和透气性，有益于人体健康，不造成环境污染等优点。

14.3.2 胶合板

胶合板是家具常用材料之一，是一种人造板。一组单板通常按相邻层木纹方向互相垂直组坯胶合而成，通常其表板和内层板对称地配置在中心层或板芯的两侧。用涂胶后的单板按木纹方向纵横交错配成的板坯，在加热或不加热的条件下压制而成。层数一般为奇数，少数也有偶数。纵横方向的物理、机械性质差异较小。常用的有三合板、五合板等。胶合板能提高木材利用率，是节约木材的一个主要途径。亦可供飞机、船舶、火车、汽车、建筑和包装箱等作用材。目前主要采用水曲柳、椴木、马尾松及部分进口原木制成。胶合板种类根据胶合强度又分为以下三个。

① Ⅰ类（NQF）——耐气候、耐沸水胶合板。这类胶合板具有耐久、耐煮沸或蒸汽处理等性能，能在室外使用。

② Ⅱ类（Ns）——耐水胶合板。它能经受冷水或短期热水浸渍，但不耐煮沸。

③ Ⅲ类（Nc）——不耐潮胶合板。

以木材为主要原料生产的胶合板，由于其结构的合理性和生产过程中的精细加工，可大体上克服木材的缺陷，大大改善和提高木材的物理力学性能，胶合板生产是充分合理地利用木材、改善木材性能的一个重要方法。

14.3.3　装饰胶合板

装饰胶合板是指两张面层单板或其中一张为装饰单板的胶合板。装饰胶合板的种类很多，主要有不饱和聚酯树脂胶合板、贴面胶合板、浮雕胶合板等。目前主要使用的为不饱和聚酯树脂装饰胶合板，俗称宝丽板。

聚酯树脂装饰胶合板是以多类胶合板为基材，复贴一层装饰纸，再在纸面涂饰不饱和聚酯树脂经加压固化而成，不饱和聚酯树脂装饰胶合板板面光亮、耐热、耐磨、耐擦洗、色泽稳定性好、耐污染性高、耐水性较高，并具有多种花纹图案和颜色，广泛应用于室内墙面、墙裙等装饰及隔断、家具等。

不饱和聚酯树脂装饰胶合板的幅面尺寸与普通胶合板相同。厚度为 2.8 mm，3.1 mm，3.6 mm，4.1 mm，5.1 mm，6.1 mm……自 6.1 mm 起，按 1 mm 递增。不饱和聚酯树脂装饰胶合板按面板外观质量分一、二两个等级。

14.3.4　微薄木

微薄木是采用柚木、橡木、榉木、花梨木、枫木、凤眼水曲柳等树材经机械旋切加工而成的薄木片，制造厚度 0.2～0.5 mm。整体厚薄均匀、木纹清晰、材质优良，保持了天然木材的真实质感，其表面可着色和各种油漆，也可模仿木制品的涂饰工艺，做成清漆或蜡面等。目前国内供应的微薄木一般规格尺寸为：2 100 mm×1 350 mm×（0.2～0.5）mm。其纹理细腻、真实、立体感强、色泽美观，是板材表面精美装饰用材之一。

若用先进的胶黏工艺和胶黏剂，将此板粘贴在胶合板基材上，可制成微薄木贴面板，用于高级建筑室内墙面的装饰，也常用于门、家具等的装饰，幅面尺寸同胶合板。

14.3.5　纤维板

纤维板又名密度板，是以木质纤维或其他植物素纤维为原料，施加脲醛树脂或其他适用的胶黏剂制成的人造板。制造过程中可以施加胶黏剂和（或）添加剂。纤维板具有材质均匀、纵横强度差小、不易开裂等优点，用途广泛。制造 1 m^3 纤维板需 2.5～3 m^3 的木材，可代替 3 m^3 锯材或 5 m^3 原木。发展纤维板生产是木材资源综合利用的有效途径。纤维板可按原料不同分为：① 木质纤维板，它是由于木材加工废料经进一步加工制成的纤维板；② 非木质纤维板，它是由草本纤维或竹材纤维制成的纤维板。

纤维板按密度分类是国际分类法，通常分为三大类：软质纤维板、半硬质纤维板、硬质纤维板。

1. 软质纤维板

密度0.4 g/cm^{3}以下的称为软质纤维板，又称低密度纤维板。质轻，空隙率大，有良好的隔热性和吸声性，多用作公共建筑物内部的覆盖材料。经特殊处理可得到孔隙更多的轻质纤维板，具有吸附性能，可用于净化空气。

2. 半硬质纤维板

密度0.4～0.8 g/cm^{3}的称半硬质纤维板，通常称为中密度纤维板。结构均匀，密度和强度适中，有较好的再加工性。产品厚度范围较宽，具有多种用途，如家具用材、电视机的壳体材料等。

3. 硬质纤维板

密度在0.8 g/cm^{3}以上的称硬质纤维板，又称高密度纤维板。产品厚度范围较小，在3～8 mm之间。强度较高，3～4 mm厚度的硬质纤维板可代替9～12 mm锯材薄板材使用。多用于建筑、船舶、车辆等。

14.3.6 细木工板

细木工板俗称大芯板，是由两片单板中间胶压拼接木板而成。细木工板的两面胶黏单板的总厚度不得小于3 mm。各类细木工板的边角缺损，在一公分幅面以内的宽度不得超过5 mm，长度不得大于20 mm。由于细木工板是特殊的胶合板，所以在生产工艺中也要同时遵循对称原则，以避免板材翘曲变形，作为一种厚板材，细木工板具有普通厚胶合板的漂亮外观和相近的强度，但细木工板比厚胶合板质地轻，耗胶少，投资省，并且给人以实木感，满足消费者对实木家具的渴求。中间拼接木条芯板的主要作用是为板材提供一定的厚度和强度，上下中板的主要作用是使板材具有足够的横向强度，同时缓冲因木芯板的不平整给板面平整度带来的不良影响，最上面的面皮（薄单板，一般不超过1 mm）除了使板面美观以外，还可以增加板材的纵向强度。细木工板具有质坚、吸声、绝热等特点，适用于家具、车厢和建筑物内装修等。细木工板的尺寸规格和技术性能见表14－2。

表14－2　细木工板的尺寸规格、技术性能

长度/mm						宽度/mm	厚度/mm	技术性能
915	1 220	1 520	1 830	2 135	2 440			
915	—	—	1 830	2 135	—	915	16 19	含水度：(10±3)%。 静曲强度。 厚度为16 mm，不低于15 MPa 厚度<16 mm，不低于12 MPa 胶层剪切强度不低于1 MPa
—	1 220	—	1 830	2 135	2 440	1 220	22 25	

14.3.7 刨花板、木丝板、木屑板

刨花板、木丝板、木屑板是利用木材加工中产生的大量刨花、木丝、木屑为原料，经干燥，与胶结料拌和，热压而成的板材，所用胶结料有动植物胶（豆胶、血胶）、合成树脂胶

(酚醛树脂、脲醛树脂等)、无机胶凝材料(水泥、菱苦土等)。

这类板材表观密度小，强度较低，主要用作绝热和吸声材料。经饰面处理后，还可用作吊顶板材、隔断板材等。

14.4　木材的腐蚀与防腐

14.4.1　木材的腐蚀

由于木腐菌的侵入，木材逐渐改变其颜色和结构，使细胞壁受到破坏，物理、力学性质随之发生变化，最后变得松软易碎，呈筛孔状或粉末状等形态，这种状态即称为腐朽。侵害木材的真菌主要有霉菌、变色菌、腐朽菌等。此外，木材还易受到白蚁、天牛、蠹虫等昆虫的蛀蚀，使木材形成很多孔眼或沟道，甚至蛀穴，破坏木质结构的完整性而使强度严重降低。

14.4.2　木材的防腐

木材防腐基本原理在于破坏真菌及虫类生存和繁殖的条件，常用方法有以下两种：一是将木材干燥至含水率在20%以下，保证木结构处在干燥状态，对木结构物采取通风、防潮、表面涂刷涂料等措施；二是将化学防腐剂施加于木材，使木材成为有毒物质，常用的方法有表面喷涂法、浸渍法、压力渗透法等。

水溶性防腐剂多用于内部木构件的防腐，常用氯化锌、氟化钠、铜铬合剂、硼氟酚合剂、硫酸铜等。油溶性防腐剂药力持久、毒性大、不易被水冲走、不吸湿，但有臭味，多用于室外、地下、水下，常用蒽油、煤焦油等。浆膏类防腐剂有恶臭，木材处理后呈黑褐色，不能油漆，如氟砷沥青等。

本任务小结

木材虽然是三大建筑材料(水泥、钢材、木材)之一，但由于木材生长周期长，我国木材资源十分缺乏，且因木材也存在易燃、易腐以及各向异性等缺点，所以在工程中必须科学合理地使用木材，尽量以其他材料代替，以节省木材资源。

应用案例与发展动态

动态 14

▶▶▶任务十五

建筑装饰材料的选择与应用

任务简介： 建筑装饰材料是铺设或涂刷在建筑物或构筑物表面的，主要起装饰作用或兼有保护及改善使用功能的饰面材料。它是建筑材料的重要组成部分。由于前面各任务已有相关内容的介绍，所以本任务主要介绍装饰材料的基本知识和品种及应用。

知识目标： (1) 了解装饰材料的作用、装饰性及发展趋势。
(2) 掌握装饰材料选用原则、主要品种及应用。

技能目标： 能够结合家装、工装实际工程，合理选择装饰材料。

15.1 建筑装饰材料的基本知识

建筑装饰材料，又称建筑饰面材料、装修材料，是指铺设或涂装在建筑物表面起装饰和美化环境作用的材料。建筑装饰材料是集材料、工艺、造型设计、美学于一身的材料，它是建筑装饰工程的重要物质基础。随着经济的发展、科学技术的进步和人们生活水平的提高，人们对自己的生存环境和空间的要求越来越高，不断追求着高品位、个性化、多样化、人性化以及美观、健康和舒适的室内、外环境。因此，只有熟悉各种装饰材料的性能、特点，按照建筑物及使用环境条件，合理选用装饰材料，才能材尽其能、物尽其用，更好地表达设计意图，并与室内外其他配套产品和环境来体现建筑装饰性。

15.1.1 建筑装饰材料的作用及材料装饰性能

1. 建筑装饰材料的作用

建筑装饰材料的主要作用有以下几点。

1）装饰性　建筑装饰材料的主要作用是通过材料特有的装饰性能来提高建筑物的艺术效果。

2）保护建筑物或构筑物　装饰材料用于建筑物表面，可以防止风吹、日晒、雨淋等外界侵蚀以及水蒸气和机械磨损等作用，从而提高建筑物的耐久性。

3）改善建筑物的某些功能　某些装饰材料还兼有吸声、隔声、隔热、保温、采光、防火等某些功能。

2. 材料的装饰性能

建筑装饰工程的总体效果及功能的实现，无不通过巧妙地运用建筑装饰材料，并使之与周围环境、室内配套物品的形体、图案、线条、质感、色彩、功能等相匹配而综合地体现出来。材料的装饰性是很重要的性质。而评价材料的装饰性能，主要是通过材料的色彩、光泽、线型、图案和质感等来表现。

1）颜色　颜色实质是材料对光谱的反射，使光谱的组成不同而让人感受到不同颜色。利用装饰材料的千变万化的色彩，可以创造人工环境。通过与周围环境背景的协调，使环境更加增色而优美和谐，更能体现建筑物的自身特点。

2）光泽　光泽表示材料表面对有方向性光线的反射性质。材料表面不同，其反射光线的强弱不同，会出现镜面反射和漫反射等不同效果。建筑装饰常做的虚实对比处理，主要利用这一性质。

3）线型、图案　通过线条粗细、疏密和比例以及花饰、图案、材料的尺寸、规格等变化及施工处理手段，配合建筑的形体，构成具有一定特色的建筑物造型。

4）质感　主要指对材料质地的感觉。是通过材料表面密、光滑程度、线条变化以及对光线的吸收、反射强弱不一等产生的观感（心理）上的不同效果。如硬软、粗细、明暗、冷暖、色彩等。它不仅取决于材质，还与材料加工和施工方法有关。如装饰砂浆经拉条处理或剁斧加工以后其质感不同，前者似饰面砖，后者似花岗石。

15.1.2　建筑装饰材料的分类及选用原则

1．建筑装饰材料的分类

建筑装饰材料种类繁多，其性能和用途也千差万别。

按其组成，可将建筑装饰材料分为有机、无机和复合三大类。按材质，可分为塑料、金属、陶瓷、玻璃、木材、无机矿物、涂料、织物、石材等。按功能，可分为防水、防潮、防火、防霉、吸声、隔热、耐酸碱、耐污染等。按来源，可分为天然、人造装饰材料两大类。按使用部位，可分为外墙、内墙、地面和顶棚饰面材料。表 15－1 为按部位分类的装饰材料主要种类。

表 15－1　建筑装饰材料的分类

按部位类别	装饰材料的种类
外　墙	天然石材、外墙面砖、锦砖、玻璃、外墙涂料、装饰砂浆、装饰混凝土
内　墙	天然及人造石材、釉面砖、玻璃、墙纸、墙布、织物，木贴面、金属饰面、塑料饰面
地　面	天然及人造石材、地砖、木地板、塑料地、地面涂料、地毯
顶　棚	膨胀珍珠岩制品、矿棉、岩棉、玻璃棉板、地面涂料、地毯、壁纸、石膏板、塑料吊顶、铝合金及轻钢龙骨吊顶

此外，还有屋面装饰材料、卫生洁具、楼梯扶手与栏杆、装饰五金、灯具等。

2．建筑装饰材料的选用原则

选择建筑装饰材料，应根据不同装饰档次、使用环境及要求，重在合理配置、充分运用材料的装饰性，以体现地方特色、民族传统和现代新材料、新技术的魅力。因此，选择建筑装饰材料首先应使材料与周围环境、空间、气氛、建筑功能等相匹配；其次以满足装饰功能为主，兼顾所要求的其他功能；再次要有适宜的耐久性要求；最后要求所选材料便于施工、造价合理、资源充足。

针对具体建筑物及不同使用部位和工程对材料不同的功能要求，还要注意以下几点。

① 针对饰面处理的目的性，首先满足主要功能要求，兼顾其他功能。

② 相同质量等级的建筑，但处于不同位置（如临街与背面等）和控制的造价不同，可以选用不同等级的装饰材料。

③ 合理要求耐久性。对于高层建筑外墙及处于重要位置的建筑，耐久性要求高；对于面大量广、易于维修的一般建筑可以按较短维修周期来选材。

④ 根据装修施工方法，充分考虑施工因素，选择与之相适应的装修材料。

需要指出的是，违背基本原则而盲目地追求高档、进口装饰材料，往往适得其反。

15.1.3 建筑装饰材料的发展趋势

随着科学技术的不断发展和人类生活水平的不断提高，建筑装饰向着环保化、多功能化、高强轻质化、成品化、安装标准化、控制智能化的方向发展。

1. 环保化

随着人类环保意识的增强，装饰材料在生产和使用的过程中将更加注重对生态环境的保护，向营造更安全、更健康的居住环境的方向发展。现代建筑装饰材料中，天然的较少，人工合成的较多，大多数装饰材料中或多或少含有一些对人体有害的物质，但那些基本达到了国家质检环保标准的材料，其有害物质对人体的危害可以忽略不计的。作为装饰材料带来的污染源主要是以下几种。

1）甲醛　甲醛是一种无色易溶解的刺激性气体，是世界卫生组织认定的高致癌物质。吸入过量的甲醛后，会引起慢性呼吸道疾病、过敏性鼻炎、免疫功能下降的问题。此外，甲醛还是鼻癌、咽喉癌、皮肤癌的主要诱因。甲醛污染主要是来源于胶合板、细木工板（大芯板）、中密度板和刨花板等胶合板材和胶黏剂、化纤地毯、油漆涂料等材料。

2）苯　苯可以抑制人体的造血机能，致使白红细胞和血小板减少，人吸入过量的苯，轻者可以导致头晕、恶心、乏力等问题，严重的可导致直接昏迷。过度吸入苯会使肝、肾等器官衰竭，甚至诱发血液病。苯污染的主要来源是合成纤维、塑料、燃料、橡胶以及其他合成材料等。

3）氡　氡是一种天然放射性气体，无色无味。氡能够影响血细胞和神经系统，严重时还会导致肿瘤的发生。氡污染的主要来源是花岗岩等天然石材（放射性元素有个衰竭期，超过衰竭期可放心使用，运用先进的技术，可以提前完成衰竭期）。

4）二甲苯　短时间内吸入高浓度的甲苯或二甲苯，会出现中枢神经麻醉的症状，轻者会导致头晕、恶心、胸闷、乏力，重者会导致昏迷，甚至会由此引发呼吸道系统的衰竭而导致人的死亡。二甲苯的污染主要来自于油漆、各种涂料的添加剂以及各种胶黏剂、防水材料等。

因此，装修完成后需要待气味散发后再入住使用，保持通风状态来稀释室内的有害物质；再一种方法就是室内摆放一些阔叶类植物，植物本身就有吸收甲醛、苯、一氧化碳等有害气体的功能，摆一些既美化环境又能吸取有害气体，一举两得。市场上也有一些诸如空气净化器、活性炭、甲醛吸附器等设备，可以放入室内净化环境。

2. 多元化

随着市场对装饰空间的要求不断升级，装饰材料的功能也由单一向多元化发展。

3. 高强轻质化

随着人口居住的密集和土地资源的紧缺，建筑物日益向框架型的高层发展。高层建筑对材料的重量、强度等方面都有新的要求，为便于施工和安全，装饰材料的规格越来越大、质量越来越轻、强度越来越高。

4. 成品化、安装标准化

随着住宅产业化（商品化）以及人工费的急剧增加、装饰工程量的加大和对装饰工程质量的要求不断提高，为保证装饰工程的工作效率，装饰材料向着成品化、安装标准化方向发展。

5. 智能化

随着计算机技术的发展和普及，装饰工程向智能化方向发展，装饰材料也向着与自动控制相适应的方向扩展，商场、银行、宾馆多已采用自动门、自动消防喷淋头、消防与出口大门的联动等设施。

15.2　建筑装饰材料主要品种及其应用

作为建筑装饰材料中的石材、陶瓷、玻璃、石膏制品、塑料及铝合金等都已做过介绍，这里重点介绍其作装饰材料的特性及主要用途，并按使用部位一并汇总列入表 15－2 至表 15－5，其中所列材料品种及性能仅为比较有代表性的主要常用材料。外墙装饰材料如图 15－1 所示，内墙装饰材料如图 15－2 所示，地面装饰材料如图 15－3 所示，顶棚装饰材料如图 15－4 所示。

图 15－1　外墙装饰材料

视频：外墙装饰材料

表 15－2　外墙装饰材料

品　种		主要特点	主要用途
（一）贴面类	1. 花岗石（粗磨板、磨光板、机刨板、剁斧板）	多呈斑点状（粗、中、细晶粒）、质坚硬、致密、耐磨、耐蚀、耐久、吸水率低、颜色多样	外墙面、墙裙、基座、踏步、柱面和勒脚等及纪念碑
	2. 陶瓷锦砖 外墙面砖	见表 15－4	见表 15－4
	3. 水磨石板	表面光洁、坚硬、混凝土类材料，石渣和水泥色彩可调	柱面、墙裙等

续表

品　种		主要特点	主要用途
（二）抹面类	1. 装饰抹灰砂浆（拉毛、甩毛、喷毛、扒拉石、假面砖肽喷涂、滚涂、弹涂等）	通过改变水泥色彩、骨料色彩和粒径，采取各种施工方法获得的具有水泥砂浆性质的质感不同的饰面层	外墙饰面层
	2. 石渣类饰面砂、浆（假石、刷石、粘石）	分格抹灰，对装饰砂浆面层水冲或干粘、剁斧等处理	外墙、勒脚、台阶等
（三）涂料类	1. 丙烯酸酯系涂料（乙—丙、苯—丙等）	黏结牢固、色泽及保色性、耐候性优良、耐碱性好、耐水性好、耐污染、质感丰富、丙烯酸乳液黏结烧结彩色砂	用于高层建筑外墙 用于混凝土或水泥砂浆面层的外墙涂料
	2. 聚氨酯系涂料	涂膜坚韧、柔性好、不易开裂、耐水、耐候、耐蚀、耐磨	适用于外墙，也可用于地面和内墙
	3. JN 80—1 无机建筑涂料	色泽丰富多样，耐老化，抗紫外线能力强，成膜温度低	外墙涂料
	4. JN 80—2 无机涂料	以硅溶胶为主要黏结剂。耐水、耐酸、碱、耐冻、抗污染、遮盖力强、涂膜细腻	外墙涂料
	5. KS—82 无机高分子涂料	涂膜透气性好，耐候、抗污染、耐水、抗老化	外墙涂料
（四）玻璃类	1. 吸热玻璃		玻璃幕墙、炎热地区门、窗玻璃幕墙，建筑门、窗拼装外墙饰面、大厦橱窗、天窗等外墙贴面
	2. 热反射玻璃		
	3. 彩色玻璃		
	4. 夹层玻璃		
	5. 锦玻璃（玻璃马赛克）		
（五）装饰混凝土	1. 清水混凝土	性质同普通混凝土	适用于环境空旷绿化好，建筑体型灵活有较大的虚实对比，建筑立面色彩鲜艳的外墙
	2. 制成图案及凹凸镜边的混凝土板	在成型混凝土表面压印花纹、图案及线条的装饰混凝土	用于高层住宅
	3. 露石混凝土	用缓凝剂法使面层水泥浆冲掉而露出（彩色）骨料。可消除表面龟裂、白霜、质感丰富	外墙混凝土板

续表

品　种		主要特点	主要用途
（六）金属装饰板铝合金	1. 平板、波纹板、花纹板、压型板门、窗	轻质、高强、耐候性、耐酸性强、色彩柔和、线条明快、造型美观，门、窗防尘、隔声性好	铝合金外墙、门、窗
	2. 彩色涂层钢板	钢板表面覆 0.2～0.4 mm 塑料，绝缘、防锈、耐磨、耐酸碱	可做墙板和屋面板
（七）塑料门窗		聚氯乙烯塑料，隔热、隔声、气密性、防水性好，适用于 -20～60 ℃环境中	适用于 -20 ℃以上环境建筑门、窗

图 15-2　内墙装饰材料

视频：内墙装饰材料

表 15-3　内墙装饰材料

品　种		主要特点	主要用途
贴面类	1. 大理石	（见任务八）	室内高级装修。质纯的汉白玉、艾叶青等可用于室外
	2. 人造石（仿大理石、花岗石、玛瑙、玉石等）	质轻、韧性好、吸水率小、表面美观大方、光泽度高	主要用于室内，代替大理石用
	3. 内墙面砖（釉面砖）	（见任务十）	室内浴池，厨房、厕所墙面，医院、试验室等墙面、桌面，可镶成壁画
	4. 塑料贴面板	表面光高、色调丰富、色泽鲜艳、可以仿石、仿木	内墙面、台面、桌面等

续表

品　种		主要特点	主要用途
贴面类	5. 微薄木贴面板	花纹美丽、真实、立体感强	室内装修
	6. 纸基涂塑壁纸（印花、压花、发泡、特种等）	色彩、图案、花纹繁多。高、低发泡的印花、压化壁纸弹性好	室内墙壁及天棚、耐水壁纸，可用于卫生间
	7. 纸基织物壁纸	用线的排列、获得各种花纹、绒面及金银丝等艺术效果	内墙面
	8. 玻纤印花贴墙布	色彩鲜艳、不褪色、耐擦洗	疗养院、计算机房、宾馆、住宅等内墙面
	9. 无纺贴墙布	有弹性而挺括，透气，可擦洗	高级宾馆、住宅
	10. 装饰墙布	强度大、静电小、花色多	粘贴内墙或浮挂
	11. 化纤装饰贴墙布	无毒、透气、防潮、耐磨	内墙贴面
	12. 麻草壁纸	纸基、面层为麻草，阻燃、吸声、透气，自然、古朴、粗犷	会议室、接待室、影剧院、舞厅等装修
	13. 高级墙面装饰织物	锦缎浮挂，墙面格调高雅、华贵；粗毛料、麻类、化纤等织物厚实、古朴、有温暖感	高级室内装修
涂料类	1. 聚乙烯醇甲醛（代号803）涂料	涂膜牢固，耐湿好擦洗，耐水、耐热	住宅、剧院、医院、学校等多用于内墙
	2. 乙—丙内墙涂料	表面细腻、保色、耐水、耐久性好	高级内墙面装饰
	3. 苯丙乳液涂料（BC—01 乳液）	保色性好，耐碱性好，花纹立体感强、色彩稳定	内墙涂层
	4. 多彩内墙涂料	附着力强、耐碱性好，花纹立体感强、色彩稳定	内墙涂层
玻璃类	1. 磨砂玻璃（毛玻璃）	透光不透视，光线柔和，漫反射	卫生间、厕浴、走廊等门、窗用
	2. 压花玻璃 3. 钢化玻璃	（见任务九）	室内隔断、会议室等门、窗公共场所防撞门、窗、隔墙
	4. 装饰镜	增大室内高度，扩大室内视野、空间的夸大效果好	商店、公共场所、居室、卫生间等
	5. 压形玻璃	透光率 40% ~70%，隔声、隔热好	非承重内墙、天窗等
	6. 玻璃空心砖	透光率 50% ~60%，导热系数小	楼梯、电梯间玻璃隔断

图 15－3　地面装饰材料

视频：地面装饰材料

表 15－4　地面装饰材料

品　种			主要特点	主要用途
（一）贴面类	1. 花岗岩、人造石		（见任务八）	室外及室内地面室内地面
	2. 陶瓷地砖陶瓷锦砖（马赛克）		（见任务十）	室内地面，印花地砖用于高级建筑地面、卫生间、厨房等地面
	3. 塑料地砖（素地、印花仿瓷、仿石、印花地面）		色泽多样、质软耐磨、防滑、防腐、不助燃	公共建筑、住宅、地面
（二）木地板	1. 普通木地板		保温性能好，有弹性，自重轻、易燃	适用于高、中、低档地面
	2. 硬质纤维板			
	3. 拼木地板			
（三）卷材类	1. 塑料卷材地板（革）		色泽多样、仿木、仿石等图案。耐磨、耐污染、弹性好	宾馆、办公楼、住宅等地面装饰
	2. 地毯类	（1）纯毛机织地毯纯毛手工栽绒地毯	毯面平整光泽、有弹性、脚感柔软、耐磨；图案优美、色泽鲜艳、质地厚实、柔软舒适、装饰效果好	宾馆等室内铺设；产品名贵、价高，高档或中档地面装饰
		（2）化纤地毯按原料分有：丙纶（聚丙烯）、腈纶（聚丙烯腈）、涤纶（聚对苯甲酸乙二酯）、锦纶（聚酰胺）	按加工分主要有簇绒（圈绒、割绒）地毯、针刺、机织、编结。地毯质坚韧、耐磨、耐湿、抗污染。丙纶回弹、着色差；腈纶强度高，耐磨差，易吸尘；涤纶强度高，耐磨好，耐污强、着色好；锦纶性能优异、价格高	用于宾馆、餐厅、住宅、活动室等地面装饰

图 15－4　顶棚装饰材料

视频：顶棚装饰材料

表 15－5　顶棚装饰材料

1. 矿棉装饰吸音板玻璃棉装饰吸音板、膨胀珍珠岩吸音板	保温、隔热、吸声、防震、轻质	影剧院、音乐厅、播音室、录音室等高级顶棚材料和一般建筑用顶棚材料
2. 聚氯乙烯装饰板、聚苯乙烯泡沫塑料装饰吸间板	质轻、色白、隔热、隔声、吸声	住宅、办公楼、影剧院、宾馆、商店、医院、展厅、餐厅、播音室等顶棚材料。高效防水石膏板用于浴室、卫生间
3. 装饰石膏板（防潮板、普通板）	装饰、吸声、隔声、防潮，有孔板、浮雕板	
4. 轻质硅酸板	轻质、强度较高、防潮、耐火	
5. 铝合金龙骨轻钢龙骨	装饰效果好，强度高，宜作大龙骨	工业、民用建筑吊顶。大龙骨适宜用钢龙骨，中、小边龙骨宜用铝合金龙骨
6. 壁纸与涂料	与内墙用材料相同	顶棚材料

视频：瓷砖与大理石比拼

视频：乳胶漆与壁纸比拼

视频：家装新宠——硅藻泥

视频：墙上涂什么才安全

视频：地板大比拼

本任务小结

（1）建筑装饰材料的基本知识，包括建筑装饰材料的作用及材料装饰性能（颜色、光泽、线形、图案、质感等）；按建筑部位的五大分类和材料的选用原则。

（2）各建筑部位所用建筑装饰材料的主要品种，其特点及用途。

应用案例与发展动态

动态 15

附录1：《建筑与装饰材料》学习领域情境教学大纲

附录：教学大纲

附录2：建筑与装饰材料标准

附录：标准规范

参考文献

[1] 张光碧. 建筑材料 [M]. 北京：中国电力出版社，2006.
[2] 贾淑明，赵永花. 土木工程材料 [M]. 西安：西安电子科技大学出版社，2012.
[3] 葛勇. 土木工程材料学 [M]. 北京：中国建材工业出版社，2011.
[4] 张思梅. 土木工程材料 [M]. 北京：机械工业出版社，2011.
[5] 谭平，张立，张瑞红. 建筑材料 [M]. 2 版. 北京：北京理工大学出版社，2013.
[6] 田文富，隋良志，纪明香，等. 建筑与装饰材料学习指导与习题 [M]. 北京：中国建筑工业出版社，2006.
[7] 张俊才，隋良志，张春玉. 建筑材料 [M]. 哈尔滨：东北林业大学出版社，2003.
[8] 张长清，周万良，魏小胜. 建筑装饰材料 [M]. 武汉：华中科技大学出版社，2011.
[9] 胡雨霞，汤留泉. 建筑装饰创新材料应用 [M]. 北京：中国电力出版社，2009.
[10] 张海成，成维. 建筑材料 [M]. 北京：科学技术出版社，2009.
[11] 沈百禄. 建筑装饰材料 [M]. 北京：机械工业出版社，2006.
[12] 李永盛. 新编常用建筑装饰装修材料简明手册 [M]. 北京：中国建材工业出版社，2010.
[13] 周梅. 材料员 [M]. 武汉：华中科技大学出版社，2009.
[14] 陈宝璠. 建筑装饰材料学习指导·典型题解·习题·习题解答 [M]. 北京：中国建材工业出版社，2010.
[15] 张雄，张永娟. 现代建筑功能材料 [M]. 北京：化学工业出版社，2009.
[16] 郭延辉，赵霄龙. 墙体保温材料应用技术 [M]. 北京：中国电力出版社，2006.
[17] 湖南大学，天津大学，同济大学，等. 土木工程材料 [M]. 北京：中国建筑工业出版社，2011.
[18] 代洪卫. 装饰装修材料标准速查与选用指南 [M]. 北京：中国建材工业出版社，2011.
[19] 许海玲. 建筑工程材料 [M]. 厦门：厦门大学出版社，2010.
[20] 李亚杰，方坤河. 建筑材料 [M]. 北京：中国水利水电出版社，2009.
[21] 刘祥顺. 建筑材料 [M]. 北京：中国建筑工业出版社，2011.
[22] 谭平. 建筑材料实训 [M]. 武汉：华中科技大学出版社，2010.